高层次技术技能人才培养精品系列教材

AutoCAD 2020 机械制图教程

主　编　程巧军　王丛丛　王建强
副主编　王　瑗　周海燕　马广勇

北京理工大学出版社
BEIJING INSTITUTE OF TECHNOLOGY PRESS

内容简介

本书系统地介绍了AutoCAD的基础知识，以及绘图、编辑等基本操作和应用，将AutoCAD命令与机械制图知识相互渗透，通过对工程实例的详细分析、讲解，介绍应用计算机绘制机械工程图样的方法。

全书共12章，主要内容包括初识AutoCAD软件、AutoCAD软件基础知识、AutoCAD绘图命令、AutoCAD编辑命令、其他绘图命令、文字的输入与编辑、尺寸标注、块与外部参考、机械专业图绘制、绘制轴测图、三维对象的创建与编辑、图形的输出和打印等。

本书将国家标准与机械工程图样实例相融合，包括机械行业常见的轴套类、盘盖类、叉架类和箱体类零件图及装配图的绘制。各章配有大量的练习题，包括基础题、提升题和趣味题，使初学者进一步加深对知识的理解，循序渐进地掌握及灵活使用AutoCAD 2020的基本绘图命令、作图方法以及应用技巧。本书侧重于机械图样的绘制，书中图样实例大都来源于生产实际，具有很强的针对性和实用性，且结构严谨、解说翔实、内容丰富、通俗易懂。本书可作为职业本科或专科相关专业及CAD培训机构的教材，也可供从事CAD工作的工程技术人员参考。

图书在版编目(CIP)数据

AutoCAD 2020机械制图教程 / 程巧军，王丛丛，王建强主编. --北京：北京理工大学出版社，2021.8

ISBN 978-7-5763-0208-0

Ⅰ. ①A… Ⅱ. ①程… ②王… ③王… Ⅲ. ①机械制图-AutoCAD软件-高等职业教育-教材 Ⅳ. ①TH126

中国版本图书馆CIP数据核字(2021)第170766号

出版发行 / 北京理工大学出版社有限责任公司
社　　址 / 北京市海淀区中关村南大街5号
邮　　编 / 100081
电　　话 / (010)68914775(总编室)
　　　　　 (010)82562903(教材售后服务热线)
　　　　　 (010)68944723(其他图书服务热线)
网　　址 / http://www.bitpress.com.cn
经　　销 / 全国各地新华书店
印　　刷 / 涿州市新华印刷有限公司
开　　本 / 787毫米×1092毫米　1/16
印　　张 / 17.75
字　　数 / 399千字
版　　次 / 2021年8月第1版　2021年8月第1次印刷
定　　价 / 49.00元

责任编辑 / 陆世立
责任校对 / 刘亚男
责任印制 / 李志强

图书出现印装质量问题，请拨打售后服务热线，本社负责调换

前　言

AutoCAD 2020 是由美国欧特克(Autodesk)有限公司出品的一款计算机辅助设计软件，AutoCAD 2020 具有通用性、易用性，适用于各类用户，被广泛应用于机械、建筑、电子和航天等诸多工程领域。

本书以 AutoCAD 2020 为平台编写。从全面提升 AutoCAD 设计能力的角度出发，结合大量的典型案例来讲解如何利用 AutoCAD 进行工程设计，让学生掌握计算机辅助设计，并能够独立地完成机械工程设计，同时培养其机械设计实践能力。编者结合自身丰富的教学实践经验与教材编写经验，力求通过本书全面细致地展现 AutoCAD 在机械设计应用领域的各种功能和使用方法。

本书充分考虑到教师的授课方式及学生的学习习惯，按照学习 AutoCAD 的认知规律编写，先从用户界面的组成和基本操作入手，使学生对 AutoCAD 操作有基本的了解，然后循序渐进，介绍常用绘图命令、绘图辅助工具、绘图环境的设置、图形编辑、其他常用绘图命令、尺寸标注、块的操作等相对复杂的内容. 最后介绍专业图的绘制、图形输出等。

本教材具有以下特色：

(1)书中列举了大量的实例，将 AutoCAD 绘图命令与绘图实例优化组合，各章配有大量的练习题，包括基础题、提升题和趣味题。初学者通过"基础题"练习，迅速掌握基本的绘图、编辑命令；针对有 AutoCAD 学习基础的学生，书中设置了"提升题"，该类学生可以直接进入"提升题"的训练；"趣味题"可以激发学生学习兴趣，培养学生探索与创新思维能力，循序渐进地掌握及灵活使用 AutoCAD 2020 的基本绘图命令、作图方法以及应用技巧。

(2)书中设置了"☆提示:"内容，提供了许多 AutoCAD 操作技巧和机械制图的一般规则，使学生在设计绘图时，能够养成遵守国家标准的良好习惯。

(3)本书侧重于机械工程图样的绘制，书中图样实例大都来源于生产实际，具有很强的针对性和实用性。例如：机械行业常见的轴套类、盘盖类、叉架类和箱体类零件图及装配图的绘制。

(4)按照立体化教材建设思路，采用现行机械制图国家标准编写而成的"互联网+"新形态教材。配套多媒体电子课件、电子教案、素材资源包、微课视频、测试题等教学资源，方便组织教学和学生自学使用；在重要知识点嵌入二维码，学生可以扫描书中二维码观看微课视频，方便理解相关知识。

本书适用于 30 ~ 64 课时教学。建议授课方式如下：

(1)集中授课或少学时，建议第 1 章至第 8 章全面介绍，课后练习题只要求"基础题”，第 9 章机械专业图测绘部分，只练习案例，课后练习题选做，其他章节内容自学。

(2)多课时，建议第 1 章至第 9 章全面介绍，其他章节简要介绍，课后练习题要完成“基础题”“提升题”，可选做“趣味题”。

(3)授课方式建议采用讲练结合。在 CAD 机房进行授课，边讲边练。

(4)本书附录含有综合测试题，学期结束后可采用此模式进行考核。

本书内容结构严谨、解说翔实、内容丰富、通俗易懂，可作为职业本科的教材，也可供应用型本科或专科相关专业及 CAD 培训机构、从事 CAD 工作的工程技术人员参考。

本书由程巧军(负责第 1 ~ 2 章、第 9 章、微课视频录制)、王丛丛(负责第 3 章、第 11 ~ 12 章)、王建强(负责第 6 ~ 8 章、第 10 章)任主编，王瑗(负责第 4 ~ 5 章、素材资源包)、周海燕(负责附录 1、电子课件等)和马广勇(负责附录 2、电子教案等)任副主编，参加编写工作的还有李海霞、方立雯、王明分。宁玲玲、刘延霞两位教授审阅了本书，并对书稿提出了宝贵的意见，在此表示衷心的感谢。

在本书编写过程中，得到了山东工业职业学院王恩海教授、济南天辰铝机股份有限公司高级工程师苗青晓的大力支持和帮助，在此表示感谢。

由于编者水平有限，书中难免存在疏漏之处，欢迎广大读者批评指正。

编　者

2021 年 5 月

目录

第 1 章

初识 AutoCAD 软件

本章要点

- AutoCAD 的主要功能
- AutoCAD 的工作界面
- AutoCAD 的文件操作

1.1 AutoCAD 软件概述

AutoCAD(Autodesk Computer Aided Design)是 Autodesk(欧特克)公司于 1982 年首次开发的自动计算机辅助设计软件，主要应用于机械、电子、土木、建筑、航空航天和轻工等行业的二维绘图、图形编辑、文档设计和基本三维建模，是当今世界上应用最为广泛的工程绘图软件。AutoCAD 不但具有良好的用户界面，而且具有多文档设计环境，通过交互菜单或命令行的方式便可进行各种操作，易于初学者使用，并且在实践操作过程中可以更熟练地掌握它的各种应用和开发技巧，进而提高工作效率。AutoCAD 具有广泛的适应性，它可以在各种操作系统支持的微型计算机和工作站上运行。

1.2 AutoCAD 软件的主要功能

AutoCAD 可以满足通用设计和绘图的主要需求，并提供了多种接口，兼容性好，能十分方便地进行管理，它主要提供的功能如下。

1. 绘图功能

AutoCAD 提供了创建直线、圆、圆弧、曲线、文本、表格和尺寸标注等多种图形对象的功能。用户可以通过键盘输入或者鼠标单击激活命令，系统会给出提示信息或发出绘图指令，使得计算机绘图变得简单易学。

2. 辅助绘图功能

AutoCAD 提供了坐标输入、对象捕捉、栅格捕捉、追踪、动态输入等功能，使得绘图更加方便、快捷与准确。

3. 图形编辑功能

AutoCAD 提供了复制、旋转、阵列、修剪、倒角、缩放、偏移等图形编辑功能，使绘图效率大大提高。

4. 图形输出功能

图形输出包括屏幕显示和打印出图。AutoCAD 提供了方便的缩放和平移等屏幕显示工具，以及模型空间、图纸空间、布局、图纸集、发布和打印等功能，极大地丰富了图形输出的选择。

5. 三维建模功能

AutoCAD 的三维建模功能用来创建用户设计的实体、线框和网格模型，并可用于检查干涉、渲染、执行工程分析等。

6. 辅助设计功能

AutoCAD 的辅助设计功能可以查询绘制好的图形的尺寸、面积、体积和力学特性等，并提供了多种软件的接口，可方便地将设计数据和图形在多个软件中共享，进一步发挥各软件的特点和优势。

7. 二次开发功能

AutoCAD 具有通用性、易用性，但对于特定的行业，如机械和建筑行业，在计算机辅助设计中又有特殊的要求，AutoCAD 允许用户和开发者采用 AutoCAD 自带的 AutoLISP 语言自行定义新命令和开发新功能。通过 DXF、IGES 等图形数据接口，可以实现 AutoCAD 和其他系统的集成。此外，AutoCAD 支持 ObjectARX、ActiveX、VBA 等技术，提供了与其他高级编程语言的接口，具有很强的开发性。

01-工作空间设置

1.3 AutoCAD 软件的工作界面

1.3.1 AutoCAD 2020 的启动

首先，在计算机中安装 AutoCAD 2020 应用程序，按照系统提示装完软件后会在桌面上出现 AutoCAD 2020 快捷图标，双击该图标，单击按钮，进入 AutoCAD 2020 的工作界面，如图 1-1 所示。若桌面没有快捷图标，还可以通过单击桌面的【开始】→【程序】→【Autodesk】→【AutoCAD 2020-简体中文(Simplified Chinese)】进入 AutoCAD 的工作界面。

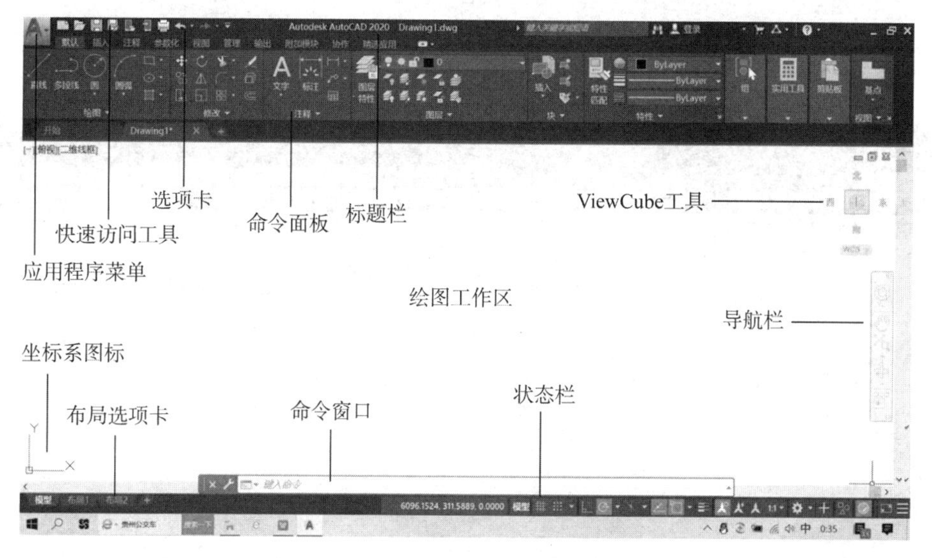

图 1-1　AutoCAD 2020 的工作界面

1.3.2　创建工作空间

自 AutoCAD 2015 版起，经典工作空间不再作为默认工作空间包含在内。接下来介绍适用于绘制二维工程图的 AutoCAD 2020 版经典工作空间的设置方法。

(1) 打开 AutoCAD 2020。

(2) 单击【快速访问工具栏】上的按钮，选择【显示菜单栏】，如图 1-2 所示。

(3) 单击菜单栏中的【工具】→【工具栏】→【AutoCAD】，随后可以选择工作空间、标准、样式、图层、修改、绘图、特性等，如图 1-3 所示。

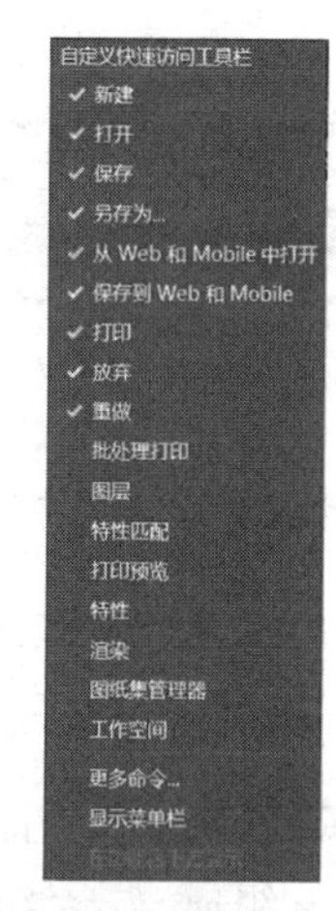

图 1-2　显示菜单栏

图 1-3　设置工具栏

(4)将光标放置在【命令面板】空白处右击，选择【关闭】。

(5)单击将当前工作空间另存为 AutoCAD 经典空间，如图 1-4 所示。

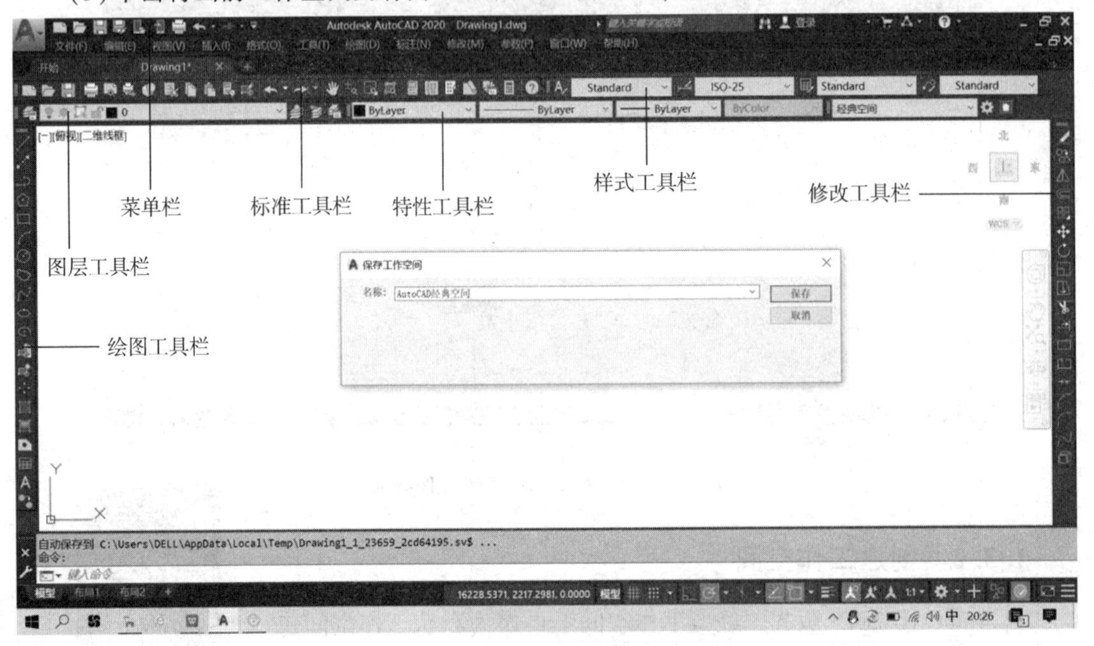

图 1-4　创建 AutoCAD 经典空间

启动 AutoCAD 2020，进入 AutoCAD 2020 的工作界面，将工作空间改为 AutoCAD 经典空间。

1.3.3　AutoCAD 的经典空间界面

接下来重点介绍传统的用于绘制二维工程图的 AutoCAD 经典空间，AutoCAD 经典空间界面主要由下列窗口元素组成。

1. 应用程序菜单

单击【应用程序菜单】按钮，展开下拉菜单，可以使用常用的文件操作命令，如图 1-5 所示。

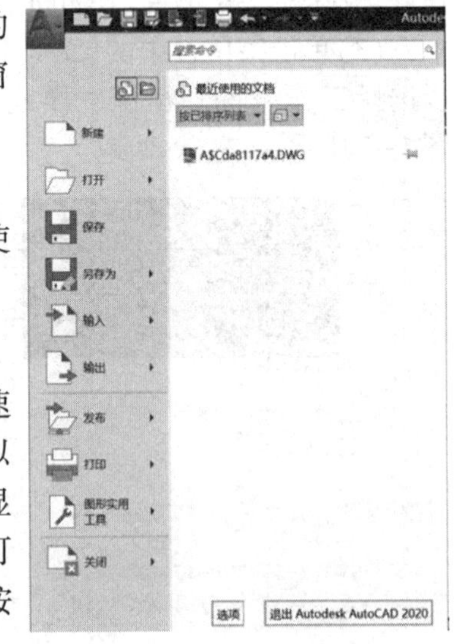

图 1-5　应用程序菜单

2. 快速访问工具栏

快速访问工具栏用于存储经常使用的命令。单击快速访问工具栏最后的按钮展开下拉菜单，在下拉菜单中可以定制快速访问工具栏中要显示的工具，也可以删除已经显示的工具。快速访问工具栏默认放在功能区的上方，也可以单击自定义快速访问工具栏中的【在功能区下方显示】按钮将其放在功能区的下方。

3. 标题栏

标题栏在工作界面的最上方，其左端显示软件的图标、名称、版本级别以及当前图形的文件名称，右端 3 个小按钮分别是【最小化】【恢复】和【关闭】，用来控制

AutoCAD 2020 的软件窗口的显示状态。

4. 菜单栏

单击菜单栏中的主菜单，弹出对应的下拉菜单。下拉菜单包含了 AutoCAD 的核心命令和功能，选择菜单中的某个选项，系统就执行相应的命令。

5. 工具栏

工具栏中包括了常用的命令。通常调用【标准】【图层】【特性】【绘图】【修改】等命令。在使用过程中，用户可以随意增加、减少工具栏或改变工具栏的位置。

熟练使用工具栏是快速、准确制图的必要前提。下面介绍工具栏的使用技巧。

1）工具栏的浮动

当要浮动一个工具栏时，只需要把光标移到该工具栏上除按钮之外的任意位置单击，并且按住鼠标左键将其拖动即可。

2）工具栏的关闭与打开

工具栏名称前有黑色对勾符号的表示该工具栏已打开，如图 1-6 所示，单击工具栏名称即可关闭或打开对话框中相应的工具栏。用户还可以单击菜单栏中的【视图】→【工具栏】管理工具栏。当工具栏处于浮动状态时，也可以直接单击其右上角的【关闭】按钮关闭该工具栏。

3）工具栏的固定

将工具栏拖拽到绘图区的周边即可固定工具栏。

4）工具栏的调整

将光标移到工具栏的边界处，在出现双向箭头后，拖拽工具栏的边界即可调整其大小。

5）工具栏提示的使用

将光标移到工具栏的任意一个按钮上，停留几秒，在光标箭头的尾部就会显示该按钮的功能。

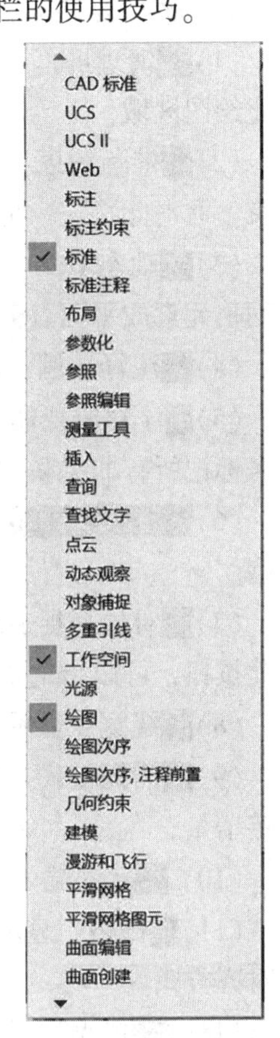

图 1-6 工具栏快捷菜单

6. 命令提示窗口

命令提示窗口可以浮动，也可以固定在绘图区的某个位置。用户输入的命令、系统的提示及相关信息都反映在此窗口中。一般情况下，可将其固定在绘图窗口底部，设置该窗口显示两行，将光标放在窗口的上边缘，变成双向箭头后，按住鼠标左键向上拖动就可以增加命令窗口显示的行数。

按〈F2〉键可以打开命令提示窗口，再次按〈F2〉键即可关闭该窗口。

7. 坐标系图标

坐标系图标用来表示当前绘图所使用的坐标系形式及坐标的方向性等特征，默认显示的是世界坐标系。可以关闭它，让其不显示，也可以定义一个方便自己绘图的用户坐标系。要关闭坐标系图标，可以单击【视图】→【显示】→【UCS 图标】，选择【开】选项，去掉【开】选项前面的勾选符号。

8. ViewCube 工具和导航栏

在绘图区的右上角会出现 ViewCube 工具，用以控制图形的显示和视角，如图 1-7 所示。

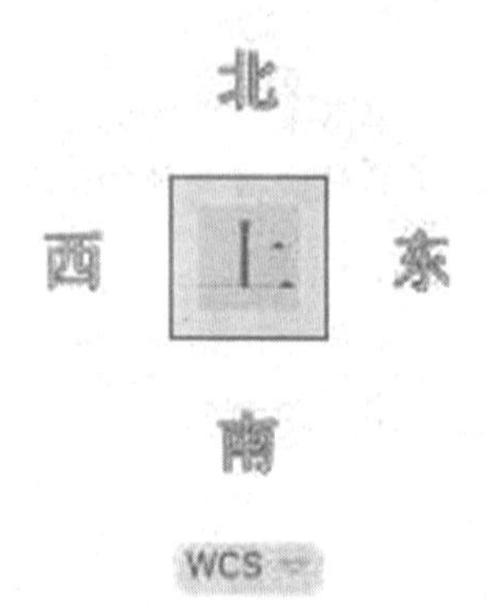

图 1-7　ViewCube 工具

9. 状态栏

状态栏上显示光标位置、绘图工具以及会影响绘图环境的工具。在命令行中输入 STATUSBAR，然后输入 1 可显示状态栏，输入 0 可隐藏状态栏。单击状态栏最右端的【自定义】按钮，可以选择要显示的项目。部分按钮功能说明如下。

(1)清理屏幕：通过隐藏功能区、工具栏和选项板，最大化绘图区域。

(2)推断约束：在创建或编辑几何图形时自动应用几何约束。右击此按钮，可以访问推断约束的设置。

(3)动态 UCS：在创建对象时，临时将 UCS 的 XY 平面与三维实体上的平整面、平面网格元素或平面点云线段对齐。

(4)注释比例：在【模型】选项卡中设置注释性对象的注释比例。

(5)注释监视器：打开注释监视器。当注释监视器处于启用状态时，将通过放置标记来标记所有非关联注释。

(6)35.7274, 0.6471, 0.0000坐标：将显示光标的坐标。右击此按钮，可以选择要显示的坐标类型。

(7)对象捕捉追踪：从对象捕捉点沿着垂直对齐路径和水平对齐路径追踪光标。右击此按钮，可以指定要从中追踪的对象捕捉点。

(8)线宽：显示指定给对象的线宽。右击此按钮，可以进行指定线宽设置。

(9)捕捉模式：使用指定的栅格间距限制光标移动，或追踪光标并沿极轴对齐路径指定增量。

(10)动态输入：显示光标附近的命令界面，可用于输入命令并指定选项和值。

(11)栅格：显示覆盖 UCS 的 XY 平面的栅格填充图案，以帮助用户直观地显示距离和对齐方式。

(12)模型模型空间：表示当前正在模型空间中工作。在模型空间中，单击此按钮可显示最近访问的布局。在布局中，单击此按钮可从布局视口中的模型空间切换到图纸空间。

(13)极轴追踪：沿指定的极轴角度跟踪光标。右击此按钮将显示一个菜单，用于指定追踪的角度。

(14)正交模式：约束光标在水平方向或垂直方向移动。

(15)1:1视口比例：设置选定布局视口相对于图纸空间的比例。

(16)工作空间切换：将当前工作空间切换到带有自己的工具栏、选项板和功能区面板的其他工作空间。单击此按钮将显示一个菜单，用户可以从中更改当前工作空间或组织和自定义工作空间。用户还可以选择显示按钮旁边的工作空间标签。

(17)等轴测草图：通过沿 3 个主要的等轴测轴对齐对象，模拟三维对象的等轴测视图。单击按钮旁边的下拉箭头，用户可以指定要在其中工作的等轴测平面。

(18)二维对象捕捉：将光标捕捉到对象上的精确位置，如线的端点和圆心。单击按钮旁边的箭头，会显示用于指定永久对象捕捉的菜单。

1.4　文件的基本操作

文件的基本操作主要包括新建文件、保存文件、关闭文件和打开文件等。

1.4.1　新建文件

单击【文件】→【新建】，或单击快速访问工具栏上的【新建】按钮，均能打开【选择样板】对话框，如图1-8所示。

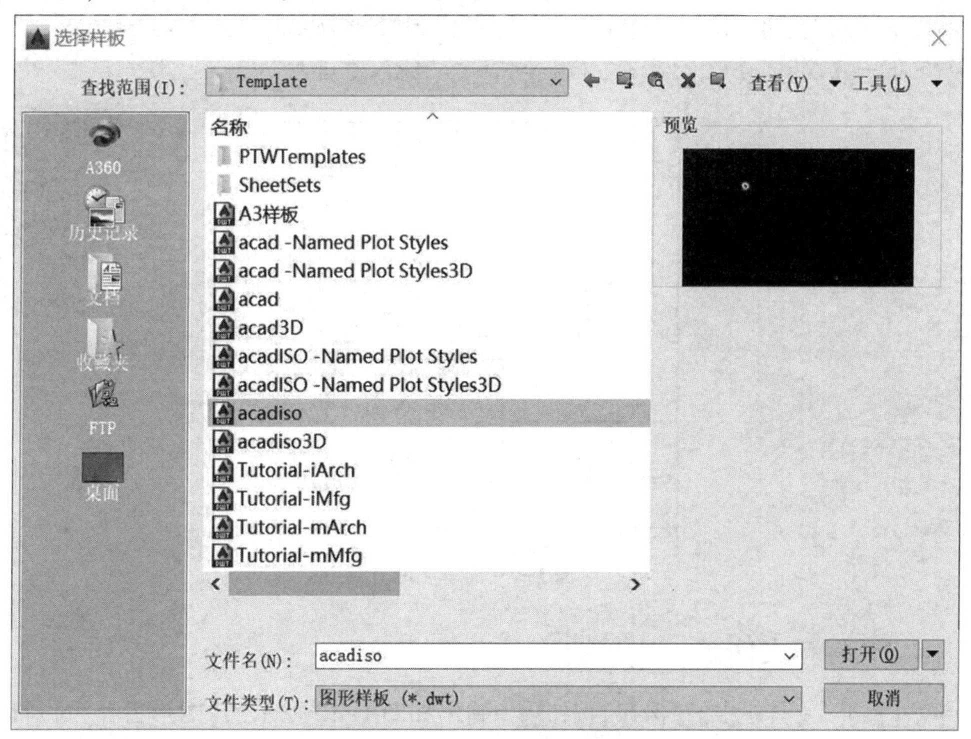

图1-8　【选择样板】对话框

用户可以在样板列表中选择合适的样板文件，然后单击打开(O)按钮，即可选定样板新建一个图形文件，一般使用acadiso.dwt样板即可。除了系统给定的这些可供选择的样板文件(样板文件扩展名为.dwt)，用户还可以根据需求创建样板文件并保存，便于今后调用，避免重复劳动。

1.4.2 创建图形

认识了 AutoCAD 2020 的界面后，就可以试着用 AutoCAD 2020 的强大绘图功能来绘制图形。建议初学者注意观察命令行中的提示，根据提示操作即可。

【例 1-1】绘制一个如图 1-9 所示的简单图形。

在 AutoCAD 经典空间中单击【绘图】工具栏上【直线】按钮，命令行的提示如下。

```
命令：line
指定下一点或[放弃(U)]：                    //鼠标左键单击 1 点
指定下一点或[放弃(U)]：50                  //向下移动鼠标输入 50，找到点 2
指定下一点或[放弃(U)]：30                  //向右移动鼠标输入 30，找到点 3
指定下一点或[闭合(C)/放弃(U)]：10          //向上移动鼠标输入 10，找到点 4
指定下一点或[闭合(C)/放弃(U)]：30          //向右移动鼠标输入 30，找到点 5
指定下一点或[闭合(C)/放弃(U)]：10          //向下移动鼠标输入 10，找到点 6
指定下一点或[闭合(C)/放弃(U)]：20          //向右移动鼠标输入 20，找到点 7
指定下一点或[闭合(C)/放弃(U)]：50          //向上移动鼠标输入 50，找到点 8
指定下一点或[闭合(C)/放弃(U)]：C           //输入 C 并按〈Enter〉键
```

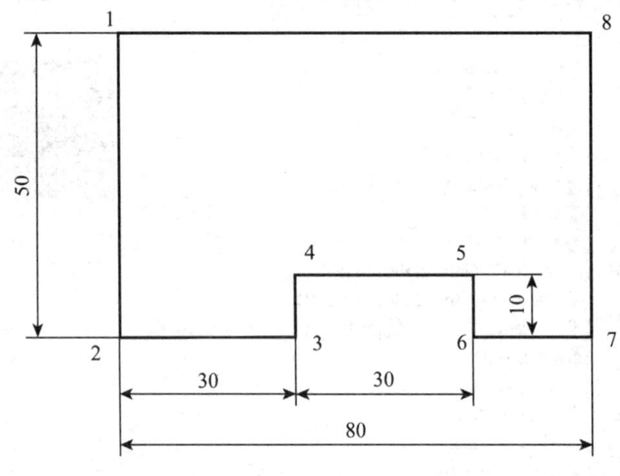

02-图 1-9 简单图形绘制

图 1-9　简单图形

1.4.3 保存文件

单击【标准】工具栏中的【保存】按钮，弹出如图 1-10 所示的【图形另存为】对话框。在【保存于】下拉列表框中选择文件保存路径，在【文件名】文本框内输入图形文件的名称“简单图形”，单击【保存】按钮，完成文件的保存。

☆ 提示：绘图过程中，建议每隔 10 ~ 15 min 保存一次绘制的图形，以防因断电等突发情况而丢失文件内容。

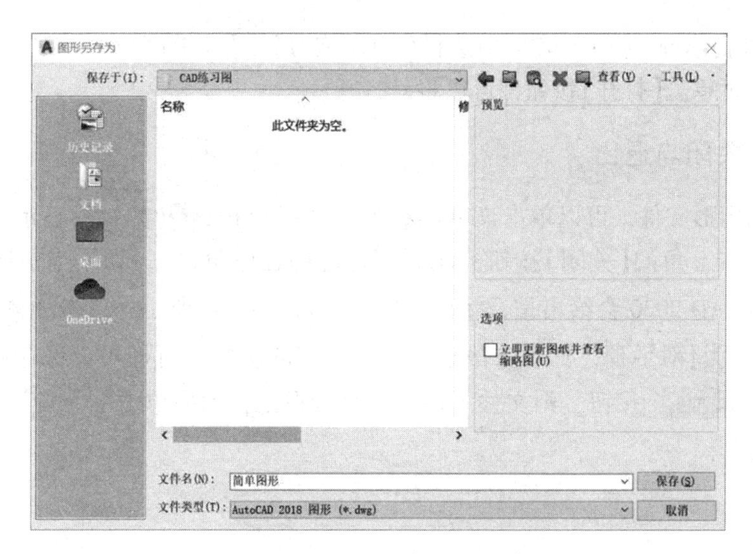

图 1-10　【图形另存为】对话框

1.4.4　另存文件

【另存为】命令功用：可以用新文件名保存当前图形。

(1)单击菜单中的【文件】→【另存为】，弹出【图形另存为】对话框。

(2)在【保存于】下拉列表框中选择文件另存为路径，在【文件名】文本框里填写新的文件名“练习一”，单击【保存】按钮，完成文件的另存为。

1.4.5　打开文件

【打开】命令功用：可以打开已保存的图形文件。

(1)单击【标准】工具栏中的【打开】按钮，启动打开命令，弹出如图 1-11 所示的【选择文件】对话框。

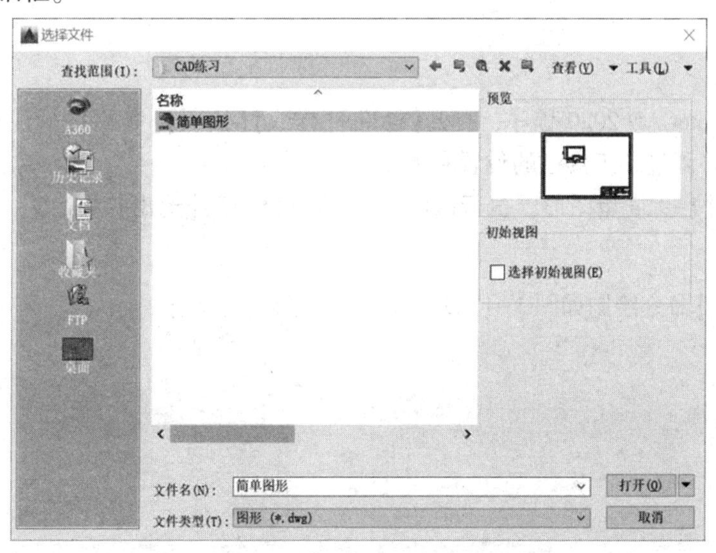

图 1-11　【选择文件】对话框

(2)在【查找范围】下拉列表框中选择【CAD 练习】→【简单图形】，双击该文件，或者选中该文件，再单击【打开】按钮都可以将其打开。

1.4.6 关闭与退出

若要关闭图形文件，可以单击菜单栏右边的【关闭】按钮×(如果不显示菜单栏，可以单击文件窗口右上角的【关闭】按钮，注意不是应用程序窗口)，如果当前图形还没保存过，这时 AutoCAD 2020 会给出是否保存的提示，如图 1-12 所示，单击 是(Y) 按钮，会弹出【图形另存为】对话框，保存方法按照 1.4.4 节的步骤进行即可，保存后，文件被关闭；如果单击 否(N) 按钮，则文件不保存，直接退出；如果单击 取消 按钮，则会取消关闭文件操作。

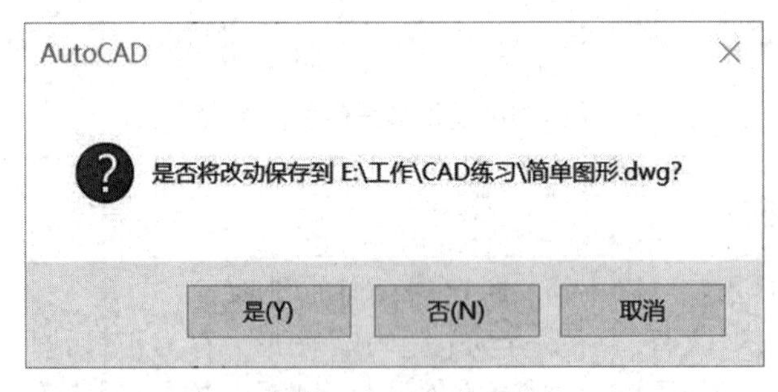

图 1-12 提示信息

1.5 思考与练习

1. 基础题

(1)启动 AutoCAD 2020 程序，打开【标准】【样式】【绘图】【修改】【标注】工具栏，关闭其他工具栏，并调整各工具栏的位置和形状。

(2)练习图 1-9 简单图形，执行【新建】【打开】【保存】【退出】等命令。

2. 提升题

运用【直线】命令绘制如图 1-13 所示的平面图形，并保存。

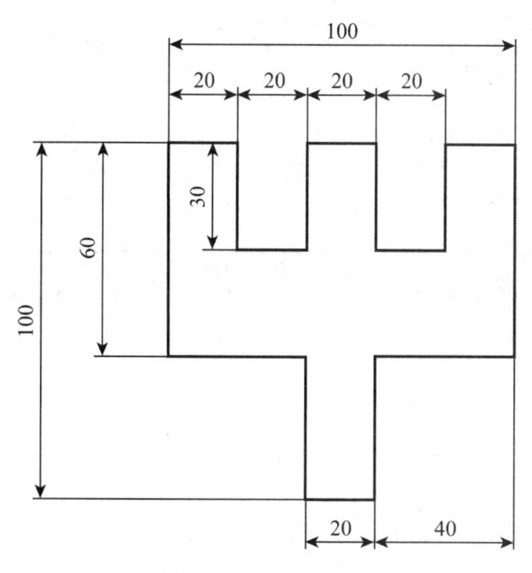

图 1–13　平面图形

3. 趣味题

运用【直线】命令绘制如图 1–14 所示的领奖台外形图，并保存。

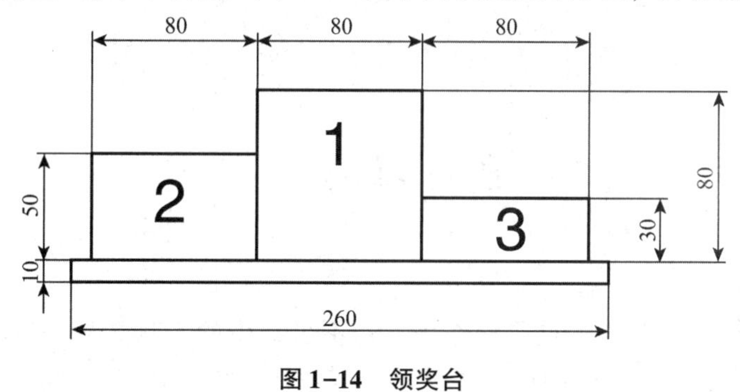

图 1–14　领奖台

第2章 AutoCAD软件基础知识

本章要点

- 鼠标操作
- 命令的操作
- 选择对象的常用方法
- 设置绘图环境
- 坐标与坐标系

2.1 鼠标操作

鼠标在AutoCAD操作中起着非常重要的作用，是不可缺少的工具。AutoCAD采用了大量的Windows的交互技术，使鼠标操作的多样化、智能化程度更高。在AutoCAD中绘图、编辑都要用到鼠标操作，灵活使用鼠标，对于加快绘图速度、提高绘图质量有着非常重要的作用，所以有必要先介绍鼠标的几种使用方法。

2.1.1 鼠标左键

1. 单击

单击通常应用在以下场合：

(1)选择对象；

(2)确定十字光标在绘图区的位置；

(3)单击命令按钮，执行相应命令；

(4)单击对话框中的按钮，执行相应命令；

(5)打开下拉菜单，选择相应的选项；

(6)打开下拉列表，选择相应的选项。

2. 双击

在AutoCAD中定义了针对一些特殊对象的双击动作，在双击这些对象时会自动执行一些命令。例如，双击普通对象(如圆、直线等)会弹出属性框；双击单行文字，会自动调用文字编辑功能；双击多行文字，会自动启动多行文字编辑器；双击多线，会自动执行多线编辑；双击普通图块，旧版 AutoCAD 会执行参照编辑，新版会执行块编辑；双击属性块，会自动弹出增强属性编辑器；双击 OLE 对象，会自动启动相关软件并打开 OLE 对象，等等。

3. 间隔双击

间隔双击：在某一个对象上单击后，间隔一会再单击一下，这个间隔要超过双击的间隔。间隔双击主要应用于文件名或层名。在文件名或层名上间隔双击后就会进入编辑状态，可以对文件名、层名进行重命名。

2.1.2 鼠标右键

右击主要应用在以下场合：

(1)结束选择对象；

(2)确认对象的选取；

(3)弹出快捷菜单；

(4)结束命令。

2.1.3 鼠标中键

1. 滚动中键

滚动中键是指滚动鼠标的中键滚轮。在绘图工作区滚动中键可以实现对视图的实时缩放。

2. 拖动中键

拖动中键是指按住鼠标中键移动鼠标。在绘图工作区拖动中键或结合键盘拖动中键可以完成以下功能：

(1)直接拖动鼠标中键，可以实现视图的实时平移；

(2)按住〈Ctrl〉键拖动鼠标中键，可以沿45°倍数方向平移视图；

(3)按住〈Shift〉键拖动鼠标中键可实时旋转视图。通过 View Cube(上)可调节还原视图。

3. 双击中键

在图形区双击鼠标中键可以将所绘制的全部图形完全显示在屏幕上，使其便于操作。

2.2 命令的操作

在 AutoCAD 中，所有的操作都使用命令，用户可以通过命令来告诉 AutoCAD 进行什么操作，AutoCAD 将对命令作出响应，并在命令行中显示执行状态或给出执行命令需要进一步选择的选项。用户根据提示输入相应指令，完成图形绘制。所以，用户必须熟练掌握激活命令、响应命令与结束命令的方法，还需掌握命令提示中常用选项的用法及含义。调用命令有多种方法，这些方法之间可能存在难易、繁简的区别。用户可以在不断的练习中找到一种适合自己的、最快捷的绘图方法或绘图技巧。

2.2.1　命令的激活方式

在 AutoCAD 2020 中，命令可以有多种方式激活：

(1)在功能区的面板上单击相应的命令按钮；

(2)利用菜单栏中的选项选择相应的命令；

(3)单击相应工具栏的命令按钮；

(4)在命令行中直接输入命令。

☆ 提示：操作熟练的 AutoCAD 用户一般不用工具面板和菜单，而是直接在命令行中输入命令。大多数常用的命令都有一个 1 ~2 个字符的简化命令(命令别名)，只要熟记常用的简化命令，对命令行的掌握便会得心应手。

2.2.2　响应和结束命令

1. 响应命令

在激活命令后，都需要给出坐标或参数，如需要输入坐标值、选取对象、选择命令选项等，要求用户作出回应来完成命令，这时可以通过键盘、鼠标或者右键快捷菜单来响应。

AutoCAD 的动态输入工具使得响应命令变得更加直接。在绘制图形时，动态输入可以不断给出几何关系及命令参数的提示，以便用户在设计中获得更多的设计信息，使得界面变得更加友好。

(1)在给出命令后，屏幕上出现动态跟随的提示小窗口，可以在小窗口中直接输入数值或参数，也可以在“指定下一点或”的提示下使用键盘上的〈↓〉键调出菜单进行选择。动态指针输入会在光标落在绘图区域时不断提示光标位置的坐标。

(2)在动态输入的同时，命令行出现提示，需要输入坐标或参数。在提示输入坐标时，一般情况下，可以直接用键盘输入坐标值，也可以移动光标在绘图窗口拾取一个点，这个点的坐标便是用户的响应坐标值。

(3)在提示选取对象时，可以直接移动光标在绘图窗口选取。

(4)在有命令选项需要选取时，可以直接用键盘响应，提示文字后方括号“[ ]”内的内容便是命令选项。图 2-1 为执行画圆命令后的提示。

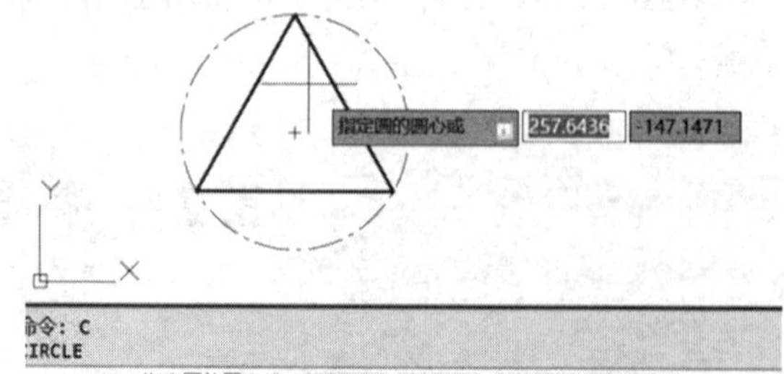

图 2-1　执行画圆命令后的提示

对所需的选项，用键盘输入其文字后面括号中的字母来响应或直接单击字母，然后按〈Enter〉键或〈Space〉键来确认，此时若想选择三点画圆的方式，则直接用键盘输入 3P 或单击【三点(3P)】，然后按〈Enter〉键即可。

另外一种方式是使用〈↓〉键响应。例如，当执行画圆命令后，按键盘上的〈↓〉键，弹出快捷菜单，如图 2-2 所示，同样是选择三点画圆，只需要在快捷菜单中选择【三点(3P)】选项即可。

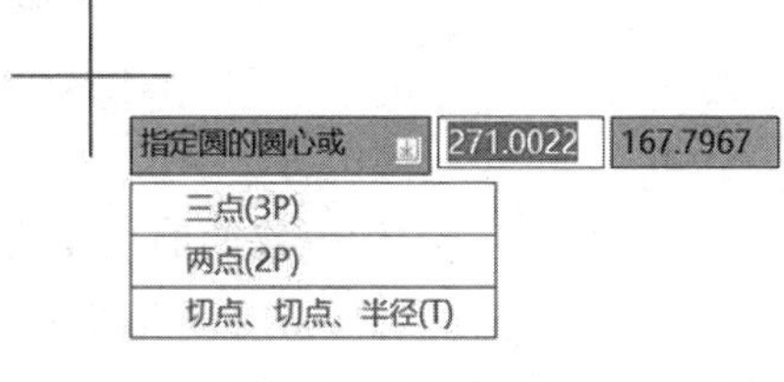

图 2-2 快捷菜单

使用 AutoCAD 的命令还需注意以下几点。

(1) 如果已激活某一个命令，在绘图窗口中右击，AutoCAD 弹出快捷菜单，用户可在快捷菜单上进行相应的选择。对于不同的命令，快捷菜单显示的内容有所不同。

(2) 除了在绘图区域右击可以弹出快捷菜单外，在状态栏、命令行、工具栏、模型和布局标签上右击，也都会激活相应的快捷菜单。

2. 结束命令

结束命令的常用方法有以下 4 种。

(1) 按键盘上的〈Enter〉键：按键盘上的〈Enter〉键可以结束命令或确认输入的选项和数值。

(2) 按键盘上的〈Space〉键：按键盘上的〈Space〉键可以结束命令，也可确认除书写文字外的其余选项。这种方法是最常用的结束命令的方法。

(3) 使用快捷菜单：在执行命令过程中右击，在弹出的快捷菜单中选择【确认】选项即可结束命令。

(4) 按键盘上的〈Esc〉键：通过按键盘上的〈Esc〉键结束命令，回到命令提示状态下。有些命令必须使用键盘上的〈Esc〉键才能结束。

2.2.3 修正错误命令的方法

1. 撤销已执行命令

在绘图过程中，如出现误操作，可通过以下几种方式快速修正错误。

(1) 在命令行中输入 Undo(或 U)，按〈Space〉键或〈Enter〉键。按一次后退一步，直到图形与开始当前编辑任务时相同为止。

(2) 单击【快速访问工具栏】中的【放弃】按钮，可连续取消前面执行的命令。

(3) 按组合键〈Ctrl+Z〉。

2. 恢复已撤销的命令

(1) 在命令行中输入 U 后，再输入 Redo，恢复已撤销的上一步命令操作。

(2) 单击【快速访问工具栏】中的【重做】按钮。

3. 终止正在执行的命令

在命令执行过程中，可随时按〈Esc〉键终止命令。

2.3　选择对象的常用方法

当对图形进行编辑修改时，需要选取操作对象(泛指任何图形对象，如点、线、面、图块和实体等)。AutoCAD 选取对象的方法很多，常用的方法有：单击对象选择方法，窗口与窗交选择方法。

2.3.1　单击对象选择方法

单击对象选择方法是指通过单击选取单个对象的方法。使用时，可以将十字光标或一个小方框“□”(拾取框)移动到需要被选取的对象上，该对象将高亮显示，如图 2-3 和图 2-5 所示。单击后若该对象显示夹点或加粗，则表明其被选中，如图 2-4 和图 2-6 所示。本方法的特点是可以连续选取相同或不同的操作对象。

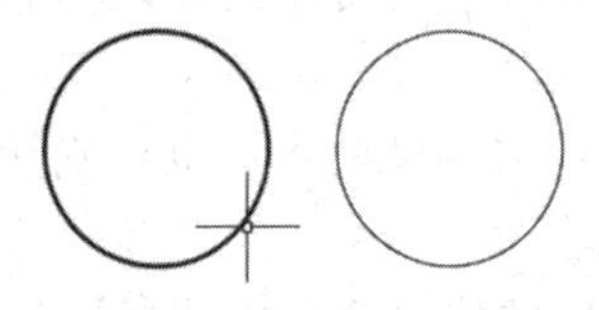

图 2-3　十字光标待选对象(高亮显示)

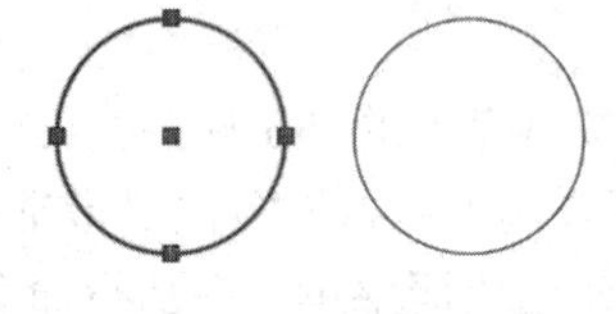

图 2-4　十字光标选取操作对象(先选对象后选命令时)

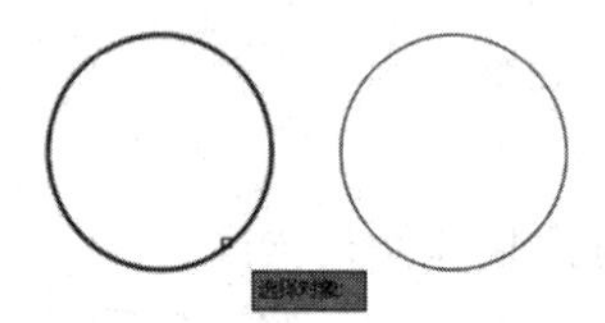

图 2-5　拾取框待选对象(高亮显示)

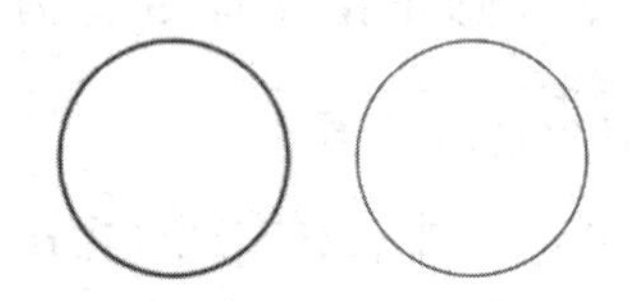

图 2-6　拾取框选取操作对象(先选命令后选对象时)

☆ 提示：按〈Shift〉键并单击某个对象，可取消已选的该对象。按〈Esc〉键可取消已选的所有对象。

2.3.2　窗口与窗交选择方法

窗口与窗交选择方法是指构建一个区域选择多个对象的方法。该区域可以是矩形(由指定两点的窗口构建)，也可以是任意形状(由栏选、圈围、圈交窗口构建)。创建矩形以及窗口、窗交选择的操作方法如表 2-1 所示。

表 2-1 创建矩形以及窗口、窗交选择的操作方法

操作目的	操作任务	鼠标、光标操作方法
构建选择区域	创建矩形区域	单击并释放鼠标左键，然后移动光标并再次单击，即可框定矩形选择区域
选取操作对象	窗口选择	从左到右拖动光标以选择完全封闭在矩形窗中的所有对象
	窗交选择	从右到左拖动光标以选择与矩形窗相交的所有对象

采用窗口选取对象的特点是凡完整位于矩形之内的所有对象都被选中；采用窗交选取对象的特点是除了位于矩形区域之内的对象外，但凡与矩形各条边相交的对象也都同时被选中。窗口与窗交选取结果的对比如表 2-2 所示。

表 2-2 窗口与窗交选取结果的对比

选取方法	选取对象	选取结果
窗口选择（从左向右）	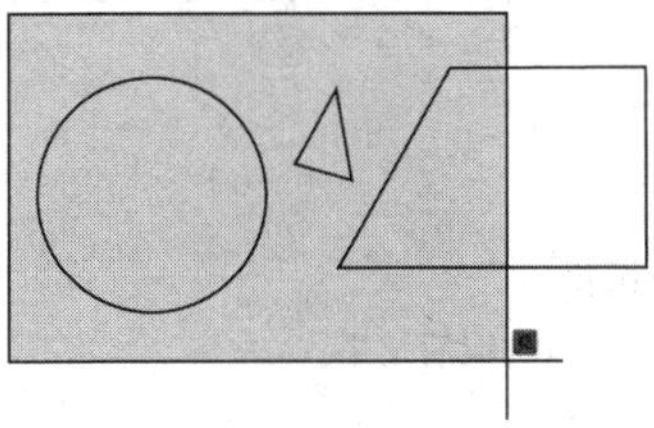	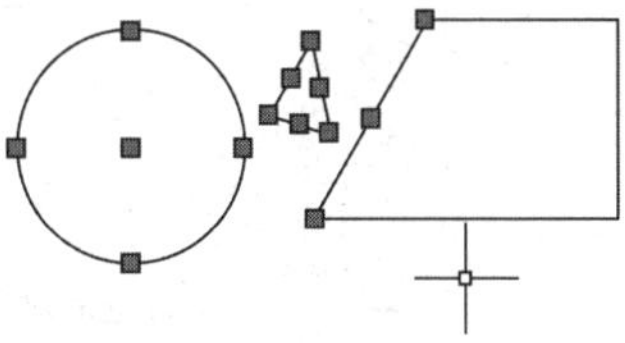
	圆、三角形和四边形中的斜边（默认状态下，窗口内显示蓝色）	选择对象需完整地位于窗口中才能被选中。四边形的两条水平边虽与窗口边框相交，但因不在窗口内，故没有被选中
窗交选择（从右向左）	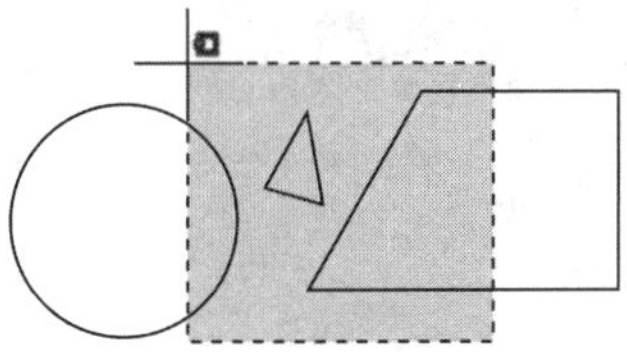	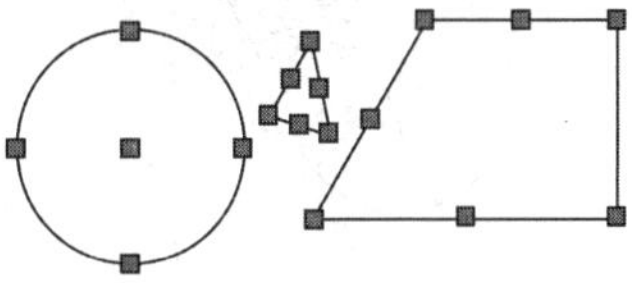
	圆、三角形、四边形中的斜边和两条水平边（默认状态下，窗口内显示绿色）	四边形的斜边和三角形在窗内，故被选中。四边形中两条水平边以及圆虽然不在窗内但与窗边相交，故也被选中；只有四边形的竖直边既不在窗内也不与窗边相交，故没有被选中

2.3.3 不规则窗口选择

如果图形特别复杂，矩形窗口选择功能就显得不足了。如果在命令行“选择对象:”提示下输入 Wp，就可以用鼠标单击若干点，确定一个不规则多边形窗口，所有包含在这个窗口内的对象将被同时选择，如图 2-7 所示。

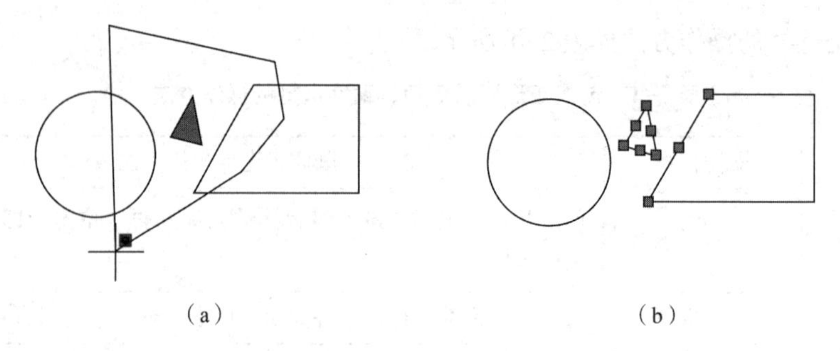

图 2-7　圈围选择

(a)选取对象(圈内为蓝色)；(b)选取后结果

如果在命令行“选择对象:”提示下输入 Cp，则与窗交类似，所有包含在不规则多边形窗口中以及与窗口接触的对象将被同时选择，如图 2-8 所示。

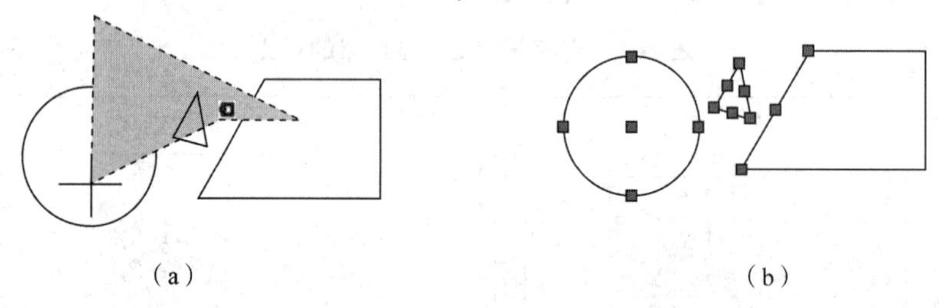

图 2-8　圈交选择

(a)选取对象(圈内为绿色)；(b)选取后结果

2.3.4　栅栏选择

如果在命令行“选择对象:”提示下输入 F(栏选)，就可以用光标像画线一样画出几段折线，所有与折线相交的对象将被同时选择，如图 2-9 所示。

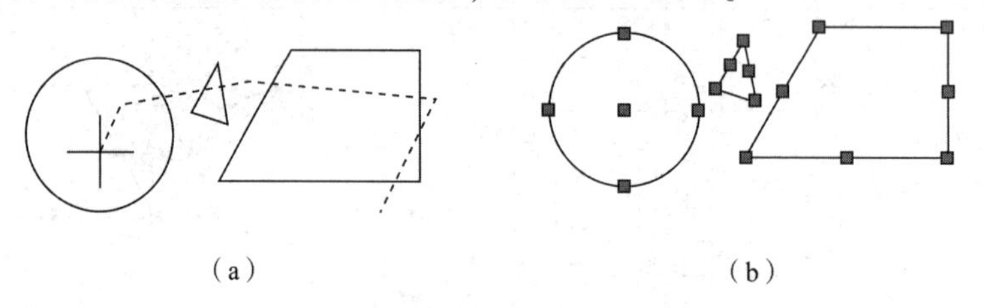

图 2-9　栅栏选择

(a)选取对象(光标绘制出虚线)；(b)选取后结果

2.4　图形显示控制方法

当进行设计绘图时，常会根据不同需求，调整设计方案的整体或局部在计算机屏幕上的显示情况，为此 AutoCAD 提供了一系列的显示控制方法。应注意，任何一种显示控制方法只改变图形在屏幕上的显示大小和位置，并未改变其图形的实际大小和空间位置。

2.4.1　图形视图的缩放

使用视图缩放命令可以放大或缩小图样在屏幕上的显示范围和大小。AutoCAD 向用户提供了多种视图缩放的方法，可以使用多种方法获得需要的缩放效果。执行视图缩放命令的方法如下。

(1)功能区：单击【视图】选项卡，使用【导航】面板的缩放工具，如图 2-10 所示。

(2)菜单栏：单击【视图】→【缩放】，如图 2-10 所示。

(3)工具栏：单击【标准】工具栏中的【缩放】工具的下拉箭头，在下拉列表框中选择相应的缩放选项即可，如图 2-10 所示。

(4)缩放工具栏：单击对应的命令，如图 2-10 所示。

(5)鼠标控制：滚动鼠标滚轮，即可完成缩放视图，这是最常用的缩放方式。

(6)命令行：输入 Zoom 或 Z。

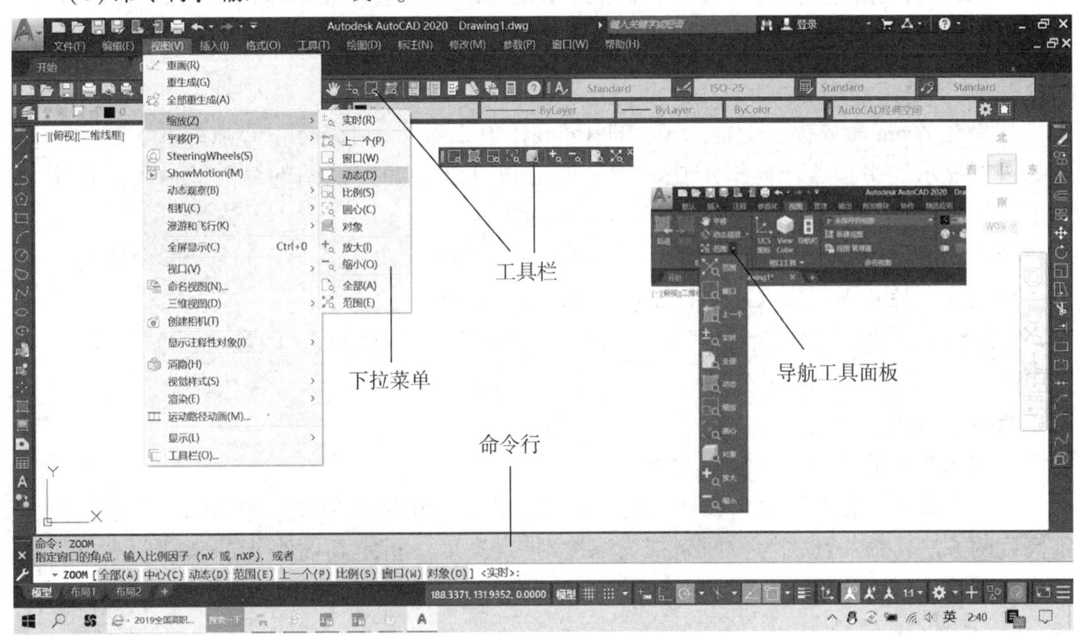

图 2-10　执行视图缩放命令的方法

在命令行输入 Z 或 Zoom 后，按〈Enter〉键，命令行的提示如下。

命令：_ zoom

指定窗口的角点，输入比例因子(nX 或 nXP)，或者

[全部(A)/中心(C)/动态(D)/范围(E)/上一个(P)/比例(S)/窗口(W)/对象(O)] <实时>:

AutoCAD 具有强大的缩放功能，用户可以根据自己的需要显示图形信息。常用的缩放工具有窗口缩放、动态缩放、比例缩放、中心缩放、缩放对象、放大、缩小、全部缩放和范围缩放等。

各种缩放命令的意义如下。

1. 实时缩放

【实时缩放】是系统默认选项。在命令行的提示下直接按〈Enter〉键或使用上述任何一种方式选择【实时缩放】按钮，则可以进行实时缩放。执行【实时缩放】命令后，光标变为放大镜形状，按住鼠标左键向上方拖动鼠标可实时放大图形显示，按住鼠标左键向下方拖动鼠标可实时缩小图形显示。

☆ 提示：在实际操作时，一般采用滚动鼠标中键完成视图的实时缩放。在图形区向上滚动鼠标滚轮为实时放大视图，向下滚动鼠标滚轮为实时缩小视图。这种操作十分方便、快捷，用户必须牢记。

2. 全部(A)

如果在 Zoom 命令提示下输入 A，即 All(全部)，则显示当前视口中的整个图形，将图形缩放到图形界限或当前绘图范围两者中较大的区域中。这是经常用的缩放命令，可以用来观察图形的全貌。

3. 中心(C)

如果在 Zoom 命令提示下输入 C，即 Center(中心点)，则进行中心点缩放。指定一点作为视图显示的中心点，再指定比例因子或窗口高度以确定视图的缩放。命令行的提示如下。

命令：_ zoom

指定窗口的角点，输入比例因子(nX 或 nXP)，或者

[全部(A)/中心(C)/动态(D)/范围(E)/上一个(P)/比例(S)/窗口(W)/对象(O)] <实时>：C

指定中心点：

输入比例或高度<5.0000>：2x

指定窗口高度是要指定新视图视窗的高度，尖括号中的数值是原来视窗的高度。用指定高度的方法，缩放比例为：原来视窗高度/指定高度。指定高度小于原来视窗高度时放大，否则缩小。

4. 动态(D)

在 Zoom 命令提示下输入 D，即 Dynamic(动态)，则动态改变视口的位置和大小，使其中的图形平移或缩放，充满整个视口。

操作时首先显示平移视图框，将其移动到所需位置并单击，视图框变为缩放视图框，调整其大小，以确定缩放比例。单击又变为平移视图框，可再次调节其位置，再次单击又变为缩放视图框，如此循环。调整合适后按〈Enter〉键确定缩放。

5. 范围(E)

在 Zoom 命令提示下输入 E，即 Extents(范围)，则缩放以使图形绘图范围内所有对象最大显示。与 Zoom All 相似。

6. 上一个(P)

在 Zoom 命令提示下输入 P，即 Previous(上一个)，则回到上一个视图。【缩放上一

个】工具按钮为▣。

在编辑图形时，经常要放大图形的局部，对局部修改完毕后，又要回到以前的状态。这时可以利用【显示上一个视图】命令。

7. 比例(S)

在默认情况下，如果输入的是一个比例因子(Scale Factor)，则实现比例缩放。【比例缩放】工具按钮为▣。

8. 窗口(W)

指定窗口角点，即用坐标输入的方法，或利用鼠标拖出一个矩形的两个对角，建立一个矩形观察区域，矩形区域满屏显示，矩形的中心变为新视图的中心，以实现视图的放大或缩小。如果在 Zoom 命令提示下输入 W，即 Window(窗口)，按〈Enter〉键，则实现同样的功能，即窗口缩放。

9. 对象(O)

缩放以尽可能大地显示一个或多个选定的对象并使其位于绘图区域的中心，可以在执行 Zoom 命令之前或之后选择对象。

2.4.2 图形视图的平移

单击【实时平移】按钮▣即可进入视图平移状态，此时鼠标指针形状变为✋，按住鼠标左键拖动鼠标，视图的显示区域即可实时平移。按〈Esc〉键或〈Enter〉键，可以退出该命令。实时平移与实时缩放、窗口缩放、缩放为原窗口、范围缩放等的切换可以通过右击，在弹出的快捷菜单中进行选择来完成，如图 2-11 所示。

图 2-11 快捷菜单

2.4.3 视图的重画

在画图或删除过程中，有时屏幕上会留下杂散的像素，如点或残线段等，使视图显得杂乱，可利用【重画】命令消除。

1. 常用命令输入方式

(1)菜单栏：单击【视图】→【重画】。

(2)命令行：输入 Redraw 或 R。

2. 操作步骤

在命令行输入 R，按〈Enter〉键执行命令。

利用【重画】命令一次可以清理一个视口。如果要同时清理多个视口，可以用全部重画命令 RedrawAll。

2.4.4 视图的重生成

有时对象在屏幕上显示会变形，如圆弯成了多边形。这时，要用 Regen 命令在当前视口中重生成整个图形并重新计算所有对象的屏幕坐标，优化显示和对象选择的性能。

1. 常用命令输入方式

(1)菜单栏：单击【视图】→【重生成】。

(2)命令行：输入 Regen 或 Re。

2. 操作步骤

在命令行输入 Re，按〈Enter〉键执行命令。

利用【重生成】命令一次可以重生成一个视口。如果要同时重生成多个视口，可以用全部重生成命令 RegenAll。

【重生成】命令的效果如图 2-12 所示。

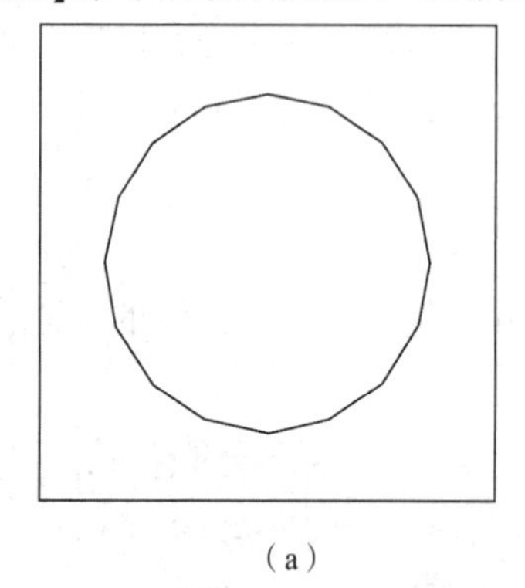

(a)

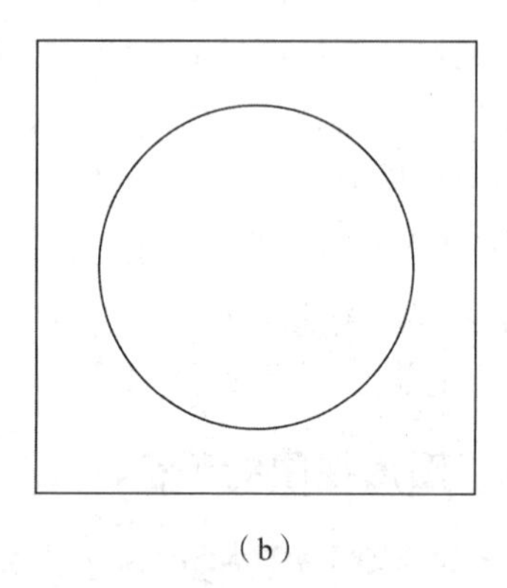

(b)

图 2-12 【重生成】命令的效果

(a)原图；(b)重生成后

☆ 提示：【重画】命令和【重生成】命令是 AutoCAD 早期版本中的常用命令，现在已经很少用了。

2.5 设置绘图环境

图纸是一种直观、准确、醒目、易于交流的表达形式。好的计算机绘制的图纸应该具有清晰、准确的特征。在绘图前，需要根据图形尺寸确定绘图单位、图形界限；根据图形内容设置图层，在每一图层中设置相应的线型、线宽、颜色等内容。

2.5.1 设置绘图单位

为了便于不同领域的设计人员进行设计创作，AutoCAD 允许灵活更改绘图单位，以适应不同的工作需求。

1. 常用调用方式

(1)应用程序菜单：单击【图形实用工具】→【单位】。

(2)菜单栏：单击【格式】→【单位】。

(3)命令行：输入 Units 或 Un。

进行以上任一操作后，就会打开【图形单位】对话框，如图 2-13 所示。

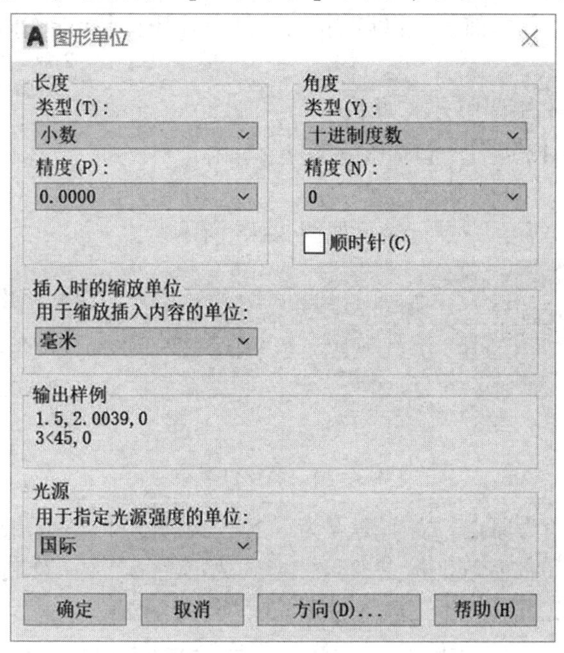

图 2-13 【图形单位】对话框

2.【图形单位】对话框中各选项说明

(1)【长度】选项区域：设置长度单位的类型和精度。

(2)【角度】选项区域：设置角度单位的类型和精度。

(3)【顺时针】复选框：设置旋转方向。默认情况下此项为未选中状态，以逆时针旋转的角度方向为正方向；如选中此选项，则表示按顺时针旋转的角度为正方向。

(4)【插入时的缩放单位】选项区域：选择插入图块时的单位，也是当前绘图环境的尺寸单位。

(5)【方向】按钮：用于设置角度方向。单击该按钮，打开【方向控制】对话框，设置角度的起点和测量方向，如图 2-14 所示。

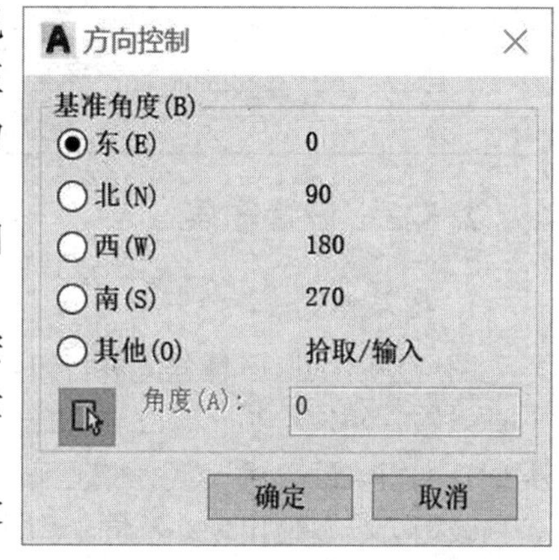

图 2-14 【方向控制】对话框

默认的起点角度为 0°，方向正东。在其中可以设置基准角度，即设置 0°角。如将基准角度设为【北】，则绘图时的 0°实际上在 90°方向上。

如果选择【其他】单选按钮，则可以单击【拾取角度】按钮，切换到图形窗口，通过拾取两个点来确定基准角度 0°的方向。

2.5.2 设置图形界限

通常来说，图形界限就是绘图区域。对于初学者而言，在绘制图形时经常会发生图形

“出界”的现象，为了避免绘制的图形超出用户工作区域或图纸的边界，往往需要设置图形界线来标明边界。

在执行图形界限操作之前，可以启用状态栏中的【栅格】功能，以查看图形界限的设置效果。

【图形界限】命令常用调用方式如下。

(1)菜单栏：单击【格式】→【图形界限】；

(2)命令行：输入 Limits 或 Lim。

进行以上任一操作后，命令行显示如图 2-15 所示。

```
命令: '_limits
重新设置模型空间界限:
指定左下角点或 [开(ON)/关(OFF)] <0.0000,0.0000>:
指定右上角点 <420.0000,297.0000>:
键入命令
```

图 2-15　命令行显示

默认情况下左下角为原点，右上角点为(420，297)，即 A3 图纸。一般在设置过程中只需要在命令行中输入右上角坐标点即可，形式为(X，Y)。在绘制图样时，优先采用表 2-3 规定的基本幅面及图框尺寸，常用的为 A3、A4 号图纸。

表 2-3　图纸基本幅面及图框尺寸

单位：mm

<table>
<tr><td>幅面代号</td><td>A0</td><td>A1</td><td>A2</td><td>A3</td><td>A4</td></tr>
<tr><td>B×L</td><td>841×1 189</td><td>594×841</td><td>420×594</td><td>297×420</td><td>210×297</td></tr>
<tr><td>e</td><td colspan="2">20</td><td colspan="3">10</td></tr>
<tr><td>c</td><td colspan="3">10</td><td colspan="2">5</td></tr>
<tr><td>a</td><td colspan="5">25</td></tr>
</table>

2.5.3　设置图层

1. 图层概念

图层是将图形信息分类进行组织管理的有效工具之一，使用这种工具能够方便地绘制、修改和管理图形。国家标准规定，图线有很多类型，如粗实线、细实线、细点画线、细虚线等。就一张图样来说，各种线型会反复地出现在不同的图形上(如主、俯、左视图等)，若画一条不同类型的线条就去设置一次线条属性，则会很麻烦。为了简化操作，可采用“图层”控制线型，即可设置若干图层并为每个图层设置不同类型的图线属性，然后将某类图线集中画在某层上。

图层可以看成是一些透明、完全对齐、叠在一起的电子胶片，用户见到的图形是已打开图层上的所有图形的叠加，如图 2-16 所示。不管图层有多少，只要其中的一层打开，就可以在该层上绘图，显示

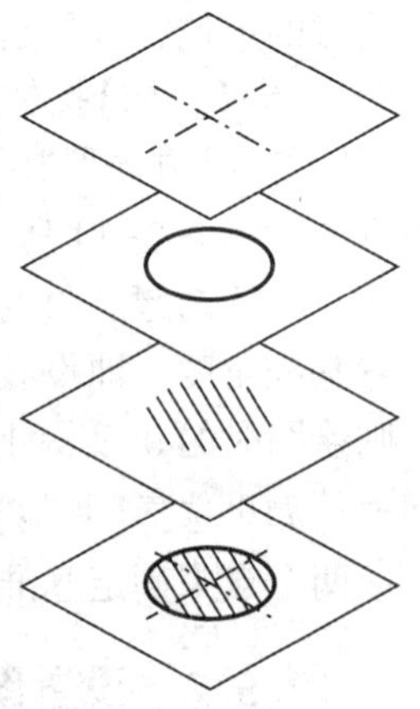

图 2-16　图层示例

该层上已绘制的图形并能对该层图形进行修改。用户可以根据需要增加或删除图层，为每个图层设置不同的属性。

2. 图层的主要特性

(1)文件中图层数目无限制，图层上对象数目无限制。

(2)用户可以为每个图层指定不同的颜色和线型，系统默认为白色、实线。

(3)每一图层对应一个图层名，系统默认设置的图层为0层，该图层不可更名和删除，但可修改它的其他属性。

(4)一个图层上的图形对象可以转换到另一个图层上。

(5)每个图层具有相同的坐标，可通过【图层特性管理器】或【图层】工具栏，进行图层操作。

3. 图层的设置原则

1)够用、精简

任何专业图纸上的图元均可用一定的规律来组织整理。例如，机械图纸中的对象，通常按常用线型分类，如粗实线、细实线、虚线、中心线、双点画线等，然后再设置几个常用的对象类型图层，如标注、文字、剖面线等。为方便操作，保证图纸图层的统一性，可以直接设置到模板文件里，图中如有其他要用到的图层可以再次添加。

☆ 提示：每种线型代表不同的类型，绘图时可根据类型来设置图层。例如，粗实线表示可见轮廓线；细实线表示尺寸线、尺寸界线、剖面线、引出线；波浪线表示断裂处的边界线、视图和剖视的分界线；虚线表示不可见轮廓线；点画线表示轴线、中心线；双点画线表示假想投影轮廓线、中断线。

2)0层的使用

AutoCAD中0层是默认层，0层的默认色是白色。原则上0层不可用来画图，主要用来定义块。在定义块时，先将所有的图元均设置为0层(特殊时除外)，然后再定义块，这样在插入块时，插入时是哪个层，块就是哪个层。

4. 新建图层

1)创建新图层和设置新属性(修改原有属性)的方法

(1)单击功能区选项卡中的【默认】→【图层】，在面板上单击【图层特性】按钮或单击【图层】工具栏上的按钮，弹出如图2-17所示的【图层特性管理器】对话框。

(2)新建图层：单击对话框上方的【新建图层】按钮，则名为“图层1”的新图层显示在对话框中间的列表中，它具有系统提供的默认属性，如图2-17所示。

(3)设置新图层名：可以通过输入新图层名来替换原图层名，也可不修改原图层名。

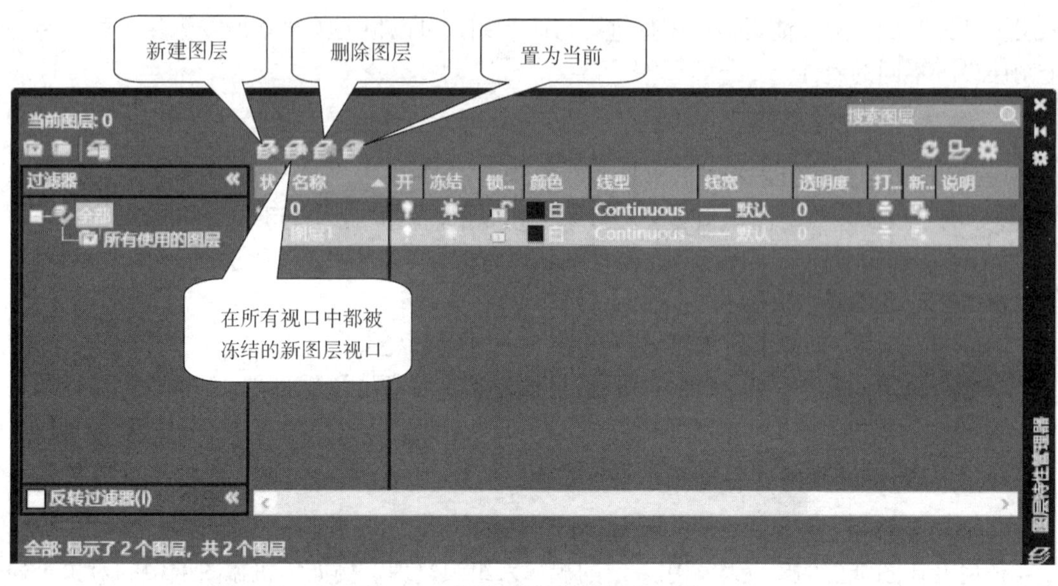

图 2-17 【图层特性管理器】对话框

(4)设置新图层颜色：单击该图层的原有颜色名，弹出图 2-18 所示的【选择颜色】对话框，选择一种新颜色后单击【确定】按钮即可完成修改。

(5)设置新图层线型：单击该图层的原有线型名，弹出如图 2-19 所示的【选择线型】对话框，选择一种新线型后单击【确定】按钮即可完成修改。如果对话框中没有列出所需的线型，则可通过单击对话框下方的【加载】按钮进行线型加载，【加载或重载线型】对话框如图 2-20 所示。操作时，可一次性地将所有线型全部加载，也可随用随加。

(6)设置新图层线宽：单击该图层的原有线宽名，弹出如图 2-21 所示的【线宽】对话框，选择一种线宽后单击【确定】按钮即可完成修改。如需要创建多个图层，则可重复步骤以上步骤。

(7)单击【应用】→【确定】，即完成图层设置并回到原来的工作界面。

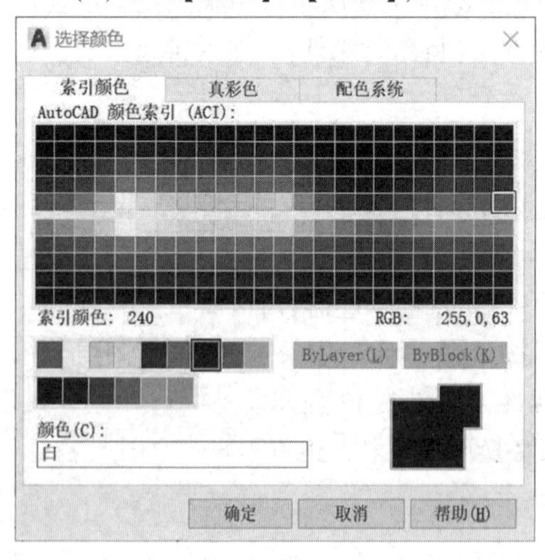

图 2-18 【选择颜色】对话框

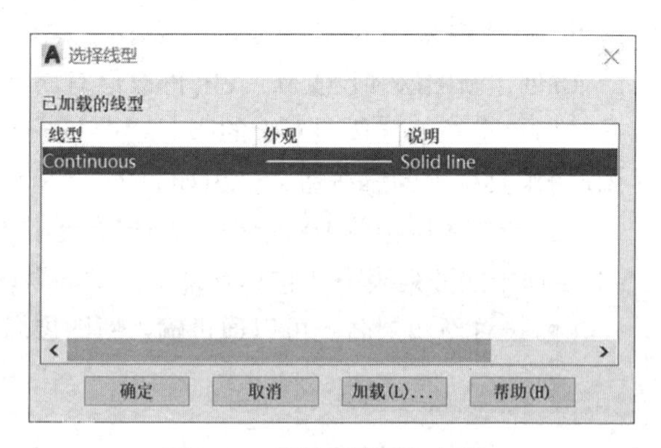

图 2-19 【选择线型】对话框

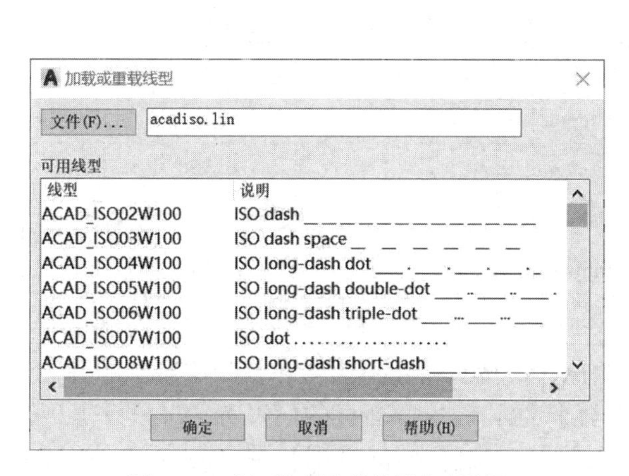

图 2-20　【加载或重载线型】对话框

图 2-21　【线宽】对话框

2)改变图层状态和属性的操作方法

(1)删除图层。选中欲删除的图层(该图层变成深色长条)，单击图 2-17 所示【图层特性管理器】对话框中的【删除图层】按钮，即可删除该图层(不可删除 0 层和具有图形或文字等对象的图层)。

(2)更换图层。若要将某图层设为当前图层，只需在【图层】工具栏的下拉列表框中单击欲置为当前层的图层名即可，如在图 2-22(a)中，若要将【粗实线】层置为当前层，只需单击【粗实线】层即可替换掉当前层(【尺寸线】层)，或单击【图层】面板中相应的图标按钮，如图 2-22(b)所示。

图 2-22　设置【粗实线】层为当前图层

(a)【图层】工具栏修改图层；(b)【图层】面板修改图层

(3)控制图层状态。主要用以下 3 个图标按钮控制图层状态，各按钮含义如下。

①控制图层【开/关】按钮：被关闭图层上的图形对象不能显示和打印。

②控制图层【冻结/解冻】按钮：被冻结图层上的图形对象不能显示、打印和编辑。

③控制图层【锁定/解锁】按钮：被锁定图层上的图形对象不能编辑。

3)绘图过程中图层的常用设置

图层常用设置如表 2-4 所示。

表 2-4　图层常用设置

图层名	颜色	线型	推荐线宽/mm
粗实线	黑色/白色	Continuous	0.7
细实线	黑色/白色	Continuous	0.35
细虚线	洋红色	Hidden	0.35
细点画线	红色	Center	0.35
尺寸标注	绿色	Continuous	0.35
剖面线	蓝色	Continuous	0.35
文字(细实线)	绿色	Continuous	0.35

当更换了当前图层时，已绘制对象的颜色、线型及线宽不会变化，新增对象的颜色、线型及线宽也不一定与当前图层一致，这与【特性】工具栏/面板的设置有关。只有当【特性】工具栏/面板中【颜色控制】【线型控制】及【线宽控制】选择【随层】(或 Bylayer)时，绘制的对象才与图层设定的一致。否则，绘制的对象会与【特性】工具栏/面板设置一致。因此，一般在绘图时，【特性】工具栏/面板中【颜色控制】【线型控制】及【线宽控制】选择【随层】(或 Bylayer)。

☆ 提示：在一个图形文件中，用户可以根据需要创建许多图层，但当前层(即当前作图所使用的图层)只有一个，且用户只能在当前层上绘制图形对象。

2.6　坐标与坐标系

2.6.1　世界坐标系和用户坐标系

1. 世界坐标系(WCS，World Coordinate System)

在 AutoCAD 软件中，提供了一个虚拟的二维和三维空间，在此空间中设定了一个基准，这个基准称为世界坐标系(WCS)，又称为参照坐标系、通用坐标系。AutoCAD 软件中 WCS 是固定不改变的，其他所有的坐标系都是相对 WCS 定义的。

当进入 AutoCAD 的界面时，系统默认的坐标系统是世界坐标系。坐标系图标中标明了 X 轴和 Y 轴的正方向，如图 2-23 所示，输入的点就是依据这两个正方向来进行定位的。用坐标来定位进行输入时，常使用绝对直角坐标、绝对极坐标、相对直角坐标和相对极坐标 4 种方法。

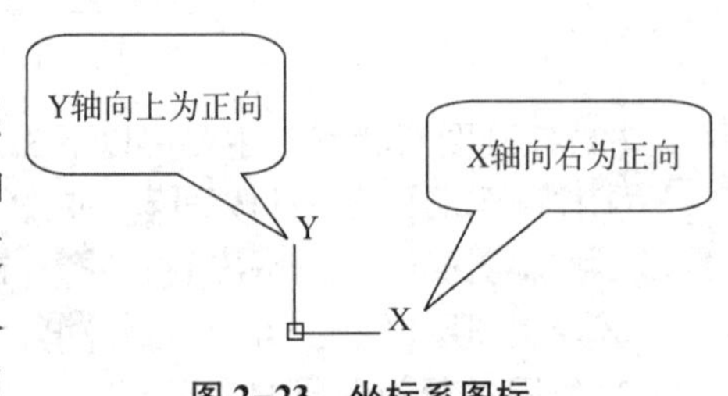

图 2-23　坐标系图标

2. 用户坐标系(UCS, User Coordinate System)

在特殊情况下，用户根据自己的需要，重新设置一个参考坐标系，此坐标系就叫用户坐标系，又称为工作坐标系。

UCS 图标指示当前 UCS 的位置和方向，使 UCS 的当前方向可视化。为便于在不同视图中编辑对象，可为每个视图定义不同的 UCS。WCS 和 UCS 在新图形中最初是重合的。

2.6.2 坐标的表示方法

1. 直角坐标系

直角坐标系也称笛卡尔坐标系，它有 X、Y 和 Z 坐标轴，且两两垂直相交。AutoCAD 二维绘图是在 XY 平面上绘图，X 轴为水平方向，Y 轴为竖直方向，两轴的交点为坐标原点，即(0, 0)点，默认的坐标原点位于绘图窗口的左下角。

1)绝对直角坐标

绝对直角坐标是指相对于坐标原点的坐标。输入坐标值时，需要给出相对于坐标系原点沿 X、Y 轴的距离及其方向(正或负)。

要使用绝对直角坐标值指定点，应输入用逗号隔开的 X 值和 Y 值，即(X, Y)。

例如，坐标(10, 13)是指在 X 轴正方向(向右)距离原点 10 个单位，在 Y 轴正方向(向上)距离原点 13 个单位的一个点。

例如，要绘制一条起点为(-20, 50)，终点为(30, 20)的直线，用绝对直角坐标输入时命令行提示如下。

```
命令：L                          //利用键盘输入 L，按〈Enter〉键，执行【直线】
                                   命令
LINE                             //显示命令全称
指定第一个点：-20，50            //利用键盘在命令行直接输入坐标值(-20，50)
指定下一点或[放弃(U)]：30，20   //利用键盘在命令行直接输入坐标值(30，20)
指定下一点或[放弃(U)]：         //按〈Enter〉键，结束本命令
```

AutoCAD 执行后，即可绘制如图 2-24 所示的直线。

2)相对直角坐标

相对直角坐标是基于上一个输入点的。如果知道某点与前一点的位置关系，可以使用相对直角坐标。要指定相对直角坐标，须在坐标前面添加一个“@”符号。例如，坐标(@10, 15)是指在 X 轴正方向距离上一指定点 10 个单位，在 Y 轴正方向距离上一指定点 15 个单位的一个点。

例如，使用相对直角坐标绘制一条直线，该直线起点的绝对坐标为(-30, 10)，其终点的绝对坐标为(20, 40)。用相对直角坐标输入时命令行提示如下。

```
命令：L                          //利用键盘输入 L，按〈Enter〉键，执行【直线】
                                   命令
LINE                             //显示命令全称
指定第一个点：-30，10            //利用键盘在命令行直接输入坐标值(-30，10)
指定下一点或[放弃(U)]：@50，30  //利用键盘在命令行直接输入坐标值(@50，30)
指定下一点或[放弃(U)]：         //按〈Enter〉键，结束本命令
```

AutoCAD 执行后，即可绘制如图 2-25 所示的直线。

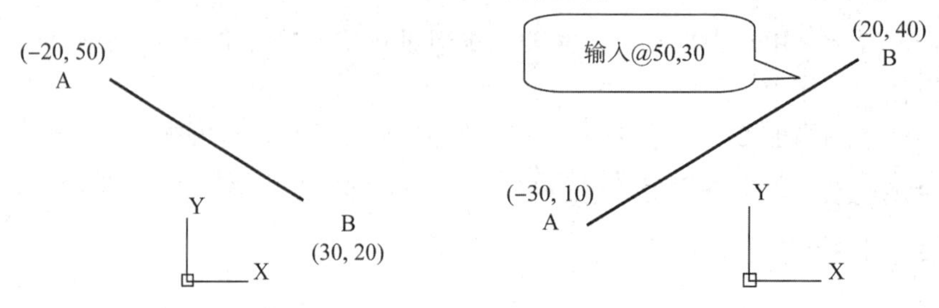

图 2-24　绝对直角坐标的输入　　**图 2-25　相对直角坐标的输入**

【练一练】已知图形每个点的绝对坐标如图 2-26 所示，请分别用绝对直角坐标和相对直角坐标绘制图形。

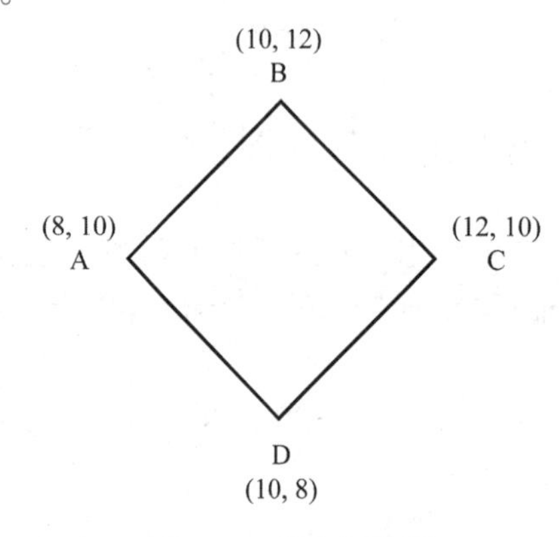

04-图 2-26 绘制四边形

图 2-26　绘制四边形

☆ 提示：在窗口中的动态输入，默认输入的是相对直角坐标，前面加入一个#号可以变成绝对直角坐标或在状态栏中将动态输入按钮关掉也可以改为绝对直角坐标。

2. 极坐标系

极坐标系使用距离和角度定位点。

要输入极坐标，须输入距离和角度，并使用小于号“<”隔开，即“距离<角度”。默认情况下，角度逆时针方向为正，顺时针方向为负。例如，输入(40<330)与输入(40<-30)结果相同。

1)绝对极坐标

绝对极坐标是指相对于坐标原点的极坐标表示。例如，极坐标(8<45)是指从 X 轴正方向逆时针旋转 45°，距离原点 8 个单位的点。

例如，要绘制如图 2-27 所示的直线，用绝对极坐标输入时命令行提示如下。

命令：L　　//利用键盘输入 L，按〈Enter〉键，执行【直线】命令

LINE　　//显示命令全称

指定第一个点：0，0　　//利用键盘在命令行直接输入坐标值(0，0)

指定下一点或[放弃(U)]：40<30　　//利用键盘在命令行直接输入坐标值(40<30)

指定下一点或[放弃(U)]：　　//按〈Enter〉键，结束本命令

2）相对极坐标

相对极坐标是基于上一个输入点的。例如，相对于前一点距离为 10 个单位，角度为 45°的点，应输入（@10<45）。

例如，要绘制如图 2-28 所示的直线，用相对极坐标输入时命令行提示如下。

```
命令：L                        //利用键盘输入 L，按〈Enter〉键，执行【直线】
                                命令
LINE                           //显示命令全称
指定第一个点：40，50            //利用键盘在命令行直接输入坐标值(40，50)
指定下一点或[放弃(U)]：@30<45  //利用键盘在命令行直接输入坐标值(@30<45)
指定下一点或[放弃(U)]：         //按〈Enter〉键，结束本命令
```

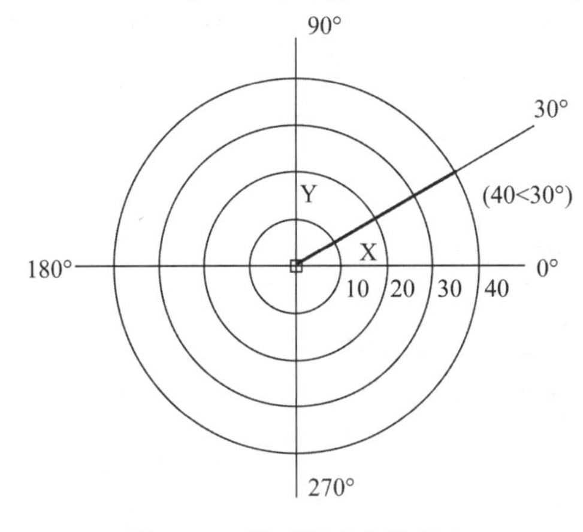

图 2-27　绝对极坐标的输入

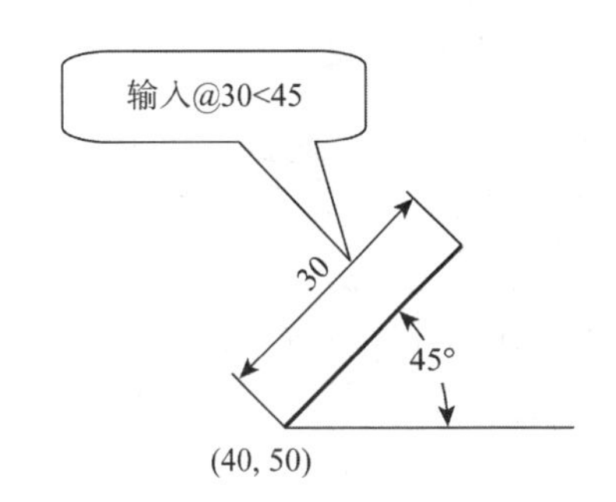

图 2-28　相对极坐标的输入

3. 坐标值的显示

AutoCAD 在工作界面底部的状态栏中显示当前光标位置的坐标值。

也可以选择【工具】→【查询】→【点坐标】，或选择【默认】→【实用工具】→【点坐标】，然后选中要显示的点，此时命令行将显示该点的坐标值。

【练一练】绘制如图 2-29 所示的简单图形。

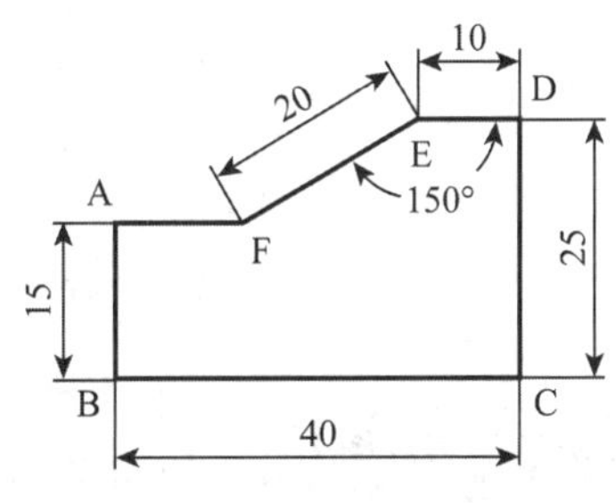

图 2-29　简单图形练习

☆ 提示：如图 2-29 所示，直线 EF 可采用相对极坐标输入（@20<210）或（@20<-150），20 为线段长度，210 为正方向（逆时针）角度 210°，-150 为负方向（顺时针）角度 150°。

2.7 思考与练习

1. 基础题

(1)创建表 2-5 中的图层，并设置线型比例因子为 0.3。

表 2-5 创建图层

图层名	颜色	线型	推荐线宽/mm
粗实线	黑色/白色	Continuous	0.7
细实线	黑色/白色	Continuous	0.35
虚线	洋红色	Hidden	0.35
点画线	红色	Center	0.35
尺寸标注	绿色	Continuous	0.35
剖面线	蓝色	Continuous	0.35
文字(细实线)	绿色	Continuous	0.35

(2)在粗实线图层下运用【直线】命令完成图 2-30 和图 2-31，练习相对坐标。

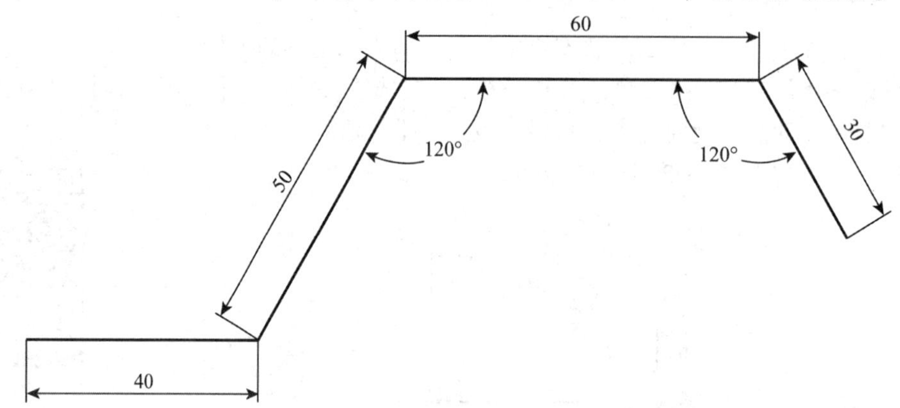

图 2-30 习题图 1

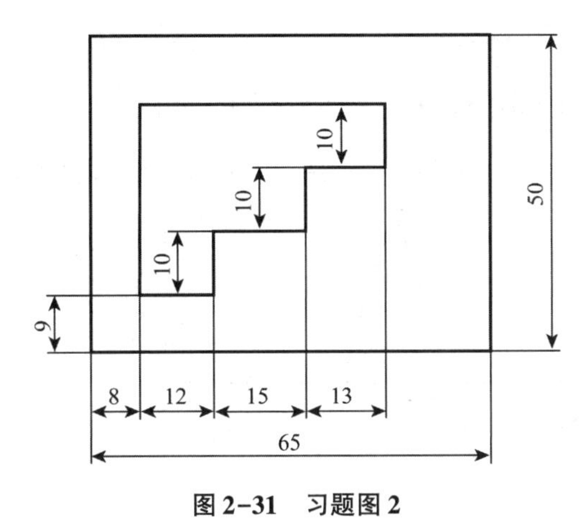

图 2-31　习题图 2

2. 提升题

运用【直线】命令绘制如图 2-32 和图 2-33 所示平面图形，并保存。

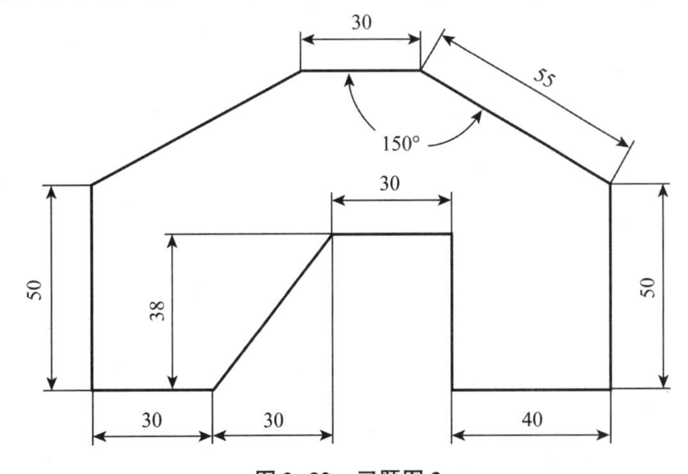

图 2-32　习题图 3

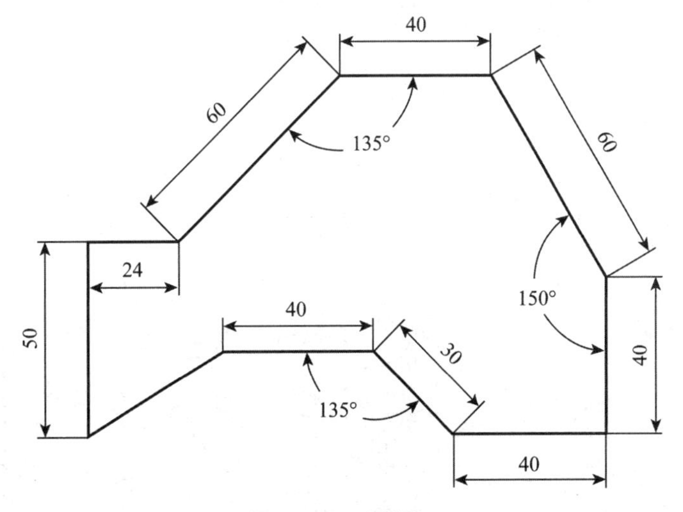

图 2-33　习题图 4

3. 趣味题

运用【直线】命令绘制如图 2-34 所示的五角星，并保存。

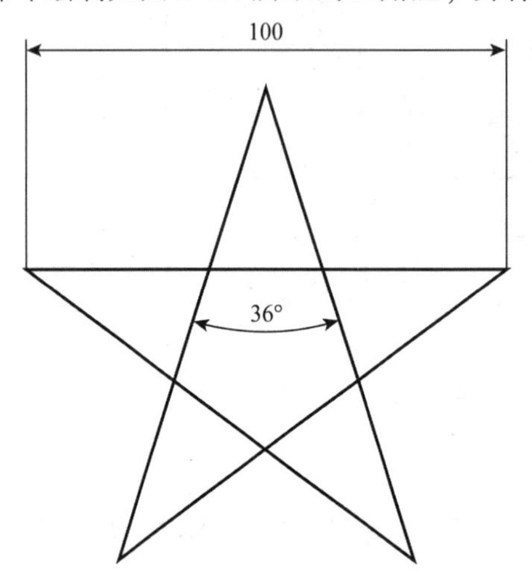

图 2-34　习题图 5

第3章

AutoCAD绘图命令

本章要点

- 绘制直线、构造线、射线
- 绘制圆、圆弧、椭圆、椭圆弧
- 绘制点、矩形、正多边形
- 绘制多线、多段线、修订云线、样条曲线

3.1 直线、构造线、射线

3.1.1 直线

直线是构成图形实体的基本元素，AutoCAD中的直线其实为几何学中的线段。AutoCAD用一系列的直线连接各指定点，在指定的位置绘制一条直线段或连续多条的直线、折线或任意多边形。【直线】命令常用的启用方法如下。

(1)功能区：单击【绘图】面板上的【直线】按钮。

(2)菜单栏：单击【绘图】→【直线】。

(3)工具栏：单击【绘图】工具栏上的【直线】按钮。

(4)命令行：输入Line或L，按〈Space〉键或〈Enter〉键。

☆ 提示：在绘图区画一线段时，通常是先确定起点位置，再确定终点位置，然后连成直线。当起点确定后，用光标去定位终点时，在绘图区始终显示一条连接起点和终点的直线，这条直线随光标位置的变动而变化，好像是一根橡皮筋，这就是橡皮筋功能。橡皮筋功能对于决定一个线段，且需要考虑与其他几何图形的关系时是十分有用的。因为利用这种反馈，用户可以随时判定所画的线段是否合适。

用户可以用鼠标拾取或输入坐标的方法指定端点，这样可以绘制连续的线段，上一线段的终点是下一线段的起点，而每一线段又是独立的图形对象，而不是一个整体。按

〈Enter〉键、〈Space〉键或右击，在弹出的快捷菜单中选择【确认】选项结束命令。

如果只画一条线段，则在“指定下一点或[放弃(U)]:”提示下直接按〈Enter〉键结束命令；连续输入 U 并按〈Enter〉键，可按绘图的相反顺序取消已绘线段，回到起始点；如果在绘制过程中输入点的坐标出现错误，可以输入字母 U 并按〈Enter〉键，撤销上一次输入点的坐标，此时可以继续输入下一点的坐标，而不必重新执行【直线】命令；如果要绘制封闭图形，不必输入最后一个封闭点，而直接输入 C，并按〈Enter〉键即可。

【例 3-1】 利用【直线】命令绘制如图 3-1 所示的多边形。

在命令行输入 L，按〈Space〉键或〈Enter〉键，执行【直线】命令，命令行提示如下。

```
命令：_ line
指定第一点：(指定 P1 点)
指定下一点或[放弃(U)]：@ 40，0                    //相对直角坐标确定 P2 点
指定下一点或[放弃(U)]：@ 0，10                    //相对直角坐标确定 P3 点
指定下一点或[闭合(C)/放弃(U)]：@ 30<150          //相对极坐标确定 P4 点
指定下一点或[闭合(C)/放弃(U)]：C
```

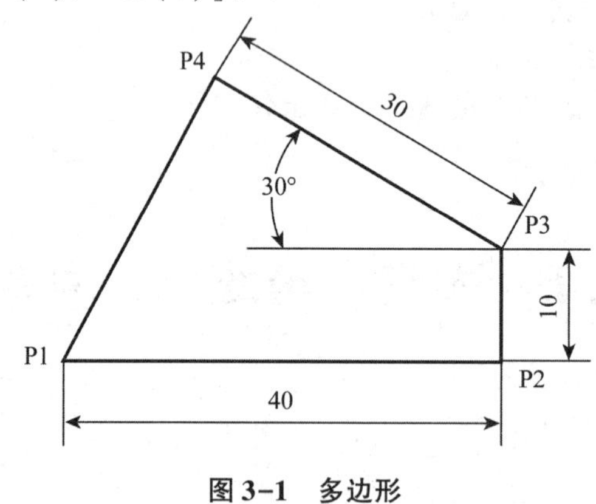

图 3-1　多边形

3.1.2　构造线

构造线是指在两个方向上无限延长的直线。构造线主要用作绘图时的辅助线。当绘制多视图时，为了保持投影联系，可先画出若干条构造线，再以构造线为基准画图。【构造线】命令常用的启用方法如下。

(1)功能区：单击【绘图】面板上的【构造线】按钮。

(2)菜单栏：单击【绘图】→【构造线】。

(3)工具栏：单击【绘图】工具栏上的【构造线】按钮。

(4)命令行：输入 Xline 或 Xl，按〈Space〉键或〈Enter〉键。

构造线可以模拟手工绘图中的辅助线，用特殊的线型显示，在绘图输出时可不作输出。

3.1.3　射线

射线是以某点为起点，并且在单方向上无限延长的直线。【射线】命令常用的启用方法如下。

(1)功能区：单击【绘图】面板上的【射线】按钮。

(2)菜单栏：单击【绘图】→【射线】。

(3)工具栏：单击【绘图】工具栏上的【射线】按钮。

(4)命令行：输入 Ray，按〈Space〉键或〈Enter〉键。

【例 3-2】 利用【射线】命令绘制如图 3-2 所示的射线簇。

解 在命令行输入 Ray，按〈Space〉键或〈Enter〉键，执行【射线】命令，命令行提示如下。

```
命令：_ ray
命令行的提示：
指定起点：          //在屏幕指定一点
指定通过点：        //在屏幕指定一点
.....
指定通过点：        //按〈Enter〉键结束命令
```

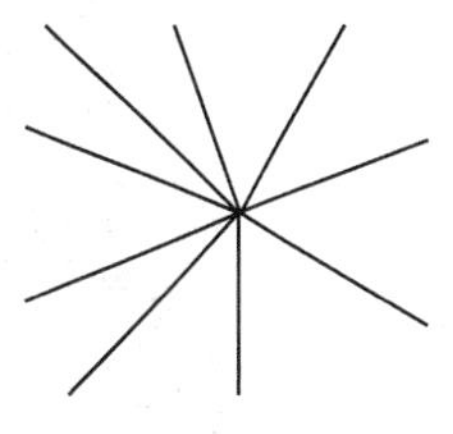

图 3-2 射线簇

3.2 圆、圆弧、椭圆、椭圆弧

圆及圆弧是作图过程中经常遇到的两种基本实体，我们有必要掌握在不同的已知条件下绘制圆和圆弧的方法；当椭圆的长轴和短轴相等时，便是一个圆。所以，在几何上圆与椭圆、圆弧与椭圆弧有着内在的联系。

根据已知条件的不同，AutoCAD 2020 提供了 6 种绘制圆的方法，11 种绘制圆弧的方法，3 种绘制椭圆的方法，1 种绘制椭圆弧的方法。

3.2.1 圆

AutoCAD 2020 提供的 6 种绘制圆的方法中，可以通过指定圆心和半径(或直径)或指定圆经过的点创建圆，也可以创建与对象相切的圆。【圆】命令常用的启用方法如下。

(1)功能区：单击【绘图】面板中的【圆】按钮，如图 3-3 所示。

(2)菜单栏：单击【绘图】→【圆】，如图 3-4 所示。

(3)工具栏：单击【绘图】工具栏上的【圆】按钮。

(4)命令行：输入 Circle 或 C，按〈Space〉键或〈Enter〉键。

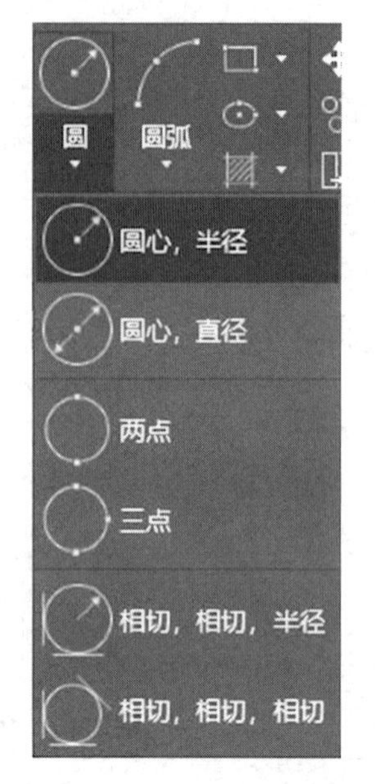

图 3-3 【绘图】面板中的【圆】按钮

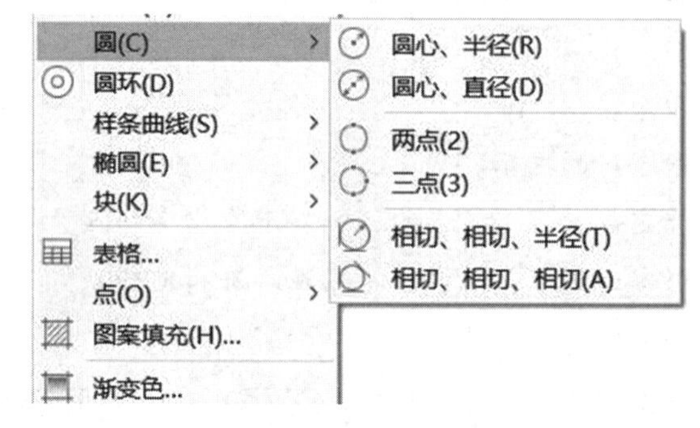

图 3-4 菜单栏中的【圆】子菜单

☆ 提示：相切对象可以是直线、圆、圆弧、椭圆等图线，这种绘制圆的方式在圆弧连接中经常使用。

圆绘制命令各选项说明如表 3-1 所示。

表 3-1 圆绘制命令各选项说明

选项	圆的生成方法	图例
圆心，半径	默认选项，通过拾取或输入坐标指定圆心位置并输入半径绘制圆(半径大小可输入一个值或用拖动方式确定)	R10
圆心，直径	指定圆心位置后，在提示指定半径时输入 D，按〈Enter〉键(表示以直径方式画圆)，然后输入直径绘制圆	φ20
两点	在命令行提示下输入 2P，按〈Enter〉键，表示选择指定两点绘制圆(直径的两个端点)	1 2

续表

选项	圆的生成方法	图例
三点	在命令行提示下输入 3P，按〈Enter〉键，表示由给定的三点绘制圆，然后分别指定圆周上的 3 个点确定圆的大小	
相切，相切，半径	在命令行提示下输入 T，按〈Enter〉键，表示绘制与两个目标对象（如直线、圆或圆弧等）相切的圆。一旦光标移动到相切对象，将出现相切标记，然后输入圆的半径，绘制的圆必与 2 个对象相切	
相切，相切，相切	在下拉菜单中单击【绘图】→【圆】→【相切、相切、相切】中，可绘制与 3 个目标对象相切的圆。当光标移动到相切对象并出现相切标记时，AutoCAD 自动找到 3 个切点，并过这 3 个点生成一个圆	

【例 3-3】 利用【圆】命令绘制如图 3-5 所示的三角形的内接圆。

解 单击菜单栏中的【绘图】→【圆】→【相切、相切、相切】或单击功能区【绘图】面板上的【圆】按钮→，命令行提示如下。

```
命令：_ circle
指定圆的圆心或[三点(3P)/二点(2P)/相切、相切、半径(T)]：_ 3P
指定圆上的第一点：_ tan 到              //拾取边 1
指定圆上的第二点：_ tan 到              //拾取边 2
指定圆上的第三点：_ tan 到              //拾取边 3
```

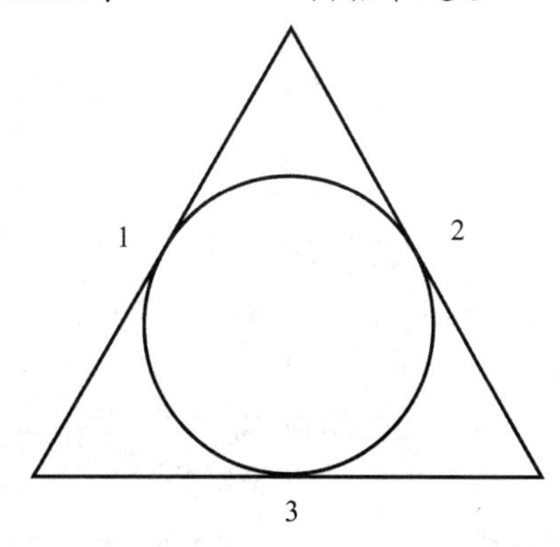

图 3-5　三角形的内接圆

3.2.2 圆弧

AutoCAD 系统默认的情况是角度测量逆时针为正，所以绘制圆弧的默认方向是沿逆时针方向生成圆弧，因此应注意起点、端点的顺序。

圆弧是圆周的一部分，画圆只需要圆心和半径，而画圆弧除了要控制圆心和半径外，还需要给出起始角和终止角才能完全定义，AutoCAD 2020 提供了 11 种绘制圆弧的方式。通过控制圆弧的起点、中间点、圆弧方向、圆弧所对应的圆心角、终点、弦长等参数的其中 3 个，可确定圆弧的形状和位置，如表 3-2 所示。虽然 AutoCAD 提供了多种绘制圆弧的方法，但经常用到的仅是其中的几种，在以后的章节中，将学到用【倒圆角】和【修剪】命令来间接生成圆弧。【圆弧】命令常用的启用方法如下。

(1)功能区：单击【绘图】面板中的【圆弧】按钮，如图 3-6 所示。

(2)菜单栏：单击【绘图】→【圆弧】，如图 3-7 所示。

(3)工具栏：单击【绘图】工具栏上的【圆弧】按钮。

(4)命令行：输入 Arc 或 A，按〈Space〉键或〈Enter〉键。

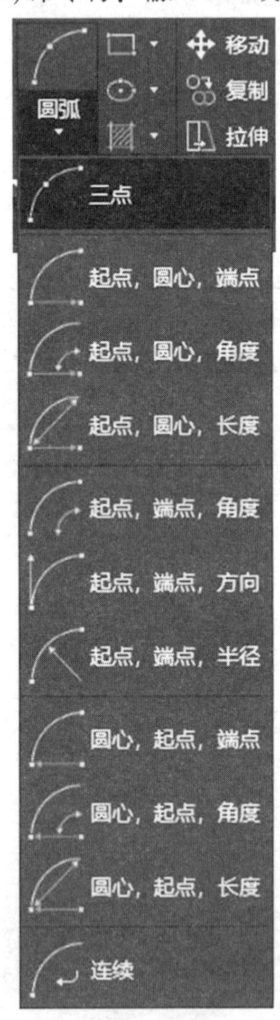

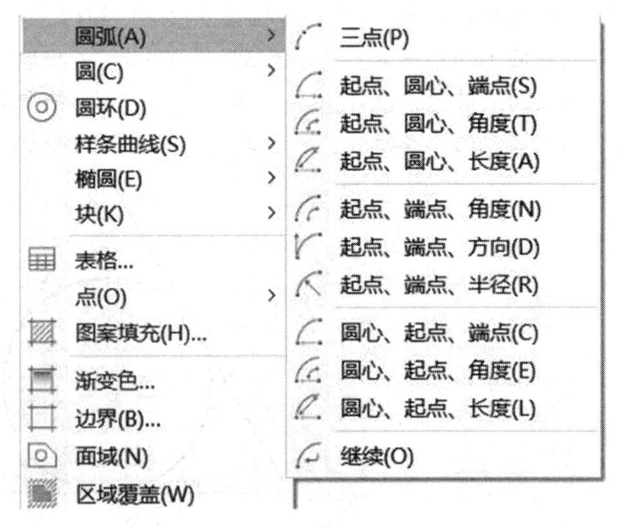

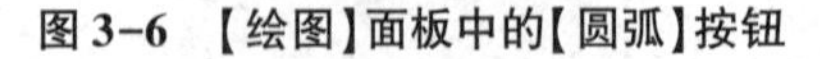
图 3-6 【绘图】面板中的【圆弧】按钮

图 3-7 菜单栏中的【圆弧】子菜单

表 3-2 圆弧绘制命令各选项说明

选项	圆弧的生成方法	图例
三点	通过输入圆弧的起点、端点和圆弧上的任一点来绘制圆弧	1 2 3
起点，圆心，端点	通过输入圆弧所在圆的圆心、圆弧的起点和终点来绘制圆弧	S E C
起点，圆心，角度	通过输入圆弧所在圆的圆心、圆弧的起点以及圆弧所对圆心角的角度来绘制圆弧	S A C
起点，圆心，长度	通过圆弧所在圆的圆心、圆弧的起点以及圆弧的弦长来绘制圆弧，注意输入的弦长不能超过圆弧所在圆的直径	S L C
起点，端点，角度	通过输入圆弧的起点、端点以及圆弧所对圆心角的角度来绘制圆弧	S E A
起点，端点，方向	通过输入圆弧的起点、端点与通过起点的切线方向来绘制圆弧	S D E
起点，端点，半径	通过输入圆弧的起点、端点以及圆弧的半径来绘制圆弧	S E R
圆心，起点，端点	通过输入圆弧所在圆的圆心以及圆弧的起点、端点来绘制圆弧	S E C

续表

选项	圆弧的生成方法	图例
圆心，起点，角度	通过输入圆弧所在圆的圆心、圆弧的起点以及圆弧所对圆心角的角度来绘制圆弧	S A C
圆心，起点，长度	通过输入圆弧所在圆的圆心、圆弧的起点以及圆弧所对弦的长度来绘制圆弧	S L C
连续	继续绘制与最后绘制的直线或曲线的端点相切的新圆弧，故提供端点即可	

注：起点为S、圆心为C、端点为E。

【例3-4】 利用【圆弧】命令绘制如图3-8(b)所示的两圆柱正交的相贯线。

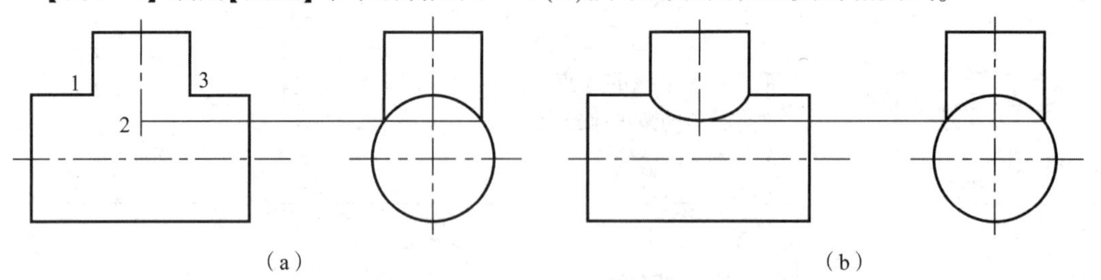

图3-8 “三点”绘制圆弧

解 命令行提示如下。

命令：_ arc

指定圆弧的起点或[圆心(C)]: //拾取点1

指定圆弧的第二个点或[圆心(C)/端点(E)]: //拾取点2

指定圆弧的端点: //拾取点3

☆ 提示：利用“三点”绘制圆弧不受方向影响，既可以逆时针也可以顺时针形成圆弧。

【例3-5】 利用【圆】与【圆弧】命令绘制如图3-9所示的图形。

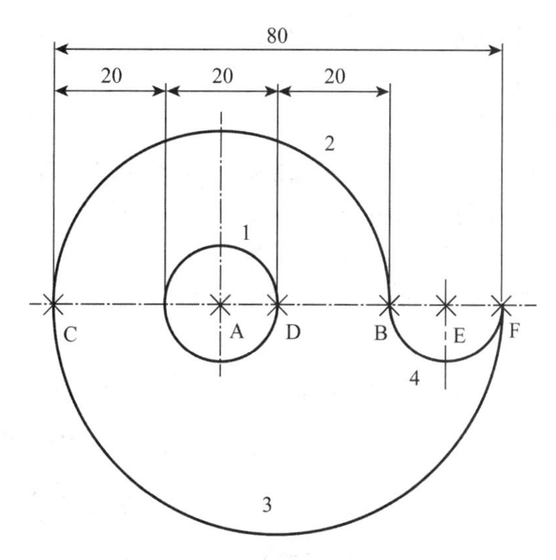

图 3-9　绘制圆与圆弧

解　(1)绘制圆 1，命令行提示如下。

命令：_ circle
指定圆的圆心或[三点(3P)/二点(2P)/切点、切点、半径(T)]:　　//拾取点 A
指定圆的半径或[直径(D)]<10.0000>: 10

(2)绘制圆弧 2，命令行提示如下。

命令：_ arc
指定圆弧的起点或[圆心(C)]:　　//拾取点 B
指定圆弧的第二个点或[圆心(C)/端点(E)]: C
指定圆弧的圆心:　　//拾取点 A
指定圆弧的端点(按住〈Ctrl〉键以切换方向)或[角度(A)/弦长(L)]:　　//拾取点 C

(3)绘制圆弧 3，命令行提示如下。

命令：_ arc
指定圆弧的起点或[圆心(C)]:　　//拾取点 C
指定圆弧的第二个点或[圆心(C)/端点(E)]: C
指定圆弧的圆心:　　//拾取点 D
指定圆弧的端点(按住〈Ctrl〉键以切换方向)或[角度(A)/弦长(L)]:　　//拾取点 F

(4)绘制圆弧 4，命令行提示如下。

命令：_ arc
指定圆弧的起点或[圆心(C)]:　　//拾取点 B
指定圆弧的第二个点或[圆心(C)/端点(E)]: C
指定圆弧的圆心:　　//拾取点 E
指定圆弧的端点(按住〈Ctrl〉键以切换方向)或[角度(A)/弦长(L)]:　　//拾取点 F

3.2.3　椭圆

手工绘图时，怎样绘制椭圆是必学内容，常用的方法是同心圆法和四心圆弧法，但无论是哪种方法都是非常麻烦的。在 AutoCAD 中，椭圆的绘制却变得十分简单。椭圆的形状主要由中心、长轴和短轴3个参数来确定，在绘制时需要明确这3个几何要素。常用的绘制椭圆的方法有3种，如表3-3所示。

【椭圆】命令常用的启用方法如下。

(1)功能区：单击【绘图】面板中的【椭圆】按钮，如图3-10所示。

(2)菜单栏：单击【绘图】→【椭圆】，如图3-11所示。

(3)工具栏：单击【绘图】工具栏上的【椭圆】按钮。

(4)命令行：输入 Ellipse 或 El，按〈Space〉键或〈Enter〉键。

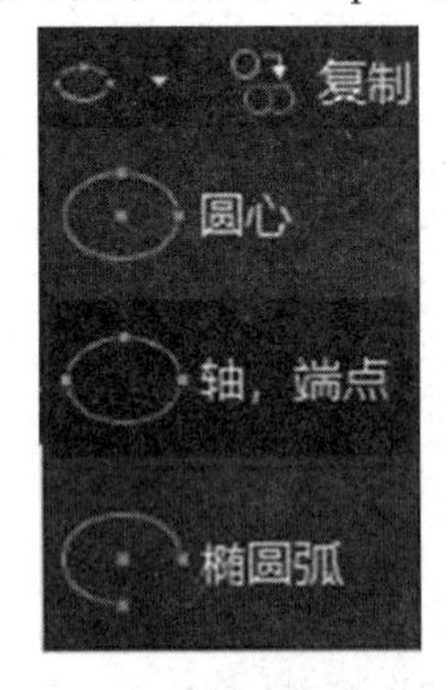

图3-10 【绘图】面板中【椭圆】按钮

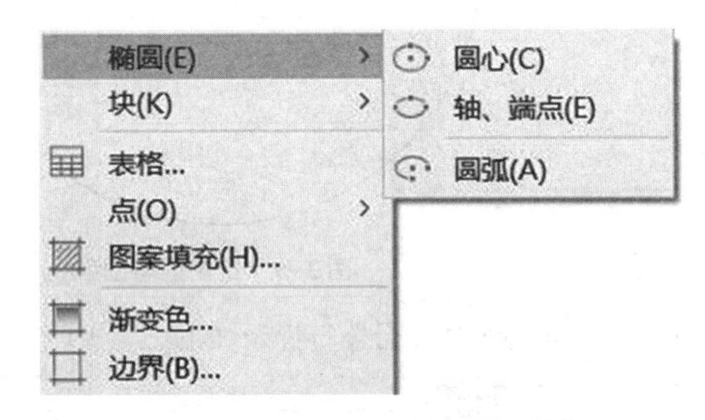

图3-11 菜单栏中的【椭圆】子菜单

表3-3 椭圆绘制命令各选项说明

选项	椭圆的生成方法	图例
圆心	通过指定的中心点来创建椭圆。点2指定椭圆一条半轴的端点，点3确定椭圆的另一条半轴的长度	3 1 2
轴，端点	根据2个端点(如点1、2)定义椭圆的第一条轴。第一条轴的角度确定了整个椭圆的角度。第一条轴即可定义椭圆的长轴，也可定义其短轴	3 1 2
旋转法	根据2个端点(如点1、2)定义椭圆的第一条轴。通过绕该轴旋转圆来创建椭圆	角度 1 2

☆ 提示：旋转法可利用输入角度确定旋转，当输入的旋转角为0°时，生成圆形；当输入的旋转角为90°时，理论上投影是一条直线，但AutoCAD把这种情况视为不存在，系统会提示：＊无效＊，并退出绘制命令。

3.2.4 椭圆弧

在 AutoCAD 中可以方便地绘制出椭圆弧。绘制椭圆弧的方法与绘制椭圆的方法基本类似。绘制椭圆弧时，首先创建一个椭圆，然后在已有椭圆的基础上截取一段椭圆弧(利用椭圆弧的有关角度)。

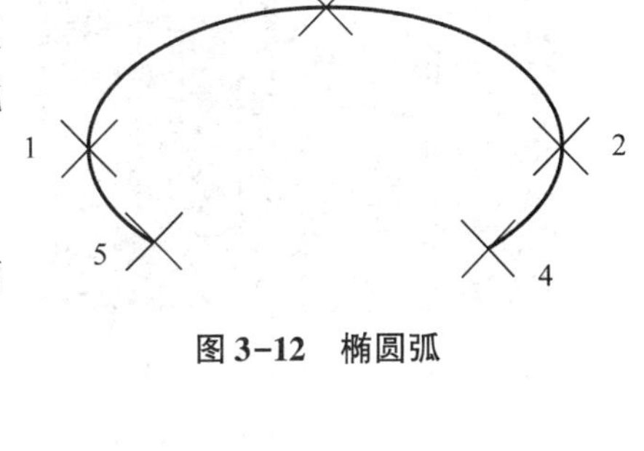

图 3-12 椭圆弧

【例 3-6】绘制图 3-12 所示的椭圆弧。

解 在命令行输入 El，按〈Enter〉键，执行【椭圆】命令，命令行提示如下。

```
命令：_ ellipse
指定椭圆的轴端点或[圆弧(A)/中心点(C)]：A
指定椭圆弧的轴端点或[中心点(C)]：          //拾取点1
指定轴的另一个端点：                      //拾取点2
指定另一条半轴长度或[旋转(R)]：            //拾取点3
指定起始角度或[参数(P)]：                 //拾取点4，拾取点或输入起始角度
指定终止角度或[参数(P)/夹角(I)]：          //拾取点5，拾取点或输入终止角度
```

☆ 提示：最后一步可选择“夹角(I)”，输入椭圆弧所对应的角度来完成椭圆弧的绘制。绘制椭圆弧的命令可通过单击【绘图】→【椭圆】→【圆弧】来执行。

3.3 点、矩形、正多边形

3.3.1 点

几何对象点是用于精确绘图(用作标记位置或作为参考点)的辅助对象。在绘制点时，可以在屏幕上直接拾取(也可以使用坐标定位)，也可以用对象捕捉定位一个点。可以使用【定数等分】和【定距等分】命令按距离或等分数沿直线、圆弧和多段线绘制多个点。【点】命令常用的启用方法如下。

(1)功能区：单击【绘图】面板中的【点】按钮■，如图 3-13 所示。

(2)菜单栏：单击【绘图】→【点】，如图 3-14 所示。

(3)工具栏：单击【绘图】工具栏上的【点】按钮■。

(4)命令行：输入 Point 或 Po，按〈Space〉键或〈Enter〉键。

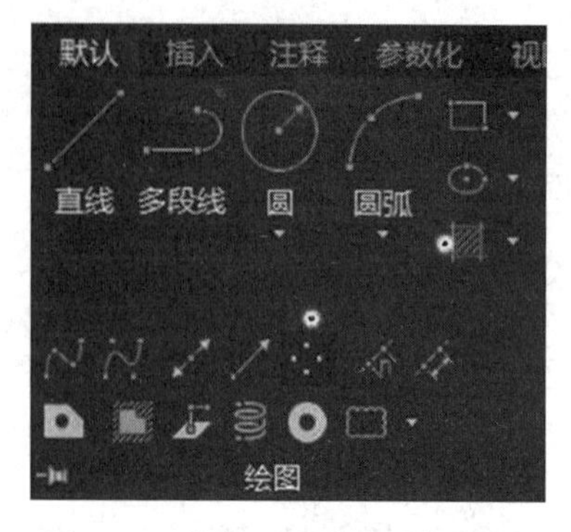

图 3-13 【绘图】面板中【点】按钮

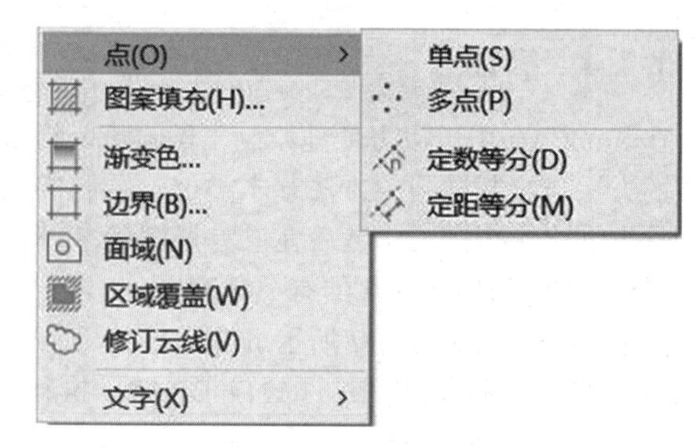

图 3-14 菜单栏中的【点】子菜单

AutoCAD 2020 提供了 20 种点的样式供选择，在绘制点之前应先给点定义一种样式。单击【格式】→【点样式】，进入如图 3-15 所示的【点样式】对话框，单击其中一种，再单击【确定】按钮就可以选择该样式。

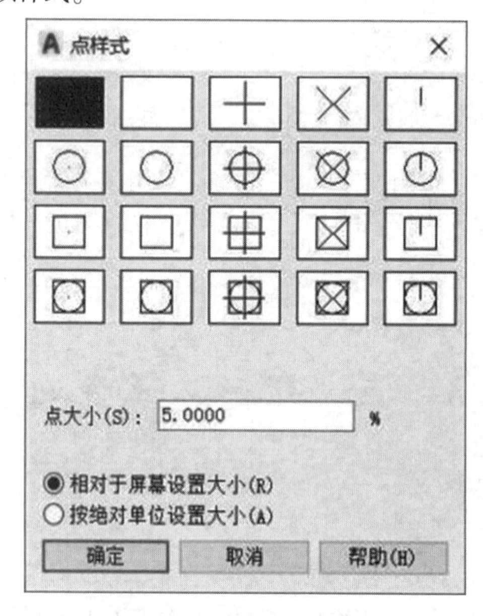

图 3-15 【点样式】对话框

【点大小】用于设置点标记显示的大小。设置点的尺寸有两种方式。

(1)相对于绘图区尺寸设置大小。选择该方式，则按绘图区尺寸的百分比设定点的显示大小。当进行缩放时，点的显示大小并不改变。

(2)按绝对单位设置大小。选择该方式，即按【点大小】中指定的实际单位设定点显示的大小。进行缩放时，显示的点大小随之改变。

1)绘制单独的点

单击【多点】按钮，绘制点(100，100)，命令行提示如下。

命令：_ point

当前点模式：PDMODE = 0 PDSIZE = 0

指定点：100，100　　　　//输入点的坐标或直接在屏幕上拾取点

☆ 提示：系统提供的两个变量 PDMODE 和 PDSIZE，其值分别影响点的尺寸和形状。绘制单独点的命令可以通过单击【绘图】→【点】→【单点】来执行，绘制完一个点后自动结束命令。绘制多个点的命令可以通过单击【绘图】→【点】→【多点】来执行，绘制完成后按〈Esc〉键退出。

2)绘制等分点

【定数等分】命令是将指定的对象如直线、圆、圆弧等的长度或周长以一定的数量等分，并在等分点上放置点或块。这个操作并不是把对象实际等分为单独对象，而只是在对象定数等分的位置上添加节点，这些节点将作为几何参照点，起辅助作图的作用。例如，使用【定数等分】命令三等分扇形，然后连接顶点和定数等分的节点，如图 3-16 所示。命令行提示如下。

命令：_ divide
选择要定数等分的对象：　　　　　　　　//选择圆弧
输入线段数目或[块(B)]：3　　　　　　//输入等分数 3

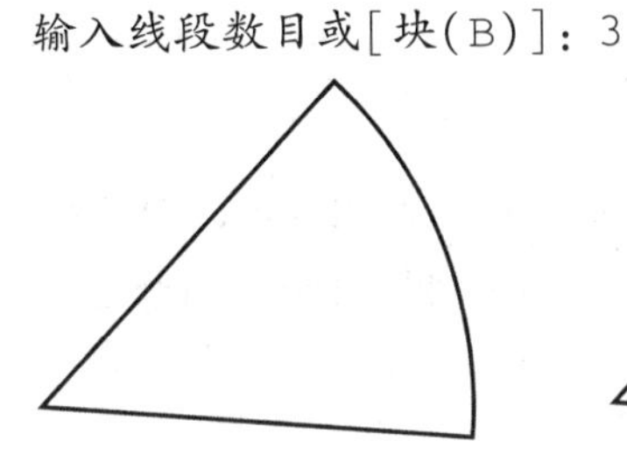
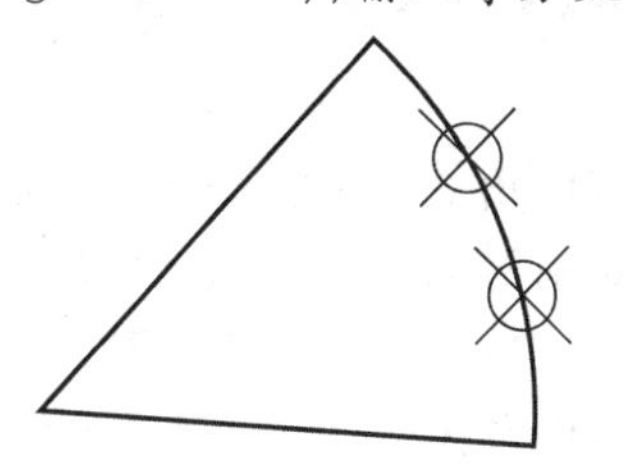
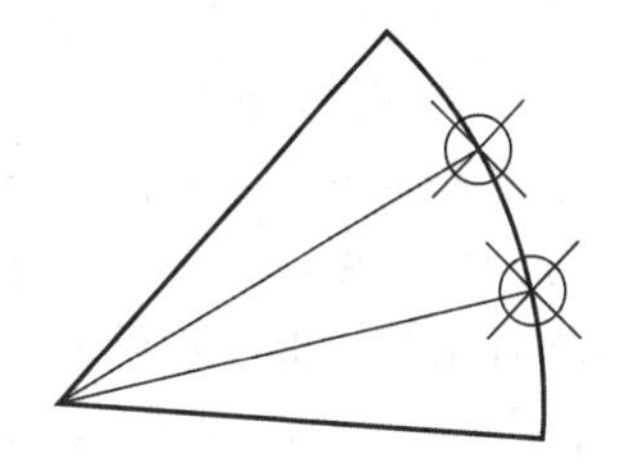

图 3-16　三等分扇形的过程

3)绘制等距点

【定距等分】命令是按照指定的长度，从指定的端点测量一条直线、圆弧等，并在其上标记点或块。选择对象时，拾取框比较靠近哪一个端点，就以哪个端点为标记点的起点。与定数等分不同的是，等分后的子线段数目为线段的总长度除以等分距，由于等分距的不确定性，定距等分后可能会出现剩余线段。也就是说，除最后一个子分段外，测量点之间的间距相等。图 3-17 为定数等分和定距等分的比较。

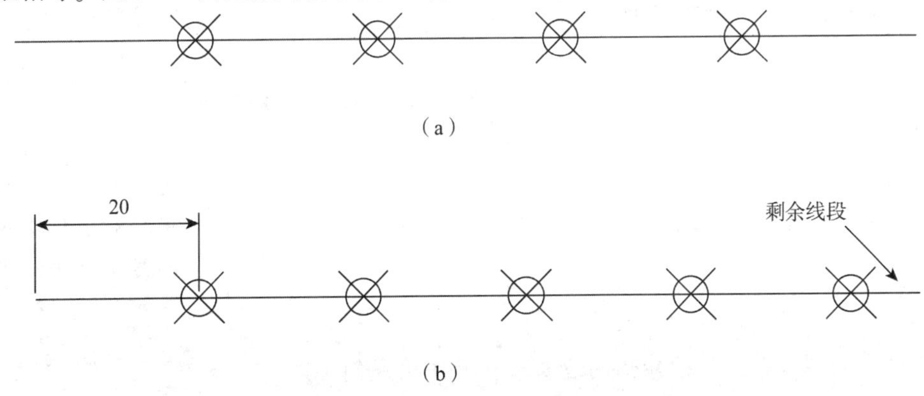

图 3-17　定数等分和定距等分的比较

(a)定数等分——五等分；(b)定距等分——距离为 20 mm

定距等分的命令行提示如下。

命令：_ measure
选择要定距等分的对象：　　　　　　　　//选择直线
指定线段长度或[块(B)]：20　　　　　　//输入长度20

3.3.2 矩形

矩形是最常用的几何图形，用户可以通过指定矩形的2个对角点(拾取点或指定坐标值)来创建矩形，也可以指定矩形的面积和长度(或宽度)来创建矩形。默认情况下，绘制的矩形的边与当前UCS的X轴或Y轴平行，也可以绘制与X轴成一定角度的矩形(倾斜矩形)。绘制的矩形还可以包含倒角和圆角。【矩形】命令常用的启用方法如下。

(1)功能区：单击【绘图】面板上的【矩形】按钮。

(2)菜单栏：单击【绘图】→【矩形】。

(3)工具栏：单击【绘图】工具栏上的【矩形】按钮。

(4)命令行：输入Rectang或Rec，按〈Space〉键或〈Enter〉键。

☆ 提示：用【矩形】命令绘制的矩形是一个独立的对象。

1)绘制带倒角的矩形

在工程制图中，经常会遇到带倒角的矩形，绘制此类矩形可以调用AutoCAD系统中的绘制带倒角的矩形命令，可设置对矩形的4个直角边以给定的距离作倒角，两条边的倒角距离既可相等，也可不相等。

【例3-7】 绘制图3-18所示的倒角矩形。

解　在命令行输入Rec，按〈Space〉键或〈Enter〉键，执行【矩形】命令，带倒角的矩形的命令行提示如下。

命令：_ rectang
指定第一个角点或[倒角(C)/标高(E)/圆角(F)/厚度(T)/宽度(W)]：C
　　　　//选择倒角选项
指定矩形的第一个倒角距离<0.0000>：2　　　　//输入第一个倒角距离2
指定矩形的第二个倒角距离<2.0000>：　　　　//直接按〈Enter〉键，表示两倒角距离相等
指定第一个角点或[倒角(C)/标高(E)/圆角(F)/厚度(T)/宽度(W)]：
　　　　//用鼠标拾取矩形第一角点A
指定另一个角点或[面积(A)/尺寸(D)/旋转(R)]：@25，15 //用相对坐标输入矩形的另一个角点坐标

☆ 提示：

①当输入的倒角距离大于矩形的边长时，无法生成倒角；

②当第一个倒角距离指定后，系统默认第二个倒角距离与第一个倒角距离相等；

③当倒角距离设置后，再次执行【矩形】命令，系统会保留上一次的设置，所以应该特别注意命令行的命令状态。

2）绘制带圆角的矩形

绘制带圆角的矩形可以调用 AutoCAD 系统中的绘制带圆角的矩形命令，可设置对矩形的 4 个直角边以给定的半径倒圆角。

【例 3-8】 绘制图 3-19 所示的圆角矩形。

解　在命令行输入 Rec，按〈Space〉键或〈Enter〉键，执行【矩形】命令，带圆角的矩形的命令行提示如下。

命令：_ rectang

指定第一个角点或[倒角(C)/标高(E)/圆角(F)/厚度(T)/宽度(W)]：F　　//选择圆角选项

指定矩形的圆角半径<0.0000>：2　　//输入圆角半径

指定第一个角点或[倒角(C)/标高(E)/圆角(F)/厚度(T)/宽度(W)]：　　//用鼠标拾取矩形第一角点 A

指定另一个角点或[面积(A)/尺寸(D)/旋转(R)]：@ 25，15　//用相对坐标输入矩形的另一个角点坐标

☆ 提示：①当输入的圆角半径大于矩形的边长时，无法生成倒圆角；②当半径恰好等于矩形的一条边长的一半时，就会绘制成槽口；③当圆角半径设置后，再次执行【矩形】命令，系统会保留上一次的设置。

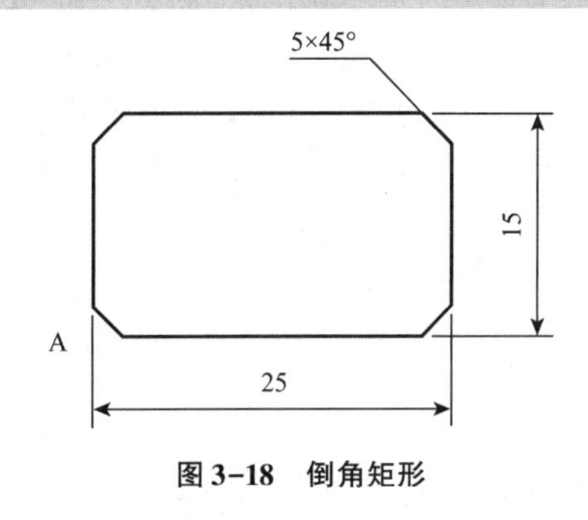

图 3-18　倒角矩形

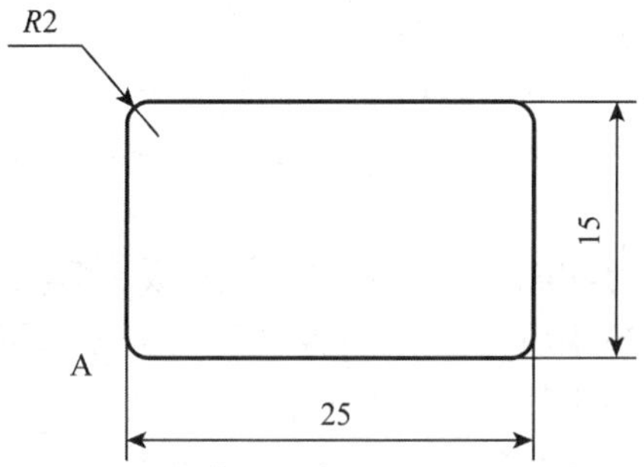

图 3-19　圆角矩形

3）根据面积绘制矩形

若已知矩形的面积，可以用以下方法来绘制矩形。

在命令行输入 Rec，按〈Space〉键或〈Enter〉键，执行【矩形】命令，命令行提示如下。

命令：_ rectang

指定第一个角点或[倒角(C)/标高(E)/圆角(F)/厚度(T)/宽度(W)]：　　//指定一个角点

指定另一个角点或[面积(A)/尺寸(D)/旋转(R)]：A　　//选择面积选项

输入以当前单位计算的矩形面积<100.0000>：300　　//输入矩形面积

计算矩形标注时依据[长度(L)/宽度(W)]〈长度〉：　　//选择“长度(L)”或“宽度(W)”选项，默认“长度(L)”

输入矩形长度<10.0000>：20　　//根据上面选择，输入矩形的另一个边长，完成矩形绘制

4）根据长和宽绘制矩形

若已知矩形的长和宽，可以用以下方法来绘制矩形。

在命令行输入 Rec，按〈Space〉键或〈Enter〉键，执行【矩形】命令，命令行提示如下。

命令：_ rectang

指定第一个角点或[倒角(C)/标高(E)/圆角(F)/厚度(T)/宽度(W)]：　　//指定一个角点

指定另一个角点或[面积(A)/尺寸(D)/旋转(R)]：D　　//选择尺寸选项

指定矩形的长度<100.0000>：25　　//输入矩形的长度

指定矩形的宽度<200.0000>：15　　//输入矩形的宽度

指定另一个角点或[面积(A)/尺寸(D)/旋转(R)]：　　//移动鼠标确定矩形的另外一个角点的方位，有4个可选位置

3.3.3　正多边形

绘制工程图时经常会遇到正多边形，正多边形是各边相等且相邻边夹角也相等的多边形。在手工绘图时，由于要处理好正多边形的这些关系，因此绘制出标准的图形有一定难度。在 AutoCAD 中，有一个专门绘制正多边形的命令，通过该命令，用户可以控制多边形的边数（边数取值在 3～1 024 之间），以及内接圆或外切圆的半径大小，从而绘制出合乎要求的多边形。所画的等边多边形是一条封闭的多段线。【正多边形】命令常用的启用方法如下。

（1）功能区：单击【绘图】面板上的【正多边形】按钮。

（2）菜单栏：单击【绘图】→【正多边形】。

（3）工具栏：单击【绘图】工具栏上的【正多边形】按钮。

（4）命令行：输入 Polygon 或 Pol，按〈Space〉键或〈Enter〉键。

输入的正多边形边数将成为下一次画正多边形的默认值，而主提示的 2 个选项提供了绘制正多边形的 2 种方法。

1）指定正多边形的中心点和圆的半径方法

指定正多边形的中心点和圆的半径方法是默认选项，用户可输入中心点的坐标或用鼠标在绘图区拾取一点，接下来会提示选择【[内接于圆(I)/外切于圆(C)]】两种方式。

（1）内接于圆法。

根据边数和内接圆半径绘制正多边形（多边形的所有顶点都在一个假想圆周上）。

【例 3-9】 绘制图 3-20(a) 所示的正六边形。

解　在命令行输入 Pol，按〈Space〉键或〈Enter〉键，执行【正多边形】命令，命令行提示如下。

命令：_ polygon

输入侧面数<4>：6　　//确定多边形的边数

指定正多边形的中心点或[边(E)]：　　//确定多边形的中心

输入选项[内接于圆(I)/外切于圆(C)]〈I〉：I　　//选择使用内接于圆法

指定圆的半径：20　　//这时鼠标指针在多边形的角点上，确定鼠标指针所在角点的位置(使用相对坐标)，从而确定多边形的方向和大小。如果仅输入半径值，则多边形会以默认位置出现

(2)外切于圆法。

根据边数和外切圆半径绘制正多边形(多边形的各边都与假想圆相切)。

【例3-10】绘制图3-20(b)所示的正六边形。

解　在命令行输入Pol，按〈Space〉键或〈Enter〉键，执行【正多边形】命令，命令行提示如下。

命令：_polygon

输入边的数目<4>：6　　//确定多边形的边数

指定正多边形的中心点或[边(E)]：　　//确定多边形的中心

输入选项[内接于圆(I)/外切于圆(C)]〈I〉：C　　//选择使用外切于圆法

指定圆的半径：20　　//这时鼠标指针在多边形边的中点上，确定鼠标指针所在角点的位置(使用相对坐标)，从而确定多边形的方向和大小。如果仅输入半径值，多边形会以默认位置出现。选定绘制方式后会提示输入圆的半径值，输入半径值的圆并不画出，如果用光标拖动确定半径，可以控制多边形的方向。

2)边长法

边长法是根据边数和边长按逆时针方向来绘制正多边形的。已知条件为多边形的边长，这时用边长法来绘制就非常方便。

【例3-11】绘制图3-20(c)所示正六边形。

解　在命令行输入Pol，按〈Space〉键或〈Enter〉键，执行【正多边形】命令，命令行提示如下。

命令：_polygon

输入边的数目<4>：6　　//确定多边形的边数

指定正多边形的中心点或[边(E)]：E　　//切换到边长法

指定边的第一个端点：　　//指定边的第一个端点

指定边的第二个端点：　　//指定边的第二个端点(输入边长值)完成绘制

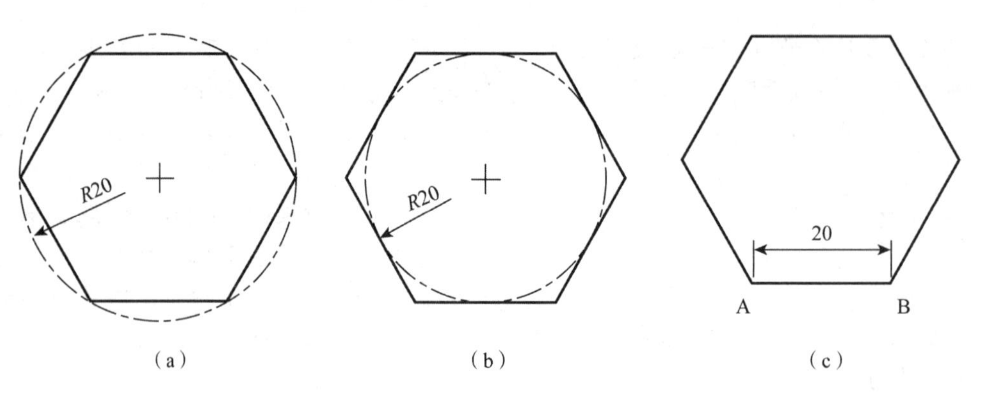

图 3-20　绘制正六边形的 3 种方式

(a)内接于圆方式；(b)外切于圆方式；(c)边长法方式

比较以上 2 种方法，发现正多边形的方向控制点的规律：指定正多边形的中心点和圆的半径时，用内接于圆法，控制点为正多边形的某一角点，如图 3-21(a)所示；用外切于圆法时，控制点为正多边形一条边的中点，如图 3-21(b)所示；用边长法时，控制点为正多边形的某一角点。

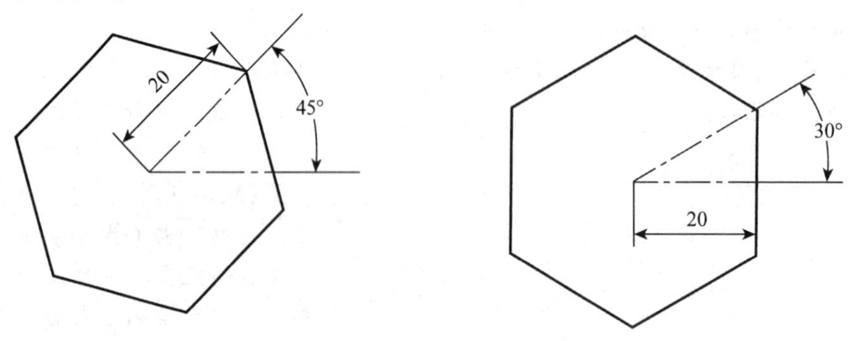

图 3-21　正多边形的方向控制

【例 3-12】绘制图 3-22 所示的图形。

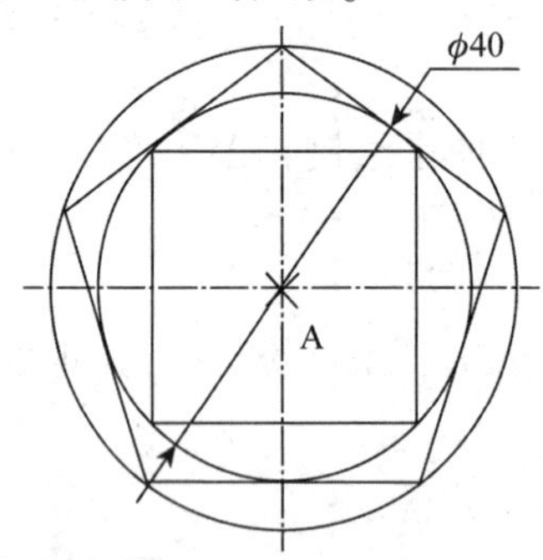

图 3-22　正多边形的绘制

解　(1)绘制正四边形，命令行提示如下。

命令：_ polygon

输入侧面数<4>:

指定正多边形的中心点或[边(E)]:　　　　//拾取点 A

输入选项[内接于圆(I)/外切于圆(C)]〈I〉：I

指定圆的半径：20

绘制半径为20的圆：

命令：_ circle

指定圆的圆心或[三点(3P)/二点(2P)/切点、切点、半径(T)]： //拾取点A

指定圆的半径或[直径(D)]<21.2132>：20

(2)绘制正五边形，命令行提示如下。

命令：_ polygon

输入侧面数<4>：5

指定正多边形的中心点或[边(E)]： //拾取点A

输入选项[内接于圆(I)/外切于圆(C)]〈I〉：C

指定圆的半径：20

(3)绘制最外侧圆，命令行提示如下。

命令：_ circle

指定圆的圆心或[三点(3P)/二点(2P)/切点、切点、半径(T)]： //拾取点A

指定圆的半径或[直径(D)]<20.0000>： //选择五边形其中一个角点

3.4 多线、多段线、修订云线、样条曲线

3.4.1 多线

多线是指由多条平行线构成的直线，连续绘制的多线是一个图元。多线内的直线线型可以相同，也可以不同。多线常用于建筑图的绘制。在绘制多线前应该对多线样式进行定义，然后用定义的样式绘制多线。单击【格式】菜单中的【多线样式】按钮 多线样式(M)...，在如图3-23所示的对话框中，用户可以对多线样式进行定义、保存和加载等操作。

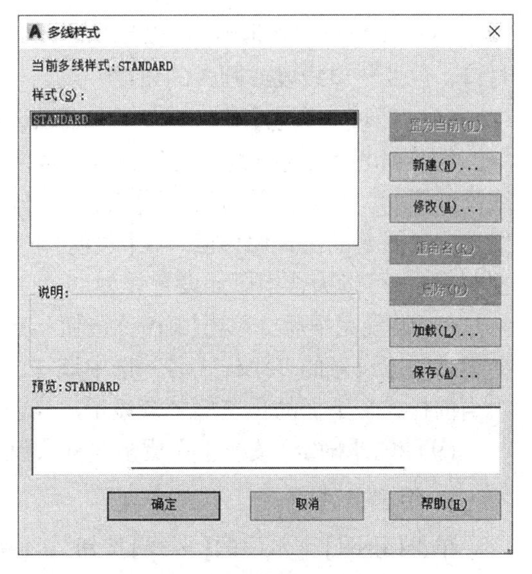

图3-23 【多线样式】对话框

1. 定义多线

(1)单击【格式】菜单中的【多线样式】按钮或在命令行输入Mlstyle，打开【多线样式】对话框。

(2)在【多线样式】对话框中单击【新建】按钮，打开【创建新的多线样式】对话框。

(3)在【创建新的多线样式】对话框的【新样式名】文本框中输入“多线样式-1”，单击【继续】按钮，如图3-24所示。

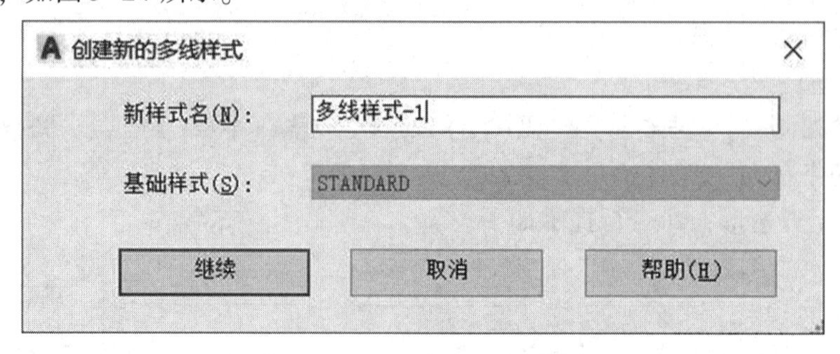

图3-24 【创建新的多线样式】对话框

(4)系统打开【新建多线样式】对话框，如图3-25所示。

图3-25 【新建多线样式】对话框

(5)在【封口】选项组中可以设置多线起点和端点的特性，包括以直线、外弧还是内弧封口，以及封口线段或圆弧的角度。

(6)在【填充颜色】下拉列表框中可以选择多线填充的颜色。

(7)在【图元】选项组中可以设置组成多线的图元的特性。单击【添加】按钮，可以为多线添加图元；反之，单击【删除】按钮，可以为多线删除图元。在【偏移】文本框中可以设置选中的图元的位置偏移值。在【颜色】下拉列表框中可以为选中图元选择颜色。单击【线型】按钮，可以为选中图元设置线型。

(8)设置完毕后，单击【确定】按钮，系统返回【多线样式】对话框，在【样式】列表中会显示刚才设置的多线样式名，选中该样式，单击【置为当前】按钮，则将此多线样式设置为当前样式。下面的预览框中会显示出当前多线样式。

(9)单击【确定】按钮，完成多线样式设置。

2. 绘制多线

单击【绘图】菜单中的【多线】按钮 多线(U) 或在命令行输入 Mline，命令行提示如下。

命令：_mline

当前设置对正=上，比例=20.00，样式=STANDARD

指定起点或[对正(J)/比例(S)/样式(ST)]：　//指定起点。执行该命令后(即输入多线的起点)，系统会以当前的线型样式、比例和对正方式绘制多线。默认状态下，多线的形式是距离为1的平行线

指定下一点：　//指定下一点

指定下一点或[放弃(U)]：　//继续指定下一点绘制线段。输入U，则放弃前一段的绘制；右击或按〈Enter〉键，结束命令

【多线】命令中的选项说明如下。

(1)【对正(J)】：用来确定绘制多线的基准(上、无、下)。

(2)【比例(S)】：用来确定所绘制的多线相对于定义的多线的比例系数，默认为1。

(3)【样式(ST)】：用来确定绘制多线时所使用的多线样式，默认样式为STANDARD。执行该命令后，根据系统提示，输入定义过的多线样式名称，或输入?显示已有的多线样式。

3. 编辑多线

单击【修改】菜单中的【对象】按钮，再单击 多线(M)... 按钮，如图3-26所示，或在命令行中输入Mledit，系统弹出【多线编辑工具】对话框，如图3-27所示。

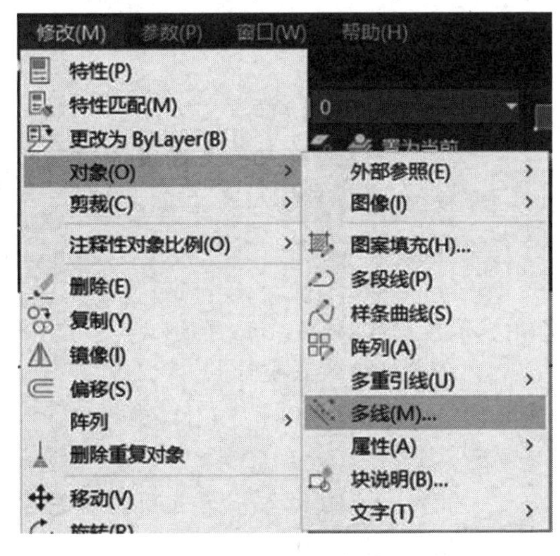

图3-26　编辑多线

图3-27　【多线编辑工具】对话框

利用【多线编辑工具】对话框可以创建或修改多线的模式。对话框中分4列显示了示例图形。其中，第一列管理十字交叉形式的多线，第二列管理T形多线，第三列管理拐角接合点和节点，第四列管理多线被剪切或连接的形式。

3.4.2　多段线

多段线又称多义线、组合线，是由宽窄相同或不同的线段或圆弧组合而成，是

AutoCAD 绘图中比较常用的一种实体。

多段线为用户提供了方便快捷的作图方式。二维多段线是由直线和圆弧组成的逐段相连的连续线段，并且无论这条多段线中包含多少条直线或圆弧，整条多段线都是一个实体，这些线段每一段可具有相同或不同的宽度，可以统一对其进行编辑。另外，多段线中各段线条还可以有不同的线宽，如图 3-28 所示，这对于制图非常有利。在二维制图中，它主要用于箭头的绘制。

AutoCAD 中，【多段线】命令常用的启用方法如下。

(1)功能区：单击【绘图】面板上的【多段线】按钮。

(2)菜单栏：单击【绘图】→【多段线】。

(3)工具栏：单击【绘图】工具栏上的【多段线】按钮。

(4)命令行：输入 Pline 或 Pl，按〈Space〉键或〈Enter〉键。

图 3-28　多段线

执行【多段线】命令之后，AutoCAD 命令行出现提示符："指定起点："，需用户定义多段线的起点。多段线绘制的命令行提示如下。

命令：_ pline

指定起点：　　　　//指定或输入起点。

当前线宽为 0.0000　　　　//当前线宽为 0

指定下一个点或[圆弧(A)/半宽(H)/长度(L)/放弃(U)/宽度(W)]：

　　　　//指定一点或输入一个选项关键字母，按〈Enter〉键

指定起点宽度<0.0000>：　　　　//起点宽度

指定端点宽度<0.0000>：　　　　//终点宽度

指定下一个点或[圆弧(A)/闭合(C)/半宽(H)/长度(L)/放弃(U)/宽度(W)]：A

指定圆弧的端点或[圆心(CE)/半径(R)]：　　　　//指定或输入点坐标

指定圆弧的端点或[角度(A)/圆心(CE)/闭合(CL)/方向(D)/半宽(H)/直线(L)/半径(R)/第二个点(S)/放弃(U)/宽度(W)]：

　　　　//指定一点或输入一个选项关键字母，按〈Enter〉键

【多段线】命令各选项说明如下。

(1)【指定下一个点】：这是默认选项，该命令初始状态是按直线方式画多段线，线宽为当前值，用鼠标拾取或输入坐标不断指定下一点，可连续绘制一条由若干段直线组成的多段线，直到按〈Enter〉键结束命令。

☆ 提示：如果是画直线段，【指定下一点或...】的提示将重复出现，可采用"直线距离输入"法定位点和用"角度替代"法确定多段线的角度。

(2)【圆弧(A)】：在命令行输入A，可以画圆弧方式的多段线。按〈Enter〉键后，重新出现一组命令选项，用于生成圆弧方式的多段线。在该提示下，可以直接确定圆弧终点，拖动十字光标，绘图区会出现预显线条。选项序列中各项的意义如下。

①角度(A)：该选项用于指定圆弧所对的圆心角。

②圆心(CE)：为圆弧指定圆心。

③方向(D)：取消直线与弧的相切关系设置，改变圆弧的起始方向。

④直线(L)：返回绘制直线方式。

⑤半径(R)：指定圆弧半径。

⑥第二个点(S)：指定三点画弧。

其他各选项与【多段线】命令下的同名选项的意义相同。

(3)【闭合(C)】：该选项自动将多段线闭合，即将选定的最后一点与多段线的起点连起来，并结束命令。

☆ 提示：当多段线的线宽大于0时，若想绘制闭合的多段线，一定要用【闭合】选项，才能使其完全封闭。否则，即使起点与终点重合，也会出现缺口。

(4)【半宽(H)】：该选项用于指定多段线的半宽值，AutoCAD将提示用户输入多段线的起点半宽值与终点半宽值。在绘制多段线的过程中，宽线线段的起点和端点位于宽线的中心。

(5)【长度(L)】：该选项用来定义下一段多段线的长度，AutoCAD将按照上一线段的方向绘制这一段多段线。若上一段是圆弧，将绘制出与圆弧相切的线段。

(6)【放弃(U)】：该选项用来取消刚刚绘制的那一段多段线。

(7)【宽度(W)】：该选项用来设定多段线的线宽。

☆ 提示：多段线的线宽值可从键盘输入，当输入起点线宽值后，系统自动将起始宽度作为终点宽度，用户可直接按〈Enter〉键保持线宽不变，也可再输入宽度值，使起点与终点的线宽值不同。由此表明，线宽可分段设置，非常灵活。

【例3-13】 下面通过绘制图3-29所示的箭头，来体会一下多段线命令的使用方法。

解　执行【多段线】命令之后，AutoCAD命令行出现提示符：“指定起点:”，需用户定义多段线的起点。命令行的提示如下。

```
命令：_ pline
指定起点：                                          //指定或输入起点
当前线宽为 0.0000                                   //当前线宽为 0
指定下一个点或[圆弧(A)/半宽(H)/长度(L)/放弃(U)/宽度(W)]：W
指定起点宽度<0.0000>：0                             //起点宽度 0
指定端点宽度<0.0000>：2                             //终点宽度 2
指定下一个点或[圆弧(A)/半宽(H)/长度(L)/放弃(U)/宽度(W)]：8
                                                    //指定一点或输入一个选项
                                                      关键字母，按〈Enter〉键
```

指定下一个点或[圆弧(A)/闭合(C)/半宽(H)/长度(L)/放弃(U)/宽度(W)]: W
指定起点宽度<0.2000>: 0.2　　　　　　　　//起点宽度0.2
指定终点宽度<0.2000>: 0.2　　　　　　　　//终点宽度0.2
指定下一个点或[圆弧(A)/闭合(C)/半宽(H)/长度(L)/放弃(U)/宽度(W)]: 10

图3-29　绘制箭头

3.4.3　修订云线

【修订云线】命令用于创建由连续圆弧组成的多段线，以构成云线形对象。在检查或用红线圈阅图形时，可以使用修订云线功能亮显标记以提高工作效率。

可以从头开始创建修订云线，也可以将闭合对象(如圆、椭圆、闭合多段线或闭合样条曲线)转换为修订云线。

1. 从头创建云线

在命令行输入Revc，按〈Space〉键或〈Enter〉键，执行【修订云线】命令，命令行的提示如下。

最小弧长: 15　最大弧长: 15　样式: 普通
指定起点或[弧长(A)/对象(O)/样式(S)]<对象>:　　//单击指定云线的起点
沿云线路径引导十字光标...　　//沿着云线路径移动十字光标。若要更改圆弧的大小，可以沿着路径单击拾取点。要结束云线可以右击或按〈Enter〉键
修订云线完成　　//云线完成

☆ 提示：移动十字光标返回到它的起点，系统会自动封闭云线。

如果用户要改变弧长，可以根据提示输入A，然后按〈Enter〉键切换到【弧长】选项，指定新的最大和最小弧长，默认的弧长最小值和最大值为0.5个单位。弧长的最大值不能超过最小值的3倍。

2. 将闭合对象转换为修订云线

在命令行输入Revc，按〈Space〉键或〈Enter〉键，执行【修订云线】命令，命令行的提示如下。

命令: _revcloud
最小弧长: 15 最大弧长: 15 样式: 普通
指定起点或[弧长(A)/对象(O)/样式(S)]<对象>:　　//按〈Enter〉键，切换到[对象]选项
选择对象:　　//选择图3-30所示的矩形对象
反转方向[是(Y)/否(N)]<否>:　　//选择是否反转圆弧的方向

修订云线完成　　　　　　　　　　　　　　　　　//云线完成

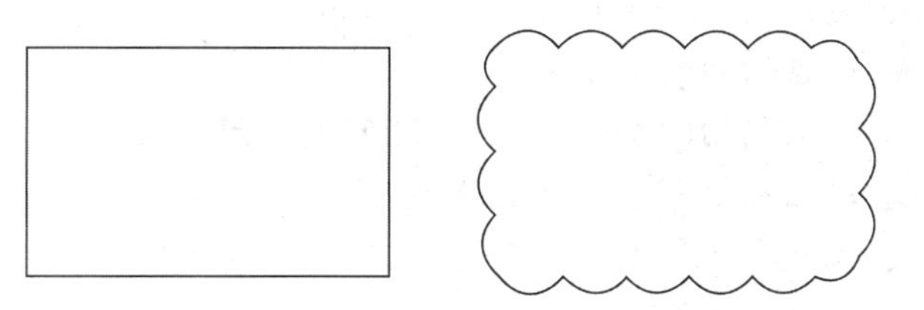

图 3-30　将闭合对象转换为修订云线

3.4.4 样条曲线

在 AutoCAD 的二维绘图中，样条曲线主要用于波浪线、相贯线、截交线的绘制。它必须给定 3 个以上的点，一般通过指定样条曲线的控制点、起点以及终点的切线方向来绘制样条曲线。想要画出的样条曲线具有更多的波浪时，就要给定更多的点。样条曲线是由用户给定若干点，AutoCAD 自动生成的一条光滑曲线。下面通过绘制图 3-31 中的相贯线正投影来说明【样条曲线】命令的用法。

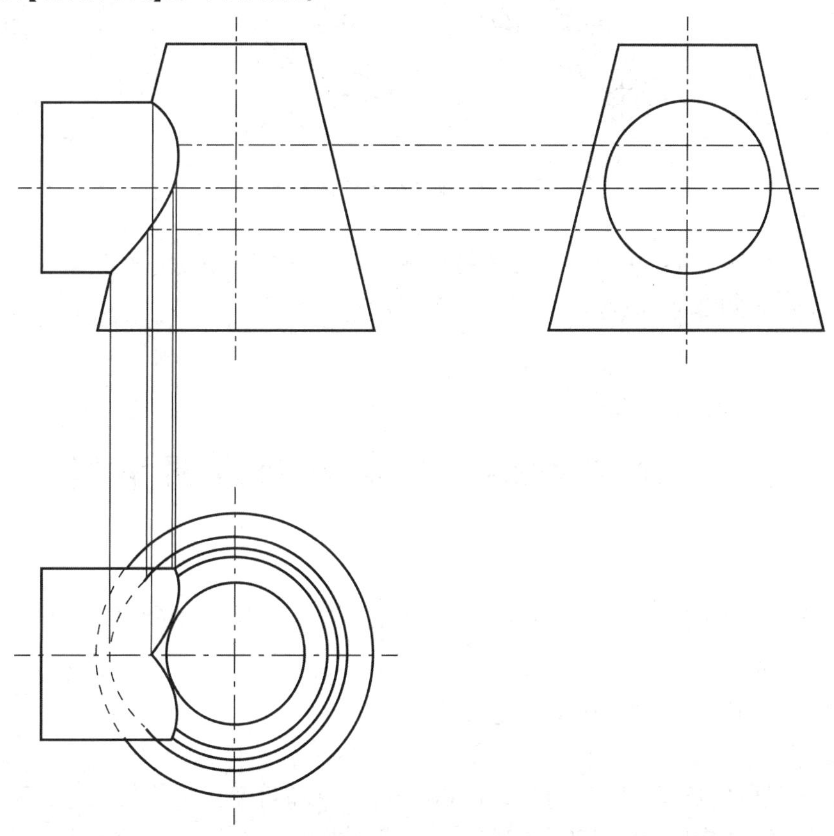

图 3-31　相贯线正投影

在命令行输入 Spl，按〈Space〉键或〈Enter〉键，执行【样条曲线】命令，命令行的提示如下。

命令：_ spline

当前设置：方式=拟合　节点=弦
指定第一个点或[方式(M)/节点(K)/对象(O)]：　　//指定点
输入下一个点或[起点切向(T)/公差(L)]：　　//指定点
输入下一个点或[端点相切(T)/公差(L)/放弃(U)/闭合(C)]：　　//指定点
输入下一个点或[端点相切(T)/公差(L)/放弃(U)/闭合(C)]：　　//指定点
输入下一个点或[端点相切(T)/公差(L)/放弃(U)/闭合(C)]：　　//指定点
输入下一个点或[端点相切(T)/公差(L)/放弃(U)/闭合(C)]：　　//按〈Enter〉键结束

该命令也可以通过单击【绘图】→【样条曲线】来执行。

样条曲线【公差】选项的功能：当拟合公差的值为0时，样条曲线严格通过用户指定的每一点。当拟合公差的值不为0时，AutoCAD画出的样条曲线并不通过用户指定的每一点，而是自动拟合生成一条平滑的样条曲线，拟合公差值是生成的样条曲线与用户指定点之间的最大距离，如图3-32所示。

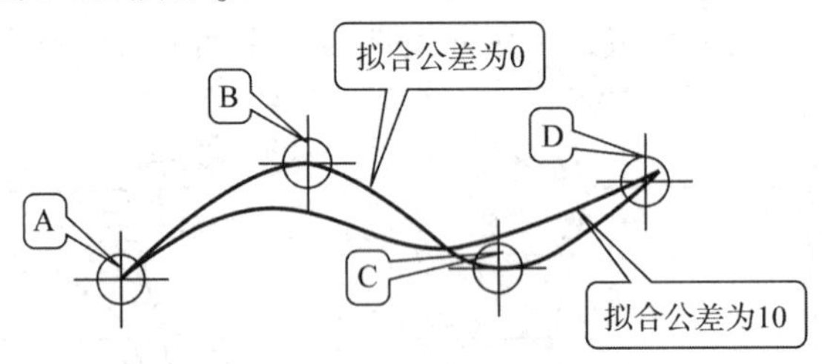

图3-32　拟合公差的影响

☆ 提示：选择绘制好的样条曲线，上面会出现控制句柄，移动鼠标到上面会出现编辑选项，可以选择不同的选项对曲线进行编辑。

3.5　绘图命令在绘图中的应用举例

现以图3-33所示的平面图形为例，介绍用绘图命令绘制平面图形的步骤。

1. 尺寸分析

平面图形中的尺寸，按其作用分类如下。

1)定形尺寸

用于确定线段的长度、圆弧的半径(或圆的直径)和角度大小等的尺寸，称为定形尺寸。例如，图3-33中的40、ϕ20、ϕ36等。

2)定位尺寸

用于确定线段在平面图形中所处位置的尺寸，称为定位尺寸。例如，图3-33中的尺寸41确定了ϕ20和ϕ36的圆心位置。

尺寸的位置通常由图形的对称线、中心线或某一轮廓线来确定，它们称为尺寸基准，如图 3-33 中的中心线。

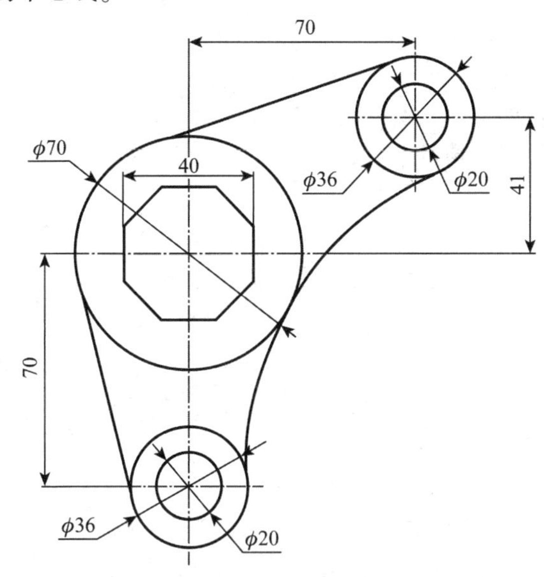

图 3-33　平面图形练习

2. 绘制过程

1)绘制中心线和辅助线

在命令行输入 L，按〈Space〉键或〈Enter〉键，执行【直线】命令，绘制水平和垂直的中心线，接着绘制辅助线来确定 $\phi20$ 和 $\phi36$ 的圆心位置，如图 3-34 所示。

2)绘制正八边形和圆

(1)在命令行输入 Pol，按〈Space〉键或〈Enter〉键，执行【正多边形】命令，输入侧面数 8，以外切于圆的方式绘制正八边形。

(2)在命令行输入 C，按〈Space〉键或〈Enter〉键，执行【圆】命令，绘制如图 3-35 所示的 5 个圆。

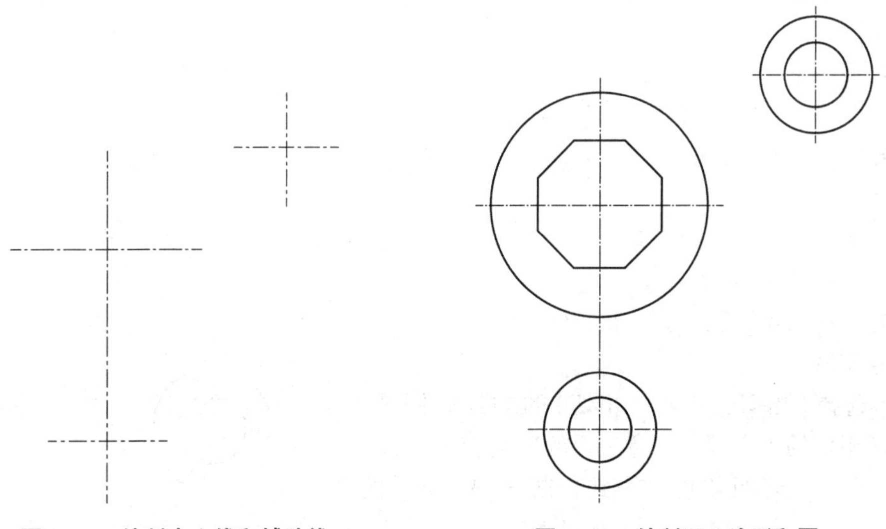

图 3-34　绘制中心线和辅助线　　　图 3-35　绘制正八边形和圆

命令行的提示如下。

命令：_ polygon
输入侧面数<4>：8
指定正多边形的中心点或[边(E)]：
输入选项[内接于圆(I)/外切于圆(C)]〈C〉：C
指定圆的半径：20
命令：_ circle
指定圆的圆心或[三点(3P)/二点(2P)/切点、切点、半径(T)]：
指定圆的半径或[直径(D)]<97.2815>：35
命令：_ circle
指定圆的圆心或[三点(3P)/二点(2P)/切点、切点、半径(T)]：
指定圆的半径或[直径(D)]<35.0000>：10
命令：_ circle
指定圆的圆心或[三点(3P)/二点(2P)/切点、切点、半径(T)]：
指定圆的半径或[直径(D)]<10.0000>：18
命令：_ circle
指定圆的圆心或[三点(3P)/二点(2P)/切点、切点、半径(T)]：
指定圆的半径或[直径(D)]<18.0000>：10
命令：_ circle
指定圆的圆心或[三点(3P)/二点(2P)/切点、切点、半径(T)]：
指定圆的半径或[直径(D)]<10.0000>：18

3)绘制直线

(1)在命令行输入L，按〈Space〉键或〈Enter〉键，执行【直线】命令，选择【临时捕捉】中的【捕捉到切点】，以绘制与圆相切的直线。

(2)重复第(1)步，绘制另一条相切直线，如图3-36所示。命令行的提示如下。

命令：_ line
指定第一个点：_ tan 到
指定下一点或[放弃(U)]：_ tan 到
指定下一点或[退出(E)/放弃(U)]：
命令：_ line
指定第一个点：_ tan 到
指定下一点或[放弃(U)]：_ tan 到
指定下一点或[退出(E)/放弃(U)]：

4)绘制圆弧

(1)选择【相切、相切、相切】的方式绘制圆，依次选择相切的3个圆，注意选择的位置。

(2)将圆弧进行修剪，得到如图3-37所示的图形。

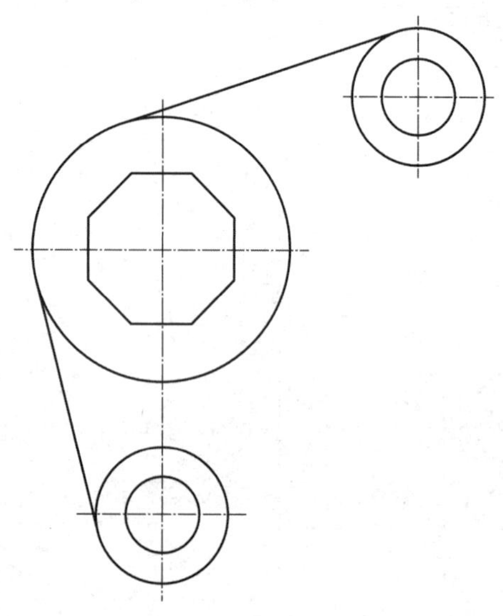

图3-36　绘制直线

命令行的提示如下。

命令：_ circle

指定圆的圆心或[三点(3P)/二点(2P)/切点、切点、半径(T)]：3P

指定圆上的第一个点：_ tan 到

指定圆上的第二个点：_ tan 到

指定圆上的第三个点：_ tan 到

命令：_ trim

当前设置：投影=UCS，边=延伸

选择剪切边...

选择对象或<全部选择>：找到1个

选择对象：找到1个，总计2个

选择要修剪的对象或按住 Shift 键选择要延伸的对象，或者[栏选(F)/窗交(C)/投影(P)/边(E)/删除(R)]：

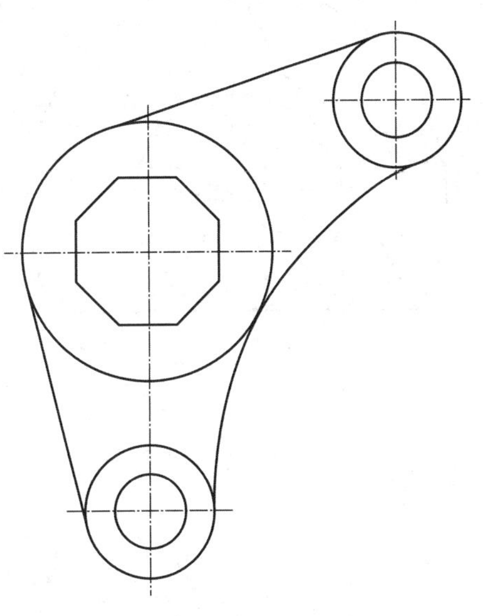

图3-37 绘制圆弧

选择要修剪的对象或按住 Shift 键选择要延伸的对象，或者[栏选(F)/窗交(C)/投影(P)/边(E)/删除(R)]：

3.6 思考与练习

1. 基础题

绘制图3-38～图3-43所示的图形并保存，不标注尺寸。

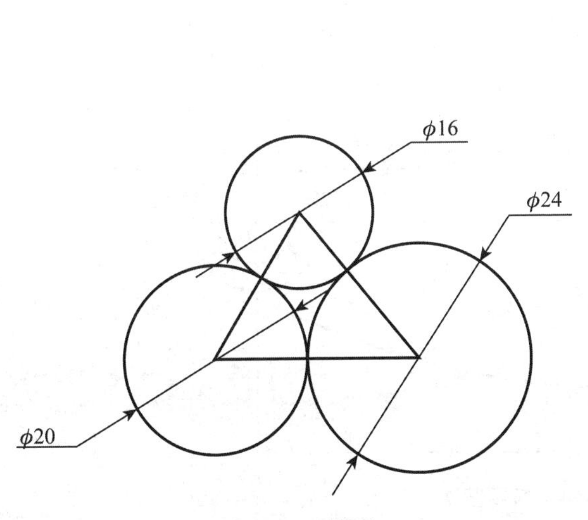

图3-38 习题图1

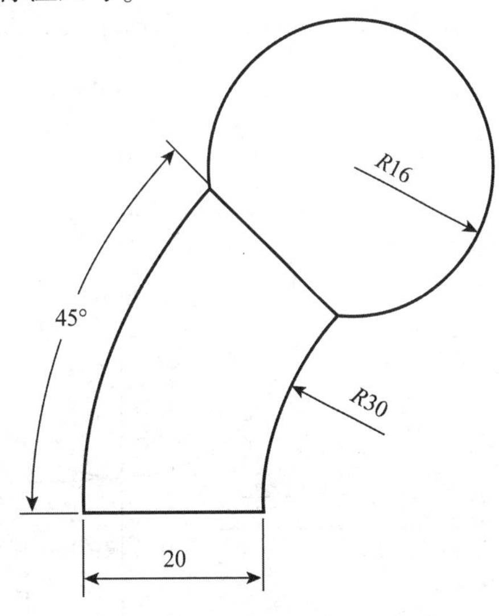

图3-39 习题图2

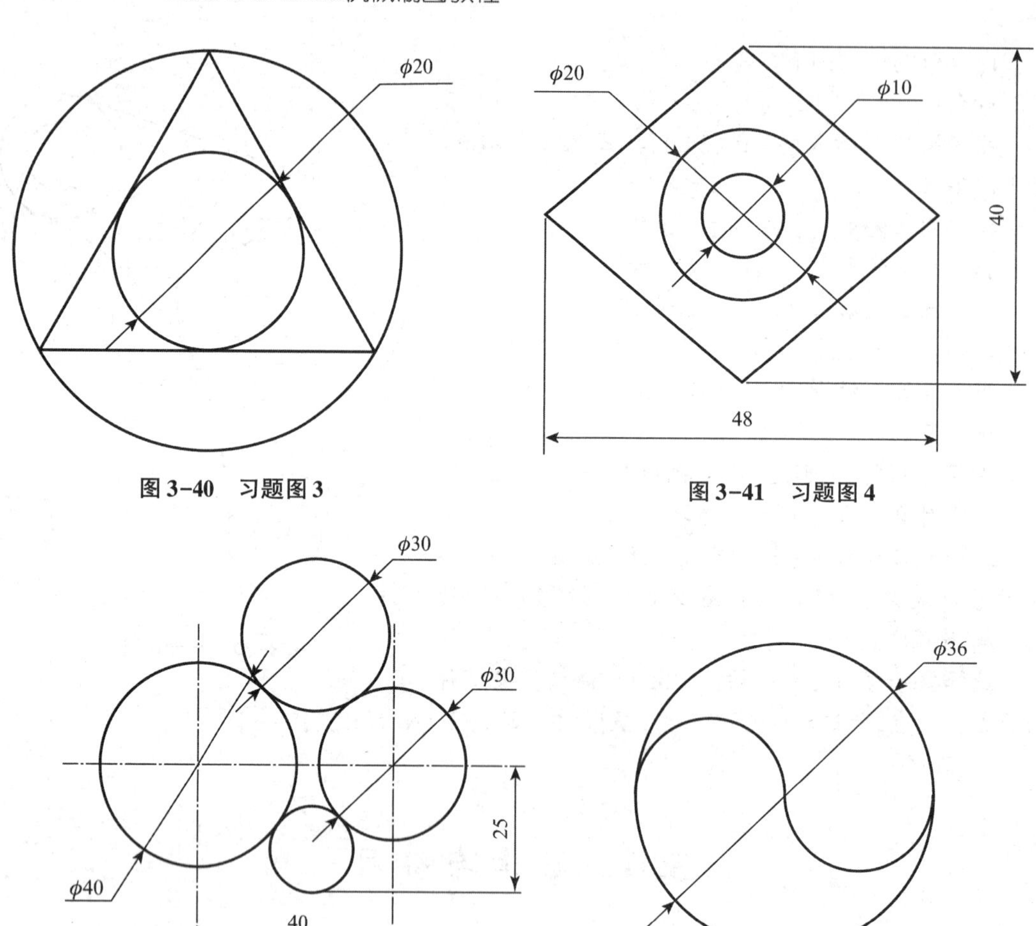

图 3-40　习题图 3

图 3-41　习题图 4

图 3-42　习题图 5

图 3-43　习题图 6

2. 提升题

绘制图 3-44 和图 3-45 所示的图形并保存，不标注尺寸。

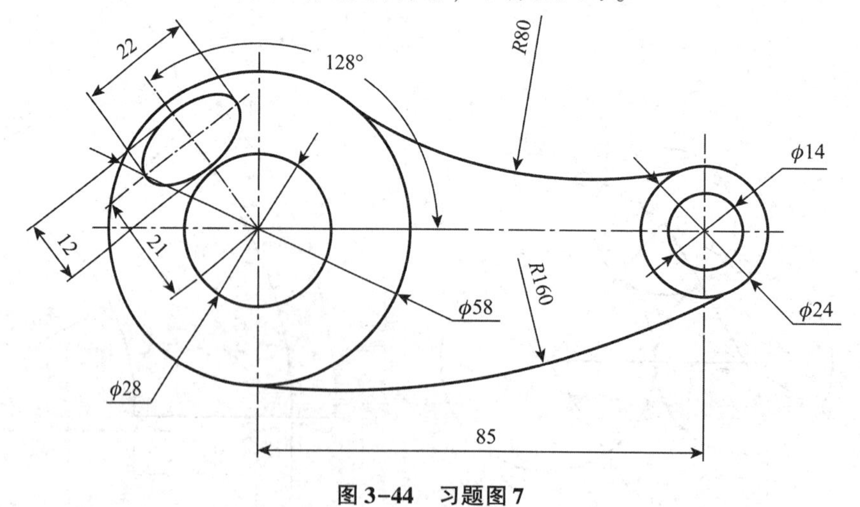

图 3-44　习题图 7

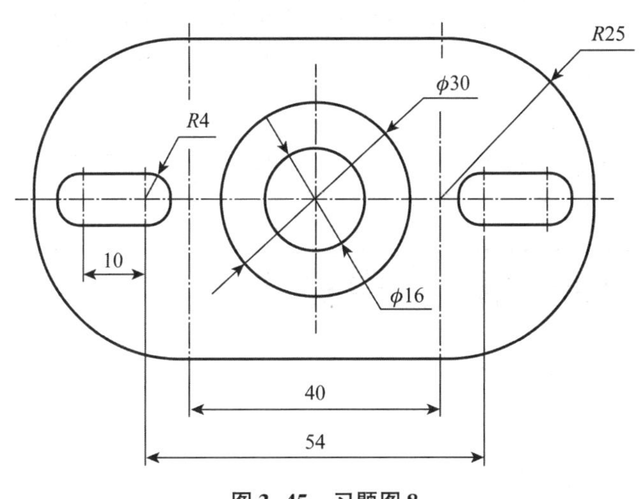

11-图 3-45 习题图 8

图 3-45　习题图 8

3. 趣味题

绘制图 3-46 ~ 图 3-49 所示的图形并保存，不标注尺寸。

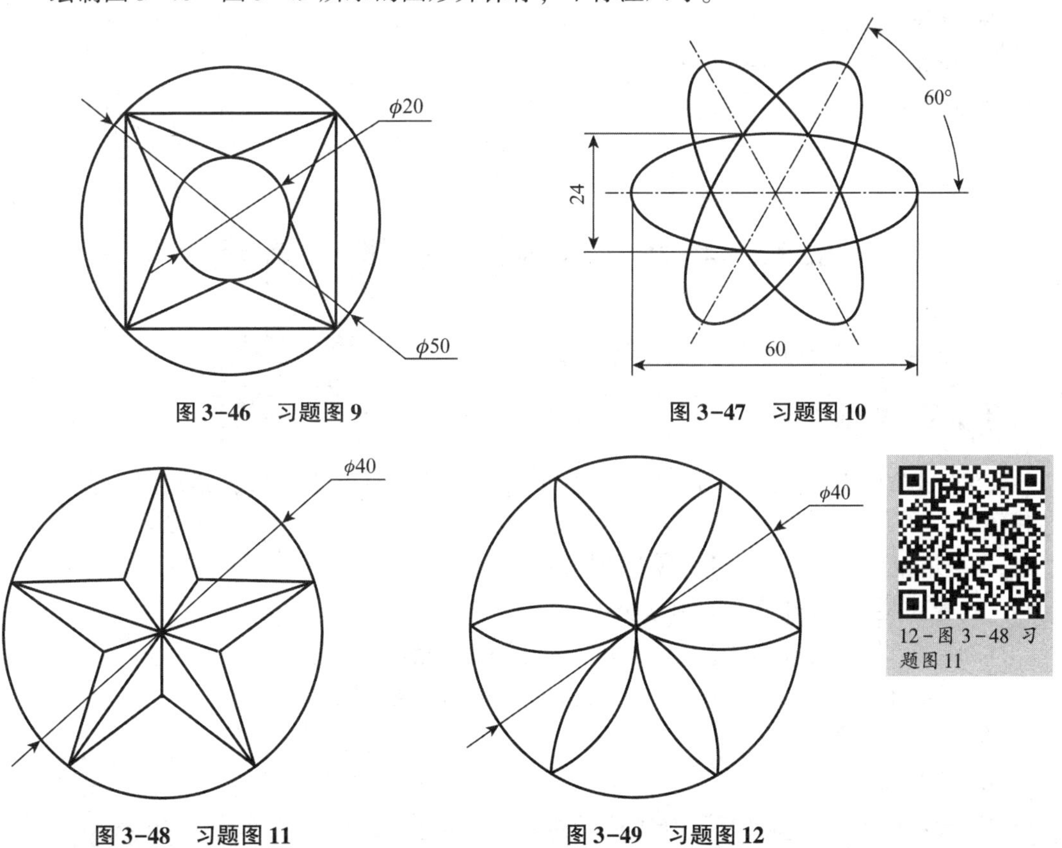

图 3-46　习题图 9

图 3-47　习题图 10

12-图 3-48 习题图 11

图 3-48　习题图 11

图 3-49　习题图 12

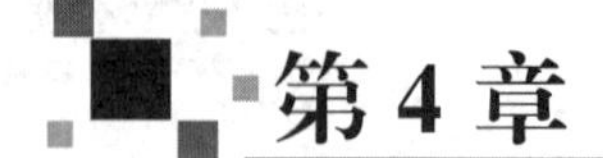

第4章

AutoCAD 编辑命令

本章要点

- 删除、复制、镜像、偏移
- 阵列、移动、旋转、缩放
- 拉伸、拉长、延伸
- 修剪、打断、分解、合并
- 倒角和圆角

4.1 删除、复制、镜像、偏移

4.1.1 删除

【删除】命令用于清除绘图过程中产生的辅助线或一些错误图形，其常用的启用方法如下。

(1)功能区：单击【修改】面板上的【删除】按钮。

(2)菜单栏：单击【修改】→【删除】。

(3)工具栏：单击【修改】工具栏上的【删除】按钮。

(4)命令行：输入 Erase 或 E，按〈Space〉键或〈Enter〉键。

命令行的提示如下。

命令：_ erase

选择对象：　　　　　　　//构造删除选择集

选择对象：　　　　　　　//按〈Enter〉键，选择的对象被删除

☆ 提示：锁定层上的对象不能被删除。

在执行【删除】命令，第二次提示“选择对象:”时，若不需要再选择其他删除对象，可按〈Space〉键或〈Enter〉键把被选中的对象删除，并且结束该命令的操作。此种修改方法称

为“先执行命令，再选择图形对象”，即先执行修改命令，然后再选择对象作修改。

还有一种快速选择对象删除的方法，在命令行的提示下不需要输入任何命令，选择要删除的对象，被选中的对象上会显示若干蓝色小方块(称夹点)并以虚线显示。此时，只要按〈Delete〉键或单击【删除】按钮，即可达到快速擦除的目的。这种修改方法称为“先选择后执行”，即先选择图形对象，然后再执行修改命令，这种方法是在【选项】对话框中预设置的。具体操作如下。

单击菜单栏中的【工具】→【选项】，弹出【选项】对话框，在该对话框的【选择集】选项卡的【选择模式】栏中勾选【先选择后执行】复选框，如图 4-1 所示。如果取消勾选该复选框，则先选择对象不能作为下一命令的选择集，也就是取消了“先选择后执行”这种方式。

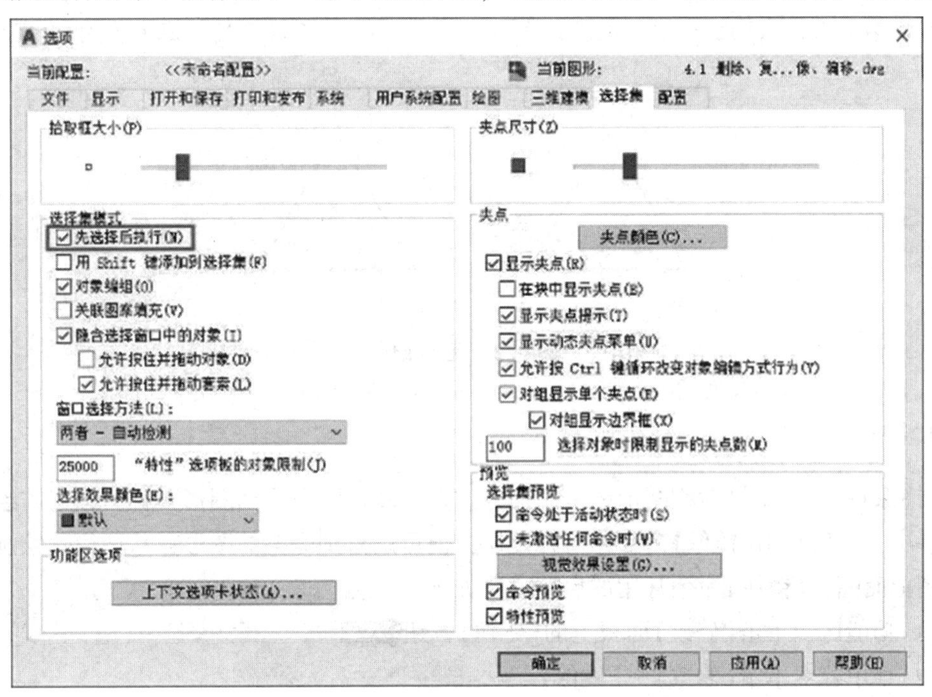

图 4-1　【选项】对话框

4.1.2　复制

【复制】命令是利用一个对象生成多个相同或相似对象。执行【修改】菜单下的【复制】命令时，要先选择需要复制的对象，再指定一个基点，然后根据相对基点的位置放置复制对象，可多次复制对象。【复制】命令常用的启用方法如下。

(1)功能区：单击【修改】面板上的【复制】按钮复制。

(2)菜单栏：单击【修改】→【复制】。

(3)工具栏：单击【修改】工具栏上的【复制】按钮。

(4)命令行：输入 Copy 或 Co，按〈Space〉键或〈Enter〉键。

【例 4-1】 要将图 4-2 的正三角形中的圆复制到三角形的各顶点上，即可执行多次【复制】命令指定圆心为复制基点，然后分别指定三角形的顶点为位移第二点即可。

解 在命令行输入 Co，按〈Space〉键或〈Enter〉键，执行【复制】命令，命令行的提示如下。

命令：_ copy

选择对象：指定对角点：　　//选择复制对象

选择对象：　　//按〈Enter〉键，确定选择对象

当前设置：复制模式=多个

指定基点或[位移(D)/模式(O)]<位移>：　　//选择基点，捕捉圆心

指定第二个点或[阵列 A]<使用第一个点作为位移>：//捕捉目标点 A

指定第二个点或[退出(E)/放弃(U)]<退出>：　　//捕捉目标点 B

指定第二个点或[退出(E)/放弃(U)]<退出>：　　//捕捉目标点 C，按〈Enter〉键结束命令

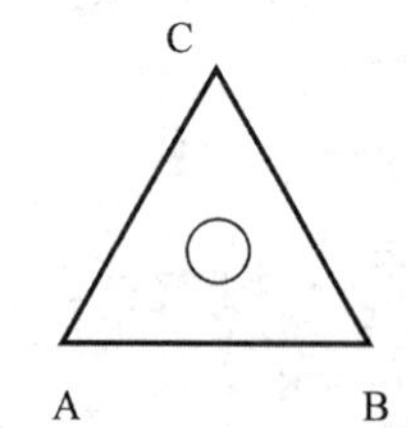

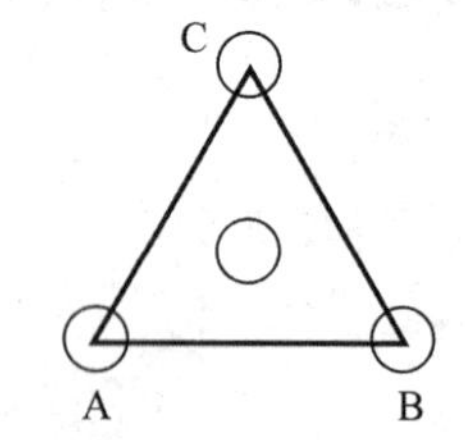

图 4-2　复制实例

4.1.3　镜像

【镜像】命令是绘制对称图形的常用命令。在绘图过程中，当图形对称时，只需绘制图形的一半，然后利用【镜像】命令作对称复制，便可以得到完整的图形，从而简化绘画工作量及图形面幅。【镜像】命令常用的启用方法如下。

(1)功能区：单击【修改】面板上的【镜像】按钮。

(2)菜单栏：单击【修改】→【镜像】。

(3)工具栏：单击【修改】工具栏上的【镜像】按钮。

(4)命令行：输入 Mirror 或 Mi，按〈Space〉键或〈Enter〉键。

【例 4-2】 如图 4-3 所示，已知对称图形的一半(一个支架零件)，使用【镜像】命令完成视图。

解 命令行的提示如下。

命令：_ mirror

选择对象：指定对角点：　　//选择镜像源对象

选择对象：　　//按〈Enter〉键，确定选择对象

指定镜像线的第一点：　　//捕捉 A 点

指定镜像线的第二点：　　//捕捉 B 点，定义对称轴

要删除源对象吗？[是(Y)/否(N)]<否>：　　//按〈Enter〉键结束命令

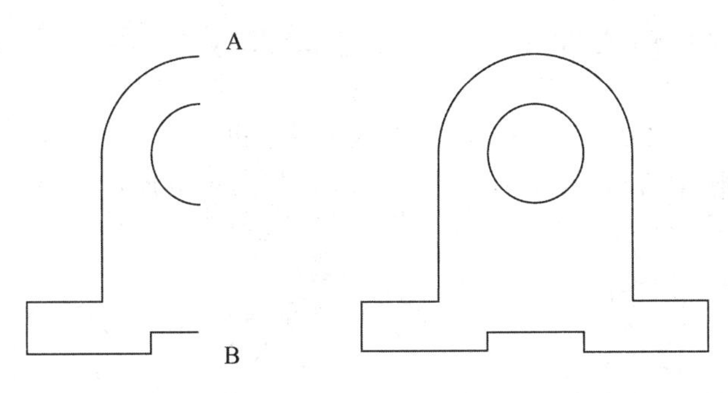

图 4-3　支架零件的镜像

☆ 提示：如果在镜像的同时删除源实体，则在“是否删除源对象？[是(Y)/否(N)]〈N〉：”命令行输入 Y，按〈Enter〉键即可。

4.1.4　偏移

【偏移】命令是根据确定的距离和方向，在不同的位置创建一个与选择的对象相似的新对象。偏移也称为等距线或同心复制，是指被复制的新对象上的点与源对象上对应点保持相等的距离，故又称为等距复制。可以偏移的对象包括直线、圆弧、圆、二维多段线、椭圆、构造线、射线和样条曲线等。利用【偏移】命令可以将定位线或辅助曲线进行准确的定位。在选择实体时，只能选择一个单独的实体。【偏移】命令常用的启用方法如下。

(1)功能区：单击【修改】面板上的【偏移】按钮。

(2)菜单栏：单击【修改】→【偏移】。

(3)工具栏：单击【修改】工具栏上的【偏移】按钮。

(4)命令行：输入 Offset 或 O，按〈Space〉键或〈Enter〉键。

【偏移】命令的基本操作是先输入偏移距离值，再选择偏移对象，然后在偏移方向拾取一点，即可达到等距复制的效果，如图 4-4 和图 4-5 所示。

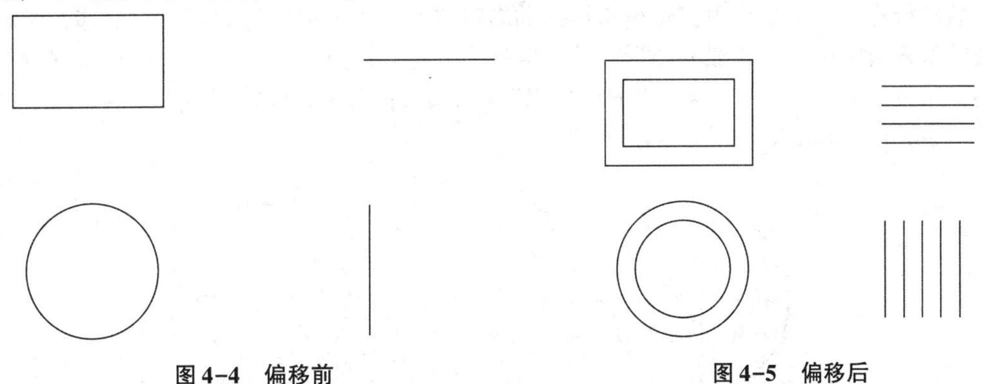

图 4-4　偏移前　　　　图 4-5　偏移后

1. 指定一个偏移点

如要使新对象通过指定的点，可采用“指定一个偏移点”。这种方式的操作提示如下。

指定偏移距离或[通过(TD)/删除(E)/图层(L)]<通过>：　//默认选项为通过点，直接按〈Enter〉键

选择要偏移的对象或[退出(E)/放弃(U)]<退出>:　　//选择一个要被偏移的对象

指定通过点或[退出(E)/多个(M)/放弃(U)]<退出>:　　//指定通过的点

结果是偏移复制后的新对象必将通过指定点，如图4-6所示。

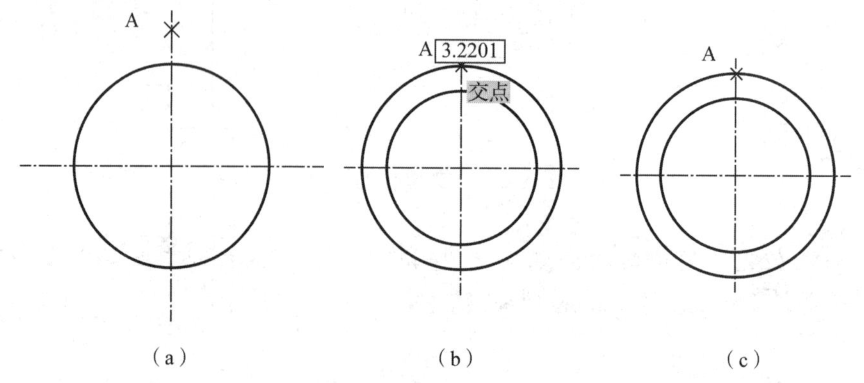

图4-6　通过点偏移复制对象

(a)确定要求通过的点；(b)操作过程；(c)操作结果

2. 指定偏移距离

“指定偏移距离”是在输入偏移距离值后，先选择偏移对象，再指定偏移方向，即可达到创建一个新对象的效果。这种方式的操作提示如下。

指定偏移距离或[通过(T)/删除(E)/图层(L)]<通过>: 10　　//输入偏移距离值

选择要偏移的对象或[退出(E)/放弃(U)]<退出>:　　//选择复制对象，如图4-7(a)所示

指定要偏移的那一侧上的点或[退出(E)/多个(M)/放弃(U)]<退出>:

//在偏移方向一侧拾取一点，如图4-7(b)所示

后两行提示会重复出现，且偏移得到的新对象又可作为被偏移对象进行偏移，所以可生成被偏移对象的系列相似的图形对象。但该命令每一次只能选择一个偏移对象进行偏移复制，对直线段而言，可理解为“平行复制”等长线段；对圆、圆弧或多边形等而言，可理解为“同心缩小或放大复制”，如图4-7所示。

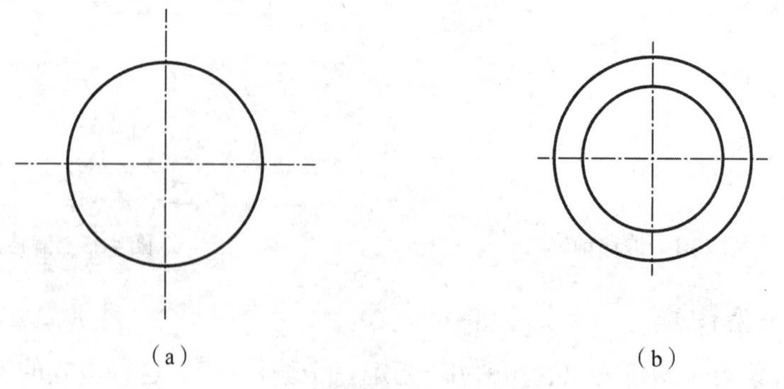

图4-7　指定偏移距离复制对象

(a)原图；(b)操作结果

3. 选项说明

(1)【删除(E)】：用于在偏移完成后，将原被偏移对象删除。默认方式是偏移后不删除源对象。

(2)【图层(L)】：确定偏移后的新对象是创建在当前图层还是被偏移的源对象所在图层。默认方式是偏移后的新对象创建在源对象所在的图层。

(3)【退出(E)】：选择退出【偏移】命令。

(4)【多个(M)】：选择采用【多个】偏移模式，即按当前偏移距离，只要指定偏移的那一侧，就可连续创建一系列相似的图形对象，而不需要再重复选择被偏移对象。

(5)【放弃(U)】：选择放弃上一个偏移操作。

用偏移方法还可以得到用【圆】【矩形】【弧】【正多边形】命令生成实体的同心结构，如图 4-8 所示。

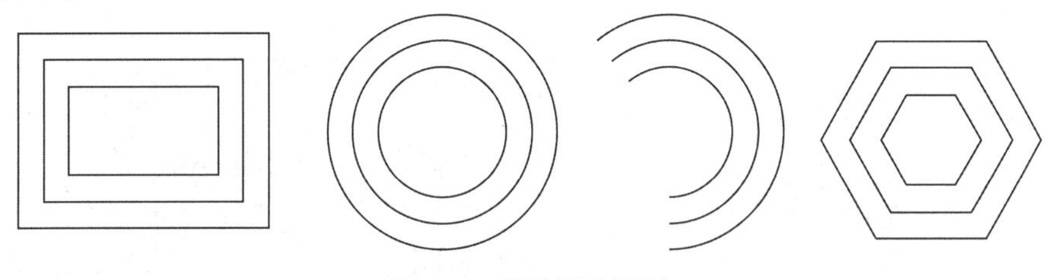

图 4-8　偏移同心图形

4.2　阵列、移动、旋转、缩放

4.2.1　阵列

阵列分为矩形阵列、路径阵列和环形阵列，是处理图形均匀分布的快捷方式。

1. 矩形阵列

【矩形阵列】命令是通过控制行数、列数及行间距、列间距，按照行列方阵的方式进行对象排布的，其常用的启用方法如下。

(1)功能区：单击【修改】面板上的【矩形阵列】按钮 阵列 。

(2)菜单栏：单击【修改】→【阵列】→【矩形阵列】。

(3)工具栏：单击【修改】工具栏上的【矩形阵列】按钮。

(4)命令行：输入 Arrayrect 或 Ar，按〈Space〉键或〈Enter〉键。

下面举例说明如何使用矩形阵列来阵列对象。

【例 4-3】将图 4-9 所示的对象阵列为图 4-10 所示的对象。

解　在命令行输入 Ar，按〈Space〉键或〈Enter〉键，执行【阵列】命令，命令行的提示如下。

命令：AR ARRAY

选择对象：找到 1 个　　　　　　　//此时选择图 4-9 中的图形，然后按〈Enter〉键

选择对象：输入阵列类型［矩形(R)/路径(PA)/极轴(PO)］〈矩形〉：R

类型=矩形 关联=是

选择夹点以编辑阵列或［关联(AS)/基点(B)/计数(COU)/间距(S)/列数(COL)/行数(R)/层数(L)/退出(X)］<退出>：COU

　　　　　　　//此时在命令行中输入 COU 并按〈Enter〉键

输入列数或［表达式(E)］<4>：4　　　　　　　//此时在命令行中输入 4 并按〈Enter〉键

输入行数或［表达式(E)］<3>：3　　　　　　　//此时在命令行中输入 3 并按〈Enter〉键

选择夹点以编辑阵列或［关联(AS)/基点(B)/计数(COU)间距(S)/列数(COL)/行数(R)/层数(L)/退出(X)］<退出>：S

　　　　　　　//此时在命令行中输入 S 并按〈Enter〉键

指定列之间的距离或［单位单元(U)］<28.5317>：30

　　　　　　　//此时在命令行中输入 30 并按〈Enter〉键

指定行之间的距离<28.5317>：30　　　　　　　//此时在命令行中输入 30 并按〈Enter〉键

选择夹点以编辑阵列或［关联(AS)/基点(B)/计数(COU)/间距(S)/列数(COL)/行数(R)/层数(L)/退出(X)］<退出>：　　　　　　　//按〈Enter〉键退出

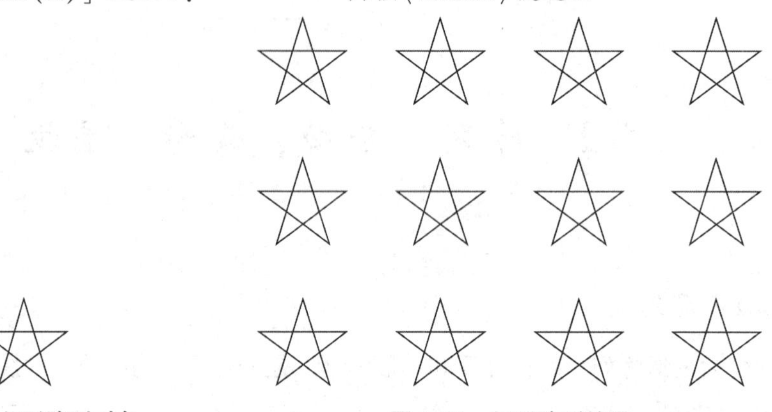

图 4-9　矩形阵列对象　　　　**图 4-10　矩形阵列结果**

用户也可以在执行命令后通过功能区中的【阵列】选项卡来完成操作，如图 4-11 所示。

图 4-11　【阵列】选项卡

用户也可以根据需要选择中括号里的选项来定义矩形阵列参数，各选项的含义如下。

(1)【关联(AS)】：指定是否在阵列中创建项目作为关联阵列对象或独立对象。选择该项中的【是(Y)】，表示创建关联阵列，使用户可以通过编辑阵列的特性和源对象快速传递修改；选择【否(N)】，表示创建阵列项目作为独立对象，更改一个项目不影响其他项目。

(2)【基点(B)】：指定阵列的基点。
(3)【计数(COU)】：指定阵列中的列数和行数。
(4)【间距(S)】：指定列间距和行间距。
(5)【列数(COL)】：指定阵列中的列数和列间距，以及它们之间的增量标高。
(6)【行数(R)】：指定阵列中的行数和行间距，以及它们之间的增量标高。
(7)【层数(L)】：指定层数和层间距。

2. 路径阵列

【路径阵列】命令常用的启用方法如下。
(1)功能区：单击【修改】面板上的【路径阵列】按钮。
(2)菜单栏：单击【修改】→【阵列】→【路径阵列】。
(3)工具栏：单击【修改】工具栏上的【路径阵列】按钮。
(4)命令行：输入 Arraypath 或 Ar，按〈Space〉键或〈Enter〉键。
下面举例说明如何使用路径阵列来阵列对象。

【例 4-4】将图 4-12 所示的对象阵列为图 4-13 所示的对象。

解　在命令行输入 Ar，按〈Space〉键或〈Enter〉键，执行【阵列】命令，命令行的提示如下。

命令：AR
ARRAY
选择对象：找到 1 个　　　　　　　　　//此时选择图 4-12 中的图形，按〈Enter〉键
选择对象：输入阵列类型[矩形(R)/路径(PA)/极轴(PO)]〈矩形〉：PA
类型=路径　关联=是
选择路径曲线　　　　　　　　　　　　//此时选择阵列路径曲线
选择夹点以编辑阵列或[关联(AS)/方法(M)/基点(B)/切向(T)/项目(I)/行(R)/层(L)/对齐项目(A)/Z 方向(Z)/退出(X)]<退出>：I
　　　　　　　　　　　　　　　　　　//此时在命令行中输入 I 并按〈Enter〉键
指定沿路径的项目之间的距离或[表达式(E)]<14.0843>：15
　　　　　　　　　　　　　　　　　　//此时在命令行中输入 120 并按〈Enter〉键
最大项目数=5
指定项目数或[填写完整路径(F)/表达式(E)]<5>：5
　　　　　　　　　　　　　　　　　　//此时在命令行中输入 5 并按〈Enter〉键
选择夹点以编辑阵列或[关联(AS)/方法(M)/基点(B)/切向(T)/项目(I)/行(R)/层(L)/对齐项目(A)/Z 方向(Z)/退出(X)]<退出>：
　　　　　　　　　　　　　　　　　　//按〈Enter〉键退出

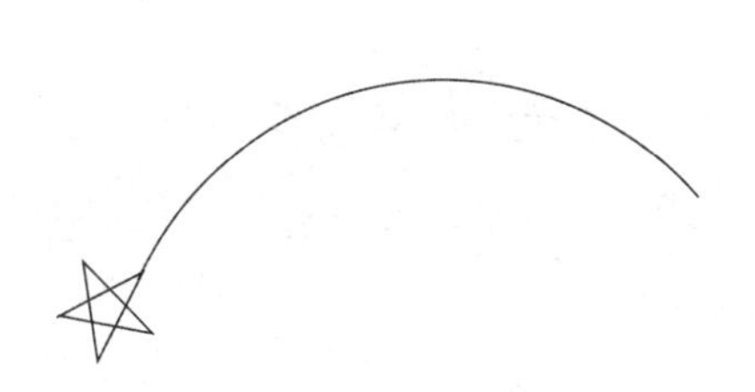

图 4-12　路径阵列对象

图 4-13　路径阵列结果

用户也可以在执行命令后通过功能区中的【阵列创建】选项卡来完成操作，如图 4-14 所示。

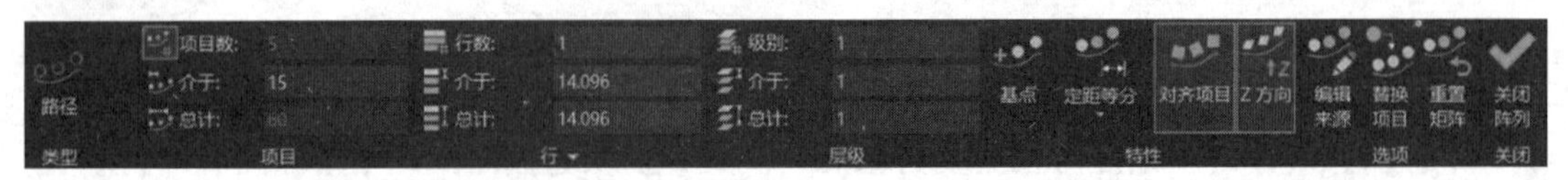

图 4-14 【阵列创建】选项卡

3. 环形阵列

【环形阵列】命令是通过确定阵列的圆心和阵列的个数，以及阵列图形所对应的圆心角等将所选实体按圆周等距复制，其常用的启用方法如下。

(1)功能区：单击【修改】面板上的【环形阵列】按钮。

(2)菜单栏：单击【修改】→【阵列】→【环形阵列】。

(3)工具栏：单击【修改】工具栏上的【环形阵列】按钮。

(4)命令行：输入 Arraypolar 或 Ar，按〈Space〉键或〈Enter〉键。

下面举例说明如何使用路径阵列来阵列对象。

【例 4-5】将图 4-15 所示的对象阵列为图 4-16 所示的对象。

解 在命令行输入 Ar，按〈Space〉键或〈Enter〉键，执行【阵列】命令，命令行的提示如下。

命令：AR

ARRAY

选择对象：找到 1 个　　//此时选择图 4-15 中的阵列对象，按〈Enter〉键

选择对象：输入阵列类型［矩形(R)/路径(PA)/极轴(PO)］〈矩形〉：PO

类型 = 极轴 关联 = 是

指定阵列的中心点或[基点(B)/旋转轴(A)]：　　//指定大圆圆心为阵列中心

选择夹点以编辑阵列或[关联(AS)/基点(B)/项目(I)/项目间角度(A)/填充角度(F)/行(ROW)/层(L)/旋转项目(ROT)/退出(X)]<退出>：I

//此时在命令行中输入 I 并按〈Enter〉键

输入阵列中的项目数或[表达式(E)]<6>：6　　//此时在命令行中输入 6 并按〈Enter〉键

选择夹点以编辑阵列或[关联(AS)/基点(B)/项目(I)/项目间角度(A)/填充角度(F)/行(ROW)/层(L)/旋转项目(ROT)/退出(X)]<退出>：

//按〈Enter〉键退出

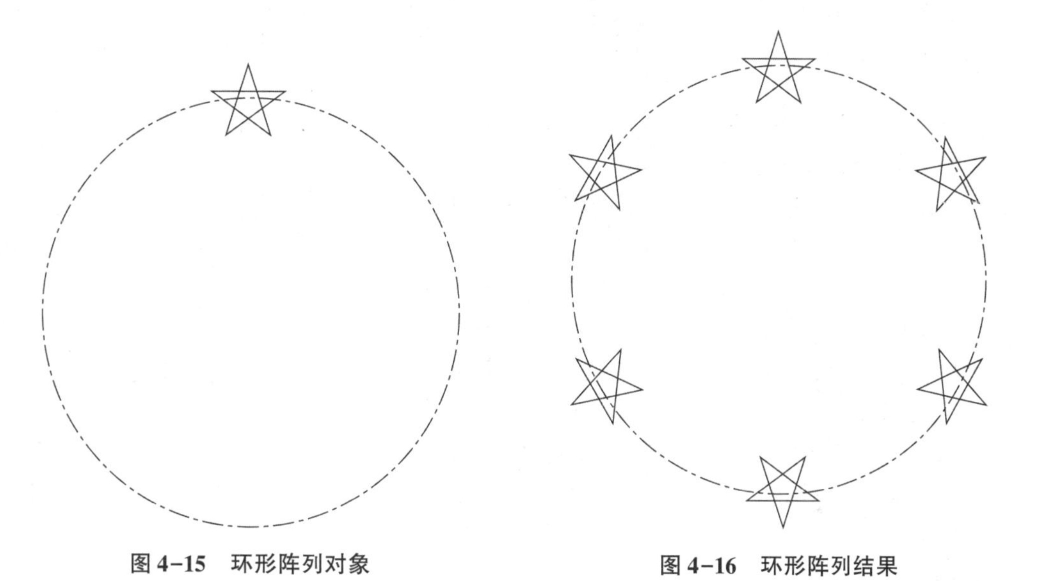

图 4-15　环形阵列对象　　　　图 4-16　环形阵列结果

用户也可以在执行命令后通过功能区中的【阵列创建】选项卡来输入阵列数目，如图 4-17 所示。

图 4-17　【阵列创建】选项卡

在【阵列创建】→【环形阵列】对话框中有【旋转项目】复选框。进行例 4-5 的操作时，本复选框是被勾选的。如果不选择该项，则环形阵列时对象不旋转。如果复制时不想旋转项目，又要使复制项目分布在圆周上，则取消勾选【旋转项目】复选框，其中小圆形的中点到大圆心的距离相等，如图 4-18 所示。

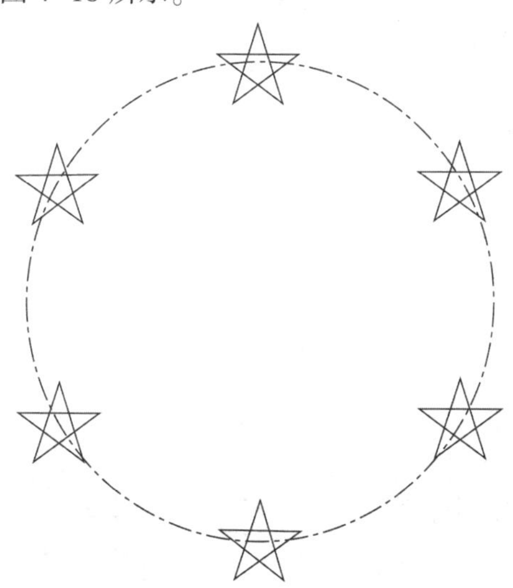

图 4-18　环形阵列时对象不旋转

4.2.2 移动

【移动】命令是在不改变对象大小和方向的前提下，将对象从一个位置移动到另一个位置。【移动】命令常用的启用方法如下。

(1)功能区：单击【修改】面板上的【移动】按钮。

(2)菜单栏：单击【修改】→【移动】。

(3)工具栏：单击【修改】工具栏上的【移动】按钮。

(4)命令行：输入 Move 或 M，按〈Space〉键或〈Enter〉键。

当确定移动的基点后，位移的第二点可以通过输入点的坐标(包括绝对坐标和相对坐标)来确定。

【例 4-6】 将圆由 A 移动至 B 处，如图 4-19 所示。

解 在命令行输入 M，按〈Space〉键或〈Enter〉键，执行【移动】命令，命令行的提示如下。

命令：_ move

选择对象：

选择对象： //选择对象圆，按〈Enter〉键结束选择

指定基点或位移： //指定基点 A

指定位移的第二点或(用第一点作位移)： //指定移动的目标点 B

☆ 提示：如果在“指定第二个点”提示下按〈Enter〉键，则第一个点将被认为是相对 X、Y 位移。例如，如果将基点指定为(4，3)，然后在下一个提示下按〈Enter〉键，则对象将从当前位置沿 X 方向移动 4 个单位，沿 Y 方向移动 3 个单位。

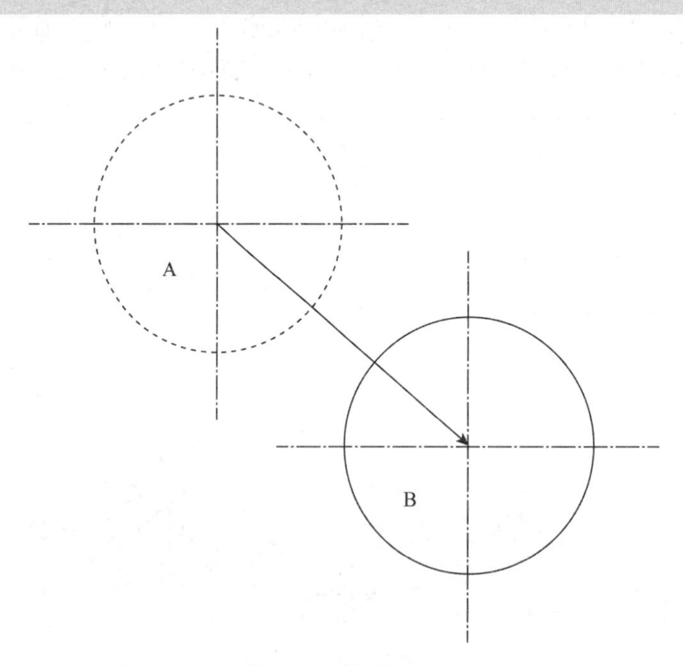

图 4-19 移动对象

4.2.3 旋转

【旋转】命令是将某一个图像绕指定点转动某一角度。【旋转】命令常用的启用方法如下。

(1)功能区：单击【修改】面板上的【旋转】按钮。

(2)菜单栏：单击【修改】→【旋转】。

(3)工具栏：单击【修改】工具栏上的【旋转】按钮。

(4)命令行：输入 Rotate 或 Ro，按〈Space〉键或〈Enter〉键。

旋转包括以下两种方式。

1. 直接输入角度

【例 4-7】 由图 4-20(a)得到图 4-20(b)。

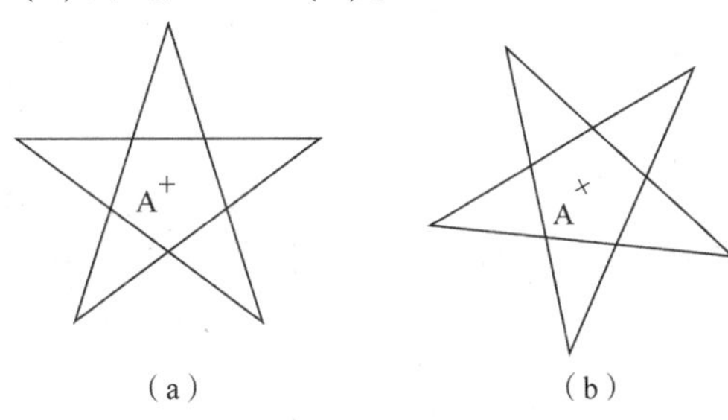

图 4-20 旋转对象

解 在命令行输入 Ro，按〈Space〉键或〈Enter〉键，执行【旋转】命令，命令行的提示如下。

命令：_ rotate

UCS 当前的正角方向：ANGDIR = 逆时针 ANGBASE = 0

选择对象：指定对角点： //选择旋转对象

选择对象： //按〈Enter〉键结束选择

指定基点： //捕捉 A 点作为旋转的基点，这时移动鼠标，选中对象会绕 A 点旋转

指定旋转角度，或[复制(C)/参照(R)]<0>：3

//切换到复制选项，这样可以既旋转又复制一组选定对象，按〈Enter〉键完成操作

☆ 提示：旋转时，旋转角有正负之分，逆时针为正值，顺时针为负值。复制功能可以在旋转过程中保留源对象。

2. 参照旋转

当需要旋转的实体的旋转角不能直接确定时，可以用参照旋转法来进行旋转。

【例 4-8】 将倾斜部位转成水平，然后投射到俯视图，如图 4-21 所示。

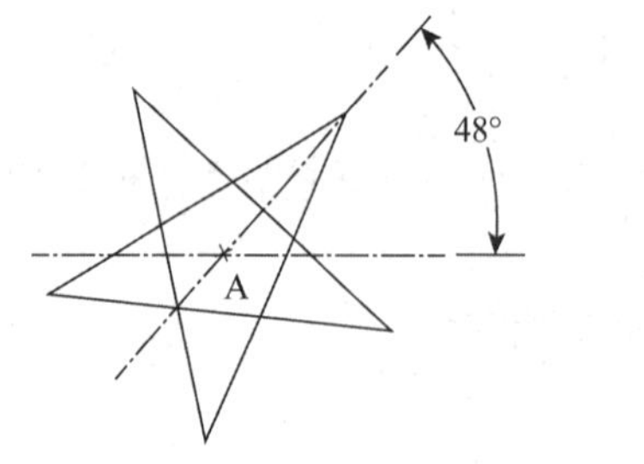

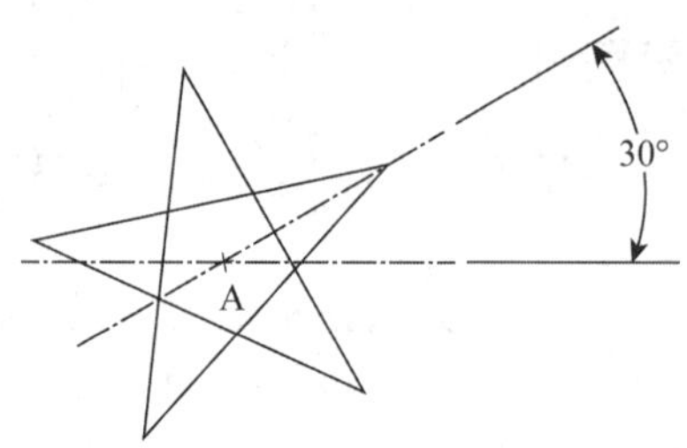

图 4-21　参照旋转

解　在命令行输入 Ro，按〈Space〉键或〈Enter〉键，执行【旋转】命令，命令行的提示如下。

```
命令：_ rotate
UCS 当前的正角方向：ANGDIR=逆时针 ANGBASE=0
选择对象：                                        //选择倾斜部分
选择对象：                                        //按〈Enter〉键结束选择
指定基点：                                        //指定 A 点为基点
指定旋转角度，或[复制(C)/参照(R)]<0>：R          //切换到复制选项
指定参照角<221>：48                               //捕捉 A 点再捕捉 B 点，把 AB 线
                                                    的角度作为参照角
指定新角度或[点(P)]<0>：30                        //输入 30，指定要转到的角度
```

4.2.4　缩放

利用【缩放】命令可以将选中对象以指定点为基点，在 X、Y 和 Z 方向同比例进行缩放。复制功能可以在比例缩放过程中保留源对象。比例缩放可分为两类：比例因子缩放和参照缩放。【缩放】命令常用的启用方法如下。

(1)功能区：单击【修改】面板上的【缩放】按钮 缩放。

(2)菜单栏：单击【修改】→【缩放】。

(3)工具栏：单击【修改】工具栏上的【缩放】按钮。

(4)命令行：输入 Scale 或 Sc，按〈Space〉键或〈Enter〉键。

1. 比例因子缩放

比例因子缩放就是缩放的倍数比。因子为 1 时，图形大小不变；小于 1 时，图形将缩小；大于 1 时，图形会放大，同时实体尺寸也随之缩放。

在命令行输入 Sc，按〈Space〉键或〈Enter〉键，执行【缩放】命令，命令行的提示如下。

```
命令：_ scale
选择对象：指定对角点：                        //选择缩放对象
选择对象：                                    //按〈Enter〉键结束选择
指定基点：                                    //选择点作为缩放基点
指定比例因子或[复制(C)/参照(R)]<1.0000>：
                                              //输入比例，按〈Enter〉键完成操作
```

2. 参照缩放

用比例因子缩放时，必须知道比例因子，如果不知道比例因子，但知道缩放后实体的尺寸，则可以用参照缩放。其实，缩放后的尺寸与原尺寸比值就是一个比例因子。下面通过实例来说明它的用法。

在命令行输入 Sc，按〈Space〉键或〈Enter〉键，执行【缩放】命令，命令行的提示如下。

命令：_ scale
选择对象：指定对角点：　　//选择缩放对象
选择对象：　　//按〈Enter〉键结束选择
指定基点：　　//捕捉点作为缩放的基点
指定比例因子或[复制(C)/参照(R)]：R　　//输入 R，执行【参照缩放】命令
指定参照长度<16>：　　//指定两点，把两点之间的长度作为参照长度
指定新的长度或[点(P)]<25.0000>：　　//输入新长度，完成操作

4.3　拉伸、拉长、延伸

4.3.1　拉伸

【拉伸】命令是将图形对象的指定部分移动、拉长、缩短或改变形状，同时保持与图形对象未移动部分相连接。在拉伸过程中需要指定一个基点，然后利用交叉窗口或交叉多边形选择要拉伸的对象。【拉伸】命令常用的启用方法如下。

(1)功能区：单击【修改】面板上的【拉伸】按钮 拉伸 。
(2)菜单栏：单击【修改】→【拉伸】。
(3)工具栏：单击【修改】工具栏上的【拉伸】按钮。
(4)命令行：输入 Stretch 或 S，按〈Space〉键或〈Enter〉键。

命令行的提示如下。

命令：_ stretch
以交叉窗口或交叉多边形选择要拉伸的对象
选择对象：　　//用交叉窗口法选择对象。注意，选择框不要包含所有对象，如果包含了，就会变成移动操作
选择对象：　　//按〈Enter〉键结束选择
指定基点或位移：　　//捕捉 A 点作为拉伸的基点
指定第二个点或<使用第一个点作为位移>：　　//指定位移的第二个点，决定拉伸多少

拉伸遵循以下原则：

(1)通过单击选择和窗口选择获得的拉伸对象将只能被平移，不被拉伸。

(2)通过交叉窗口方式选择的拉伸对象，如果所有夹点都落入选择框内，对象将发生平移；如果只有部分夹点落入选择框内，对象将进行拉伸操作，但同时保持与原图形中不动的部分相连。

4.3.2 拉长

执行【拉长】命令，可以修改直线或圆弧的长度。【拉长】命令常用的启用方法如下。

(1)功能区：单击【修改】面板上的【拉长】按钮。

(2)菜单栏：单击【修改】→【拉长】。

(3)工具栏：单击【修改】工具栏上的【拉长】按钮。

(4)命令行：输入 Lengthen 或 Len，按〈Space〉键或〈Enter〉键。

命令行的提示如下。

命令：_ lengthen

选择要测量的对象或[增量(DE)/百分比(P)/总计(T)/动态(DY)]〈总计(T)〉：

默认情况下，选择对象后，系统会显示出当前选中对象的长度和包含角等信息。各选项的功能说明如下。

(1)【增量(DE)】：以增量方式修改圆弧(或直线)的长度。可以直接输入长度增量来拉长直线或圆弧，长度增量为正值时拉长，长度增量为负值时缩短。也可以输入 A 切换到【角度】选项，通过指定圆弧的包含角增量来修改圆弧的长度。

(2)【百分数(P)】：以相对于原长度的百分比来修改直线或圆弧的长度。

(3)【总计(T)】：以给定直线新的总长度或圆弧的新包含角来改变长度。

(4)【动态(DY)】：允许动态地改变圆弧或直线的长度。

4.3.3 延伸

【延伸】命令可以延长指定的对象与另一个对象(延伸 AB 边界)相交。执行【延伸】命令时，需要确定延伸边界，然后指定对象延长与边界相交。延伸的对象包括直线、圆弧、椭圆弧、非闭合的多线段等。【延伸】命令常用的启用方法如下。

(1)功能区：单击【修改】面板上的【延伸】按钮 延伸。

(2)菜单栏：单击【修改】→【延伸】。

(3)工具栏：单击【修改】工具栏上的【延伸】按钮。

(4)命令行：输入 Extend 或 Ex，按〈Space〉键或〈Enter〉键。

命令行的提示如下。

命令：_ extend

当前设置：投影=UCS，边=无

选择边界的边...　　//提示选择要延伸到的边界

选择对象或<全部选择>：　　//选择延伸边界 AB

选择对象：　　//按〈Enter〉键结束选择

选择要延伸的对象，或按住〈Shift〉键选择要修剪的对象，或者[栏选(F)/窗交(C)/投影(P)/边(E)]：　　//选择要延伸的对象或输入一个选项的关键字选择要延伸的对象，或按住〈Shift〉键选择要修剪的对象，或者[栏选(F)/窗交(C)/投影(P)/边(E)]: //按〈Enter〉键结束命令

☆ 提示：选择被延伸的对象时，应将拾取框放在靠近延伸对象边界的那一端。在命令行“选择要延伸的对象，或按住〈Shift〉键选择要修剪的对象，或[栏选(F)/窗交(C)/投影(P)/边(E)/放弃(U)]:”中提示“按住〈Shift〉键选择要修剪的对象”，说明【延伸】命令和下面要讲的【修剪】命令在选择完边界后，按住〈Shift〉键可以切换。

4.4 修剪、打断、分解、合并

4.4.1 修剪

在执行【修剪】命令时，AutoCAD 首先要求确定修剪边界，然后再以边界为剪刀，剪掉实体的部分，被剪部分不一定与修剪边界直接相交(延长必须相交)。【修剪】命令常用的启用方法如下。

(1)功能区：单击【修改】面板上的【修剪】按钮。

(2)菜单栏：单击【修改】→【修剪】。

(3)工具栏：单击【修改】工具栏上的【修剪】按钮。

(4)命令行：输入 Trim 或 Tr，按〈Space〉键或〈Enter〉键。

命令行的提示如下。

命令：_trim

当前设置：投影=UCS，边=延伸

选择对象或<全部选择>: //选择剪切边界

选择对象: //按〈Enter〉键结束选择

选择要修剪的对象，或按住〈Shift〉键选择要延伸的对象，或者[栏选(F)/窗交(C)/投影(P)/边(E)/删除(R)]: //在要剪去的部位单击

在“选择要修剪的对象，或按住〈Shift〉键选择要延伸的对象，或[栏选(F)/窗交(C)/投影(P)/边(E)/删除(R)]:”提示中有一个【边(E)】选项，输入 E 后，有两个选择【延伸(E)/不延伸(N)】。一个是延伸剪切边界，另一个是不延伸剪切边界。当剪切线和被剪切线相交时，两者没有区别，但当剪切线和被剪切线不相交时，选择【不延伸(N)】将不能剪切。

在执行【修剪】命令时，可以选中所有参与修剪的实体，作为【选择剪切边】的回应，让它们互为剪刀。绘图过程中，将【修剪】命令与【偏移】【阵列】命令配合使用，会大大提高绘图效率。

4.4.2 打断

【打断】命令用于删除对象中的一部分或把一个对象分为两部分。可以打断的对象包括直线、圆弧、圆、二维多段线、椭圆弧、构造线、射线和样条曲线等。要删除直线、圆弧或多段线的一端，请在要删除的一端以外指定第二个打断点。【打断】命令常用的启用方法如下。

(1)功能区：单击【修改】面板上的【打断】按钮。

(2)菜单栏：单击【修改】→【打断】。

(3)工具栏：单击【修改】工具栏上的【打断】按钮。

(4)命令行：输入 Break 或 Br，按〈Space〉键或〈Enter〉键。

打断对象时，可以先在第一个断点处选择对象，然后再指定第二个打断点：也可以先选择对象，然后在命令行提示“指定第二个打断点或[第一点(F)]:”时输入 F 并按〈Enter〉键，然后重新选择第一个打断点。

AutoCAD 按逆时针方向删除圆上第一个打断点到第二个打断点之间的部分，从而将圆转换成圆弧。要将对象一分为二，并且不删除某个部分，那么输入的第一个打断点和第二个打断点应相同。用户通过输入@指定第二个打断点即可实现此过程，也可以单击【打断于点】按钮来完成。

4.4.3 分解

在 AutoCAD 中，有许多组合对象，如矩形(【矩形】命令绘制的)、正多边形(【正多边形】命令绘制的)、块、多段线、标注、图案填充等，不能对其某一部分进行编辑，就需要使用【分解】命令把对象组合进行分解。有时在分解后，图形在外观上看不出明显的变化。例如，将矩形分解成 4 条线段，表面上看不出变化，但用光标直接拾取对象可以发现区别。【分解】命令常用的启用方法如下。

(1)功能区：单击【修改】面板上的【分解】按钮。

(2)菜单栏：单击【修改】→【分解】。

(3)工具栏：单击【修改】工具栏上的【分解】按钮。

(4)命令行：输入 Explode 或 X，按〈Space〉键或〈Enter〉键。

命令行的提示如下。

```
命令：_ explode
选择对象：                              //选择要分解的对象
选择对象：                              //按〈Enter〉键结束命令
```

4.4.4 合并

【合并】命令将对象合并以形成一个完整的对象，根据不同选择的不同提示合并直线、圆弧和多段线。【合并】命令常用的启用方法如下。

(1)功能区：单击【修改】面板上的【合并】按钮。

(2)菜单栏：单击【修改】→【合并】。

(3)工具栏：单击【修改】工具栏上的【合并】按钮。

(4)命令行：输入 Join 或 J，按〈Space〉键或〈Enter〉键。

1. 合并圆弧

命令行的提示如下。

命令：_ join
选择源对象或要一次合并的多个对象：　　　　//选择圆弧对象，按〈Enter〉键
选择圆弧，以合并到源对象或进行[闭合(L)]：//选择要合并的圆弧或输入 L 进行闭合

2. 合并直线

命令行的提示如下。

命令：_ join：
选择源对象或要一次合并的多个对象：　　　　//选择直线对象，按〈Enter〉键
选择要合并到源对象的直线：　　　　　　　　//选择要合并的直线，按〈Enter〉键完成合并

3. 与多段线合并

命令行的提示如下。

命令：_ join
选择源对象或要一次合并的多个对象：　　　　//选择多段线
选择要合并到源对象的对象：　　　　　　　　//选择与之相连的直线、圆弧或多段线

4. 一次选择多个要合并的对象

在主提示下，可一次选择多个要合并的对象，而无须指定源对象。规则和生成的对象类型如下：

(1)合并共线可产生直线对象，原直线的端点之间可以有间隙；

(2)合并具有相同圆心和半径的共面圆弧可产生圆弧或圆对象，各圆弧的端点之间可以有间隙，以逆时针方向进行加长，如果合并的圆弧闭合可以形成完整的圆；

(3)将样条曲线、椭圆圆弧或螺旋合并在一起或合并到其他对象可产生样条曲线对象，这些对象可以不共面；

(4)合并共面直线、圆弧、多段线或三维多段线可产生多段线对象；

(5)合并不是弯曲对象的非共面对象可产生三维多段线。

4.5　倒角和圆角

4.5.1　倒角

倒角是通过延伸(或修剪)使两个不平行的线型对象相交或利用斜线连接。机械制图中倒角多出现在轴端或机件外边缘。用 AutoCAD 绘制倒角时，当 2 个倒角距离不相等时，要特别注意倒角第一边与倒角第二边的区分，如图 4-22 所示。【倒角】命令常用的启用方法

如下。

(1)功能区：单击【修改】面板上的【倒角】按钮。

(2)菜单栏：单击【修改】→【倒角】。

(3)工具栏：单击【修改】工具栏上的【倒角】按钮。

(4)命令行：输入 Chamfer 或 Cha，按〈Space〉键或〈Enter〉键。

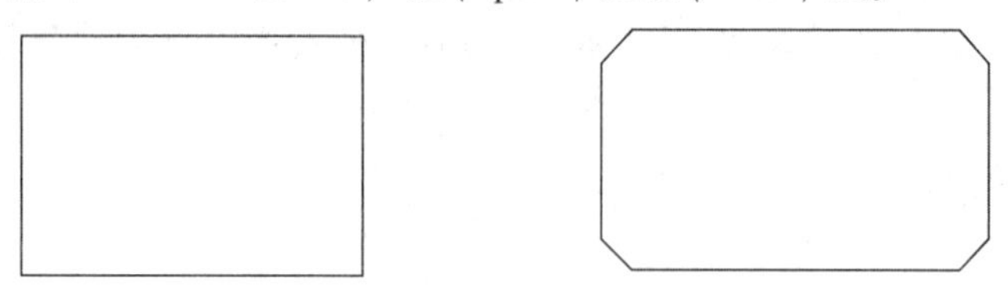

图 4-22　倒角命令的应用

命令行的提示如下。

命令：_ chamfer

(“修剪”模式)当前倒角距离 1 = 0.0000 距离 2 = 0.0000

选择第一条直线或[放弃(U)/多段线(P)/距离(D)/角度(A)/修剪(D)/方式(B)/多个(M)]：　　//选择第一条直线或其他选项

选择第二条直线，或按住〈Shift〉键选择直线以应用角点或[距离(D)/角度(A)/方法(M)]：　　//选择第二条直线

☆ 提示：该命令也可以通过单击【修改】→【倒角】来执行。当两个倒角距离不同时，要注意两条线的选中顺序。第一个倒角距离适用于第一条被选中的线，第二个倒角距离适用于第二条被选中的线。

4.5.2　圆角

圆角主要出现在铸造件上以及机加工的退刀处，通过一个指定半径的圆弧光滑地连接 2 个对象。执行【圆角】命令时，主要参数就是圆角半径，操作与倒角基本相同。若圆角半径大于某一边，则圆角不生成，系统会提示半径太大，如图 4-23 所示。【圆角】命令常用的启用方法如下。

(1)功能区：单击【修改】面板上的【圆角】按钮。

(2)菜单栏：单击【修改】→【圆角】。

(3)工具栏：单击【修改】工具栏上的【圆角】按钮。

(4)命令行：输入 Fillet 或 F，按〈Space〉键或〈Enter〉键。

命令行的提示如下。

命令：_ fillet

当前设置：模式 = 修剪，半径 = 0.0000

选择第一个对象或[放弃(U)/多段线(P)/半径(R)/修剪(T)/多个(M)]：

//选择第一个对象或其他选项

选择第二个对象，或按住〈Shift〉键选择对象以应用角点或[半径(R)]：
//选择第二个对象

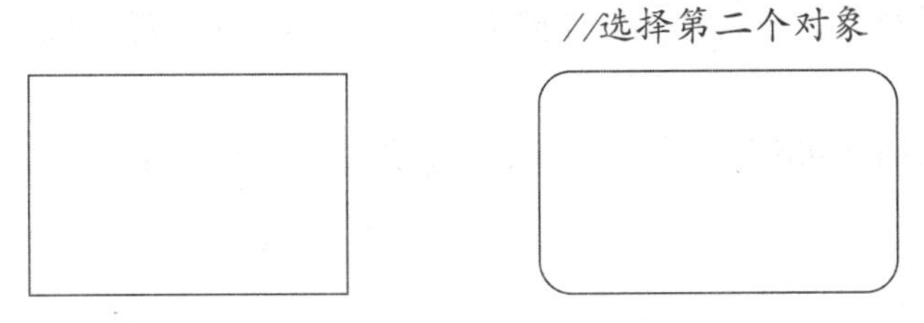

图4-23　圆角命令的应用

4.6　编辑命令在绘图中的应用举例

4.6.1　绘制平面图形——吊钩

1. 尺寸分析

平面图形中的尺寸，按其作用分类如下。

1)定形尺寸

用于确定线段的长度、圆弧的半径(或圆的直径)和角度大小等的尺寸，称为定形尺寸。如图4-24中的23、ϕ14、*R*2、*R*24、*R*36等。

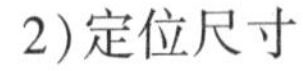

2)定位尺寸

用于确定线段在平面图形中所处位置的尺寸，称为定位尺寸。如图4-24中的尺寸5确定了*R*29的圆心位置；9确定了*R*24圆心的一个坐标值。

尺寸的位置通常由图形的对称线、中心线或某一轮廓线来确定，它们称为尺寸基准，如图4-24中的中心线。

图4-24　吊钩

2. 线段分析

平面图形中的线段(直线或圆弧)，根据其定位尺寸的完整与否，可分为三类(因为直线连接的作图比较简单，所以这里只讲圆弧连接的作图问题)。

(1)已知圆弧：具有两个定位尺寸的圆弧，如图4-24中的*R*29。

(2)中间圆弧：具有一个定位尺寸的圆弧，如图4-24中的*R*14。

(3)连接圆弧：没有定位尺寸的圆弧，如图4-24中的*R*2。

在作图时，由于已知圆弧有两个定位尺寸，故可直接画出；而中间圆弧虽然缺少一个定位尺寸，但它总是和一个已知圆弧相连接，利用相切的条件便可画出；连接圆弧则由于缺少2个定位尺寸，因此，唯有借助于它和已经画出两圆弧的相切条件才能画出来。

画图时，应先画已知圆弧，再画中间圆弧，最后画连接圆弧。

3. 绘制过程

1)绘制中心线和辅助线

(1)在命令行输入L，按〈Space〉键或〈Enter〉键，执行【直线】命令，绘制水平和垂直的中心线，如图4-25(a)所示。

(2)在命令行输入O，按〈Space〉键或〈Enter〉键，执行【偏移】命令，绘制与水平线相距54、77的两条平行辅助线；再绘制与垂直中心线左右两侧各相距7和9的4条垂直辅助线，如图4-25(b)所示。

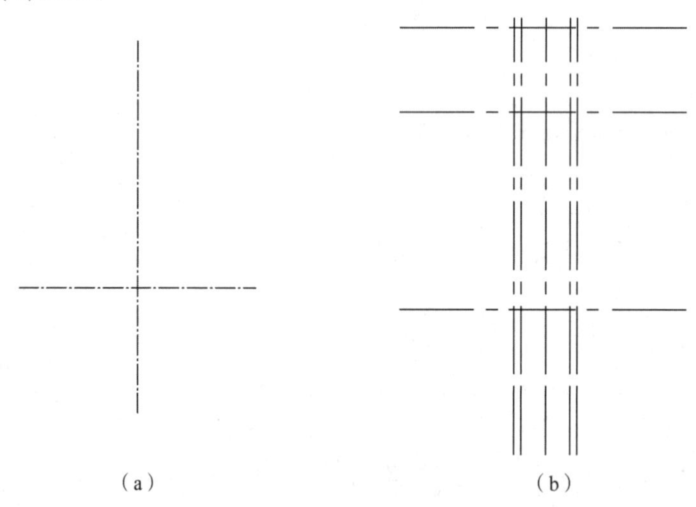

(a)　　　　(b)

图4-25　绘制中心线和辅助线

(a)绘制中心线；(b)绘制辅助线

2)绘制钩柄部分的直线

(1)在命令行输入L，按〈Space〉键或〈Enter〉键，执行【直线】命令，绘制钩柄部分的直线，如图4-26(a)所示。

(2)在命令行输入E，按〈Space〉键或〈Enter〉键，执行【删除】命令，选择要删除的辅助线，最后右击，完成删除，如图4-26(b)所示。

(3)在命令行输入Cha，按〈Space〉键或〈Enter〉键，执行【倒角】命令，选择要进行倒角的直线。

(4)在命令行输入L，按〈Space〉键或〈Enter〉键，执行【直线】命令，绘制倒角处直线，如图4-26(c)所示。

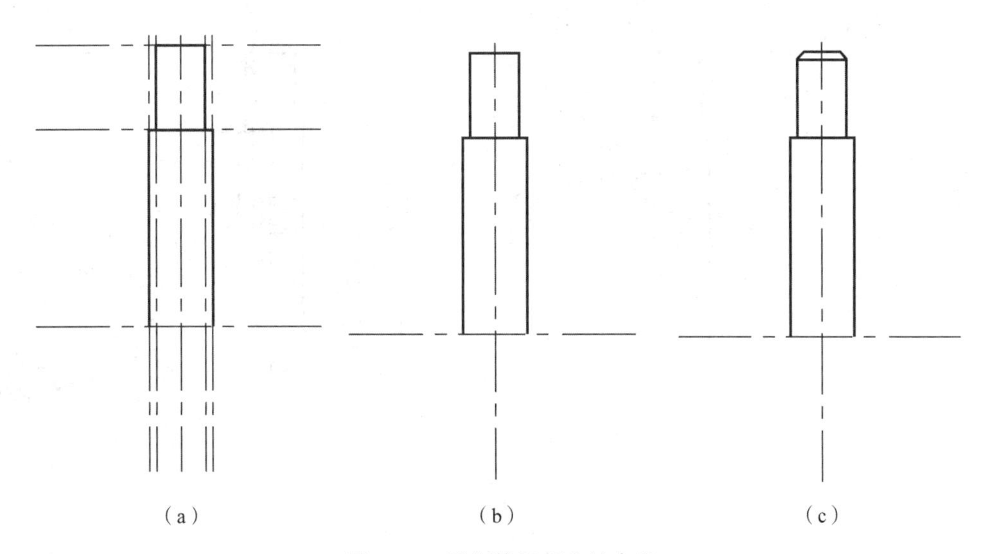

图 4-26 绘制钩柄部分的直线

(a)绘制直线；(b)删除辅助线；(c)绘制倒角

3)绘制吊钩弯曲中心部分 $\phi 24$、$R29$ 的圆

(1)在命令行输入 O，按〈Space〉键或〈Enter〉键，执行【偏移】命令，将垂直中心线向右偏移 5 mm。

(2)在命令行输入 C，按〈Space〉键或〈Enter〉键，执行【圆】命令，以水平中心线与垂直辅助线的交点为圆心，绘制 $R29$ 的圆。

(3)再次执行【圆】命令，以水平和垂直中心线的交点为圆心，绘制 $\phi 24$ 的圆，如图 4-27 所示。

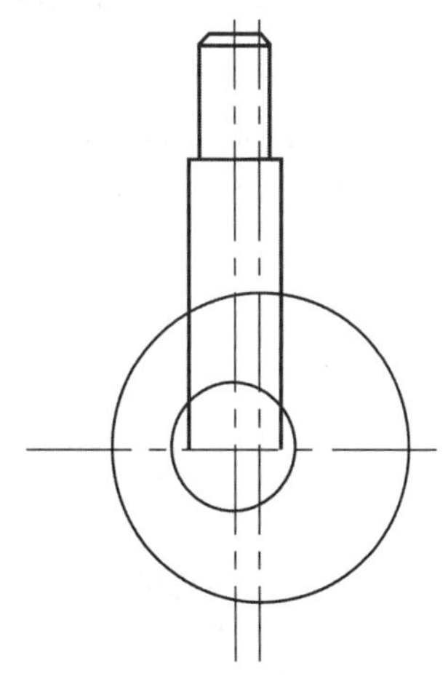

图 4-27 绘制吊钩弯曲中心部分

4)绘制吊钩尖部分 $R14$、$R24$ 的圆

(1)在命令行输入 L，按〈Space〉键或〈Enter〉键，执行【直线】命令，捕捉 $R29$ 的圆与水平中心线的左交点，作垂直辅助线。

(2)在命令行输入 O，按〈Space〉键或〈Enter〉键，执行【偏移】命令，将辅助线向左偏移 14，偏移后的辅助线与水平中心线的交点就是 $R14$ 的圆弧圆心。

(3)在命令行输入 C，按〈Space〉键或〈Enter〉键，执行【圆】命令，绘制 $R14$ 的圆，如图 4-28(a)所示。

(4)在命令行输入 O，按〈Space〉键或〈Enter〉键，执行【偏移】命令，将水平中心线向下偏移 9，作出水平辅助线。

(5)以 $\phi 24$ 圆的圆点为圆心，作半径 R 为 36 的辅助圆，辅助圆与水平辅助线的交点就是 $R24$ 的圆弧圆心。

(6)在命令行输入 C，按〈Space〉键或〈Enter〉键，执行【圆】命令，绘制 $R24$ 的圆，如图 4-28(b)所示。

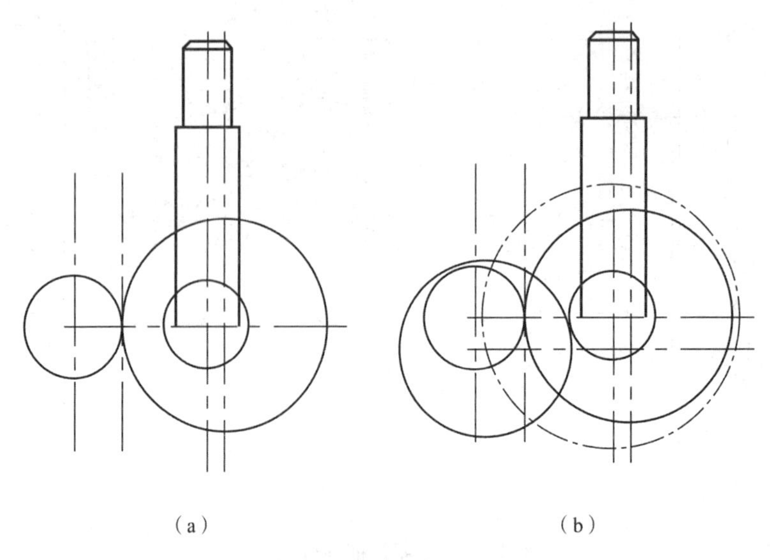

图 4-28　绘制吊钩尖部分 *R*14、*R*24 的圆

(a)绘制 *R*14 的圆；(b)绘制 *R*24 的圆

5)绘制吊钩尖部分 *R*2 的圆

(1)在命令行输入 C，按〈Space〉键或〈Enter〉键，执行【圆】命令，选择【相切、相切、半径】选项，绘制 *R*2 的圆，如图 4-29(a)所示。

(2)执行【修剪】和【删除】命令，修剪多余的线条，删除辅助线，如图 4-29(b)所示。

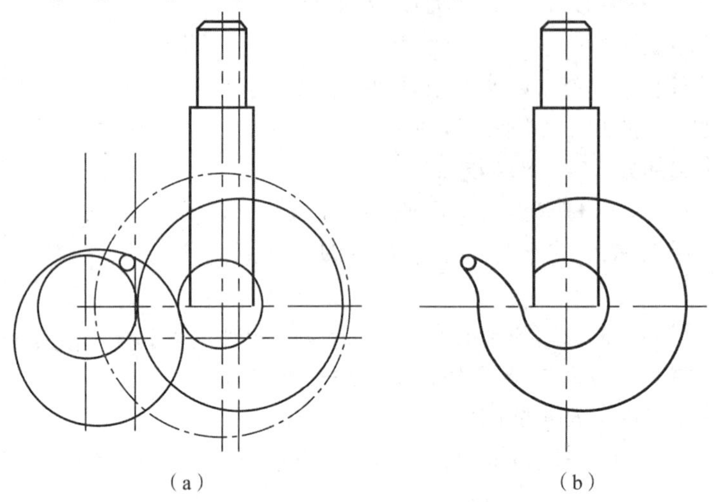

图 4-29　绘制吊钩尖部分 *R*2 的圆

(a)绘制 *R*2 的圆；(b)修剪完成

☆ 提示：在绘制吊钩尖部分 *R*2 的圆时，也可以使用【圆角】命令绘制，其具体操作为：在命令行输入 F，按〈Space〉键或〈Enter〉键执行【圆角】命令，设置【圆角】→【半径】大小为 2，根据提示选择 *R*14 和 *R*24 两圆弧，完成 *R*2 圆的绘制。

6）绘制钩柄部分 $R36$ 和 $R24$ 的过渡圆弧

（1）在命令行输入 C，按〈Space〉键或〈Enter〉键，执行【圆】命令，选择【相切、相切、半径】选项，绘制 $R36$ 和 $R24$ 的圆，如图 4-30（a）所示。

（2）在命令行输入 Tr，按〈Space〉键或〈Enter〉键，执行【修剪】命令，修剪多余的线条，如图 4-30（b）所示。

☆ 提示：在绘制 $R36$ 与 $R24$ 的圆弧时，也可以使用【圆角】命令绘制，其具体操作为：在命令行输入 F，按〈Space〉键或〈Enter〉键执行【圆角】命令，设置【圆角】→【半径】大小为 36，根据提示选择与之相切的直线和 $\phi24$ 两个圆弧，完成 $R36$ 圆弧的绘制；$R24$ 圆弧的绘制同理。

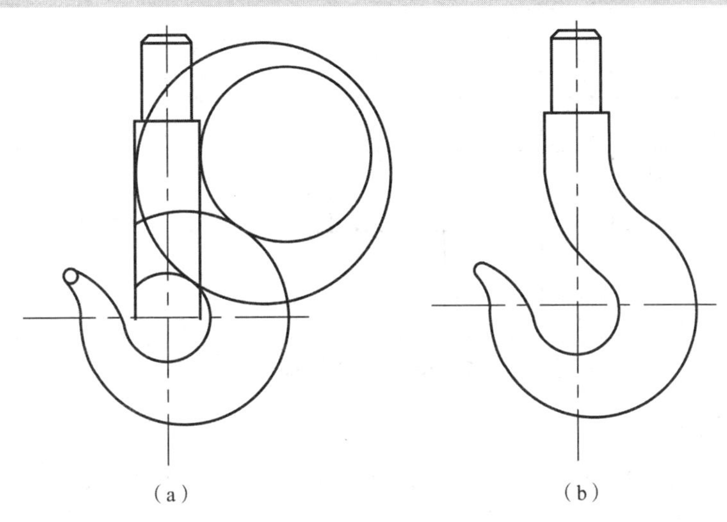

（a） （b）

图 4-30 绘制钩柄部分 $R36$ 和 $R24$ 的过渡圆弧

（a）绘制过渡圆弧；（b）修剪完成

7）调整中心线的长度

调整水平中心线和垂直中心线的长度，完成吊钩平面图的绘制。

☆ 提示：绘图时应注意图线的画法要符合国家标准规定，同一图样中，同类图线的宽度应基本一致；绘制圆的对称中心线时，对称中心线的两端应超出圆弧 2～5 mm。

4.6.2 绘制支架三视图

支架三视图如图 4-31 所示，绘制步骤如下。

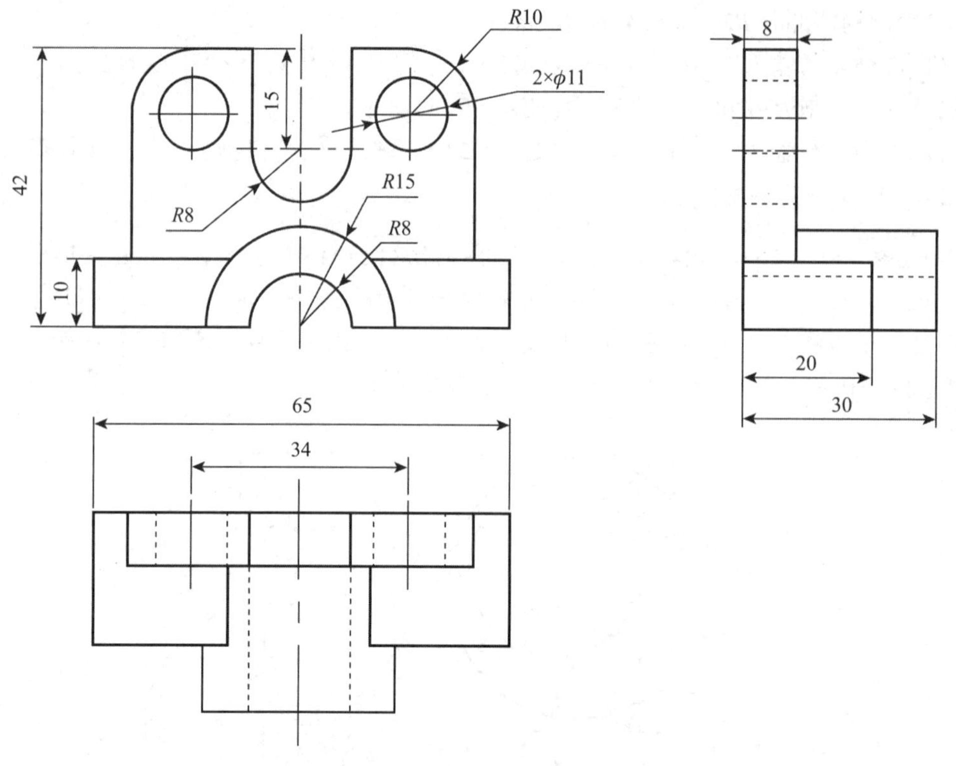

图 4-31　支架三视图

1. 绘制主视图

(1)在命令行输入 L，按〈Space〉键或〈Enter〉键，执行【直线】命令，绘制如图 4-32 所示的中心线。

(2)在命令行输入 C，按〈Space〉键或〈Enter〉键，执行【圆】命令，以中心线的交点为圆心绘制 *R*8 和 *R*15 的圆；在命令行输入 Tr，按〈Space〉键或〈Enter〉键，执行【修剪】命令，修剪多余的线条，如图 4-33 所示。

(3)在命令行输入 L，按〈Space〉键或〈Enter〉键，执行【直线】命令，绘制厚度为 10 的左侧底板，如图 4-34 所示。

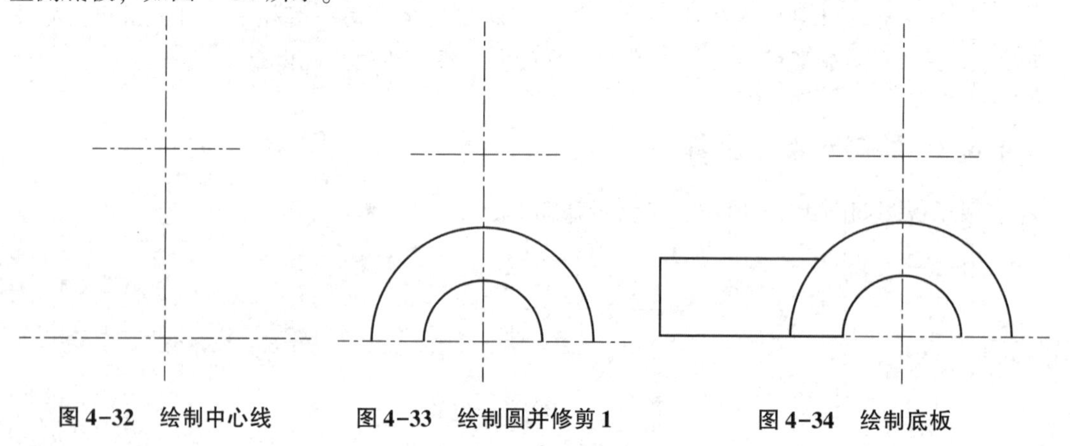

图 4-32　绘制中心线　　图 4-33　绘制圆并修剪 1　　图 4-34　绘制底板

(4)在命令行输入 L，按〈Space〉键或〈Enter〉键，执行【直线】命令，绘制支撑板的边线；在命令行输入 F，按〈Space〉键或〈Enter〉键，执行【圆角】命令，设置【半径】为 10，选择支撑板边线，完成 $R10$ 圆角的绘制，如图 4-35 所示。

(5)在命令行输入 C，按〈Space〉键或〈Enter〉键，执行【圆】命令，以圆角圆心为圆心绘制 $\phi 11$ 的圆，如图 4-36 所示。

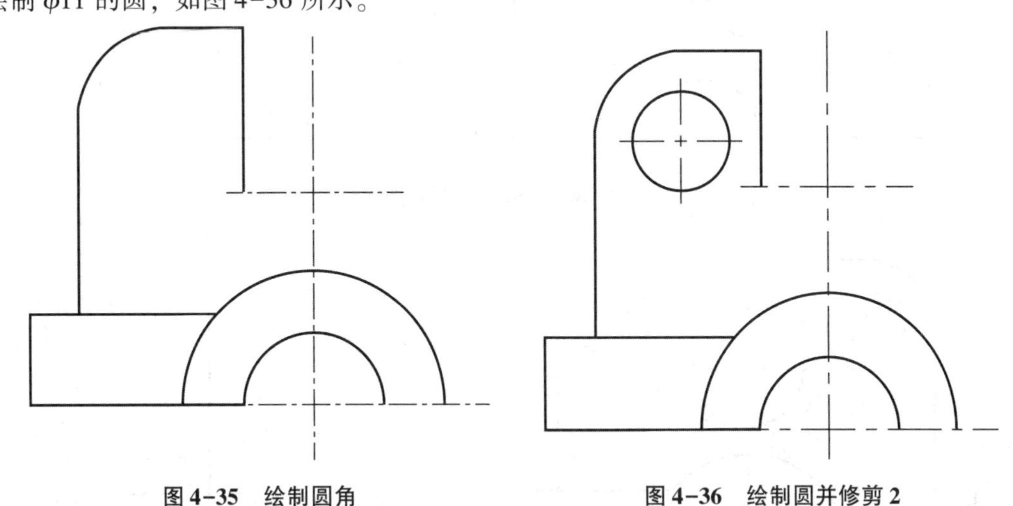

图 4-35　绘制圆角　　　图 4-36　绘制圆并修剪 2

(6)再次执行【圆】命令，以中心线的交点为圆心绘制 $R8$ 的圆弧，如图 4-37 所示。

(7)在命令行输入 Mi，按〈Space〉键或〈Enter〉键，执行【镜像】命令，完成主视图的绘制，如图 4-38 所示。

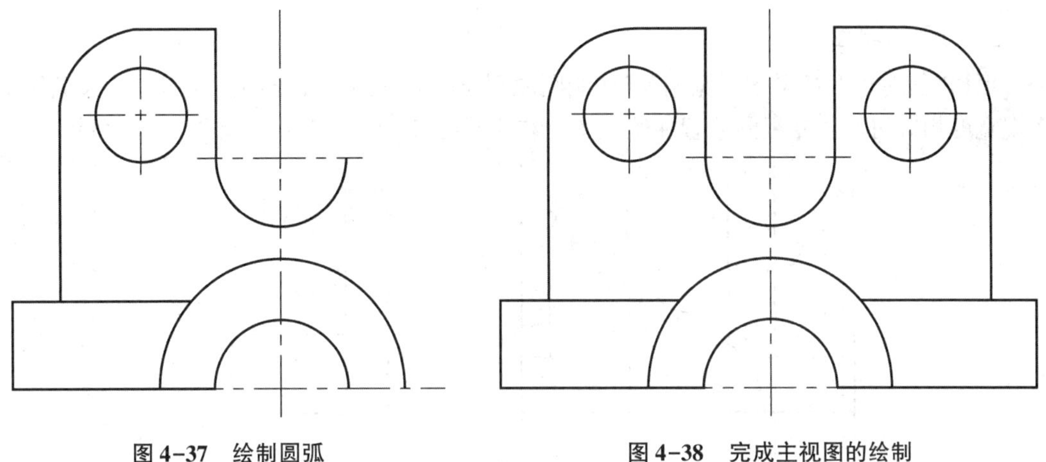

图 4-37　绘制圆弧　　　图 4-38　完成主视图的绘制

2. 绘制左视图

(1)在命令行输入 L，按〈Space〉键或〈Enter〉键，执行【直线】命令，绘制左视图的外形，如图 4-39 所示。

(2)补全左视图剩余图线，如图 4-40 所示。

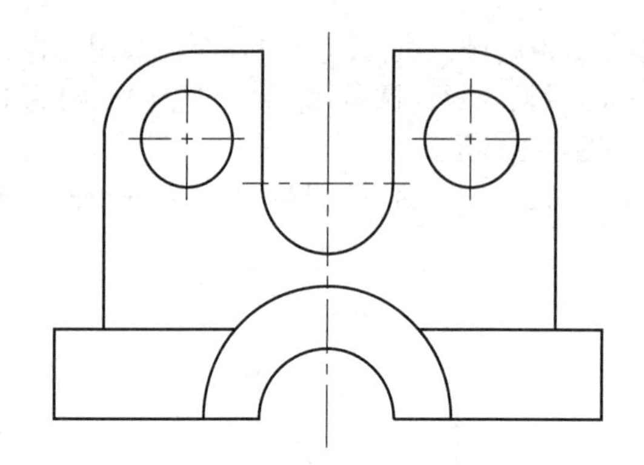
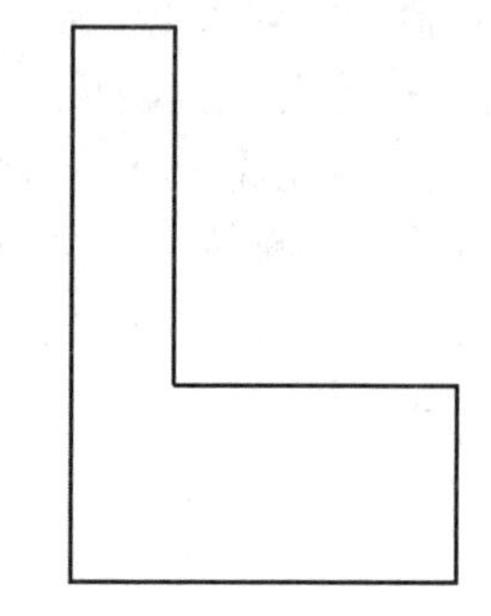

图 4-39　绘制左视图外形

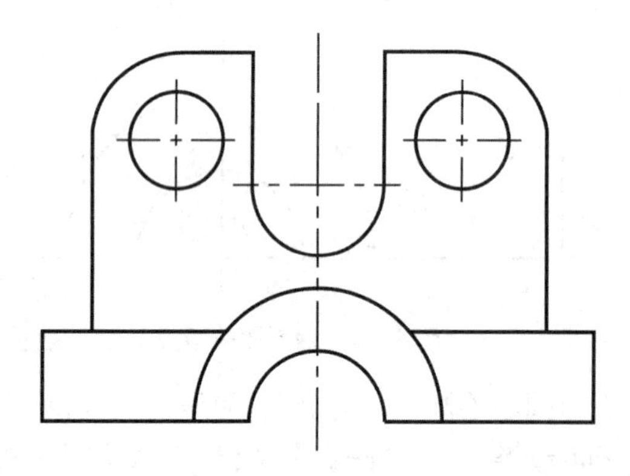
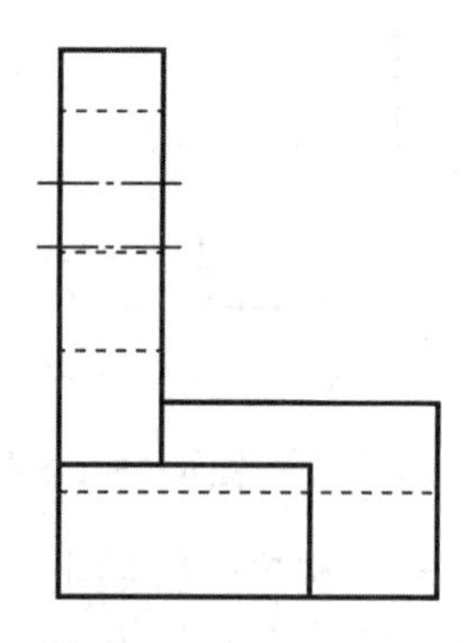

图 4-40　补全左视图

3. 绘制俯视图

根据“长对正、高平齐、宽相等”的制图原则绘制俯视图。在绘制俯视图时。为了便于实现宽度相等可以将左视图放置在俯视图的右侧并旋转-90°或270°，如图 4-41 所示。

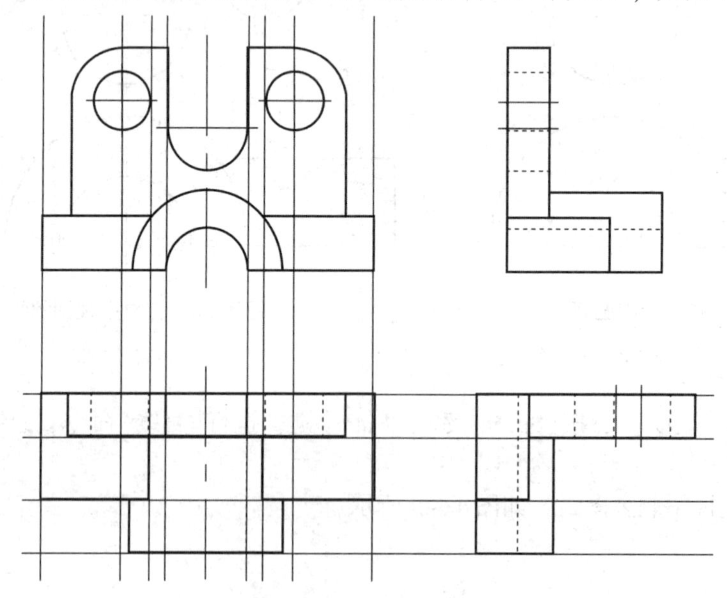

图 4-41　绘制俯视图

4. 完成三视图的绘制

删除辅助视图，调整布局、比例因子等，完成三视图的绘制，如图 4-42 所示。

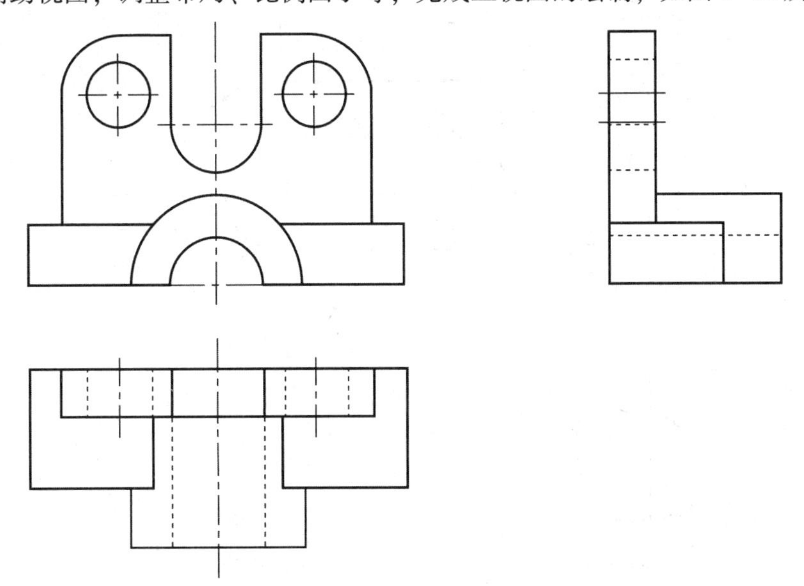

图 4-42　完成三视图的绘制

4.7　思考与练习

1. 基础题

(1)按 1：1 的比例绘制图 4-43 ~ 图 4-45 所示的平面图形。

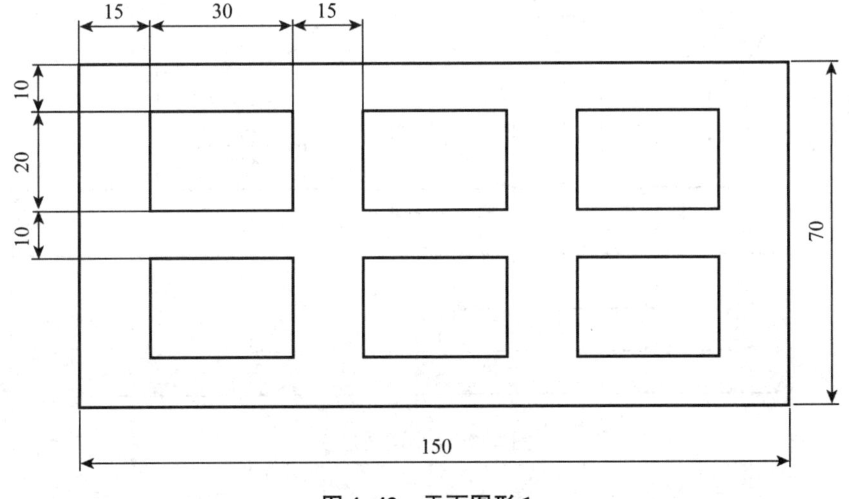

图 4-43　平面图形 1

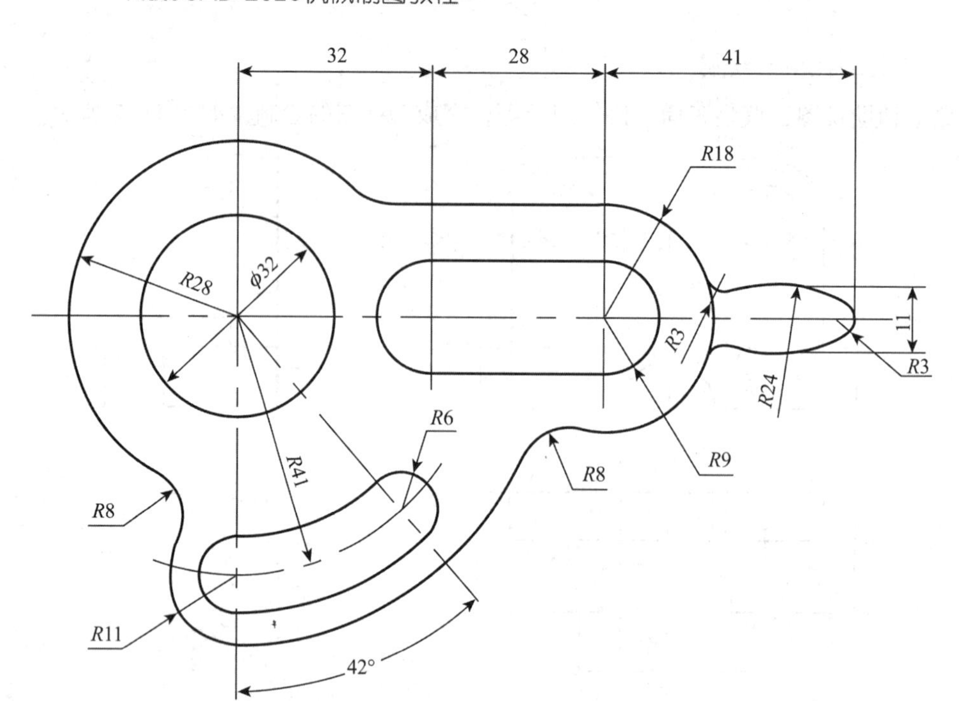

图 4-44　平面图形 2

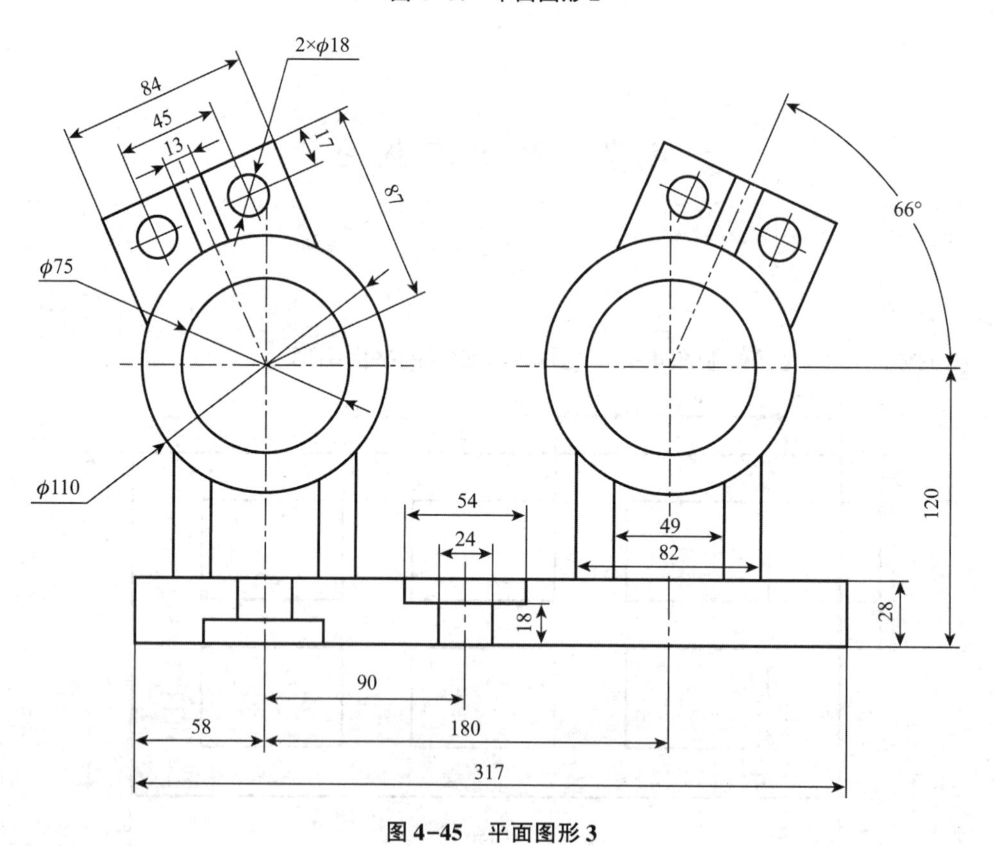

图 4-45　平面图形 3

(2)绘制图4-46和图4-47所示的组合体三视图。

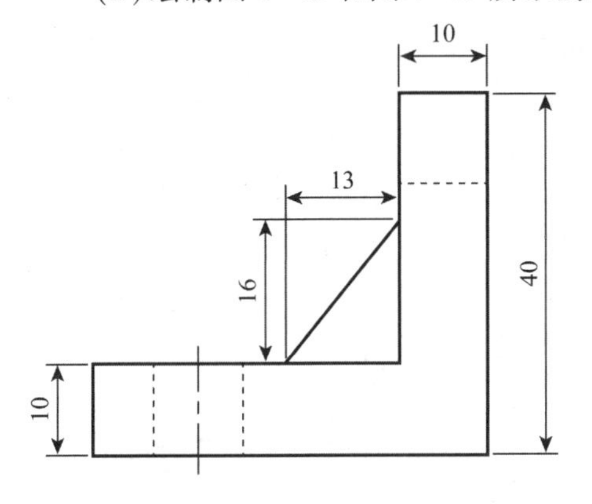

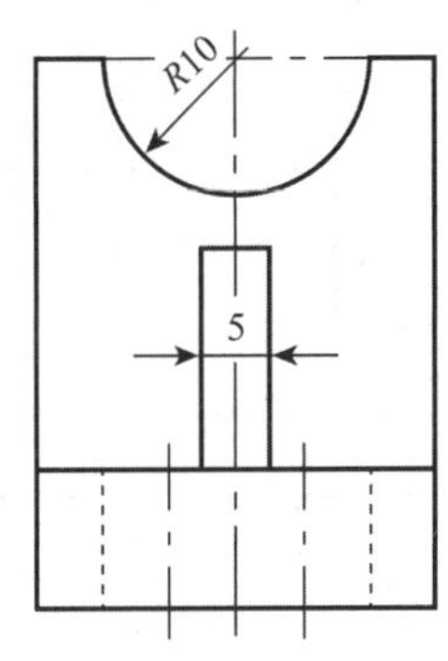

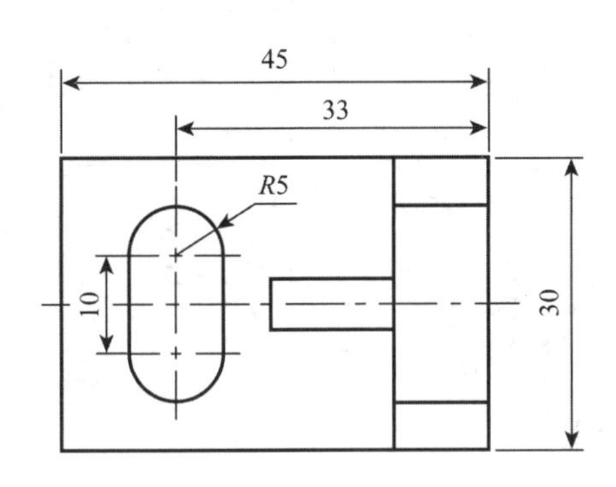

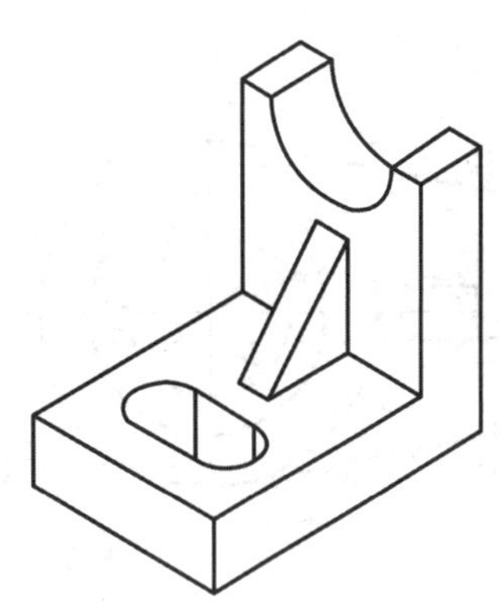

图4-46　组合体1

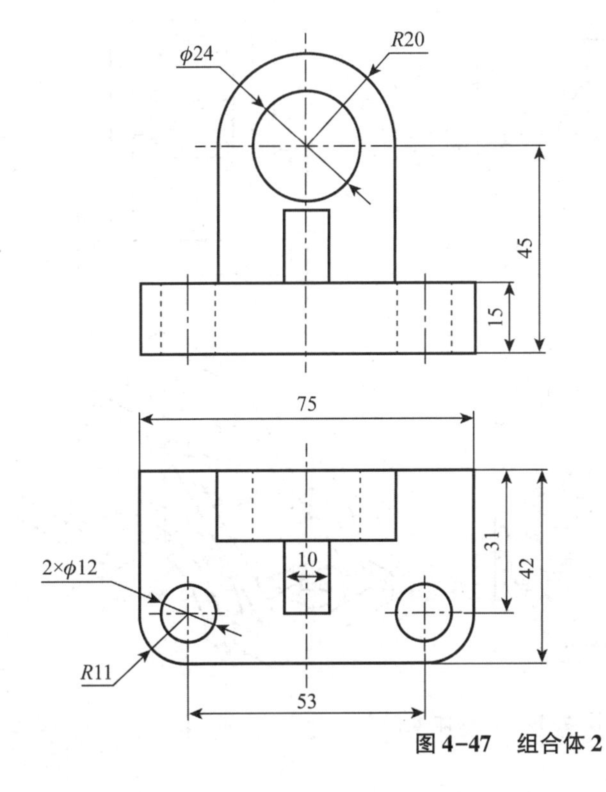

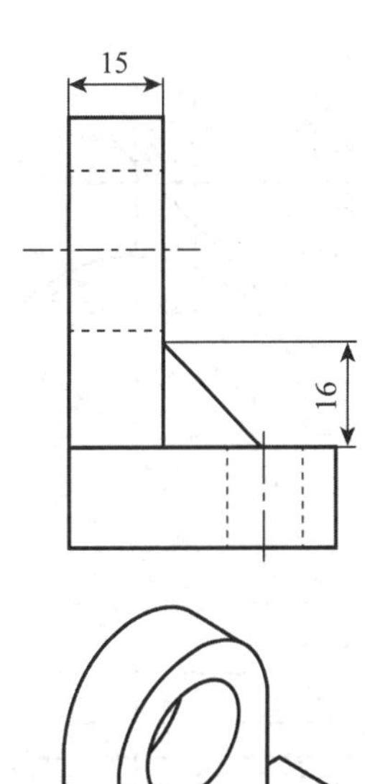

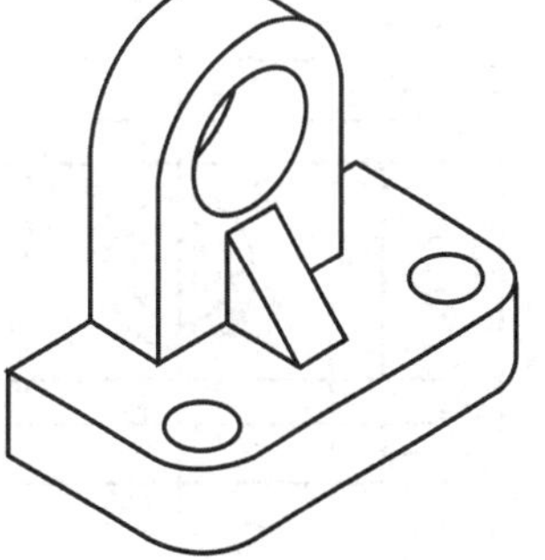

图4-47　组合体2

2. 提升题

(1)绘制图 4-48 所示的组合体视图，并补画左视图。

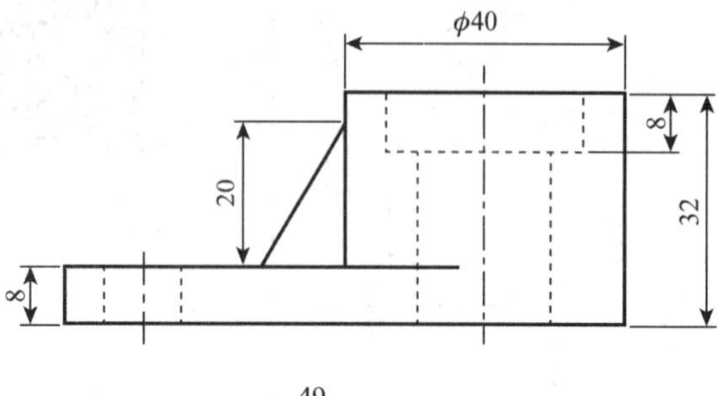

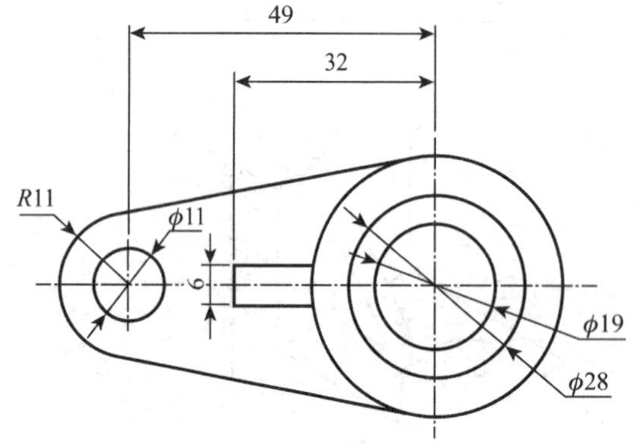

图 4-48　组合体 3

(2)绘制图 4-49 所示的组合体三视图。

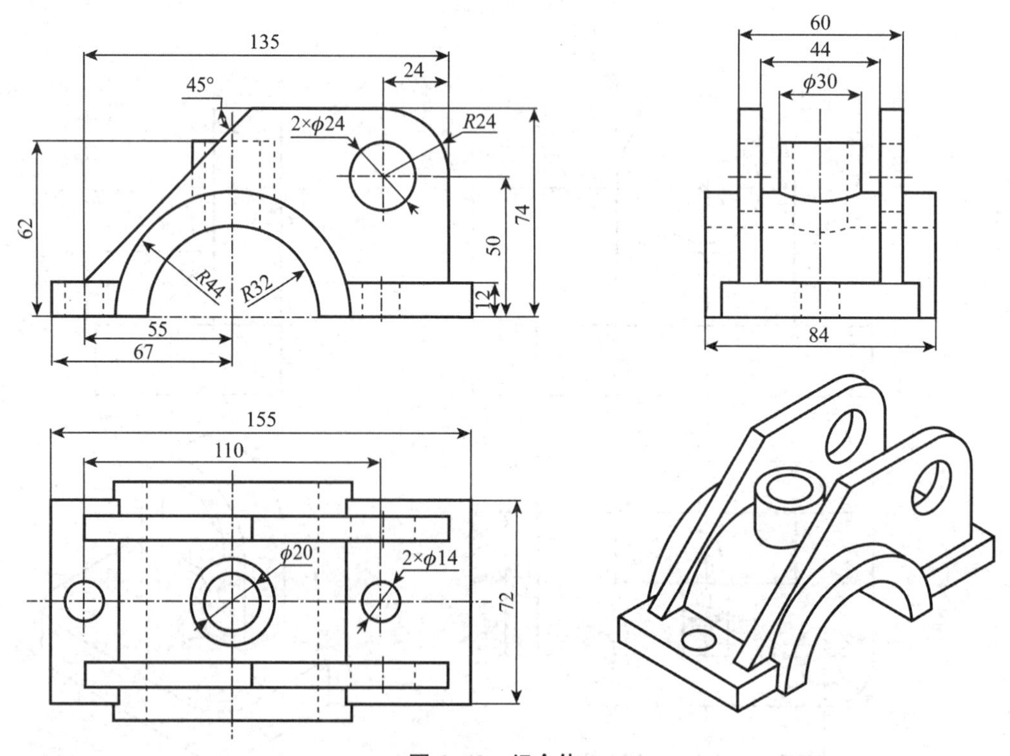

图 4-49　组合体 4

3. 趣味题

绘制图 4-50 ~ 图 4-52 所示的图形，并保存，不标注尺寸。

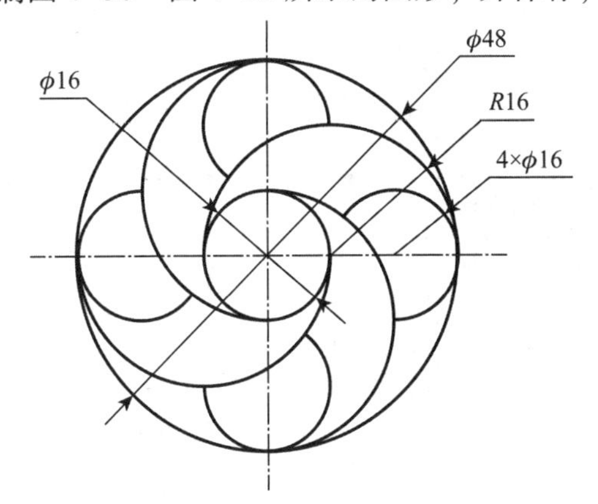

图 4-50　趣味题 1

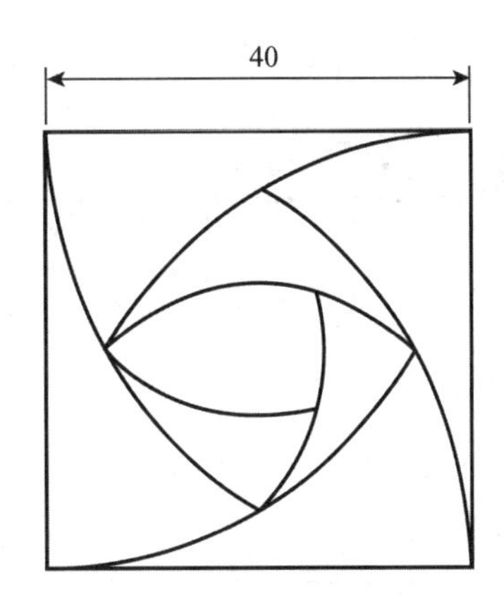

图 4-51　趣味题 2

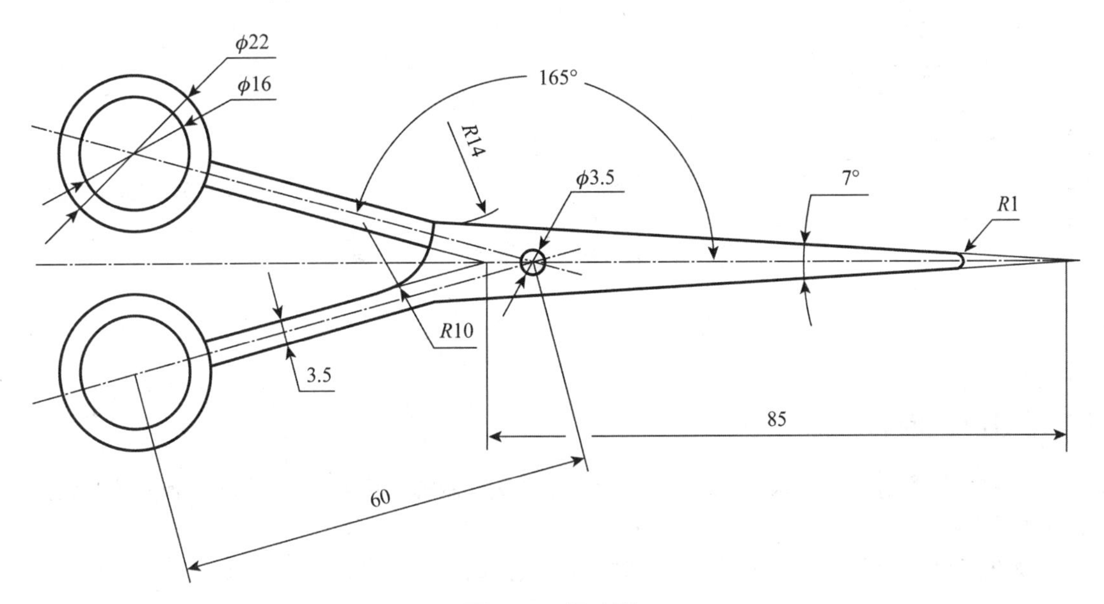

图 4-52　趣味题 3

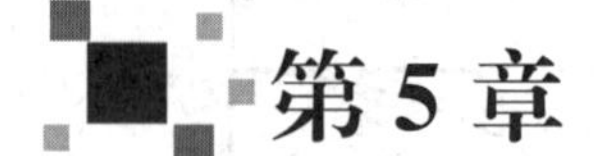

第5章 其他绘图命令

本章要点

- 面域与布尔运算
- 夹点编辑
- 对象特性
- 填充

5.1 面域与布尔运算

5.1.1 面域

面域是具有边界的平面区域。能够创建的面域包括圆、椭圆、封闭的二维多义线、封闭的样条曲线以及由圆弧、直线、二维多义线、椭圆弧、样条曲线等对象构成的封闭区域。如果系统变量DELOBJ的值为1，则AutoCAD创建面域后删除源对象；如果系统变量DELOBJ的值为0，则不删除源对象。【面域】命令常用的启用方法如下。

(1)功能区：单击【绘图】面板上的【面域】按钮。

(2)菜单栏：单击【绘图】→【面域】。

(3)工具栏：单击【绘图】工具栏上的【面域】按钮。

(4)命令行：输入Region或Reg，按〈Space〉键或〈Enter〉键。

在命令行输入Reg，按〈Space〉键或〈Enter〉键，执行【面域】命令，命令行的提示如下。

命令：_ region

选择对象：　　　　//选择要创建面域的对象

选择对象：　　　　//按〈Enter〉键结束操作

5.1.2　布尔运算

布尔运算是数学上的一种逻辑运算，包括并运算、差运算、交运算，这 3 个命令可以在【修改】菜单栏→【实体编辑】子菜单中选取，也可以在【实体编辑】工具栏或【建模】工具栏中选择对应按钮。

在作并运算、交运算时，直接选择要合并或相交的面域后按〈Enter〉键即可；而在作差运算时，需先选择对象作为“被减数”，按〈Enter〉键后再选择“减数”，选择有先后顺序，所以在作差集运算时会有两种结果出现。

布尔运算的运用如图 5-1 所示。

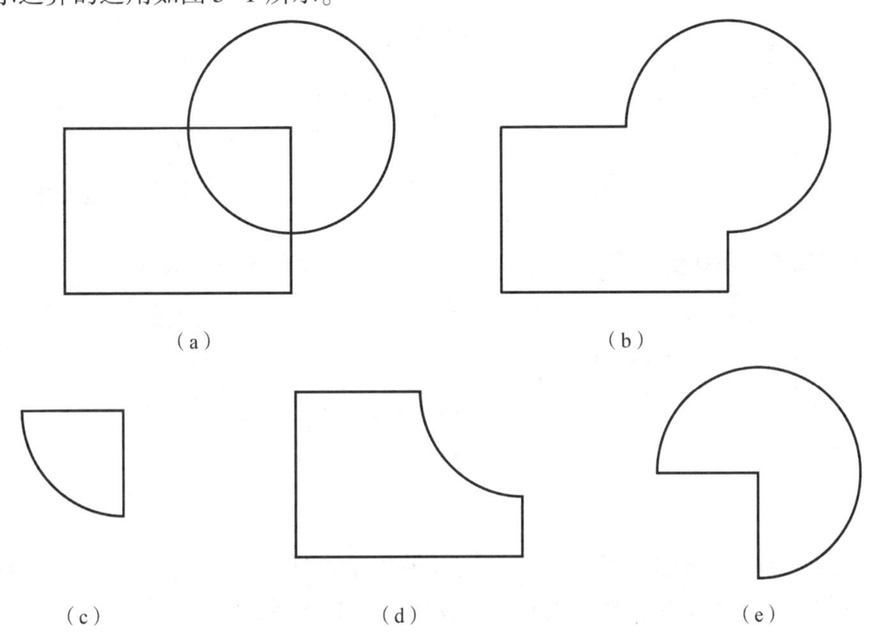

图 5-1　布尔运算的运用

(a)面域原图；(b)并集；(c)交集；(d)差集(矩形减去圆)；(e)差集(圆减去矩形)

5.2　夹点编辑

在未启动命令的情况下，单击选中某图形对象，被选中的图形对象就会变蓝亮显，而且被选中图形的特征点(如端点、圆心、象限点等)将显示为蓝色的小方框，如图 5-2 所示。这样的小方框被称为夹点。

夹点有两种状态：未激活状态和被激活状态。选中某图形对象后出现的蓝色小方框，就是未激活状态的夹点。如果单击某个未激活夹点，该夹点就被激活，以红色小方框显示，这种处于被激活状态的夹点又称为热夹点。以被激活的夹点为基点，可以对图形对象执行拉伸、平移、复制、缩放和镜像等基本修改操作。

使用夹点编辑功能，可以对图形对象进行各种不同类型的修改操作。其基本的操作步骤是“先选择，后操作”，分为3个步骤：

(1)在不输入命令的情况下，单击选择对象，使其出现夹点；

(2)单击某个夹点，使其被激活，成为热夹点；

(3)根据需要在命令行输入拉伸(ST)、移动(MO)、旋转(RO)、缩放(SC)、镜像(MI)等基本操作命令的缩写，执行相应的命令，如图5-3所示。

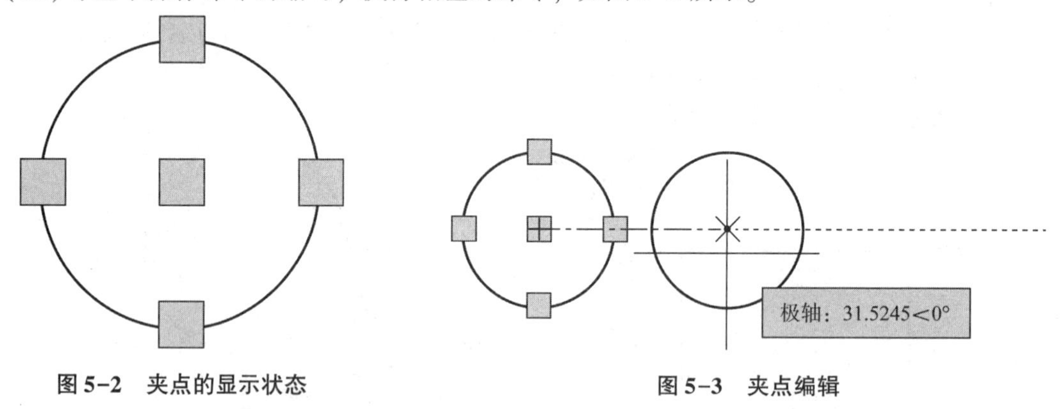

图5-2　夹点的显示状态　　　　图5-3　夹点编辑

5.3　对象特性

运用AutoCAD提供的绘图命令可以绘出各种各样的图形，我们称这些图形为对象。它们所具有的属性被称为对象特性。而对象特性所具有的图层、线型、线宽、颜色、坐标值等特性可以通过【特性】面板进行修改，如图5-4所示，也可以通过【特性】工具栏进行修改，如图5-5所示。

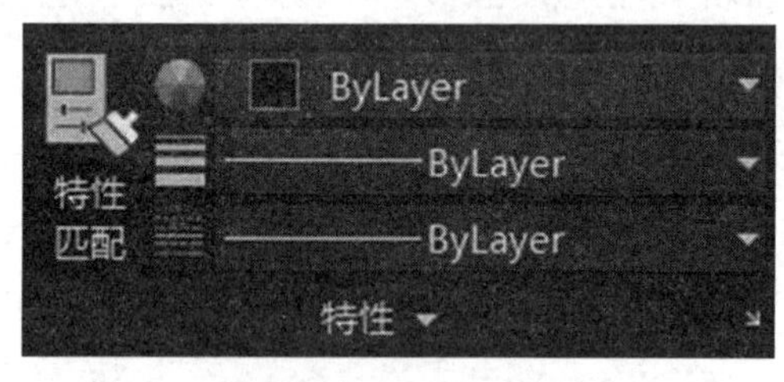

图5-4　【特性】面板

图5-5　【特性】工具栏

通过【特性】面板或工具栏可对对象的颜色、线宽、线型、打印比例、透明度等进行修改。

5.4　填充

5.4.1　图案填充

在绘制零部件的剖视图或断面图时，经常需要在剖切断面区域添加剖面符号。【图案填充】命令可以帮助用户将选择的图案或渐变色填充到指定的区域内，其常用的启用方法如下。

(1)功能区：单击【绘图】面板上的【图案填充】按钮▦。

(2)菜单栏：单击【绘图】→【图案填充】。

(3)工具栏：单击【绘图】工具栏上的【图案填充】按钮▦。

(4)命令行：输入 Hatch 或者 H，按〈Space〉键或〈Enter〉键。

下面以【草图与注释】空间下功能区调用【图案填充创建】面板组为例，讲解图案填充的方法。单击【绘图】面板上的【图案填充】按钮▦，会弹出图 5-6 所示的【图案填充创建】面板组，包括【边界】面板、【图案】面板、【特性】面板、【原点】面板、【选项】面板和【关闭】面板。用户可以在面板组设置图案填充，也可以根据命令行的提示操作。

图 5-6　【图案填充创建】面板组

1.【边界】面板

使用【边界】面板中的工具可以选择图案填充的边界，有两种选择边界的方式：【拾取点】方式和【选择】方式。

使用【拾取点】方式选择边界时，不能拾取在边界上，且拾取的边界应闭合，否则将出现错误提示。

单击【边界】面板中的【选择】按钮 选择，根据提示选择填充区域的边界，选中的边界变蓝亮显，且在所选区域出现填充图案预览。图 5-7 为拾取了圆作为边界对象后，系统所选择的填充区域。

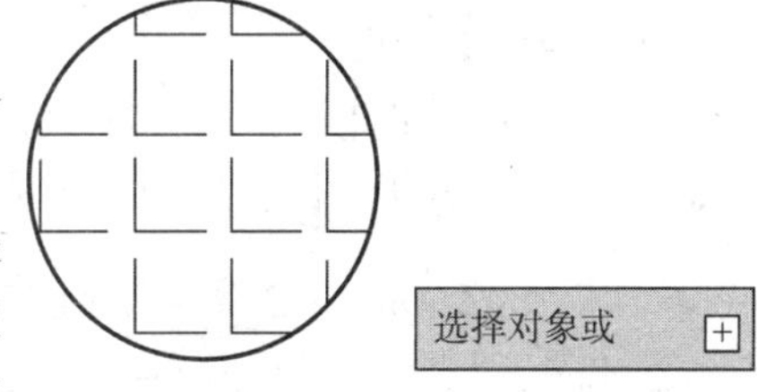

图 5-7　使用【选择】方式选择边界

2.【图案】面板

展开的【图案】面板如图 5-8 所示。单击其中的图案样例，可以设置填充图案的形式。可以拖动面板右侧的滚动条选取更多的图案，或单击滚动条下方的按钮打开图 5-9 所示的【图案】工具箱，从中选择合适的填充图案。

图 5-8 【图案】面板

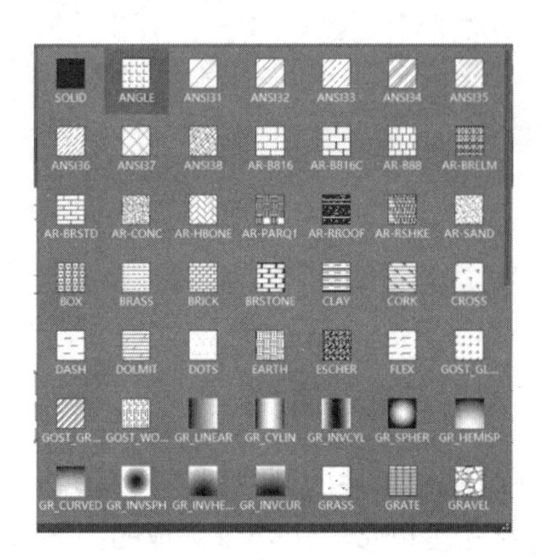

图 5-9 【图案】工具箱

在机械图样中，根据国家标准规定，金属材料的断面符号为“ANSI31”，非金属材料的断面符号为“ANSI37”。

3.【特性】面板

使用【特性】面板，可以设置填充图案的类型、颜色、背景色、透明度、角度和比例。【特性】面板如图 5-10 所示。

图 5-10 【特性】面板

4.【原点】面板

使用【原点】面板可以控制填充图案生成的起始位置。使用【原点】面板中的工具，可以调整填充图案原点的位置，默认的【原点】面板如图 5-11 所示。

5.【选项】面板

使用【选项】面板中的工具，可以设置填充图案和边界的关联特性，以及进行填充图案的高级设置。默认的【选项】面板如图 5-12 所示。

☆ 提示：若在 AutoCAD 经典空间下单击【绘图】工具栏上的按钮，或在命令行输入 H，按〈Enter〉键，弹出如图 5-13 所示的【图案填充和渐变色】对话框，其选项使用方法与【图案填充创建】面板组相同。

图 5-11 【原点】面板

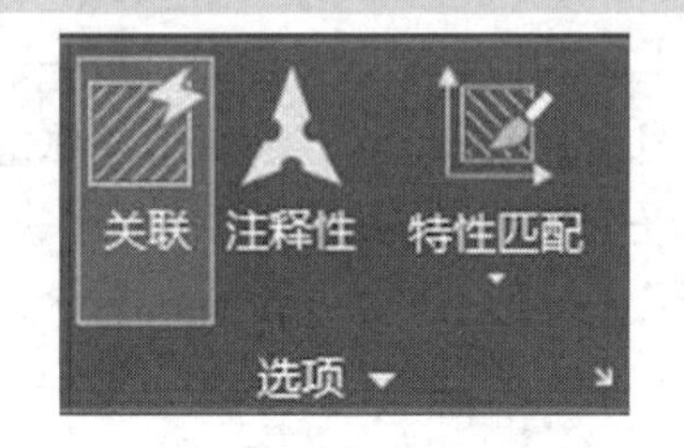

图 5-12 【选项】面板

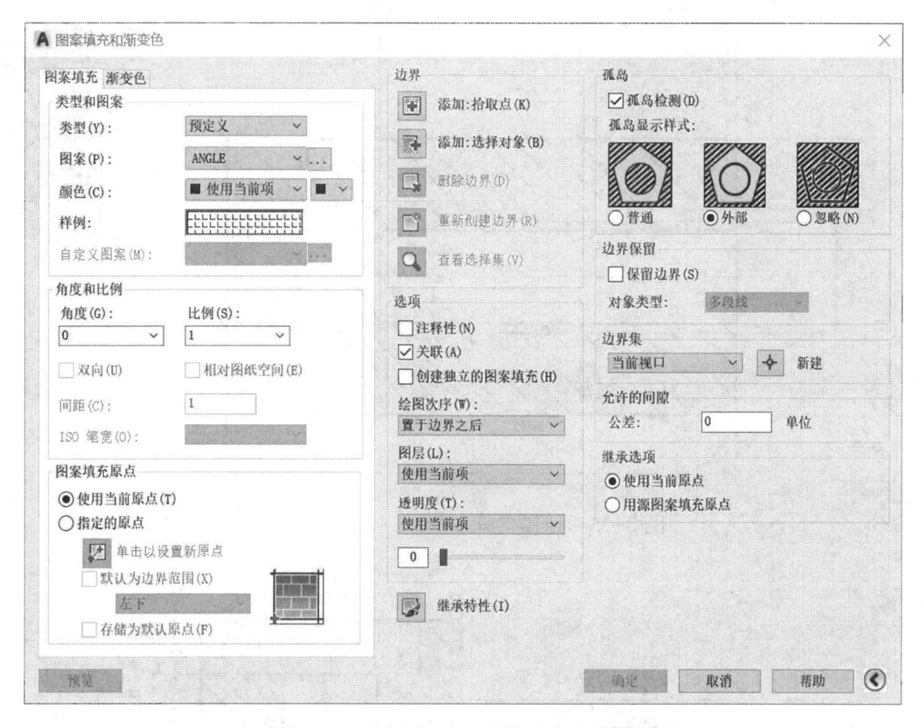

图 5-13 【图案填充和渐变色】对话框

5.4.2 渐变色填充

渐变色填充也是一种填充的模式。【渐变色】命令常用的启用方法如下。

(1)功能区：单击【绘图】面板上的【渐变色】按钮。

(2)菜单栏：单击【绘图】→【渐变色】。

(3)工具栏：单击【绘图】工具栏上的【渐变色】按钮。

(4)命令行：输入 Gradient 或者 Gd，按〈Space〉键或〈Enter〉键。

默认的【选项】面板如图 5-14 所示。渐变色填充操作可参考上述图案填充。

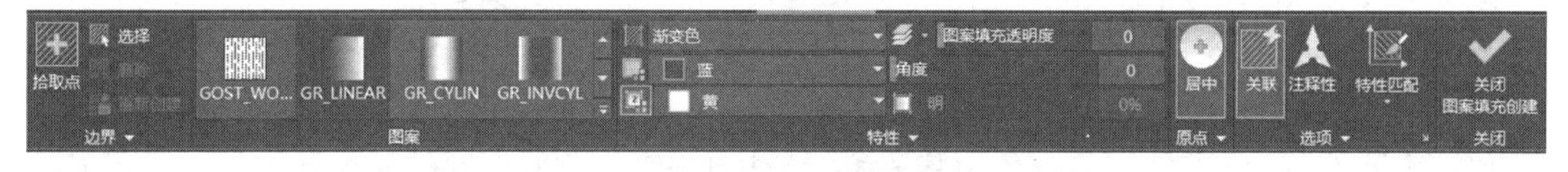

图 5-14 【选项】面板

5.5 思考与练习

1. 基础题

绘制图 5-15 和图 5-16 所示的图形，填充剖面线，并保存。

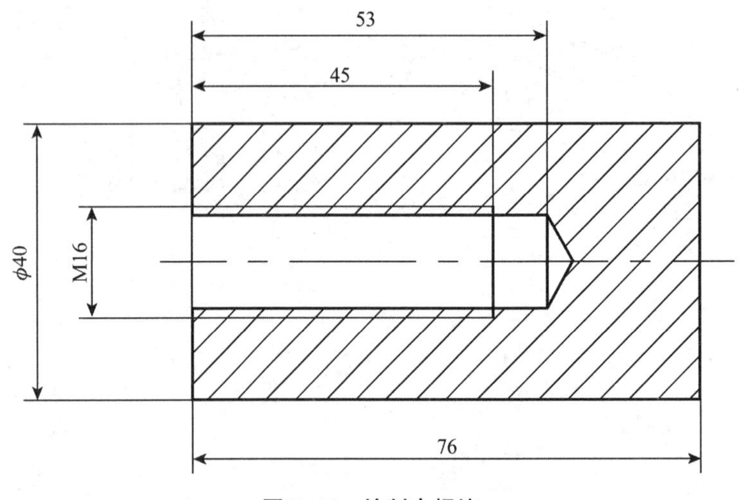

图 5-15　绘制内螺纹

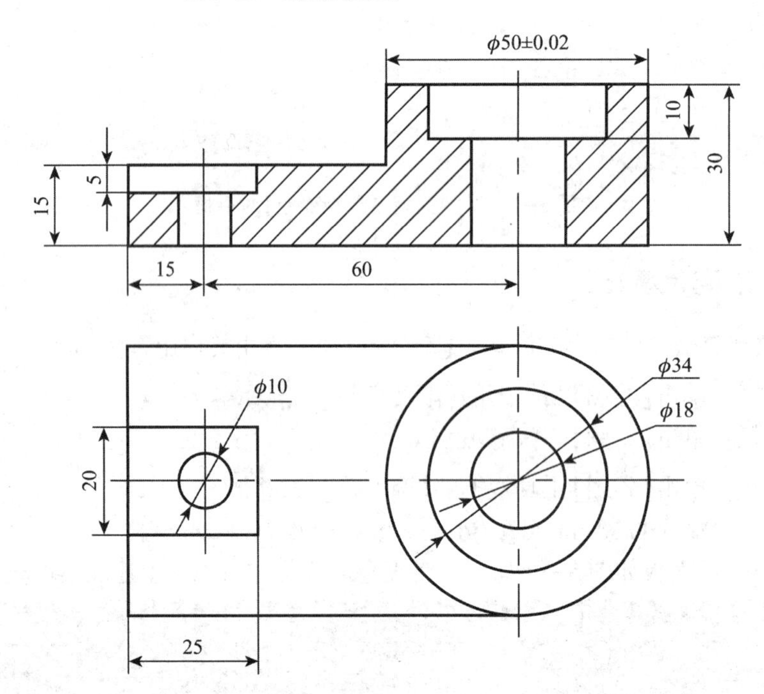

图 5-16　绘制剖视图

2. 提升题

综合运用所学命令，绘制如图 5-17 所示的轴零件图，并保存。

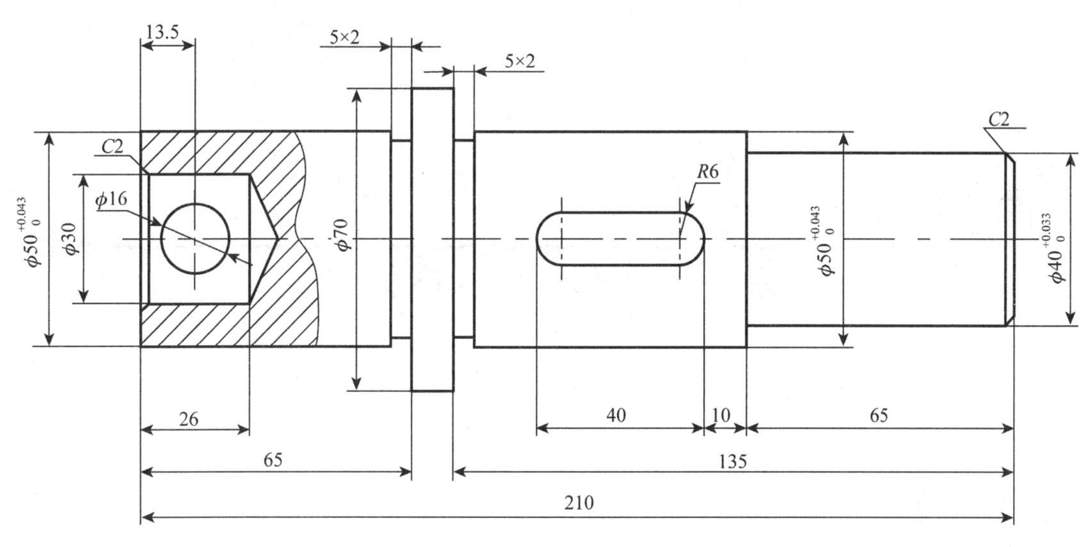

图 5-17　轴零件图

3. 趣味题

(1)绘制如图 5-18 所示的太极图案，填充图案，并保存。

图 5-18　趣味题 1

(2)绘制图 5-19 和图 5-20 所示的图形，填充渐变色(颜色自拟)，并保存。

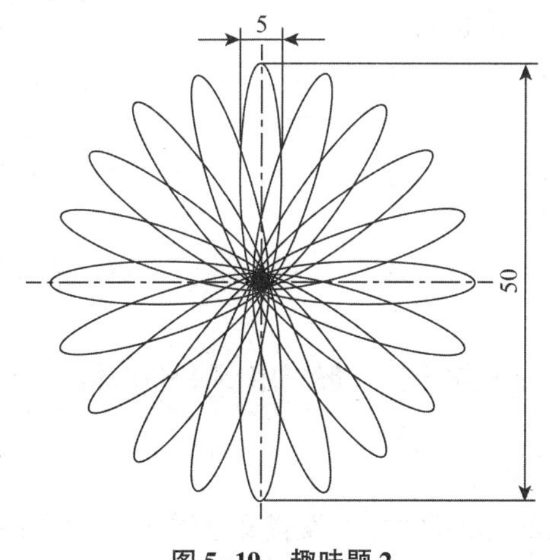

图 5-19　趣味题 2

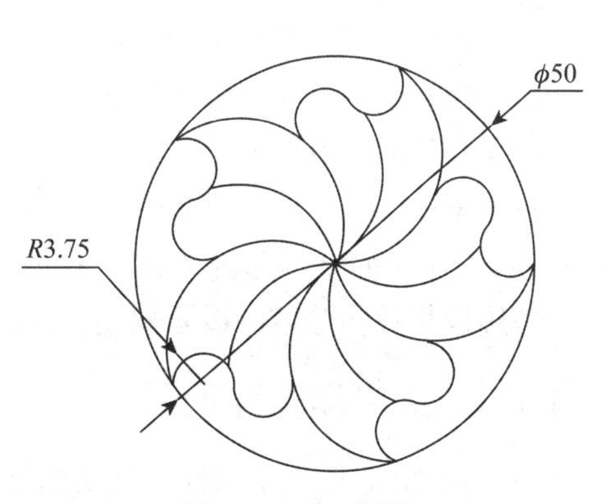

图 5-20　趣味题 3

第 6 章

文字的输入与编辑

本章要点

- 文字样式的设置
- 文字的输入与编辑
- 表格的创建与编辑

6.1 文字样式

6.1.1 机械制图文字标准

文字注释是图形中很重要的一部分内容，在进行各种设计时，通常不仅要绘制图形，还要在图形中标注一些文字，如技术要求、注释说明等，对图形对象加以解释。AutoCAD 提供了多种写入文字的方法，并能对文本进行标注和编辑。

机械制图文字标准主要指国家对文字的字体、高度等的规定。机械制图文字的国家标准与 ISO 标准完全一致。《技术制图字体》(GB/T 14691—1993)中对图样字体进行了相关规定，主要有以下几点。

(1)书写字体必须做到字体工整、笔画清晰、间隔均匀、排列整齐。

(2)文字高度代表了字体的号数，文字高度国家的尺寸系列为 1.8、2.5、3.5、5、7、10、14、20(单位均为 mm)。

(3)文字中的汉字应采用长仿宋字体，字体高度 h 不应该小于 3.5 mm，字宽一般应该为 $h/\sqrt{2}$；文字中的字母和数字分为 A 型和 B 型。

(4)用作指数、分数、极限偏差、注脚等的数字及字母，一般应用小一号字体。

6.1.2 文字样式的设置

AutoCAD 2020 中文字的样式默认的是 Standard(标准样式)。设置文字样式的方式主要有以下 4 种。

(1)功能区：单击【注释】面板中的【文字样式】按钮，或单击【注释】选项卡中的【文字】面板中的【文字样式】按钮。

(2)菜单栏：单击【格式】→【文字样式】。

(3)工具栏：单击【样式】工具栏上的【文字样式】按钮。

(4)命令行：输入 Style，按〈Space〉键或〈Enter〉键确认。

使用以上任一方式均可打开【文字样式】对话框，如图 6-1 所示。在该对话框中可以设置字体样式、字体大小、宽度因子等参数，用户一般只需设置最常用的几种字体样式，需要时从这些字体样式中进行选择，而不需要每次都重新设置。

下面分别对【文字样式】对话框中的选项组进行介绍。

1.【样式】选项组

【样式】选项组中显示了已经创建好的文字样式。默认情况下，【样式】选项组存在 Annotative 和 Standard 文字样式，图标表示创建的是注释性文字的文字样式。

当选择【样式】选项组中的某个样式时，右侧显示该样式的参数，用户可以对参数进行修改，单击【应用】按钮，则可完成参数的修改。单击【置为当前】按钮，则可以把选中的文字样式设置为当前使用的文字样式，创建文字时就使用该文字样式。

单击【创建】按钮，弹出如图 6-2 所示的【新建文字样式】对话框，在对话框的【样式名】文本框中输入样式名称，单击【确定】按钮，即可创建一种新的文字样式。

右击存在的样式名，在弹出的快捷菜单中选择【重命名】选项，可以对除 Standard 以外的文字样式进行重命名。单击【删除】按钮，可以删除所选择的文字样式，但不能删除 Standard 文字样式、当前文字样式以及已经用于图形中的文字样式。

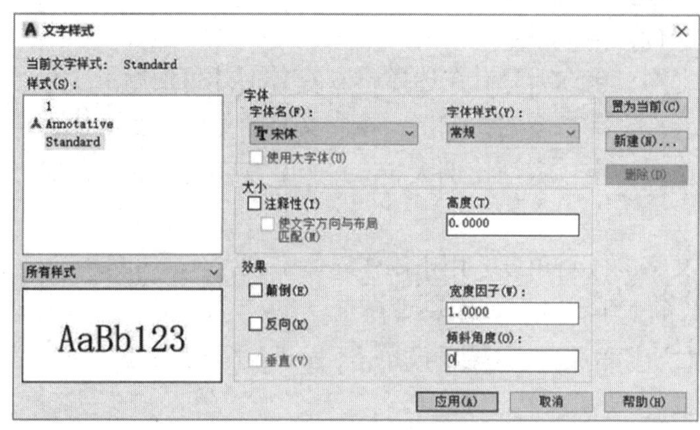

图 6-1　【文字样式】对话框

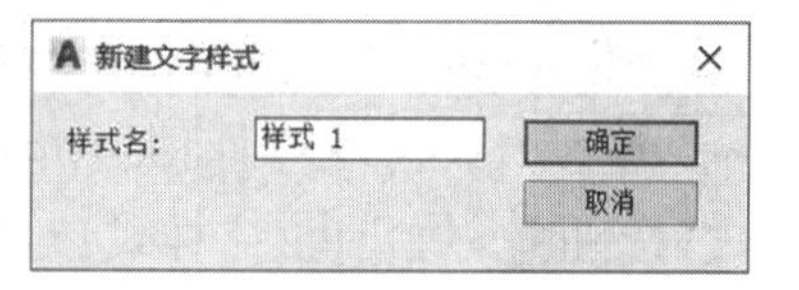

图 6-2　【新建文字样式】对话框

2.【字体】选项组

【字体】选项组用来设置文字样式的字体类型及大小。字体文件分为 2 种：一种是普通字体文件，即 Windows 系统应用软件提供的字体文件；另一种是 AutoCAD 特有的字体文件，被称为大字体文件。

只有在【字体名】下拉列表框中选择 .shx 字体时，才可以选择【使用大字体】复选框。

当选择【使用大字体】复选框时，【字体】选项组存在【SHX 字体】和【大字体】下拉列表框，如图 6-3 所示；当不选择【使用大字体】复选框时，【字体】选项组只存在【字体名】和【字体样式】下拉列表框，如图 6-4 所示。

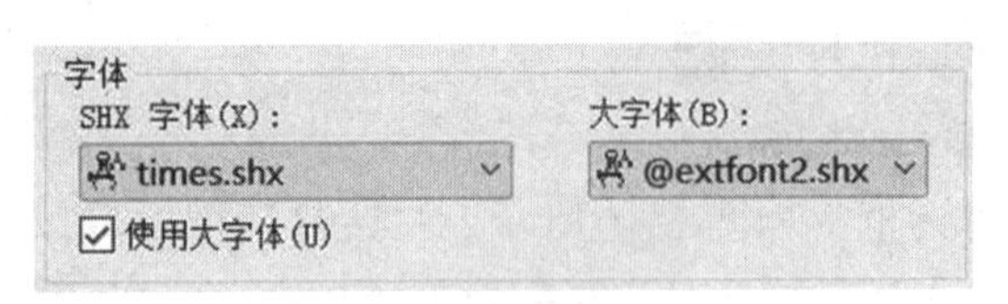

图 6-3　选择【使用大字体】复选框

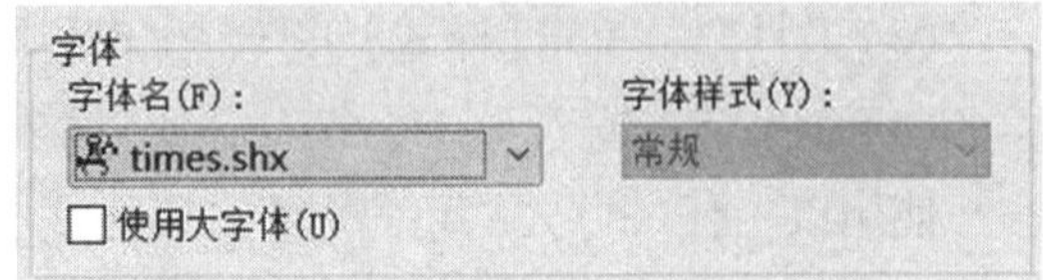

图 6-4　不选择【使用大字体】复选框

3.【大小】选项组

【大小】选项组用来设置文字的高度，有以下几个设置项。

(1)【高度】文本框：在此框中设置文字样式的默认高度，其默认值为 0。如果该数值为 0，则在创建单行文字时，必须设置文字高度；而在创建多行文字或作为标注文本样式时，文字的默认高度均被设置为 2.5，用户可以根据情况进行修改。如果该数值不为 0，无论是创建单行、多行文字，还是标注文本样式，该数值都将被作为文字的默认高度。

(2)【注释性】复选框：如果选择该复选框，表示使用此文字样式创建的文字使用注释比例，此时【高度】文本框将变为【图样文字高度】文本框。

4.【效果】选项组

【效果】选项组用来设置文字样式的外观效果，有以下几个设置项。

(1)【颠倒】复选框：颠倒显示字符，也就是通常所说的“大头向下”。

(2)【反向】复选框：反向显示字符。

(3)【垂直】复选框：字体垂直书写，该选项只有在选择 . shx 字体时才可使用。

(4)【宽度因子】文本框：在不改变文字高度的情况下，控制文字的宽度。宽度比例小于 1，文字宽度被压缩，此时可制作瘦高字；宽度比例大于 1，文字宽度被扩展，此时可制作扁平字。

(5)【倾斜角度】文本框：控制文字的倾斜角度，用来制作斜体字。

【例 6-1】 创建一个名为“汉字”的文字样式，如图 6-5 所示。

解　(1)在【注释】面板中单击【文字样式】按钮，或单击【样式】工具栏上的【文字样式】按钮，弹出【文字样式】对话框。

(2)单击【新建】按钮，弹出【新建文字样式】对话框，在【样式名】文本框中输入“汉字”，单击【确定】按钮，回到【文字样式】对话框。

(3)不选择【使用大字体】复选框，在【字体名】下拉列表框中选择【仿宋】选项。

(4)指定文字高度。如果所绘制图形中的文字都是统一字高，那么可以输入具体高度(一般汉字设为 5)，否则，应输入 0。

(5)将【宽度因子】设为 0.7，【倾斜角度】设为 0。

(6)单击【应用】按钮，完成创建。

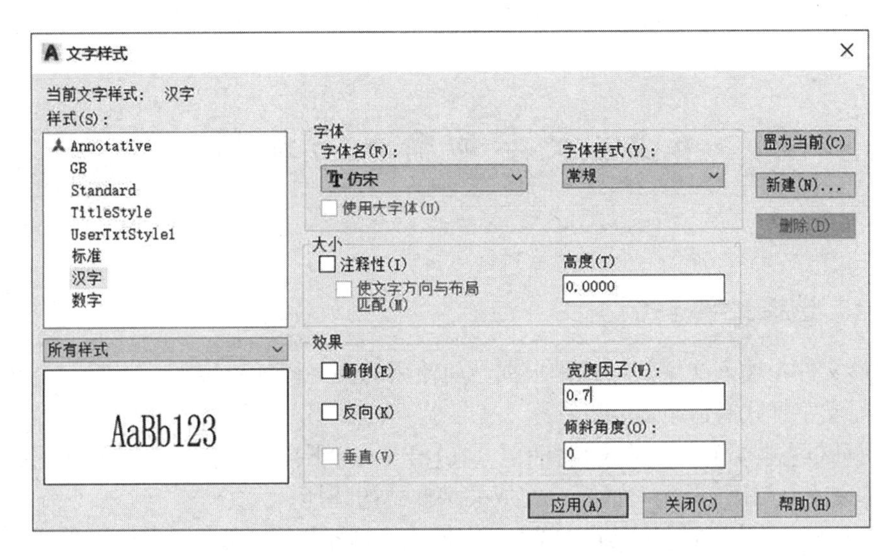

图 6-5　文字样式(汉字)

【例 6-2】下面创建一个名为“数字”的文字样式，如图 6-6 所示。

解　(1)在【注释】面板中单击【文字样式】按钮，或单击【样式】工具栏上的【文字样式】按钮，弹出【文字样式】对话框。

(2)单击【新建】按钮，弹出【新建文字样式】对话框，在【样式名】文本框中输入“数字”，单击【确定】按钮，回到【文字样式】对话框。

(3)在【字体名】下拉列表框中选择【gbenor. shx】选项，不选择【使用大字体】复选框。

(4)在【高度】文本框中输入 3. 5。

(5)在【宽度因子】文本框中输入 1，其他使用默认值。

(6)单击【应用】按钮，完成创建。

(7)单击【关闭】按钮，关闭【文字样式】对话框，结束命令。

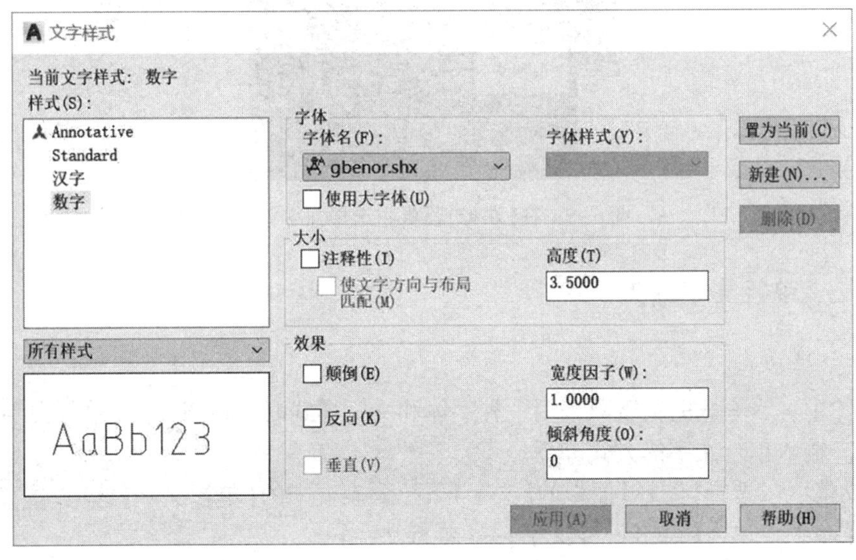

图 6-6　文字样式(数字)

6.2 文字的输入与编辑

6.2.1 选择文字样式

在图形文件中输入文字的样式是根据当前使用的文字样式决定的。将某一个文字样式设置为当前文字样式有以下方式。

(1)对话框：打开【文字样式】对话框，在【样式名】下拉列表框中选择要使用的文字样式，单击【关闭】按钮，关闭对话框，完成文字样式的选择。

(2)工具栏：在【样式】工具栏中的【文字样式管理器】下拉列表框中选择需要的文字样式即可，如图6-7所示。

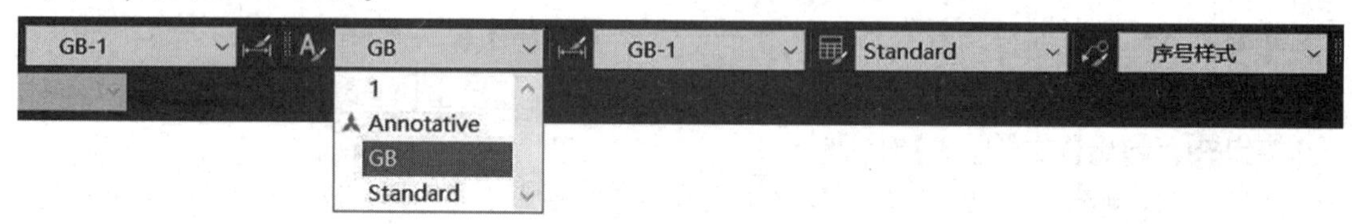

图6-7 使用【样式】工具栏选择文字样式

(3)功能区：在【注释】面板的【文字样式】下拉列表框中选择需要的文字样式即可，如图6-8所示。

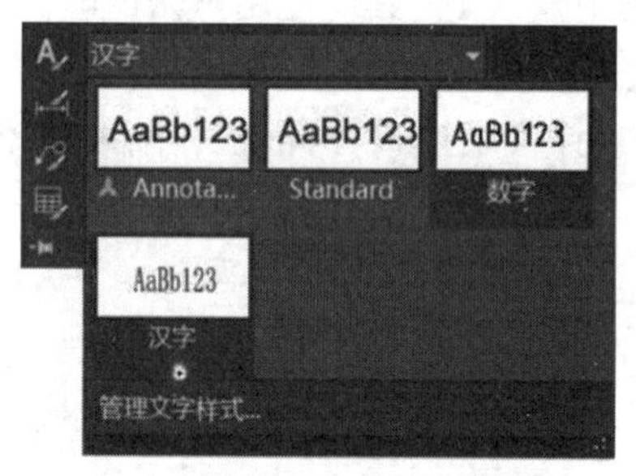

图6-8 在【注释】面板中选择文字样式

6.2.2 单行文字输入

1. 命令启动

在绘图中，当输入的文字只采用一种字体和文字样式时，可以使用【单行文字】命令来输入文字。输入单行文字的方式如下。

(1)功能区：选择【注释】面板的【文字】下拉列表框中的【单行文字】选项。

(2)菜单栏：单击【绘图】→【文字】→【单行文字】。

(3)菜单栏：在【绘图】工具栏中单击【单行文字】按钮A。

(4)命令行：输入Text或Dtext，按〈Space〉键或〈Enter〉键确认。

2. 命令说明

命令行的提示如下。

命令：_ dtext

当前文字样式："汉字"　文字高度：7　注释性：否

指定文字的起点或[对正(J)/样式(S)]：

指定高度<2.5000>：5　　　　　　　//指定文字字高

指定文字的旋转角度<0>：　　　　　//指定文字行与水平方向的夹角

然后在图6-9所示的文本框中输入文字，也可以移动光标在其他处单击进行其他文字的输入，按2次〈Enter〉键结束命令。若建立文字样式时，【高度】设置为0.000，则在执行文字输入的命令时还有一个修改字高的提示；如果是非0值，则没有此提示。

山东工程职业技术大学

图6-9　输入过程

各选项功能如下。

(1)指定文字的起点。该选项为默认选项，用于输入或拾取注写文字的起点位置。当确定起点位置后，命令行的提示如下。

指定高度<2.5000>：　　　　//输入文字的高度，也可以输入或拾取两点，以两点之间的距离为字高

指定文字的旋转角度<0>：　　//输入所注写的文字与X轴正方向的夹角，也可以输入或拾取两点，以两点的连线与X轴正方向的夹角为旋转角

输入文字：　　　　　　　　//输入需要注写的文字，按〈Enter〉键换行，若连续按两次〈Enter〉键，则结束命令

(2)对正(J)。该选项用于确定文字的对齐方式。输入J后，命令行的提示如下。

输入选项[对齐(A)/调整(F)/中心(C)/中间(M)/右(R)/左上(TL)/中(TC)/右上(TR)/左中(ML)/正中(MC)/右中(MR)/左下(BL)/中下(BC)/右下(BR)]：

　　　　　　　　　　　　　//系统提供了14种对正的方式，用户可以从中任意选择一种

(3)样式(S)。该选项用于改变当前文字样式。输入S后，命令行的提示如下。

输入样式名或[?]〈Standard〉：　　//输入已经设置好的文字样式名称

输入要列出的文字样式〈*〉：　　　//输入文字样式，按〈Enter〉键弹出文字样式提示文本窗口

在命令行中提示"输入要列出的文字样式"时，按〈Enter〉键，屏幕上弹出"AutoCAD文本窗口"，窗口中列出了已设置的文字样式名及其所选字体文件名。

【例6-3】用【单行文字】命令创建图6-10所示的文字。

表面去除氧化皮

图 6-10　文字创建示例

解　(1)在【样式】工具栏中选择【例 6-1】创建的“汉字”文字样式作为当前样式。

(2)在【文字】工具栏中单击【单行文字】按钮，此时命令行的提示如下。

```
命令：_ dtext
指定文字的起点或[对正(J)/样式(S)]：        //在绘图区鼠标单击选择文字起点
指定高度<2.5000>：7                         //指定文字高度
指定文字的旋转角度<0>：                     //指定文字行与水平方向的夹角
```

(3)设置之后，输入区显示文本框，输入“表面去除氧化皮”。

(4)输入完毕之后连续按两次〈Enter〉键完成输入。

3. 特殊字符的输入

创建单行文字时，用户还可以在文字行中输入特殊字符，如直径符号“ϕ”、百分号“%”、正负公差符号“±”、上划线、下划线等，但是这些特殊符号一般不能由键盘直接输入。为此，AutoCAD 系统提供了专用的代码，每个代码是由“%%”与一个字符所组成，如%%C、%%D、%%P 等。常用特殊字符的代码及含义如表 6-1 所示。

表 6-1　常用特殊字符的代码及含义

输入代码	对应字符
%%O	上划线
%%U	下划线
%%D	度数符号
%%P	正负符号“±”
%%C	直径符号“ϕ”
%%%	百分号“%”

6.2.3　多行文字输入

1. 命令启动

AutoCAD 2020 不仅提供了【单行文字】命令，还提供了【多行文字】命令。对于文字内容较长、格式较复杂的文字段的输入，可以使用【多行文字】命令输入。多行文字会根据用户设置的文字宽度自行换行。输入多行文字的方式主要有以下 4 种。

(1)功能区：单击【注释】面板中的【文字】下拉列表框中的【多行文字】按钮。

(2)菜单栏：单击【绘图】→【文字】→【多行文字】。

(3)工具栏：在【绘图】工具栏中单击【多行文字】按钮A。

(4)命令行：输入 Mtext 或 T，按〈Space〉键或〈Enter〉键确认。

2. 命令说明

创建多行文字时，命令行的提示如下。

命令：_ mtext

当前文字样式："汉字"　文字高度：7　注释性：否

指定第一角点：　　　　　　　　//指定第一角点

指定对焦点或[高度(H)/对正(J)行距(L)/旋转(R)/样式(S)/宽度(W)/栏(C)]：

　　　　　　　　　　　　　　　//指定第二角点，如图 6-11 所示

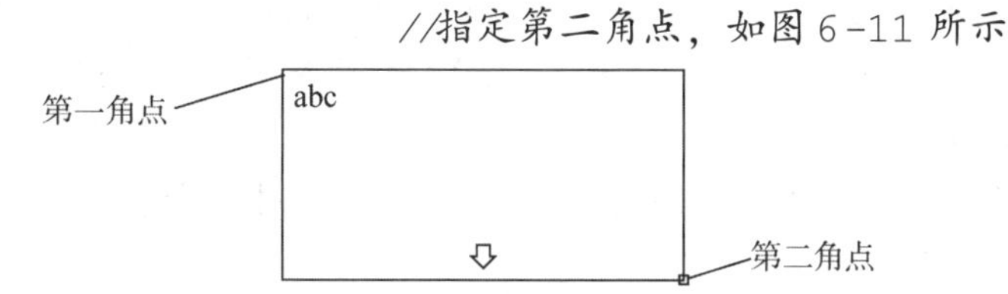

图 6-11　确定矩形框

> ☆ 提示：AutoCAD 2020 版"多行文字编辑器"在草图与注释空间和 AutoCAD 经典空间(见本书"1.3.2 创建工作空间")以 2 种不同形式出现。在草图与注释空间中，确定 2 个角点后，系统自动切换到多行文字编辑界面，如图 6-12 所示。在 AutoCAD 经典空间中，确定 2 个角点后，会弹出【文字格式】编辑器，如图 6-13 所示。

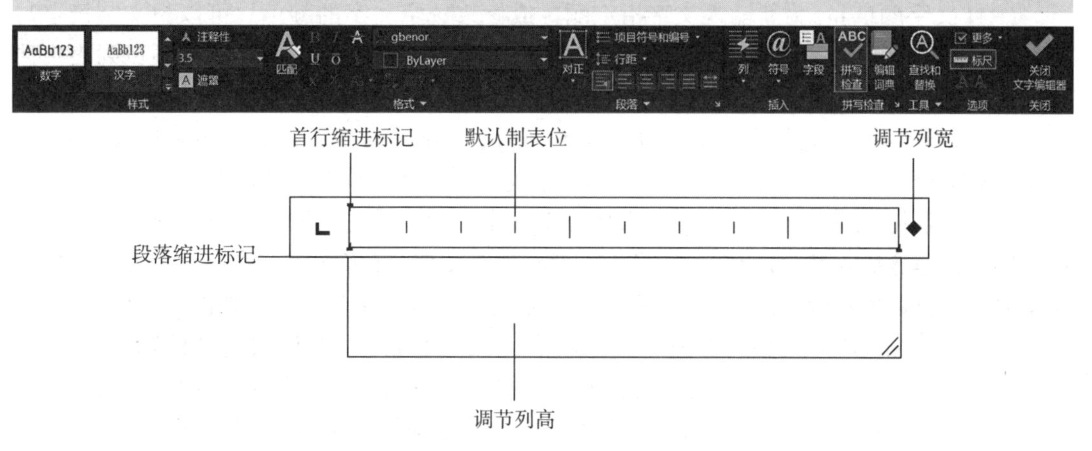

图 6-12　草图与注释空间中的多行文字编辑界面

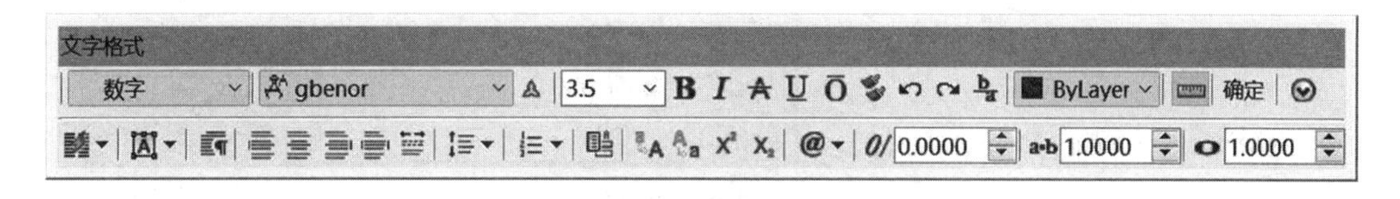

图 6-13　AutoCAD 经典空间中的【文字格式】编辑器

2 种不同形式的"文字编辑"都类似于写字板、Word 等文字编辑工具，易于文字的输入和编辑。

（1）【样式】：向多行文字对象应用文字样式。当前样式保存在 TEXTSTYLE 系统变量中。如果将新样式应用到现有的多行文字对象中，用于字体、高度和粗体或斜体属性的字符格式将被替代。堆叠、上（下）划线和颜色属性将保留在应用了新样式的字符中。具有反向或倒置效果的样式不被应用。如果在 SHX 字体中应用定义为垂直效果的样式，这些文字将在多行文字编辑器中水平显示。

（2）【字体】：为新输入的文字指定字体或改变选定文字的字体。

（3）【文字高度】：按图形单位设置新文字的字符高度或更改选定文字的高度。如果当前文字样式没有固定高度，则文字高度是 TEXTSIZE 系统变量中存储的值。多行文字对象可以包含不同高度的字符。

（4）【斜体】：为新输入文字或选定文字打开或关闭斜体格式。此选项仅适用于使用 TuerType 字体的字符。

（5）【粗体】：为新输入文字或选定文字打开或关闭粗体格式。此选项仅适用于使用 TuerType 字体的字符。

（6）【删除线】：为新输入文字或选定文字启用或禁用删除线。

（7）【匹配文字格式】：将现有文字对象的格式应用到其他选定的文字，再次单击该按钮或按〈Esc〉键以退出匹配格式。

（8）【下划线】和【上划线】：为新输入文字或选定文字打开或关闭下、上划线格式。

（9）【文字颜色】：为新输入文字指定颜色或修改选定文字的颜色。可以为文字指定与所在图层关联的颜色（ByLayer）或与所在块关联的颜色（ByBlock），也可以从颜色列表中选择一种颜色，还可以单击【选择颜色】按钮打开【选择颜色】对话框，从而选择颜色。

（10）【堆叠】：实现堆叠与非堆叠的切换，用于标准堆叠字符，如分数和尺寸公差等。使用堆叠字符、插入符（^）、正向斜杠（/）和磅符号（#）时，单击该按钮，堆叠字符左侧文字将堆叠在字符右侧文字之上。如果选中堆叠文字，然后单击该按钮，可以取消堆叠。默认情况下，包含插入符（^）的文字转换为左对正的公差值；包含正向斜杠（/）的文字转换为居中对正的分数值；包含磅符号（#）的文字转换为被斜线分开的分数，如图 6-14 所示。

用户可以编辑堆叠文字、堆叠类型、对齐方式和大小。要打开【堆叠特性】对话框，首先选中堆叠文字，然后右击，在弹出的快捷菜单中选择【堆叠特性】选项即可（或选择堆叠文字，出现时右击，在快捷菜单中选择【堆叠特性】选项），如图 6-15 所示。

2/3	$\frac{2}{3}$
+0.015^-0.001	$^{+0.015}_{-0.001}$
2#3	$^{2}/_{3}$

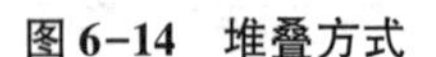

图 6-14　堆叠方式

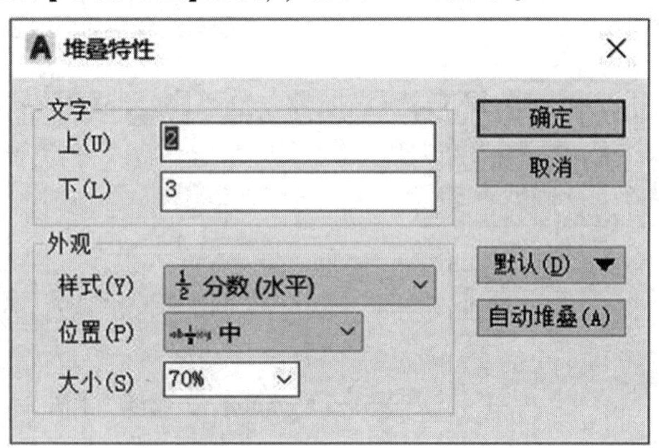

图 6-15　【堆叠特性】对话框

(11)【符号】：单击按钮@，弹出图6-16所示的菜单，可以插入制图过程中需要的特殊符号。选择该菜单中的【其他】选项，可以打开【字符映射表】对话框，提供更多特殊符号，如图6-17所示。

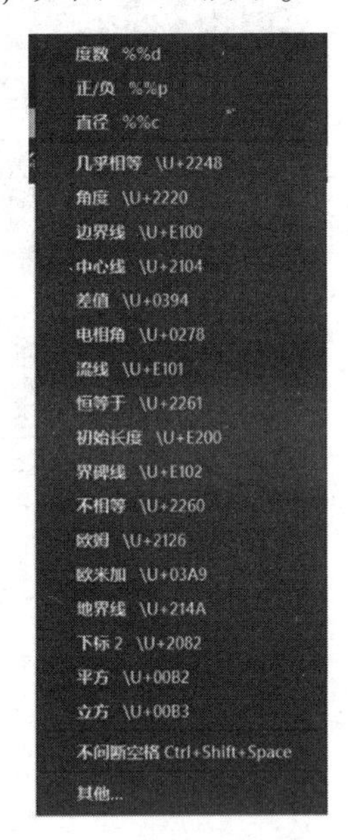

图6-16　【符号】下拉菜单

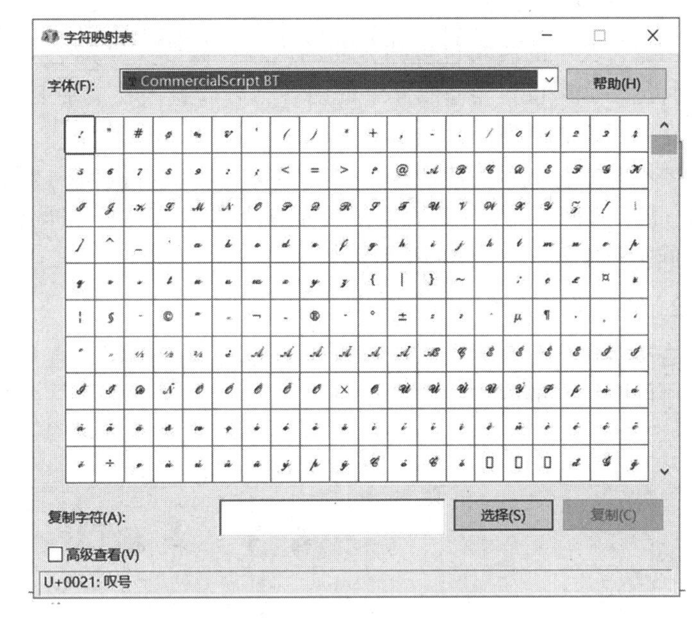

图6-17　【字符映射表】对话框

(12)【段落】：可以进行段落、制表位、项目符号和编号的设置，这与Word一样，在此不再赘述。

【例6-4】 用【多行文字】命令创建图6-18所示的文字。要求："技术要求"用5号字，其余用3.5号字，字体样式用前面创建的"汉字"样式。

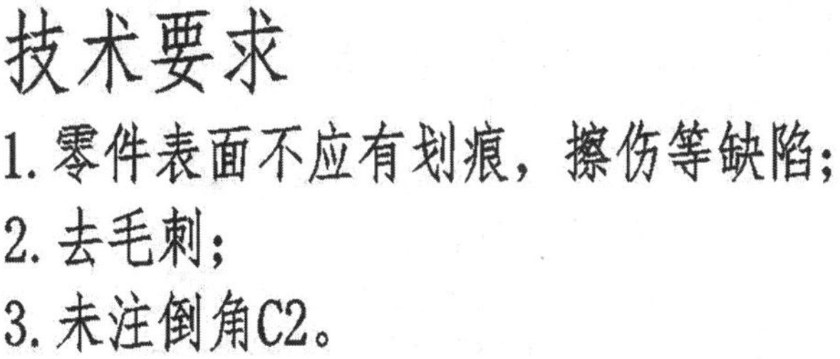

技术要求

1. 零件表面不应有划痕，擦伤等缺陷；

2. 去毛刺；

3. 未注倒角C2。

图6-18　多行文字技术要求

解　(1)在【绘图】工具栏中单击【多行文字】按钮A。

(2)在绘图区指定矩形输入框的两角点。

(3)在弹出的文本编辑器中输入相应的文字(此时不用考虑字体和字高)。

(4)选中"技术要求"后，在【文字高度】组合框内选择或输入5，然后在文本编辑器内单击即可将其高度改为5。

(5)选中除"技术要求"以外的其余文字，在【文字高度】组合框内选择或输入3.5，在文本编辑器内单击，将其高度改为3.5。

(6)在进行对齐设置后，在文本编辑器外部单击即可完成文字的输入。

6.2.4 文字编辑

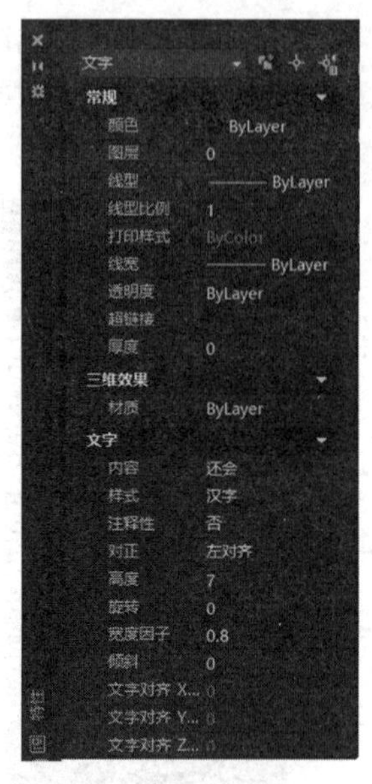

图 6-19 【特性】对话框

1. 编辑单行文字

对单行文字的编辑包含两方面的内容：修改文字内容和修改文字特性。如果仅仅要修改文字的内容，可以直接在文字上双击，使文字处于编辑状态。

要修改单行文字的特性，可以选中文字后单击【特性】面板上的按钮，打开【特性】对话框，从而修改文字的内容、样式、高度、旋转角度等，如图 6-19 所示。

2. 编辑多行文字

直接双击多行文字，系统会弹出多行文字编辑器，直接在编辑器中修改文字的内容和格式。

6.3 表格

表格在图形中有大量的应用，如明细表、参数表和标题栏等。如果没有表格功能，使用单行文字和直线来绘制表格是很烦琐的。AutoCAD 的表格功能很好地满足了实际工程制图中的需要，使绘制表格变得方便快捷。

6.3.1 定义表格样式

表格的外观由表格样式控制，表格样式可以指定标题、列标题和数据行的格式。打开【表格样式】对话框的方式主要有以下 4 种。

(1)功能区：单击【注释】面板中的【表格样式】按钮。

(2)菜单栏：单击【格式】→【表格格式】。

(3)工具栏：单击【样式】工具栏上的【表格样式】按钮。

(4)命令行：在命令行“命令:”提示后输入 Table Style(TS)，按〈Space〉键或〈Enter〉键确认。

进行以上任一操作，均可打开【表格样式】对话框，如图 6-20 所示。

默认状态下，表格样式中仅有 Standard 一种样式，第一行是标题行，由文字居中的合并单元格组成。第二行是列标题行，其他行都是数据行。用户设置表格样式时指定标题、列标题和数据行的格式。用户单击【新建】按钮，弹出【创建新的表格样式】对话框，如图 6-21 所示。

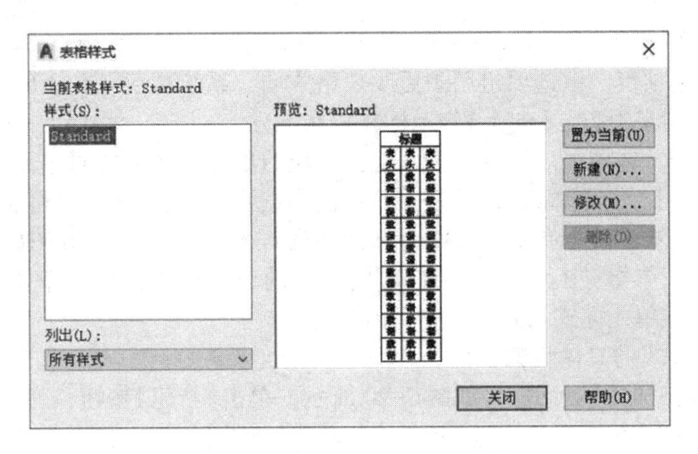

图 6-20 【表格样式】对话框

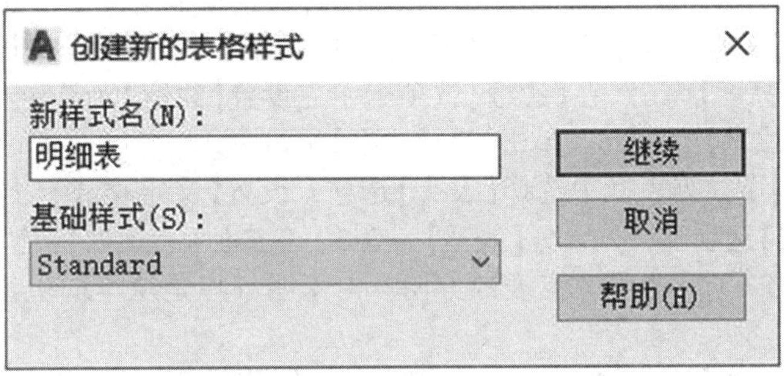

创建新的表格样式
新样式名(N)：
明细表
继续
基础样式(S)：
Standard
取消
帮助(H)

图 6-21 【创建新的表格样式】对话框

在【新样式名】文本框中可以输入新的样式名称，在【基础样式】中选择一个表格样式，为新的表格样式提供默认设置，单击【继续】按钮，弹出【新建表格样式：明细表】对话框，如图 6-22 所示。

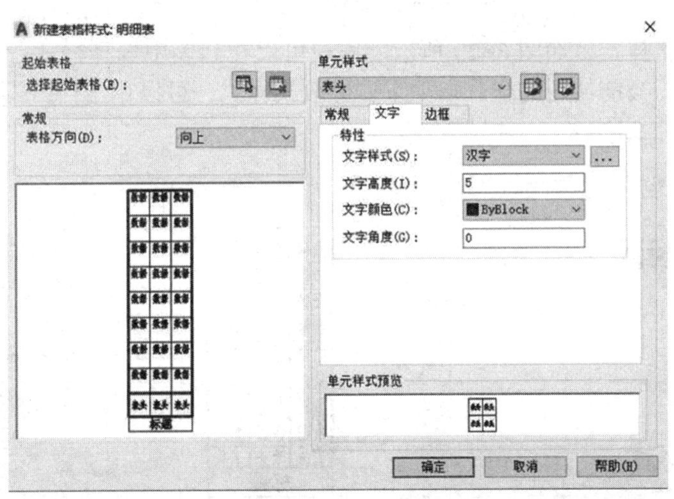

图 6-22 【新建表格样式：明细表】对话框

(1)【起始表格】选项组。该选项组用于在绘图区指定一个表格用作样例，来设置新表格样式的格式。单击【表格】按钮，回到绘图区选择表格后，可以指定要从该表格复制到表格样式的结构和内容。

(2)【常规】选项组。该选项组用于更改表格方向，系统提供了【向下】和【向上】选项，【向下】表示标题栏在上方，【向上】表示标题栏在下方。

(3)【单元样式】选项组。该选项组用于创建新的单元样式，并对单元样式的参数进行设置，系统默认有【数据】【标题】和【表头】单元样式，不可重命名，不可删除，在【单元样式】下拉列表框中选择一种单元样式作为当前单元样式，即可在下方的【常规】【文字】和【边框】选项卡中对参数进行设置。用户要创建新的单元样式，可以单击【创建新单元样式】按钮和【管理单元样式】按钮进行相应的操作。

建立明细栏样式的具体步骤如下。

(1)打开【表格样式】对话框，如图6-20所示，单击【新建】按钮，弹出【创建新的表格样式】对话框，修改【新样式名】为【明细栏】，单击【继续】按钮，如图6-21所示。

(2)弹出【新建表格样式：明细表】对话框，如图6-22所示。在【单元样式】下拉列表框中选择一个选项，在下面的【常规】【文字】和【边框】选项卡中设置参数。

在【单元样式】下拉列表框中选择【数据】选项，在【文字】选项卡中设置【文字样式】为【工程字】，【文字高度】为5。在【边框】选项卡中先设置【线宽】为0.5，单击【所有边框】按钮，然后设置【线宽】为0.25，单击【底部边框】按钮。

在【单元样式】下拉列表框中选择【表头】选项，设置【文字样式】为【汉字】，【文字高度】为5。在【边框】选项卡中先设置【线宽】为0.5，单击【所有边框】按钮。

(3)使用【表格方向】选项改变表的方向。由于明细栏是从下向上绘制的，所以选择【向下】选项。

(4)修改【数据】和【表头】的设置。分别在其【常规】选项卡中使用【页边距】选项控制单元边界和单元内容之间的间距，关于【标题】不作设置，因为明细栏没有该行，所以在插入表格时删除。

【水平】：设置单元中的文字或块与左右单元边界之间的距离(使用默认值)。

【垂直】：设置单元中的文字或块与上下单元边界之间的距离(修改为0.5)。

(5)设置完毕后，单击【确定】按钮回到【表格样式】对话框，这时在【样式】列表中会出现刚定义的表格样式，如图6-23所示。用户可以在列表中选择样式，单击【置为当前】按钮把该样式置为当前使用的样式。如果要修改某样式，可以单击【修改】按钮。

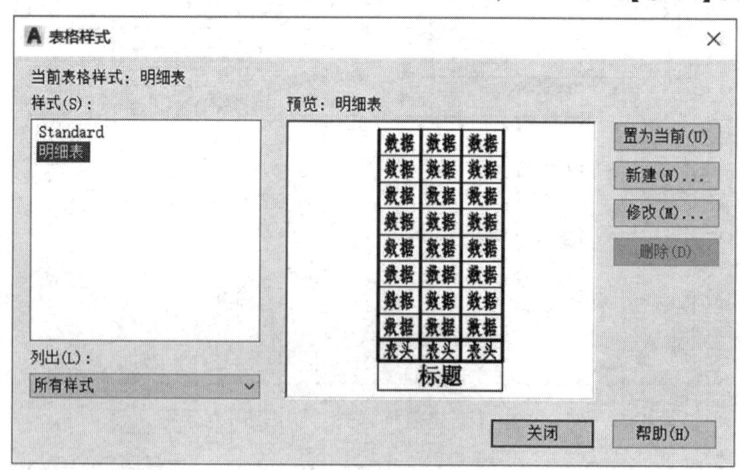

图6-23　明细栏样式

(6)定义好表格样式后，单击【关闭】按钮关闭对话框。

6.3.2　创建表格

创建表格的方式主要有以下4种。

(1)功能区：单击【注释】面板中的【表格】按钮。

(2)菜单栏：单击【绘图】→【表格】。

(3)工具栏：单击【绘图】工具栏上的【表格】按钮。

(4)命令行：输入Table，按〈Space〉键或〈Enter〉键确认。

进行以上任一操作，均可打开【插入表格】对话框，如图6-24所示。

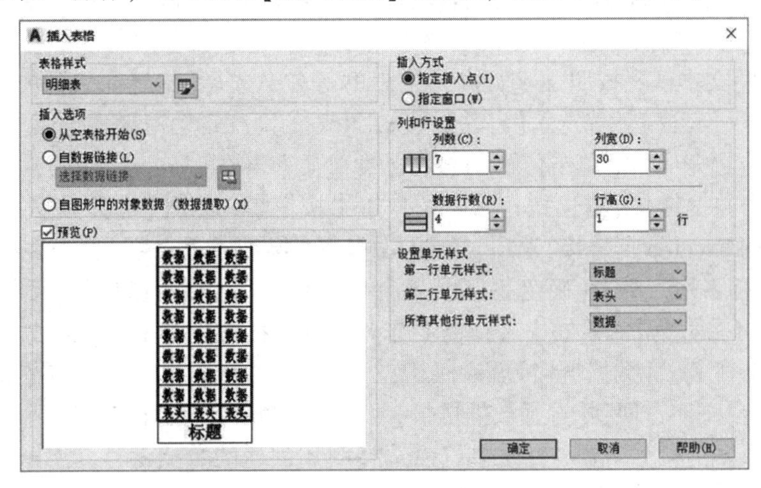

图6-24　【插入表格】对话框

1.【表格样式】

【表格样式】下拉列表框：指定表格样式，默认样式为Standard。

2.【插入选项】

系统提供了3种创建表格的方式。

(1)【从空表格开始】：表示创建可以手动填充数据的空表格。

(2)【自数据链接】：表示从外部电子表格中获取数据创建表格。

(3)【自图形中的对象数据(数据提取)】：表示启动“数据提取”向导来创建表格。

☆ 提示：系统默认设置【从空表格开始】方式创建表格，当选择【自数据链接】方式时，右侧仅【指定插入点】可选，其余参数均不可设置，变成灰色。

3.【预览】

【预览】复选框：当选择该复选框时，显示当前表格的样例。

4.【插入方式】

(1)【指定插入点】：选择该单选按钮，则插入表格时，需指定表格左上角的位置。用户可以使用定点设置，也可以在命令行输入坐标值。如果将表格的方向设置为由下而上读取，则插入点位于表格的左下角。

(2)【指定窗口】：选择该单选按钮，则插入表格时，需指定表格的大小和位置。选择此单选按钮时，行数、列数、列宽和行高取决于窗口的大小以及列和行的设置。

5.【列和行设置】

(1)【列数】文本框：指定列数。选择【指定窗口】单选按钮并指定【列宽】时，【列数】就选定了【自动】选项，由列宽自动控制。

(2)【列宽】文本框：指定列宽。选择【指定窗口】单选按钮并指定【列数】时，【列宽】就选定了【自动】选项，由列数自动控制。最小列宽为一个字符。

(3)【数据行数】文本框：指定行宽。选择【指定窗口】单选按钮并指定【行高】时，【数据行数】就选定了【自动】选项，由行高自动控制。带有标题行和表头行的表样式最少应有三行。

(4)【行高】文本框：按照文字行高指定表的行高。选择【指定窗口】单选按钮并指定【数据行数】时，【行高】就选定了【自动】选项，由表的高度自动控制。

(5)参数设置完成后，单击【确定】按钮，即可插入表格。

当选择【自数据链接】单选按钮时，用户单击按钮，打开【选择数据链接】对话框，选择【创建新的 Excel 数据链接】选项，弹出【输入数据链接名称】对话框，在【名称】文本框中输入数据链接名称，单击【确定】按钮，弹出【新建 Excel 数据链接】对话框。单击按钮，在弹出的【另存为】对话框中选择需要作为数据链接文件的 Excel 文件。单击【确定】按钮，回到【新建 Excel 数据链接】对话框。

单击【确定】按钮，回到【选择数据链接】对话框。单击【确定】按钮回到【插入表格】对话框，在【自数据链接】下拉列表框中可以选择刚才创建的数据链接，单击【确定】按钮，进入绘图区，拾取合适的插入点即可创建与数据链接相关的表格。表格创建完成后，可能不是用户所需要的形式，此时用户可以对表格进行各种外观的编辑。

【例 6-5】 插入如图 6-25 所示的明细栏。

5						
4						
3						
2						
1						
序号	代号	名称	数量	材料	重量	备注

图 6-25　明细栏

解　(1)单击【注释】面板上的【表格】按钮或单击【绘图】工具栏上的【表格】按钮，弹出【插入表格】对话框。

(2)从【表格样式】下拉列表框中选择一个表格样式，或单击按钮创建一个新的表格样式(这里选择【明细栏】表格样式)。

(3)选择【指定插入点】作为插入方式(此时插入点位于表格的左下角)。

(4)设置列数和列宽(列数为 7，列宽为 30)。

(5)设置数据行数和行高(数据行数为 4，行高为 1)。

(6)设置单元样式，【第一行单元样式】设置为【表头】，【第二行单元样式】设置为【数据】。

(7)单击【确定】按钮，系统提示输入表格的插入点，指定插入点后，第一个单元格为可编辑线框显示。显示【文字格式】工具栏时可以开始输入文字(用户在任意一个单元格中双击，都会出现文字编辑器)。单元格的行高会加大以适应输入文字的行数。要移动到下一个单元，可以按〈Tab〉键，或使用〈←〉〈→〉〈↑〉〈↓〉键向左、向右、向上和向下移动。

6.3.3　表格文字编辑

表格创建完成后，在任意表格线上单击会选中整个表格，表格上的夹点会同时显示出来，各个夹点的功能如图 6-26 所示。

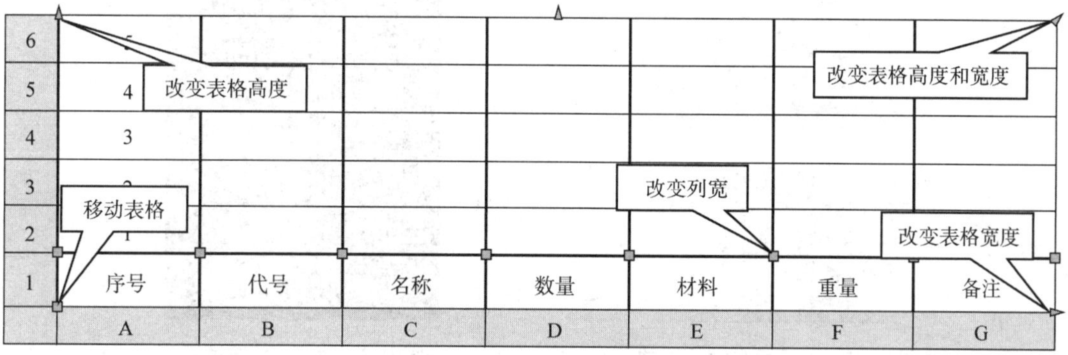

6	5						
5	4						
4	3						
3	2						
2	1						
1	序号	代号	名称	数量	材料	重量	备注
	A	B	C	D	E	F	G

改变表格高度
改变表格高度和宽度
改变列宽
移动表格
改变表格宽度

图 6-26　表格上的夹点编辑模式

选中整个表格后，然后在单元格内单击可以选中该表格单元，单元格边框的中央将显示夹点。拖动单元格上的夹点可以使单元格及其列或行变大或变小。要选中多个单元格，可按住鼠标左键并在多个单元格上拖动，或按住〈Shift〉键在一个单元格内单击，然后在另一个单元格内单击，可以同时选中这两个单元格以及它们之间的所有单元格。

对于一个或多个被选中的单元格，可以右击，然后选择图 6-27 所示的快捷菜单上的选项来进行修改。

(1)单元样式：对单元格进行样式设置，包含【按行/列】【标题】【表头】【数据】和【另存为新单元样式】。

(2)对齐设置：设置单元格内文字的对齐方式，包含左上、中上、右上、左中和正中等。

(3)边框设置：设置所选单元格的边框特性，如线宽、线性和颜色等。

(4)列：在所选单元格的左侧插入列、右侧插入列以及删除该单元格所在的列等。

(5)行：在所选单元格的上方插入行、下方插入行以及删除该单元格所在的行等。

(6)合并：可以选择【按行】【按列】和【全部】的方式合并选中的多个单元格。

(7)取消合并：取消选中的单元格中合并过的单元格。

(8)特性：选择该选项，弹出如图 6-28 所示的【特性】选项板，可以设置单元格的宽度、单元格的高度、对齐方式、文字内容、文字样式、文字高度和文字颜色等内容。

图 6-27　快捷菜单编辑方式

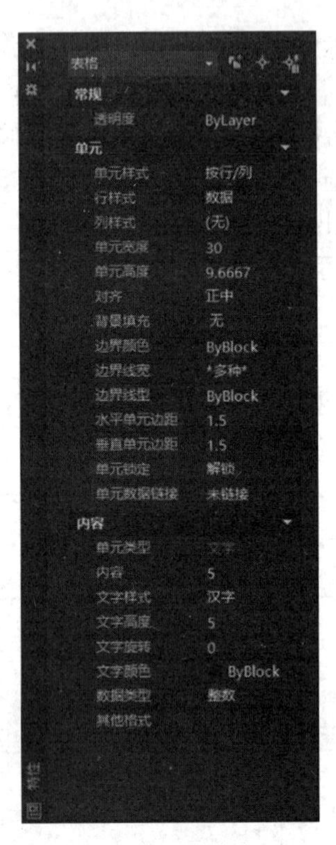

图 6-28　【特性】选项板

6.4　思考与练习

1. 基础题

绘制如图 6-29 所示的学生练习用标题栏，然后参照【例 6-1】和【例 6-2】创建“数字”和“汉字”文字样式，并用“汉字”样式填写标题栏内容(要求：所有字体均用 5 号字)。

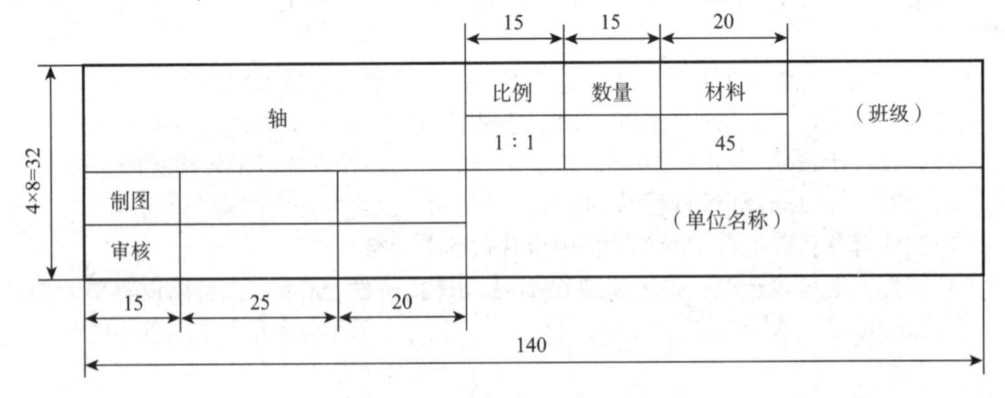

图 6-29　学生练习用标题栏

2. 提升题

建立如图 6-30 所示的国标推荐使用的标题栏及明细栏，具体尺寸请自行查阅相关技术文件。

3							
2							
1							
序号	代号	名称	数量	材料	单件 质量	总计 质量	备注

							(单位名称)
标记	处数	分区	更改文件号	签名	年月日		(图样名称)
设计	(签名)	(年月日)	标准化	(签名)	(年月日)	阶段标记 质量 比例	
							(图样代号)
审核							
工艺			批准			共 张 第 张	

图 6-30 标题栏及明细栏

第7章 尺寸标注

本章要点

- 标注样式的设置
- 各种具体尺寸的标注方法
- 尺寸标注的编辑修改

7.1 尺寸标注规定

尺寸标注是向图形中添加测量注释的过程。对于工程制图来说，精确的尺寸是工程技术人员照图加工的关键。尺寸标注包括基本尺寸标注、文字注释、尺寸公差和形位公差等内容。

7.1.1 基本规定

零件和物体形体的视图只能清楚地表达形体的形状和各部分的相互关系，但形体的实际大小和各部分的相对位置还需通过尺寸标注来确定。国家标准规定了标注尺寸的一系列规则和方法，绘图时必须遵守。

(1)图样中(包括技术要求和其他说明)的尺寸以mm为单位时，不需注明计量单位代号或名称。若采用其他单位则必须注明相应计量单位或名称，如45度30分应写成45°30′。

(2)图样中所注的尺寸数值是零件的真实大小，与图形大小及绘图的准确度无关。

(3)零件的每一尺寸，在图样中一般只标注一次，并标注在反映该结构最清晰的图形上。

(4)图样中所注尺寸是该零件最后完工时的尺寸，否则应另加说明。

7.1.2 尺寸要素

一个完整的尺寸，包含下列4个尺寸要素。

1)尺寸界线

尺寸界线用细实线绘制，一般是图形轮廓线、轴线或对称中心线的延长线，超出尺寸线终端2～3 mm。也可直接用轮廓线、轴线或对称中心线作尺寸界线。

2)尺寸线

尺寸线用细实线绘制，必须单独画出，不能与图线重合或在其延长线上，并应尽量避免尺寸线之间及尺寸线与尺寸界线之间相交。标注线性尺寸时，尺寸线必须与所标注的线段平行，相同方向的各尺寸线间距要均匀，间隔应大于5 mm，以便注写尺寸数字和有关符号。

3)尺寸终端

尺寸终端有箭头和细实线形式。在机械制图中使用箭头，箭头尖端与尺寸界线接触，不得超出也不得离开。

4)尺寸数字

线性尺寸的数字一般注写在尺寸线上方或尺寸线中断处。同一图样内字号大小应一致，位置不够可引出标注。尺寸数字前的符号用于区分不同类型的尺寸，如表7-1所示。

表7-1 常用尺寸标注符号或缩写词

名称	符号或缩写词	名称	符号或缩写词	名称	符号或缩写词
直径	ϕ	厚度	t	弧长	⌒
半径	R	正方形	□	埋头孔	∨
球直径	$S\phi$	均布	EQS	深度	↧
球半径	SR	正负偏差	±	锥度	▷或◁
45°倒角	C	乘号	×	斜度	∠或⦣

与文字输入需要设置一样，在对图形进行尺寸标注前，最好先建立自己的尺寸样式，因为在标注一张图纸时，必须考虑打印出图时字体大小、箭头等样式符合国家标准，做到布局合理美观，不要出现标注的字体、箭头等过大或过小的情况。同时，建立自己的尺寸标注样式也是为了确保标注在图形实体上的每种尺寸形式相同，风格统一。

在建立尺寸标注样式之前，首先要熟悉尺寸标注的各组成部分。完整的尺寸标注一般由尺寸线(标注角度时的标注弧线)、尺寸界线、尺寸终端、尺寸数字这几部分组成。标注以后，这4个部分作为一个实体来处理。标注样式中部分选项的含义及位置关系如图7-1所示。

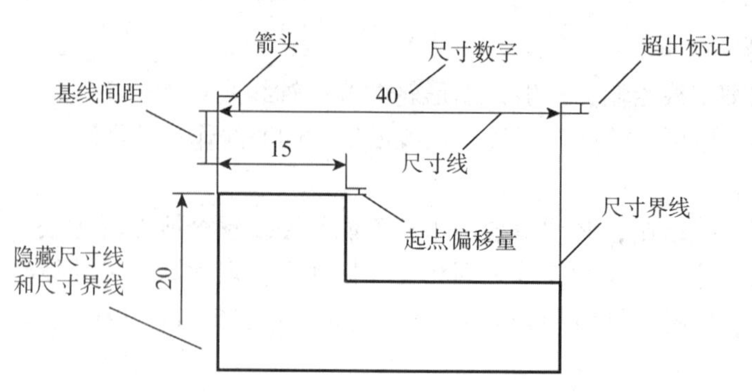

图 7-1　标注样式中部分选项的含义及位置关系

7.2　标注样式的设置

AutoCAD 系统中有 Annotative、ISO-25 和 Standard 这 3 种标注样式，但是这 3 种标注样式不能完全满足我国机械制图标准的规定。因此，在标注尺寸之前必须以 ISO-25 为基础样式，创建一组符合我国机械制图标准的尺寸标注样式。

设置或编辑标注样式，需要在【标注样式管理器】对话框中进行，打开【标注样式管理器】对话框的方法有以下 4 种。

(1)菜单栏：单击【格式】→【标注样式】。

(2)功能区：单击【注释】面板中的【标注样式】按钮，或单击【注释】选项卡中的【标注】面板中的【标注样式】按钮。

(3)工具栏：单击【样式】工具栏上的【标注样式】按钮。

(4)命令行：在命令行的“命令:”提示后输入 Dimstule，按〈Space〉键或〈Enter〉键确认。

【标注样式管理器】对话框如图 7-2 所示。

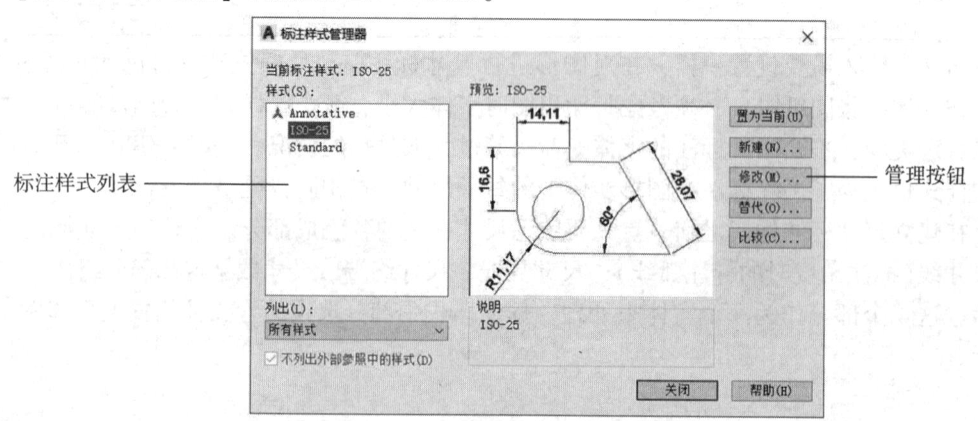

图 7-2　【标注样式管理器】对话框

选择 ISO-25 样式(注意 Annotative 是注释性标注样式)，单击新建(N)...按钮，在弹出的【创建新标注样式】对话框中的【新样式名】文本框中输入样式名称“GB-1”，其余项保留默认设置，如图 7-3 所示。也就是说，新建的“GB-1”是以 ISO-25 为基础，用于所有的尺寸标注。

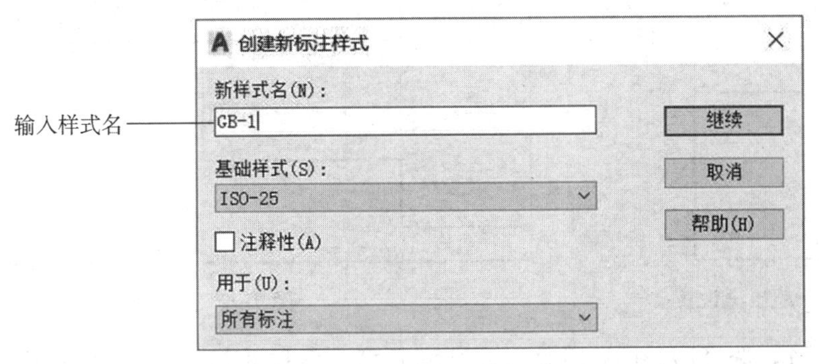

图 7-3　【创建新标注样式】对话框

单击继续按钮，进入【修改标注样式：GB-1】对话框，如图 7-4 所示。

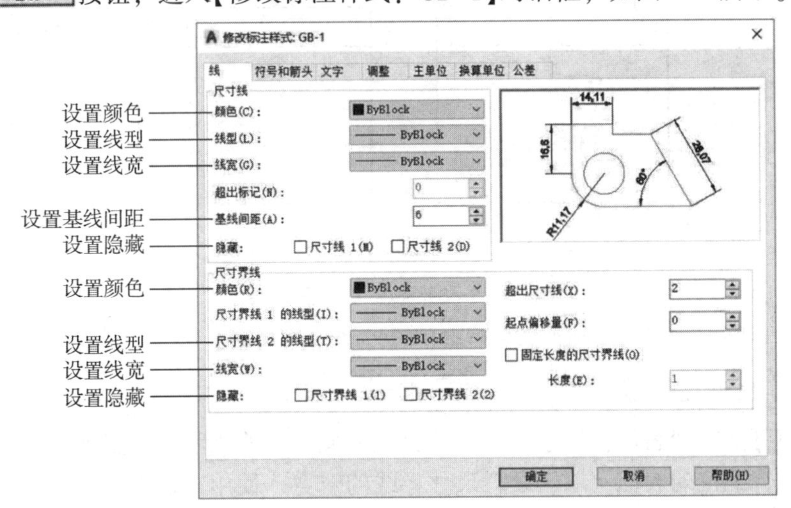

图 7-4　【修改标注样式：GB-1】对话框

在此对话框中有 7 个选项卡，分别为【线】【符号和箭头】【文字】【调整】【主单位】【换算单位】和【公差】，下面进行详细介绍。

7.2.1　【线】选项卡

【线】选项卡主要是对尺寸线和尺寸界线进行具体的设置，包括颜色、线型和线宽等，如图 7-4 所示。

1. 尺寸线设置

(1)【颜色】下拉列表框：用于设置尺寸线的颜色，使用默认设置即可。

(2)【线宽】下拉列表框：用于设置尺寸线的线宽，使用默认设置即可。

(3)【超出标记】：指定当箭头使用倾斜标记、建筑标记、小标记、完整标记和无标记时尺寸线超出尺寸界线的距离，如图 7-5 所示。

(4)【基线间距】：用于设置基线标注时，相邻两条尺寸线之间的距离，一般设置为6或7，如图7-6所示。

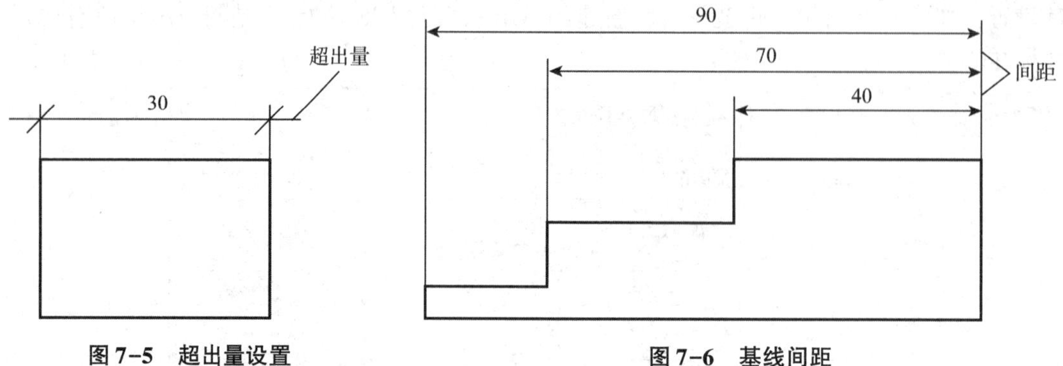

图7-5　超出量设置

图7-6　基线间距

(5)【隐藏】：选择【尺寸线1】复选框则隐藏第一条尺寸线，选择【尺寸线2】复选框则隐藏第二条尺寸线，如图7-7所示。

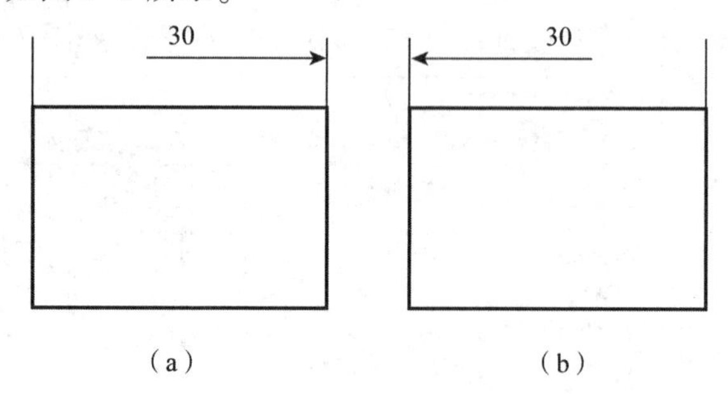

(a)　　(b)

图7-7　隐藏尺寸线

(a)隐藏左边尺寸线；(b)隐藏右边尺寸线

2. 尺寸界线设置

(1)【颜色】下拉列表框：用于设置尺寸界线的颜色，使用默认设置即可。

(2)【线宽】下拉列表框：用于设置尺寸界线的线宽，使用默认设置即可。

(3)【超出尺寸线】：设置尺寸界线超出尺寸线的量，一般设置为2，如图7-8所示。

(4)【起点偏移量】：设置自图形中定义标注的点到尺寸界线的偏移距离，一般设置为0，如图7-8所示。

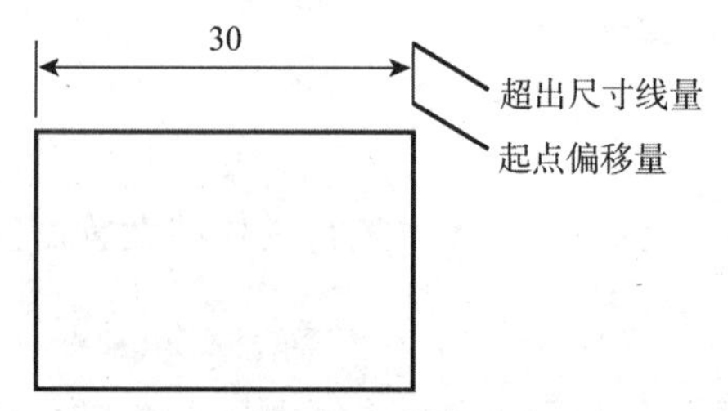

图7-8　超出尺寸线量和起点偏移量

(5)【隐藏】：选择【尺寸界线1】复选框则隐藏第一条尺寸界线，选择【尺寸界线2】复选框则隐藏第二条尺寸界线，如图7-9所示。

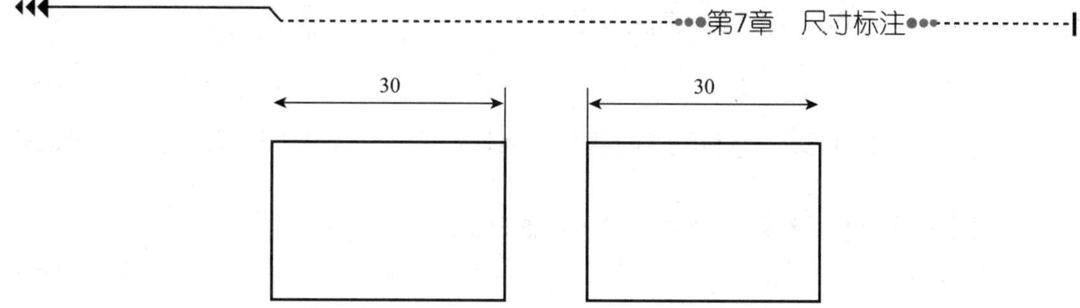

（a）　　　　（b）

图 7-9　隐藏尺寸界线

(a)隐藏左边尺寸界线；(b)隐藏右边尺寸界线

(6)【固定长度的尺寸界线】复选框：用于设置尺寸界线从起点一直到终点的长度，不管标注尺寸线所在位置距离被标注点有多远，只要比这里的固定长度加上起点偏移量更大，那么所有尺寸界线都按固定长度绘制，如图 7-10 所示。

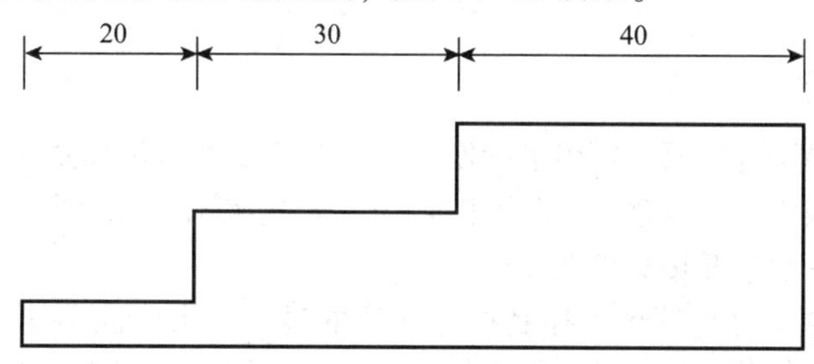

图 7-10　固定长度界线标出

7.2.2 【符号和箭头】选项卡

【符号和箭头】选项卡主要用于设置箭头、圆心标记、弧长符号、折弯半径标注和线性折弯标注的格式和位置，如图 7-11 所示。

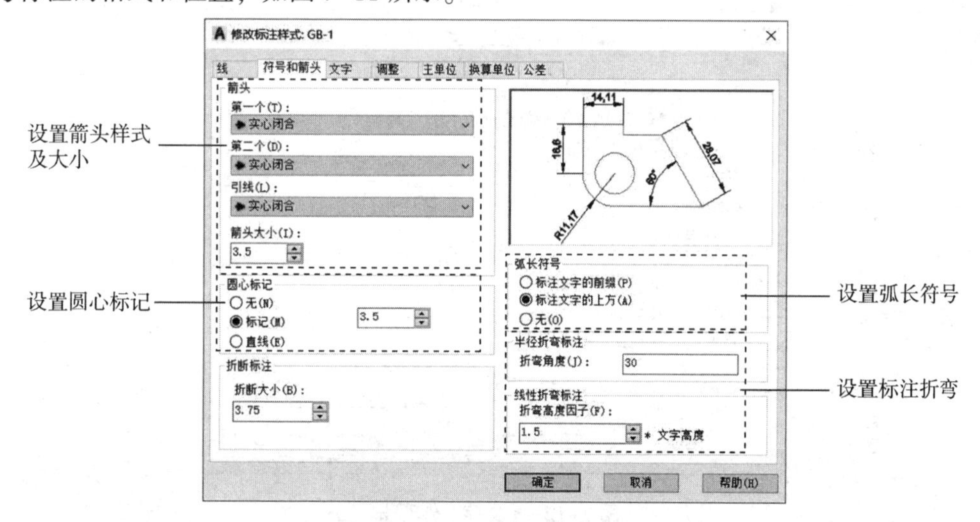

图 7-11　【符号和箭头】选项卡

1. 箭头

(1)【第一个】、【第二个】和【引线】下拉列表框：用于设置箭头类型，这里使用默认设置。

(2)【箭头大小】：设置箭头大小，这里设置为3.5。

2. 圆心标记

设置使用圆心标记工具标记圆或圆弧的标记形式。【无】是指不标记；【标记】是指在图心处，绘制其后文本框中设置的数值大小的十字标记；【直线】是指直接绘制圆的十字中心线。一般情况下，选择【标记】单选按钮，标记大小和文字大小一致。一般修改标记大小为3.5。

3. 弧长符号

【弧长符号】选项区：用于设置弧长符号的放置位置或有无弧长符号，这里选择【标注文字的上方】单选按钮。

4. 半径折弯标注

(1)【半径折弯标注】选项区：用于设置半径折弯标注的显示样式，这种标注一般用于圆心在纸外的大圆或大圆弧标注，【折弯角度】文本框用来确定折弯半径标注中，尺寸线的横向线段的角度，一般该角度设置为30°。

(2)【线性折弯标注】选项区：控制折弯标注的显示。当标注不能精确表示实际尺寸时，通常将折弯线添加到线性标注中，在【折弯高度因子】文本框中可以设置折弯符号的高度和标注文字高度的比例。

7.2.3 【文字】选项卡

【文字】选项卡主要用于设置文字外观、文字位置和文字对齐等，如图7-12所示。

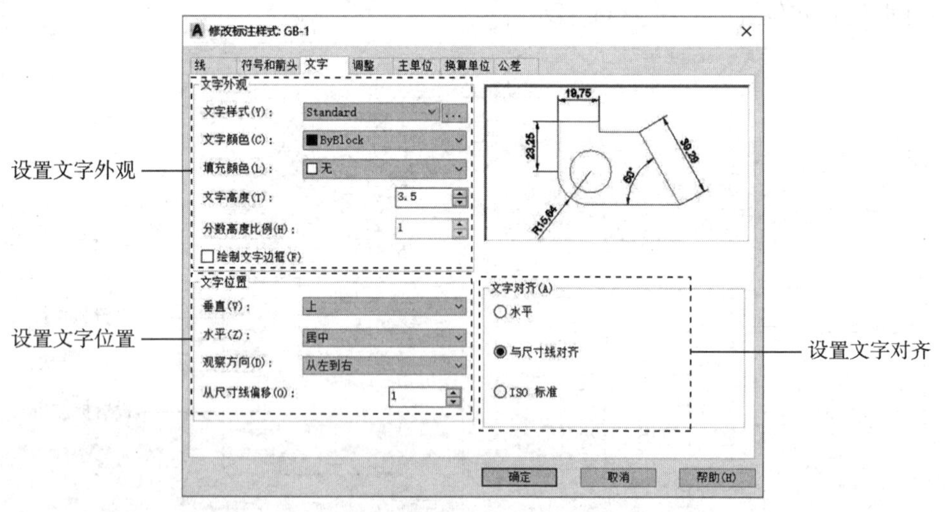

图7-12 【文字】选项卡

1. 文字外观

(1)【文字样式】：通过下拉列表框选择已有文字样式，也可以单击 按钮，打开【文字样式】对话框，创建新的文字样式。

(2)【文字颜色】：通过下拉列表框选择文字颜色，默认设置为 ByBlock。

(3)【文字高度】：可在文本框中直接输入文字高度值，也可通过按钮调整高度值，一般设成 3.5。

2. 文字位置

(1)【垂直】：控制标注文字相对于尺寸线的垂直位置，一般选择【上】或【居中】选项，效果如图 7-13 所示。

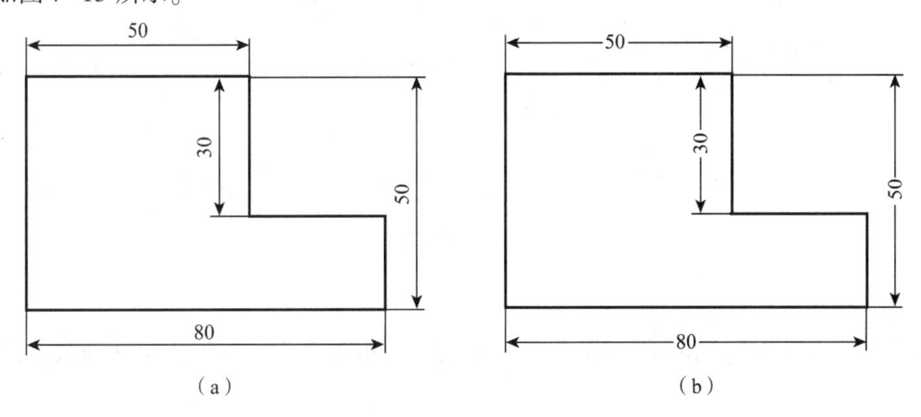

图 7-13　【垂直】选项

(a)上；(b)居中

(2)【水平】：控制标注文字相对于尺寸线和尺寸界线的水平位置，一般选择【居中】选项。

(3)【从尺寸线偏移】：指尺寸数字和尺寸线之间的距离，一般设为 1。

3. 文字对齐

(1)【水平】：无论尺寸线的方向如何，尺寸数字的方向总是水平的。

(2)【与尺寸线对齐】：尺寸数字保持与尺寸线平行。

(3)【ISO 标准】：当文字在尺寸界限内时，文字与尺寸线对齐。当文字在尺寸界线外时，文字水平排列。

☆ 提示：【文字对齐】一般选择【与尺寸线对齐】单选按钮，对于角度标注需要与文字水平时，可再建一种新样式，或用替代的方式选择【水平】单选按钮后进行标注。

7.2.4　【调整】选项卡

【调整】选项卡主要用来解决在绘图过程中遇到的一些较小尺寸的标注，这些小尺寸的尺寸界线之间的距离很小，不足以放置标注文本、箭头。【调整】选项卡包含调整选项、文字位置、标注特征比例和优化 4 个可调整内容，如图 7-14 所示。

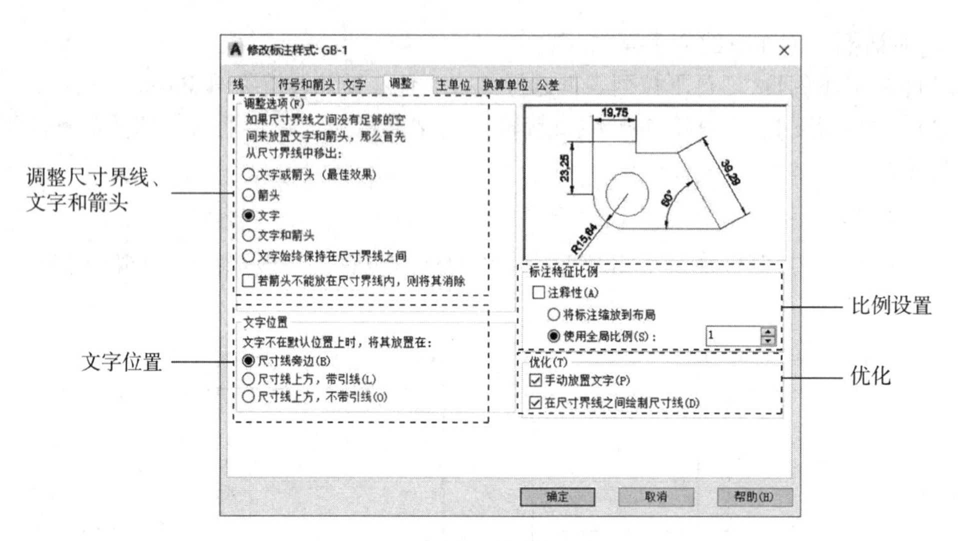

图 7–14 【调整】选项卡

1. 调整选项

(1)【文字或箭头】：AutoCAD 根据尺寸界线间的距离大小，移出文字或箭头，或文字和箭头都移出。

(2)【箭头】：首先移出箭头。

(3)【文字】：首先移出文字。

(4)【文字和箭头】：文字和箭头都移出。

(5)【文字始终保持在尺寸界线之间】：不论尺寸界线之间能否放下文字，文字始终在尺寸界线之间。

(6)【若箭头不能放在尺寸界线内，则将其消除】：当箭头不能放在尺寸界线内时，消除箭头。

☆ 提示：【调整选项】一般选择【文字】单选按钮，即当尺寸界线的距离足够放置文字和箭头时，文字和箭头都放在尺寸界线内；当尺寸界线仅能容纳文字时，将文字放在尺寸界线内，箭头放在尺寸界线外；当尺寸界线的距离不足以放文字时，文字和箭头都放在尺寸界线外。

2. 文字位置

【文字位置】一般选择【尺寸线旁边】单选按钮。

3. 标注特征比例

(1)【将标注缩放到布局】：图样空间标注选择该单选按钮。

(2)【使用全局比例】：模型空间标注选择该单选按钮。

4. 优化

选择【优化】区的【手动放置文字】和【在尺寸界线之间绘制尺寸线】这 2 个复选框。

7.2.5 【主单位】选项卡

【主单位】选项卡用来设置标注的单位格式和精度，以及标注的前缀和后缀，如

图 7-15 所示。

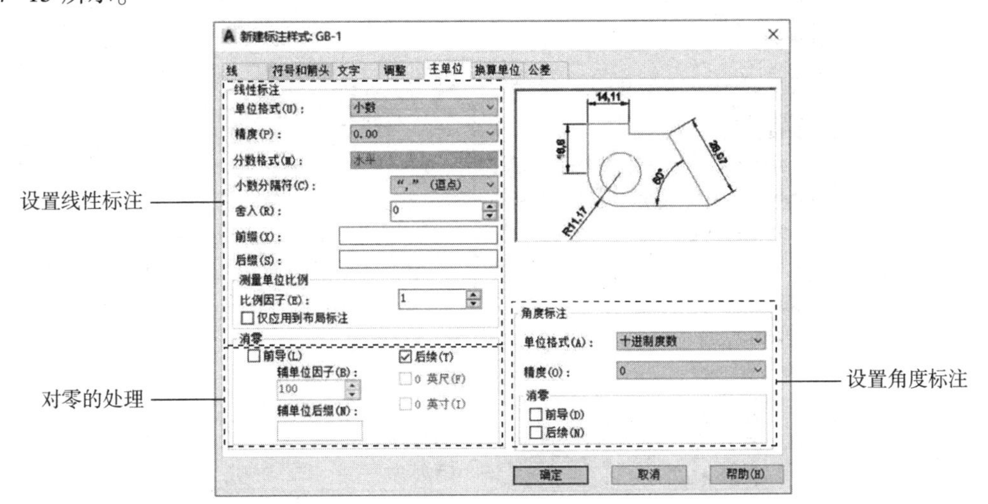

图 7-15 【主单位】选项卡

1. 线性标注

(1)【单位格式】：用于设置标注文字的单位格式，工程图中常用的格式是小数。

(2)【精度】：用于确定主单位数值保留几位小数，选择精度为【0.00】。

(3)【分数格式】：采用默认设置。

(4)【小数分隔符】：用于设置小数的格式，设为【“.”(句点)】。

(5)【前缀】：输入指定内容，在标注尺寸时，会在尺寸数字前面加上指定内容，如输入“%%C”，则在尺寸数字前加上“ϕ”直径符号。

(6)【后缀】：输入指定内容，在标注尺寸时，会在尺寸数字后面加上指定内容，如输入“H7”，则在尺寸数字后加上“H7”这个公差代号。

(7)【测量单位比例】：设置线性标注测量值的比例因子，默认值为 1。AutoCAD 按照此处输入的数值放大标注测量值。当采用 1∶1 的比例绘图时，该比例因子设置为【1】；当采用 1∶2 的绘图比例时，即图形缩小至 1/2，比例因子应设置为【2】，系统将把测量值扩大为原来的 2 倍，标注物体的实际尺寸。

2. 消零

【消零】：该选项用于控制前导零和后续零是否显示。若选择【前导】复选框，用小数格式标注尺寸时，不显示小数点前的零，如 0.500 显示为 .500。若选择【后续】复选框，用小数格式标注尺寸时，不显示小数后面的零，如 0.500 显示为 0.5。

3. 角度标注

【角度标注】选项区用来设置角度标注的单位格式与精度以及消零的情况，设置方法与【线性标注】的设置方法相同。一般将【单位格式】设置为【十进制度数】，将【精度】设置为【0.00】。

7.2.6 【换算单位】选项卡

单击 换算单位 标签，显示【换算单位】选项卡的内容，如图 7-16 所示。【显示换算单位】用来设置是否显示换算单位，如果需要同时显示主单位和换算单位，则需要选择该复选框，其他选项才能使用。

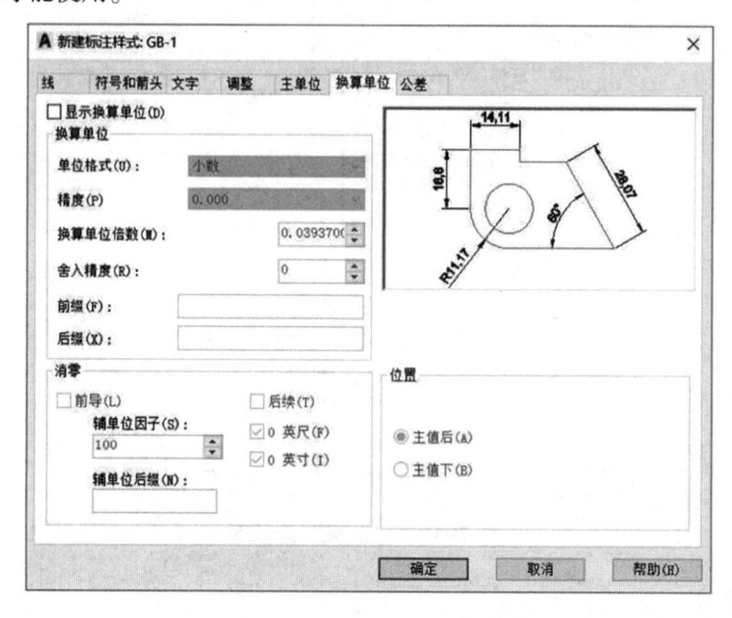

图 7-16 【换算单位】选项卡

【换算单位】选项卡在公、英制图样之间进行交流时非常有用，可以同时标注公制和英制的尺寸，以方便不同国家的工程人员进行交流。在这里使用默认的设置，不选择【显示换算单位】复选框。

7.2.7 【公差】选项卡

【公差】选项卡如图 7-17 所示，一般不需要修改。在标注尺寸公差时，一般通过快捷菜单中的【多行文字】命令直接输入。

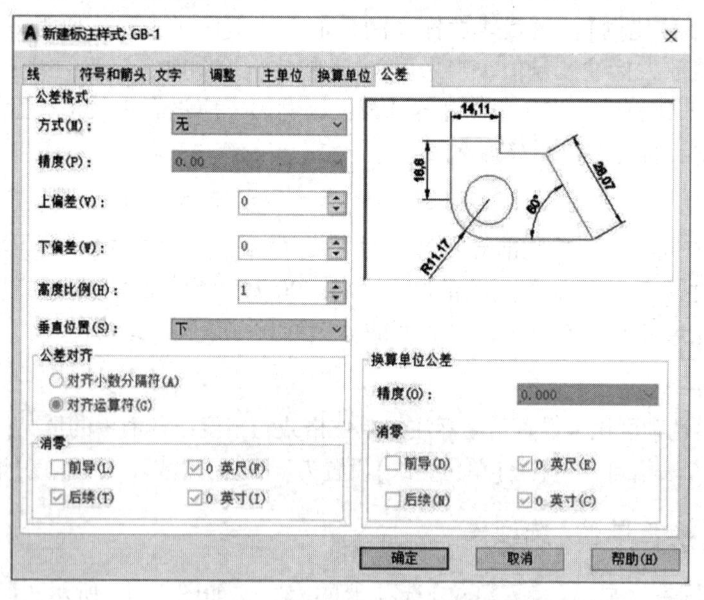

图 7-17 【公差】选项卡

当完成所有设置后，单击 确定 按钮，退回到【标注样式管理器】对话框，若要以GB-1为当前标注格式，可以单击【样式】列表中的GB-1，使之亮显，再单击 置为当前(U) 按钮，设置它为当前的格式，单击 关闭 按钮关闭设置。

7.3　标注方法

标注样式设置完成后，就可以使用各种尺寸标注工具进行标注了。标注前先将标注工具栏打开：单击菜单栏的【工具】→【工具栏】→【AutoCAD】→【标注】，置于绘图区上方，如图7-18所示，以便选择标注命令；然后选中【标注样式】列表中已设置好的GB-1；再把【文字样式】中的【数字】置为当前；最后把尺寸线层置为当前层。

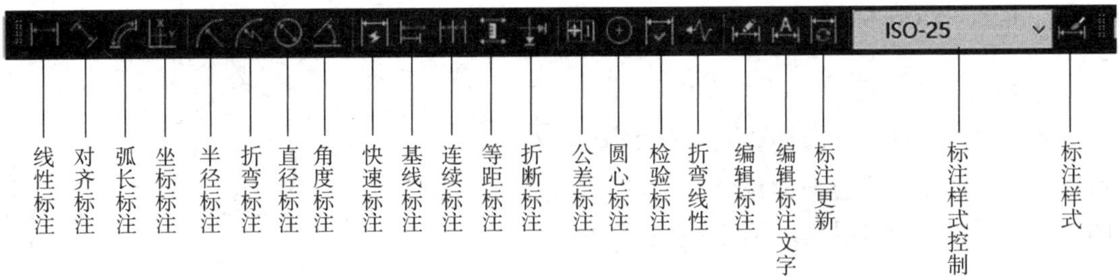

ISO-25

线性标注　对齐标注　弧长标注　坐标标注　半径标注　折弯标注　直径标注　角度标注　快速标注　基线标注　连续标注　等距标注　折断标注　公差标注　圆心标注　检验标注　折弯线性　编辑标注　编辑标注文字　标注更新　标注样式控制　标注样式

图7-18　【标注】工具栏

标注中常用到的方法有线性标注、对齐标注、半径标注、直径标注、基线标注、角度标注、快速标注等，如图7-18所示。

7.3.1　线性标注

1. 功能

线性标注是指标注在水平或垂直方向的尺寸。图7-19为用【线性标注】命令标注的尺寸。

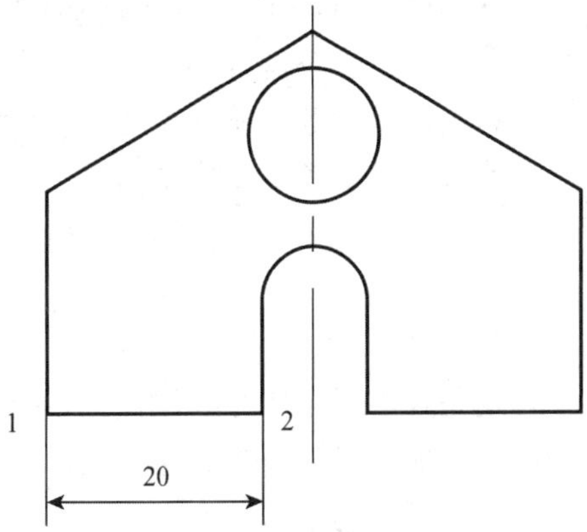

2. 命令的输入

在【标注】工具栏中单击【线性标注】按钮。

3. 命令的操作

输入命令后，命令行的提示如下。

1　2　20

图7-19　线性标注示例

```
命令：_ dimlimear
指定第一个尺寸界线原点或<选择对象>：                    //捕捉1点
指定第二条尺寸界线原点：                                //捕捉2点
指定尺寸线位置或[多行文字(M)/文字(T)/角度(A)/水平(H)/垂直(V)/旋转(R)]：
                                                        //移动光标，单击指定尺寸线的位置
标注文字=20                                             //系统自动标注文字尺寸
```

这是直接指定尺寸线位置，系统按测定的尺寸数字完成标注。若需要也可以选择其他相应的选项，各选项含义如下。

(1)【多行文字(M)】：在提示后输入M，就可以打开【多行文字编辑器】对话框，在文字框中显示AutoCAD自动测量的尺寸数字(反白显示)，用户也可以在反白显示的数字前后添加需要的字符，也可以修改反白显示的数字。

(2)【文字(T)】：用单行文字的方式重新输入尺寸数字。其中，自动测量的尺寸数字可以用“< >”来表示，如在自动测量文字前面加个A，可以在命令行输入“A< >”。

(3)【角度(A)】：指定尺寸数字的旋转角度。

(4)【水平(H)】：指定尺寸线呈水平标注(可直接拖动)。

(5)【垂直(V)】：指定尺寸线呈铅垂标注(可直接拖动)。

(6)【旋转(R)】：指定尺寸线与水平线所夹角度。

选择相应选项后，AutoCAD会再一次提示要求给定尺寸线位置，给定后即完成标注。

7.3.2 对齐标注

1. 功能

对齐标注是指尺寸线始终与标注对象水平，既可以标注水平或垂直方向的尺寸，也可以标注倾斜的尺寸。图7-20为用【对齐标注】命令标注的尺寸。

图7-20 对齐标注示例

2. 命令的输入

在【标注】工具栏中单击【对齐标注】按钮。

3. 命令的操作

输入命令后，命令行的提示如下。

```
命令：_ dimaligned
指定第一个尺寸界线原点或<选择对象>：          //捕捉1点
指定第二条尺寸界线原点：                      //捕捉2点
指定尺寸线位置或[多行文字(M)/文字(T)/角度(A)]：
                                             //移动光标，单击指定尺寸线的位置
标注文字=28.87                                //系统自动标注文字尺寸
```

这是直接指定尺寸线位置，系统按测定的尺寸数字完成标注。若需要也可以选择其他相应的选项，各选项含义与线性标注方式的同类选项相同，此处不再赘述，下同。

7.3.3 弧长标注

1. 功能

弧长标注用来标注圆弧的长度。图7-21为用【弧长标注】命令标注的尺寸。

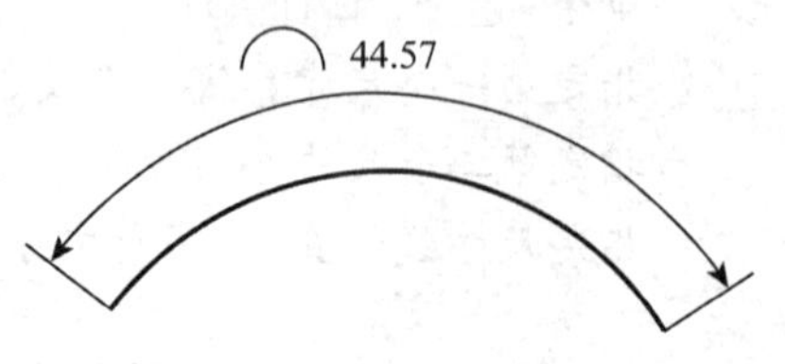

图7-21 弧长标注示例

2. 命令的输入

在【标注】工具栏中单击【弧长标注】按钮。

3. 命令的操作

输入命令后，命令行的提示如下。

命令：_ dimarc
选择弧线段或多段线弧线段：　　　　　　　//拾取弧线段
指定尺寸线位置或[多行文字(M)/文字(T)/角度(A)]：
　　　　　　　　　　　　　　　　　　　　//移动光标，单击指定尺寸线的位置
标注文字=44.57　　　　　　　　　　　　//系统自动标注文字尺寸

7.3.4　坐标标注

1. 功能

坐标标注用来标注图形中的某点的 X 和 Y 坐标及一条引导线。因为 AutoCAD 使用世界坐标系或当前用户坐标系的 X 和 Y 坐标轴，所以标注坐标尺寸时，应使图形的(0，0)基准点与坐标系的原点重合，否则应重新输入坐标值。

2. 命令的输入

在【标注】工具栏中单击【坐标标注】按钮。

3. 命令的操作

输入命令后，命令行的提示如下。

命令：_ dimordinate
指定坐标点：　　　　　　　　　　　　　//拾取点
指定引线端点或[X基准(X)/Y基准(Y)多行文字(M)/文字(T)/角度(A)]：
　　　　　　　　　　　　　　　　　　　　//移动光标，单击指定引线端点的位置
标注文字=100　　　　　　　　　　　　　//系统自动标注文字尺寸

☆ 提示：在指定引线端点时，若相对于坐标点上下移动光标，将标注点的 X 坐标；若相对于坐标点左右移动光标，将标注点的 Y 坐标。

7.3.5　半径标注

1. 功能

半径标注用来标注圆弧的半径。图 7-22 为用【半径标注】命令标注的尺寸。

2. 命令的输入

在【标注】工具栏中单击【半径标注】按钮。

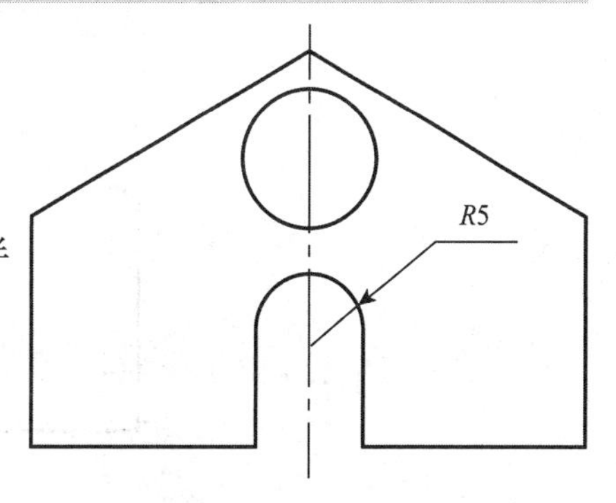

图 7-22　半径标注示例

3. 命令的操作

输入命令后，命令行的提示如下。

命令：_ dimradius

选择圆弧或圆：　　　　　　　　　　//拾取圆弧

指定尺寸线位置或[多行文字(M)/文字(T)/角度(A)]：

　　　　　　　　　　　　　　　　　//移动光标，单击指定尺寸线的位置

标注文字=5　　　　　　　　　　　　//系统自动标注文字尺寸

7.3.6　折弯标注

1. 功能

折弯标注用来标注大圆弧的半径。图7-23为用【折弯标注】命令标注的尺寸。

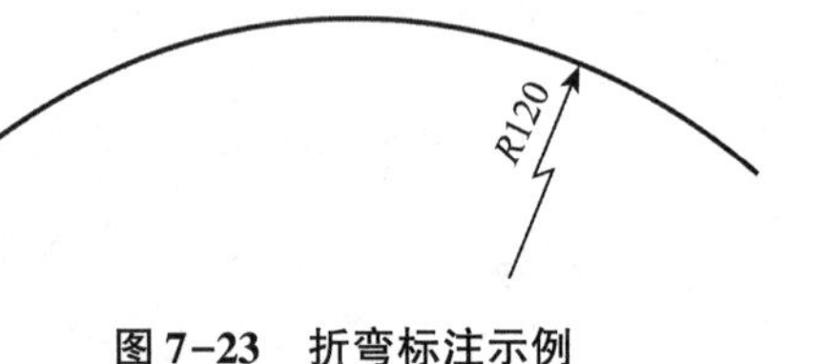

图7-23　折弯标注示例

2. 命令的输入

在【标注】工具栏中单击【折弯标注】按钮。

3. 命令的操作

输入命令后，命令行的提示如下。

命令：_ dimjogged

选择圆弧或圆：　　　　　　　　　　//拾取圆弧

指定图示中心位置：　　　　　　　　//指定一点作为中心

指定尺寸线位置或[多行文字(M)/文字(T)/角度(A)]：

　　　　　　　　　　　　　　　　　//移动光标，单击指定尺寸线的位置

标注文字=120　　　　　　　　　　　//系统自动标注文字尺寸

7.3.7　直径标注

1. 功能

直径标注用来标注圆弧的直径。图7-24为用【直径标注】命令标注的尺寸。

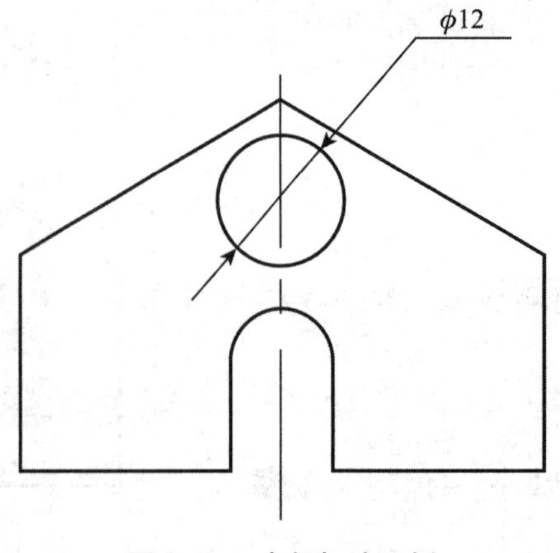

图7-24　直径标注示例

2. 命令的输入

在【标注】工具栏中单击【直径标注】按钮。

3. 命令的操作

输入命令后，命令行的提示如下。

命令：_ dimdiameter

选择圆弧或圆：　　　　　　　　　　//拾取圆

指定尺寸线位置或[多行文字(M)/文字(T)/角度(A)]：

　　　　　　　　　　　　　　　　　//移动光标，单击指定尺寸线的位置

标注文字=12　　　　　　　　　　　//系统自动标注文字尺寸

☆ 提示：当半径或者直径的标注不是在圆视图上，而是在非圆视图上进行时，可采用线性标注，然后通过【多行文字】或【文字】命令在数字前添加需要的字符，直径符号“ϕ”应输入“%%C”。

7.3.8　角度标注

1. 功能

角度标注用来标注两条不平行直线的夹角、圆弧的中心线、已知三点标注角度。国家标准规定，在工程图样中标注的角度值的文字都是水平放置的，如图 7-25 所示。需要建立一个标注角度的样式，步骤如下。

(1)进入【标注样式管理器】对话框，在【样式】列表中选择【GB-1】选项，然后单击 新建(N)... 按钮，弹出【创建新标注样式】对话框。

(2)不需要输入样式名，在【用于】下拉列表框中选择【角度标注】选项，单击 继续 按钮，弹出【新建标注样式】对话框。

(3)打开【文字】选项卡，在【文字对齐】选项区中选择【水平】选项。

(4)单击 确定 按钮，回到【标注样式管理器】对话框，这时在【GB-1】下加了【角度样式】这个子样式，如图 7-26 所示。

由于【角度样式】是以【GB-1】为基础的，因此它作为【GB-1】的子样式，用户进行标注时，直接使用【GB-1】即可。

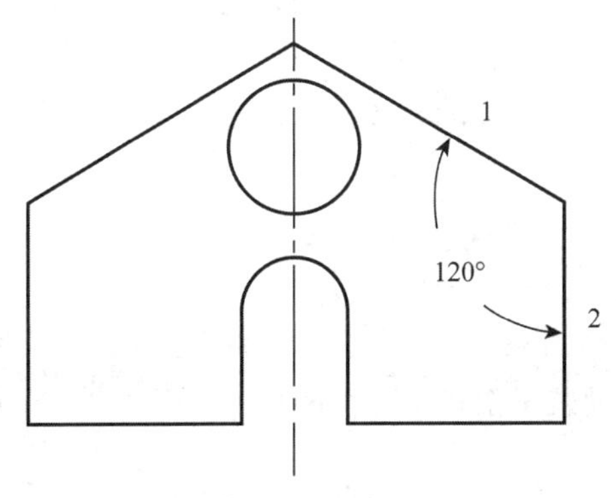

图 7-25　角度标注示例

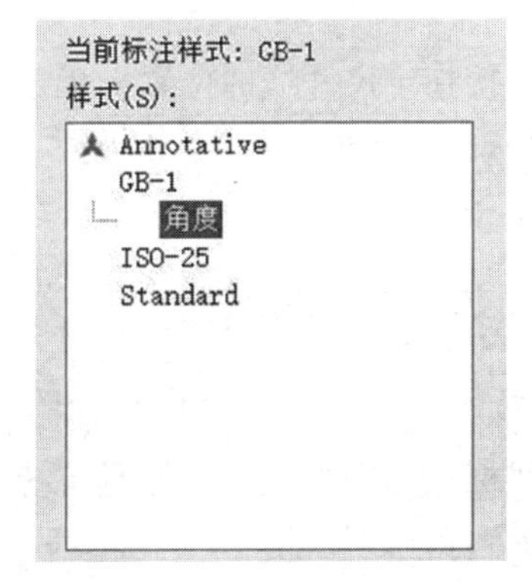

图 7-26　【标注样式管理器】对话框

2. 命令的输入

在【标注】工具栏中单击【角度标注】按钮。

3. 命令的操作

输入命令后，命令行的提示如下。

命令：_ dimangular

选择圆弧、圆、直线或<指定顶点>：　　//选择线 1

选择第二条直线：　　//选择线 2

指定标注弧线位置或[多行文字(M)/文字(T)/角度(A)]：

　　//移动光标，单击指定尺寸线的位置

标注文字 =120　　//系统自动标注文字尺寸

上面是标注两条直线之间角度的方法，如果要标注圆弧，可以直接在“选择圆弧、圆、直线或<指定顶点>:”提示下选择圆弧；要标注三点间的角度，可以在“选择圆弧、圆、直线或<指定顶点>:”提示下直接按〈Enter〉键，然后指定角的顶点，再指定其余两点。

7.3.9 快速标注

1. 功能

快速标注是用更简捷的方法来标注线性尺寸、坐标尺寸、半径尺寸、直径尺寸和连续尺寸等标注尺寸的方式。

2. 命令的输入

在【标注】工具栏中单击【快速标注】按钮。

3. 命令的操作

输入命令后，命令行的提示如下。

命令：_ qdim

选择要标注的几何图形：　　//选择一条直线或圆弧

选择第二条直线：　　//再选择一条线或按〈Enter〉键结束选择

指定尺寸线位置或[连续(C)/并列(S)/基线(B)/坐标(O)/半径(R)/直径(D)/基准点(P)/编辑(E)/设置(T)]：

　　//移动光标，单击指定尺寸线的位置

若直接指定尺寸线的位置。确定后将按默认设置以“连续”方式标注尺寸并结束命令。若选择相应的选项，将给出提示，并重复上一行的提示，然后再指定尺寸线位置，AutoCAD 将按所选方式标注尺寸并结束命令。

7.3.10 基线标注

1. 功能

基线标注用来快速地标注具有统一起点的若干个相互平行的尺寸。图 7-27 为用【基线标注】命令标注的尺寸。

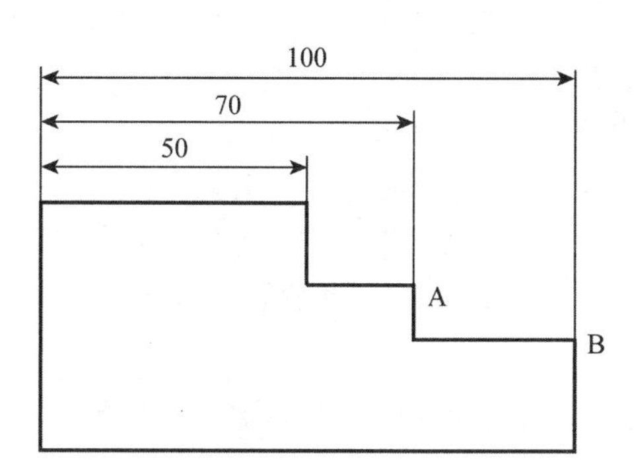

图 7-27　基线标注示例

2. 命令的输入

在【标注】工具栏中单击【基线标注】按钮。

3. 命令的操作

基线标注的前提是图中已经有一个线性标注，此标注的第一条尺寸界线将作为基线标注的基准。以图 7-27 为例，先用【线性标注】命令标注一个基准尺寸(图中尺寸 50)，然后标注其他基线尺寸。

输入命令后，命令行的提示如下。

命令：_ dimbaseline

指定第二条尺寸界线原点或[放弃(U)/选择(S)]<选择>：　　//指定 A 标出尺寸 70

指定第二条尺寸界线原点或[放弃(U)/选择(S)]<选择>：　　//指定 B 标出尺寸 100

指定第二条尺寸界线原点或[放弃(U)/选择(S)]<选择>：　　//按〈Enter〉键结束

选择基准标注：　　//可再选一个基准尺寸进行基准标注或按〈Enter〉键结束命令

☆ 提示：命令提示区中的“放弃(U)”选项可以撤销前一个基线尺寸；“选择(S)”选项，允许重新指定基线尺寸的第一条尺寸界线的位置。

7.3.11　连续标注

1. 功能

连续标注用来快速地标注首尾相干的若干个连续尺寸。图 7-28 为用【连续标注】命令标注的尺寸。

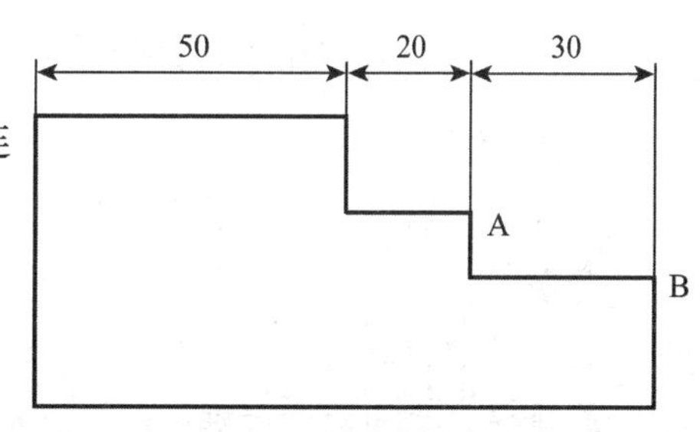

图 7-28　连续标注示例

2. 命令的输入

在【标注】工具栏中单击【连续标注】按钮。

3. 命令的操作

连续标注的前提也是图中已经有一个线性标注，后续标注的每个尺寸将以前一标注的第二条尺寸界线作为本次标注的第一条尺寸界线。以图 7-28 为例，先用【线性标注】标注一个基准尺寸(图中尺寸 50)，然后标注其他基线尺寸。

输入命令后，命令行的提示如下。

命令：_ dimcontinue

指定第二条尺寸界线原点或[放弃(U)/选择(S)]<选择>：　　//指定 A 标出尺寸 20

指定第二条尺寸界线原点或[放弃(U)/选择(S)]<选择>：

　　//指定 B 标出尺寸 30

指定第二条尺寸界线原点或[放弃(U)/选择(S)]<选择>：

　　//按〈Enter〉键结束

选择基准标注：　　//可再选一个基准尺寸进行基准标注或按〈Enrer〉键结束命令

7.3.12　等距标注

1. 功能

等距标注用来调整线性标注和角度标注之间的间距，如图 7-29 所示。

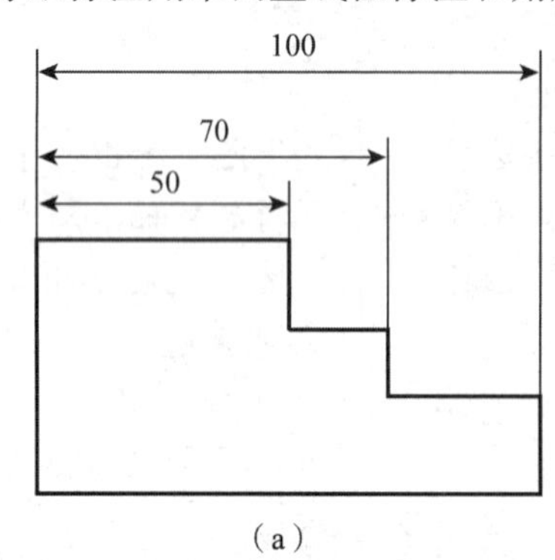

(a)

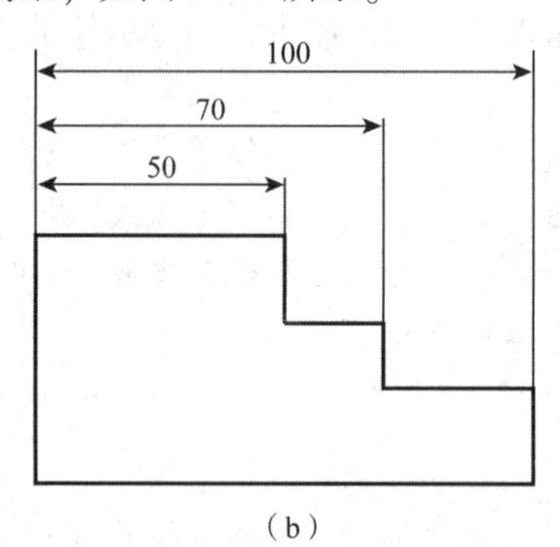

(b)

图 7-29　等距标注示例

(a) 调整前；(b) 调整后

2. 命令的输入

在【标注】工具栏中单击【等距标注】按钮。

3. 命令的操作

输入命令后，命令行的提示如下。

命令：_ dimspace

选择基准标注：　　//选择尺寸 50 作为基准

选择要产生间距的标注：　　//分别选择尺寸 70 和尺寸 100，按〈Enter〉键

输入值或[自动(A)]<自动>：　　//输入 10，按〈Enter〉键结束

7.3.13　折断标注

1. 功能

折断标注用来打断交叉标注的尺寸界线。图 7-30 为用【折断标注】命令标注的尺寸。

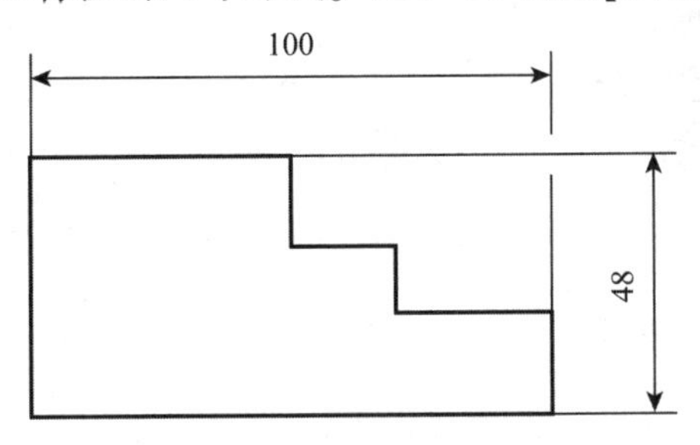

图 7-30　折断标注示例

2. 命令的输入

在【标注】工具栏中单击【折断标注】按钮。

3. 命令的操作

输入命令后，命令行的提示如下。

命令：_ dimbreak

选择要添加/删除折断的标注或[多个(M)]：　//选择需要被打断的尺寸界线 100

选择要折断标注的对象或[自动(A)/恢复(R)/手动(M)]<自动>：

//选择尺寸 48

7.3.14　几何公差

1. 功能

几何公差用来标注各种符号的几何公差，图 7-31 为用【几何公差】命令标注的尺寸。

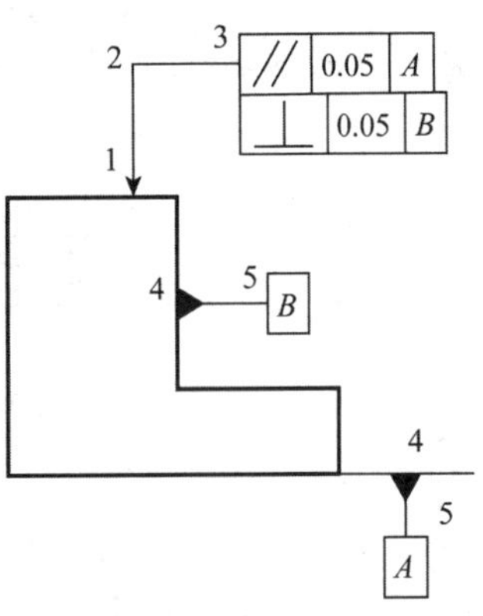

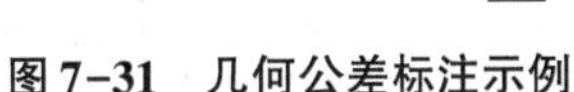
图 7-31　几何公差标注示例

2. 命令的输入

(1)在命令行输入 Qleader。

(2)预先从【视图】→【工具栏】中，将【标注引线】按钮拖至【标注】工具栏中，单击按钮。

3. 命令的操作

以图 7-31 标注的公差及基准符号为例，操作步骤如下。

(1)单击按钮，或在命令行输入 Qleader。

(2)按〈Enter〉键，弹出【引线设置】对话框，在【注释】选项卡中，将【注释类型】设为【公差(T)】，将【重复使用注释】设为【无(N)】，如图 7-32 所示；在【引线和箭头】选项卡中，将【引线】设为【直线(S)】，将【箭头】设为【实心闭合】，如图 7-33 所示。

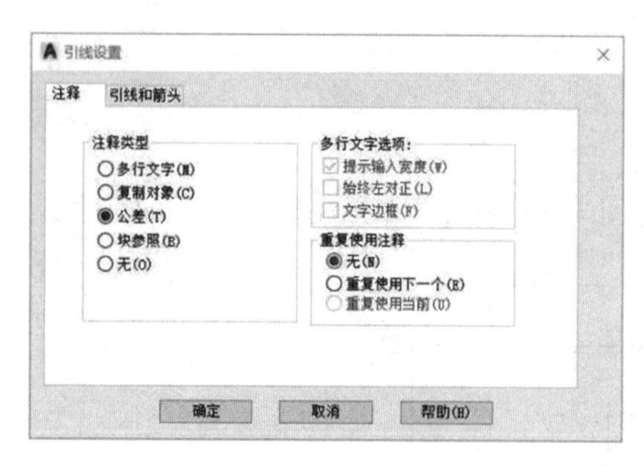

图 7-32 【注释】选项卡

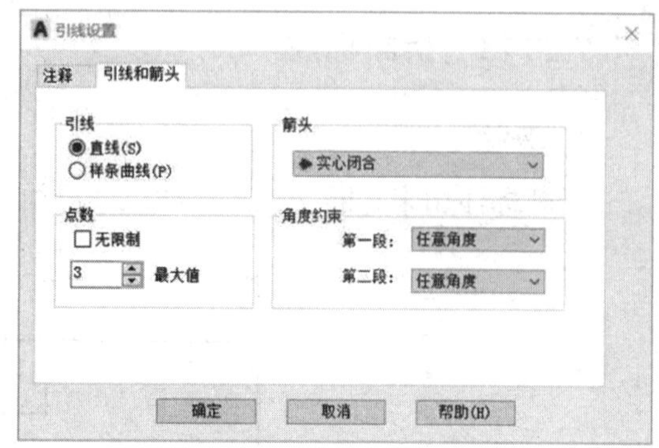

图 7-33 【引线和箭头】选项卡

(3)单击【确定】按钮，在图形上选择点 1 向上移动光标，待出现箭头后选择点 2，右移光标选择点 3，系统弹出【形位公差】对话框，如图 7-34 所示；单击【符号】选项，弹出【特征符号】选项卡，如图 7-35 所示。

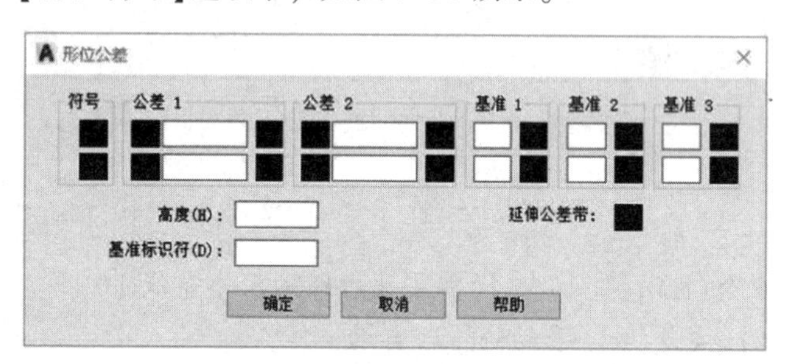

图 7-34 【形位公差】对话框

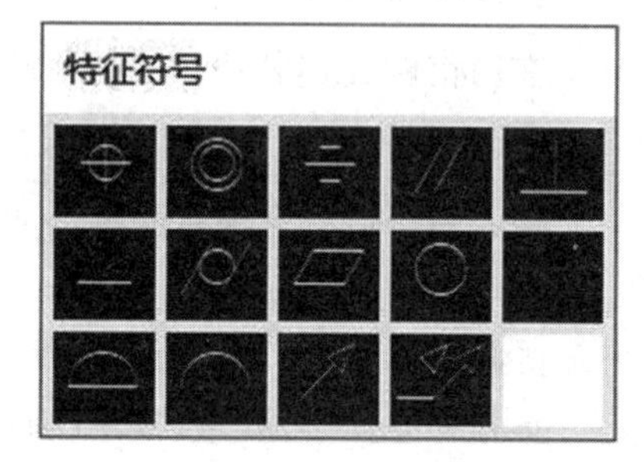

图 7-35 【特征符号】选项卡

(4)在选项中选择平行度公差符号，在【公差 1】中输入 0.05，在【基准 1】中输入基准符号“A”；在符号第二行中选择垂直度公差符号，在【公差 2】中输入 0.05，在【基准 1】中输入基准符号“B”，如图 7-36 所示。

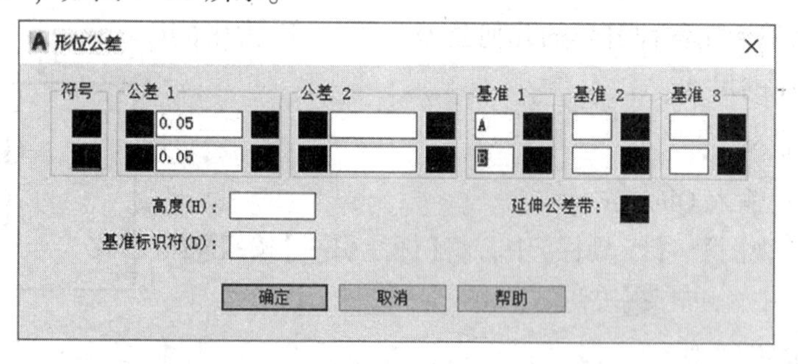

图 7-36 【形位公差】对话框设置

(5)单击【确定】按钮，即可标注几何公差。

(6)单击按钮，按〈Space〉键，打开【引线设置】对话框，在【注释】选项卡中，将【注释类型】设为【无(N)】，如图 7-37 所示；在【引线和箭头】选项卡中，将【引线】设为【直线(S)】，将【箭头】设为【实心基准三角形】，如图 7-38 所示。

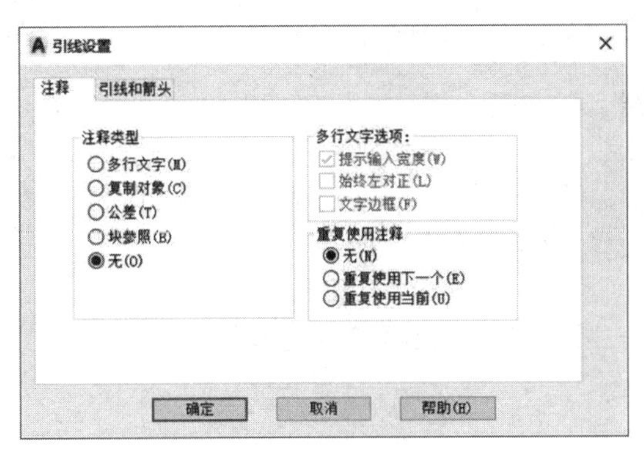

图 7-37【注释】选项卡

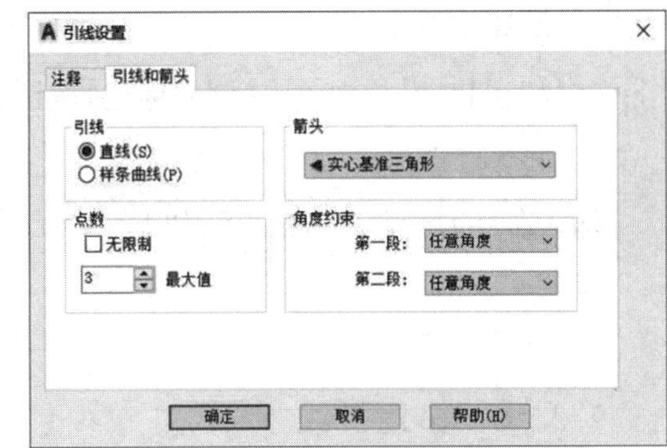

图 7-38【引线和箭头】选项卡

(7)单击【确定】按钮，在图形上选择点 4 向右移动光标，待出现三角形基准后选择点 5，右击结束。

(8)单击【标注】工具栏中的【公差标注】按钮，打开【形位公差】对话框，在对话框的【基准标识符(D)】文本框中输入 A(或 B)，如图 7-39 所示。

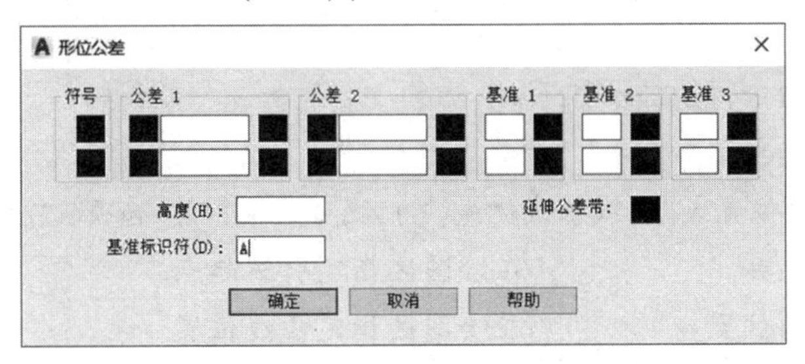

图 7-39　【基准标识符】设置

(9)单击【确定】按钮，光标上即跟随一矩形基准符号，在适当位置单击即可。若位置不确定，可用【移动】命令，指定矩形框上边中点作为基准进行移动。

7.3.15　圆心标记

1. 功能

圆心标记可以创建中心标记来指示圆或圆弧的中心。圆心标记有 3 种形式：无、标记和直线，可在【标注样式】对话框中进行设置。图 7-40 为用【圆心标记】命令标注的中心线。

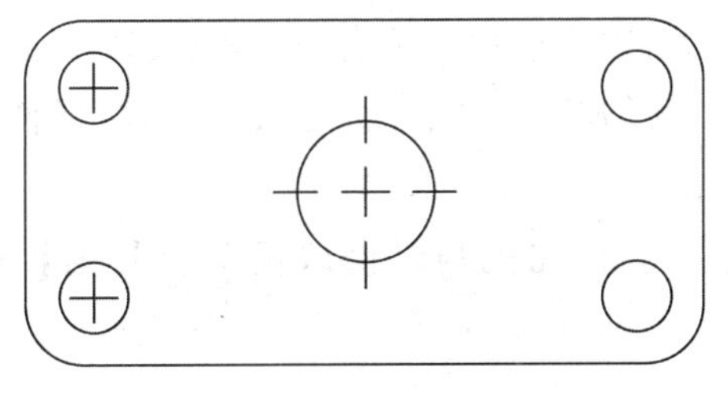

图 7-40　圆心标记标注示例

2. 命令的输入

在【标注】工具栏中单击【圆心标记】按钮。

3. 命令的操作

输入命令后，命令行的提示如下。

命令：_ dimcenter

选择圆弧或圆：　　　　　　//直接选择一圆或圆弧，选择后即完成操作

7.3.16　多重引线

1. 功能

多重引线用于标注带引线的文字说明或倒角、零件序号等。

2. 命令的输入

在菜单栏中单击【标注】→【多重引线】。

3. 命令的操作

输入命令后，命令行的提示如下。

命令：_ mleader

指定引线箭头的位置或[引线基线优先(L)/内容优先(G)/选项(O)]<选项>:

　　　　　　//在绘图区指定引线起点

指定引线基线的位置：　　　　　　//在绘图区指定基线位置

系统弹出【文字格式】编辑器，输入多行文字即可。

4. 创建多重引线样式

如果当前的样式不符合要求，可以通过【多重引线样式管理器】对话框来创建新样式，如图 7-41 所示。打开【多重引线样式管理器】对话框的方式主要有以下 3 种。

(1)功能区：在【引线】面板上单击【多重引线样式管理器】按钮，或单击【注释】面板上的按钮。

(2)菜单栏：单击【格式】→【多重引线样式】。

(3)工具栏：单击【样式】工具栏上的【多重引线样式管理器】按钮。

1)标注倒角

在【多重引线样式管理器】对话框中，单击 新建(N)... 按钮，弹出【创建多重引线样式】对话框，输入新样式名为“倒角样式”，单击 继续 按钮，弹出【修改多重引线样式：倒角样式】对话框，如图 7-42 所示。

在【引线格式】选项卡中，标注倒角时修改箭头符号为【无】，具体设置如图 7-42 所示。

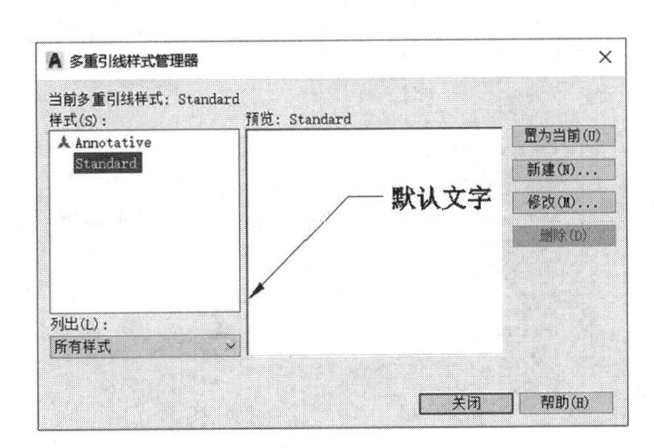

图 7-41 【多重引线样式管理器】对话框

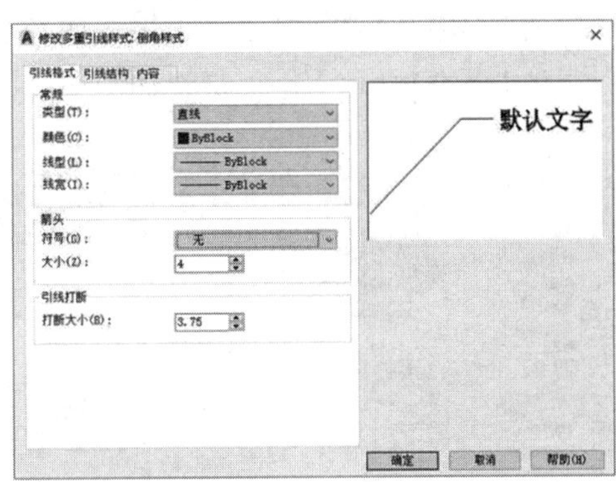

图 7-42 【修改多重引线样式：倒角样式】对话框

在【引线结构】选项卡中，设置如图 7-43 所示。

在【内容】选项卡中，设置如图 7-44 所示。

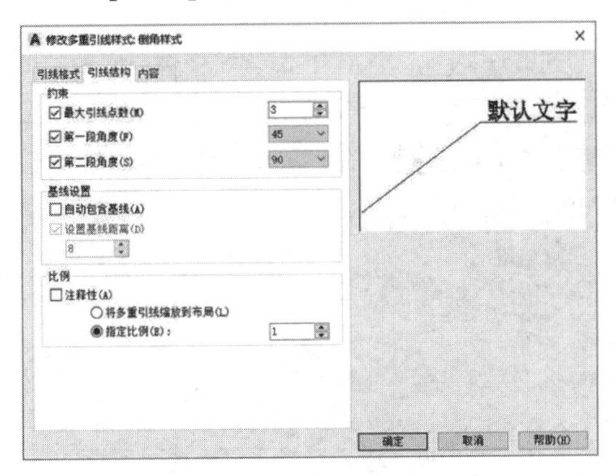

图 7-43 【引线结构】选项卡

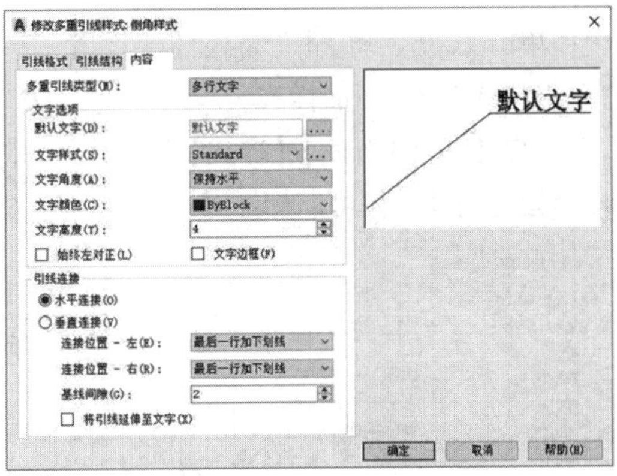

图 7-44 【内容】选项卡

单击 确定 按钮，完成样式设置，选择“倒角样式”，然后单击 置为当前(U) 按钮，把“倒角样式”设为当前样式。单击【注释】面板或【样式】工具栏上的【多重引线】按钮，便可以标注倒角，如图 7-45 所示。

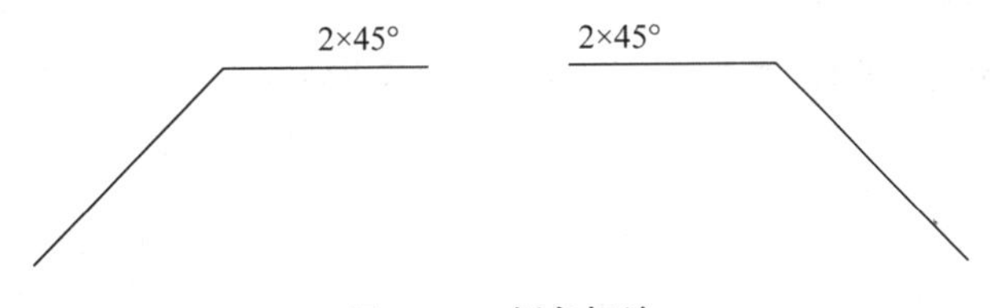

图 7-45 倒角标注

2）标注零件序号

在【多重引线样式管理器】对话框中，单击 新建(N)... 按钮，弹出【创建多重引线样式】对话框，输入新样式名为“序号样式”，单击 继续 按钮，弹出【修改多重引线样式：序号样式】对话框，如图 7-46 所示。

在【引线格式】选项卡中，修改箭头符号为【点】，具体设置如图 7-46 所示。

在【引线结构】选项卡中，设置如图 7-47 所示。

在【内容】选项卡中，设置如图 7-48 所示。

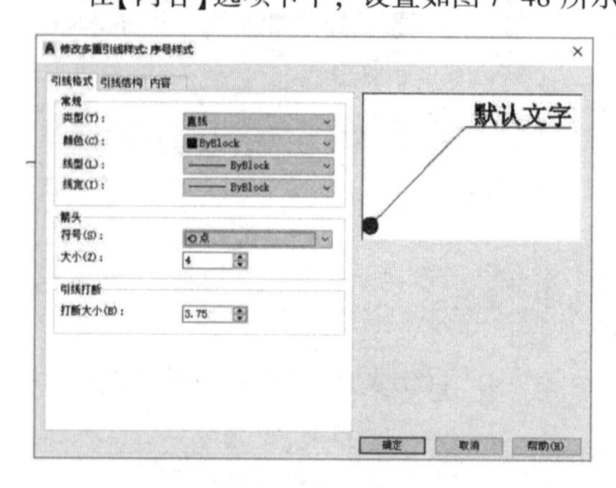

图 7-46 【修改多重引线样式：序号样式】对话框

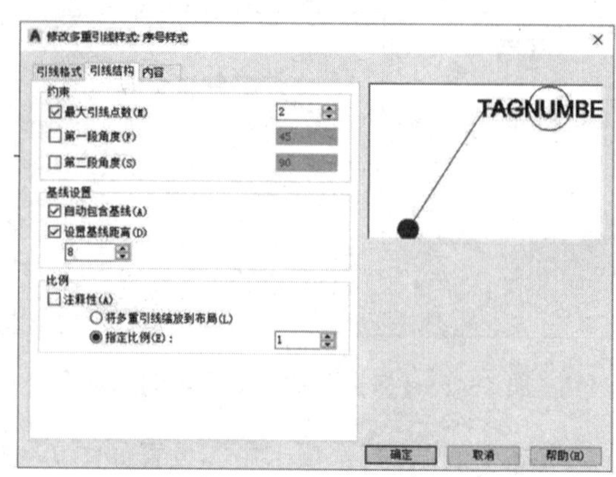

图 7-47 【引线结构】选项卡

单击 确定 按钮，完成样式设置，选择“倒角样式”，然后单击 置为当前(U) 按钮，把“序号样式”设为当前样式。

单击【注释】面板或【样式】工具栏上的【多重引线】按钮，在【编辑属性】对话框中输入标记的编号，便可以标注零件序号，如图 7-49 所示。

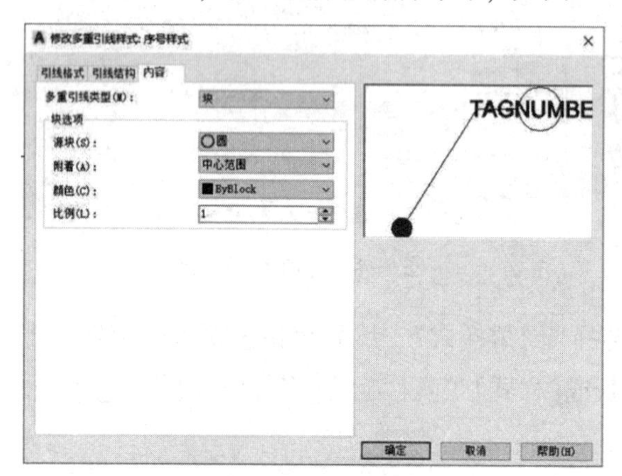

图 7-48 【内容】选项卡

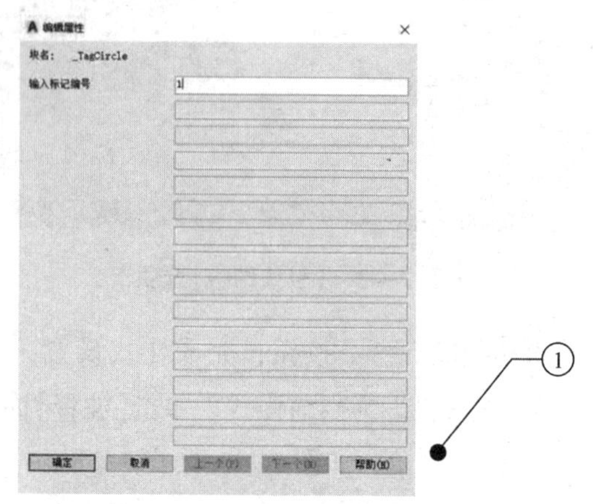

图 7-49 【编辑属性】对话框和序号标注

3）标注对齐与合并

使用【对齐】按钮，可以对齐标注，如图 7-50 所示；使用【合并】按钮，可以合并标注，如图 7-51 所示。

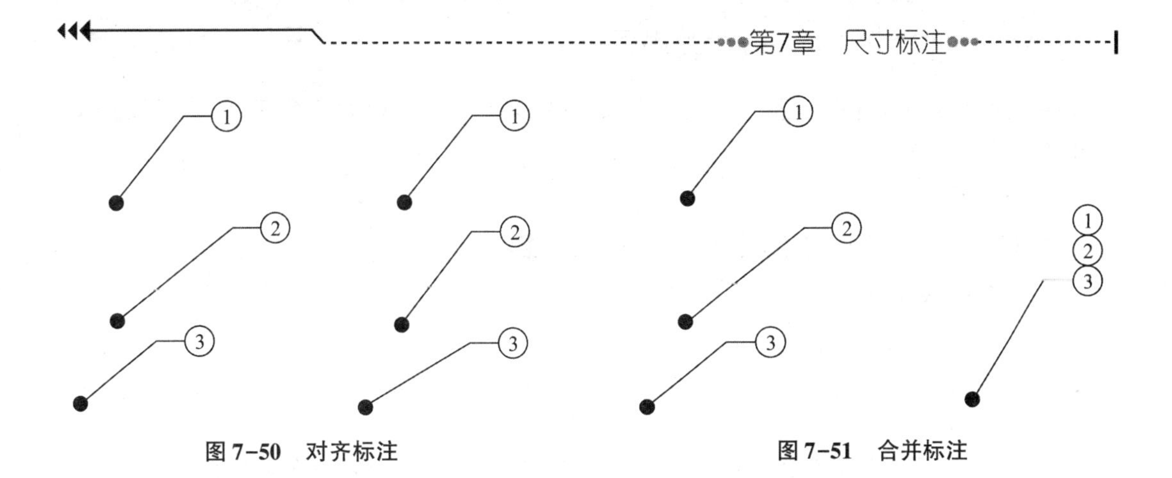

图 7-50　对齐标注

图 7-51　合并标注

7.4　标注的修改与编辑

AutoCAD 提供的编辑尺寸标注功能，可以对标注的尺寸进行全方位的修改，如尺寸文字位置、尺寸文字内容等。

7.4.1　编辑标注

1. 功能

【编辑标注】命令用来修改尺寸数字的大小和内容、旋转尺寸数字以及倾斜尺寸界线等。

2. 命令的输入

在【标注】工具栏中单击【编辑标注】按钮。

3. 命令的操作

输入命令后，命令行的提示如下。

命令：_ dimedit

输入编辑标注类型[默认(H)/新建(N)/旋转(R)/倾斜(O)]<默认>：

输入选项后，根据提示进行操作，即可对已有尺寸进行编辑。各选项含义如下。

(1)“默认(H)”选项：将尺寸标注退回到默认位置。

(2)“新建(N)”选项：通过文字编辑器修改尺寸数字。

(3)“旋转(R)”选项：将所选尺寸数字以指定的角度旋转。

(4)“倾斜(O)”选项：将所选尺寸界线以指定的角度倾斜。

7.4.2　编辑标注文字

1. 功能

【编辑标注文字】命令用来编辑尺寸数字的放置位置，是标注尺寸中常用的编辑命令。

当标注的尺寸数字位置不合适时，不必修改或更换标注样式，用此命令就可以方便地移动尺寸数字到所需的位置。

2. 命令的输入

在【标注】工具栏中单击【编辑标注文字】按钮。

3. 命令的操作

输入命令后，命令行的提示如下。

命令：_ dimtedit

选择标注：　　　　　　　　　　　　　//选择一尺寸

为标注的文字指定新位置或[左(L)/右(R)/中心(C)/默认(H)/角度(A)]：

　　　　　　　　　　　　　　　　　　//指定标注文字的新位置或选择选项

各选项含义如下。

(1)"左(L)"选项：将尺寸数字移到尺寸线左边。

(2)"右(R)"选项：将尺寸数字移到尺寸线右边。

(3)"中心(C)"选项：将尺寸数字移到尺寸线正中。

(4)"默认(H)"选项：退回到默认的尺寸标注位置。

(5)"角度(A)"选项：将尺寸数字旋转指定的角度。

7.4.3　标注更新

1. 功能

【标注更新】命令用来修改已有尺寸的标注样式为当前标注样式。

2. 命令的输入

在【标注】工具栏中单击【标注更新】按钮。

3. 命令的操作

输入命令后，命令行的提示如下。

命令：_ dimstyle

选择对象：　　　　　　　　　　　　　//选择要更新的对象

☆ 提示：在创建新的标注样式时，一般按以下参数进行设置：

①将【线】→【尺寸线】【基线间距】设置为【7】；

②将【尺寸界限】→【超出尺寸线】设置为【2】；

③将【起点偏移量设置】设置为【0】；

④将【箭头大小】设置为【3.5】；

⑤将【文字样式】设置为【数字】(数字样式字体名为 gbenor. shx 或 gbeitc. shx，数字高度一般为 3.5)；

⑥将【文字位置】→【从尺寸线偏移】设置为【1】；

⑦将【文字对齐】设置为 ISO 标准，若有角度，须将新标注样式下的【角度】中【文字对齐】设置为【水平】。

⑧将【主单位】→【线性标注】→【小数点分隔符】设置为【"."(句点)】。

7.5　思考与练习

1. 基础题

按 1：1 的比例绘制图 7-52 和图 7-53，并标注尺寸，以图形文件格式保存。

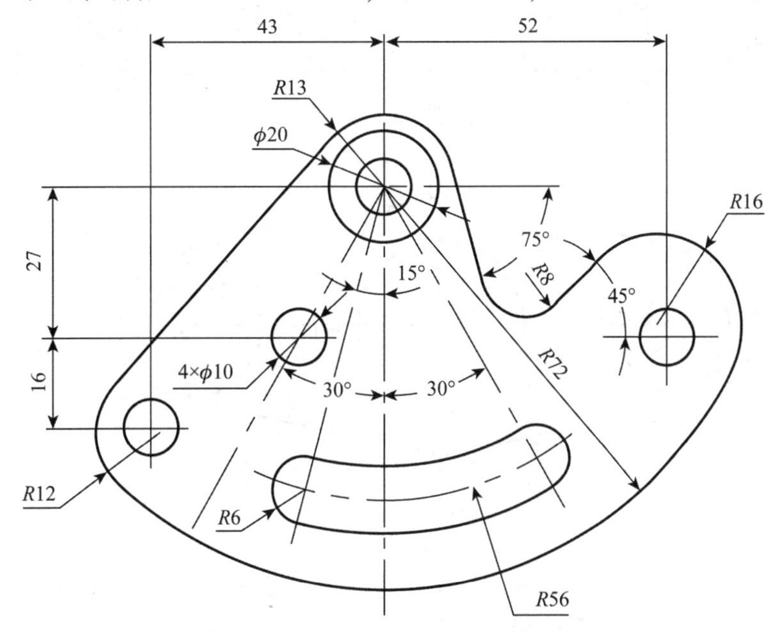

图 7-52　尺寸标注练习 1

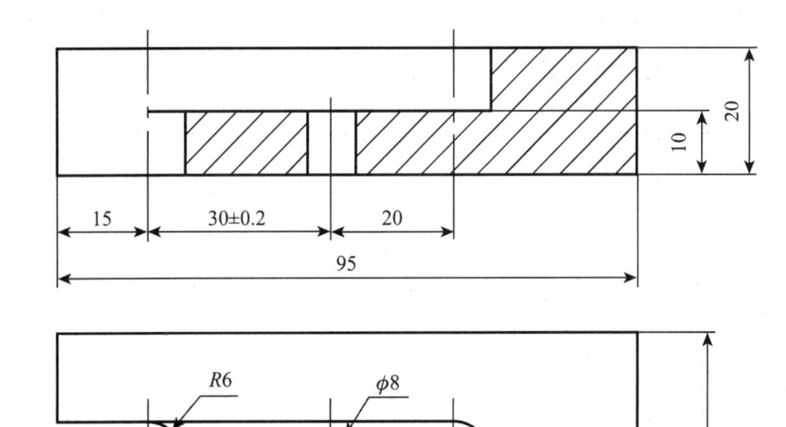

18-图 7-53 尺寸标注练习 2

图 7-53　尺寸标注练习 2

2. 提升题

(1)按 1：1 的比例绘制图 7-54 和图 7-55，标注尺寸并保存。

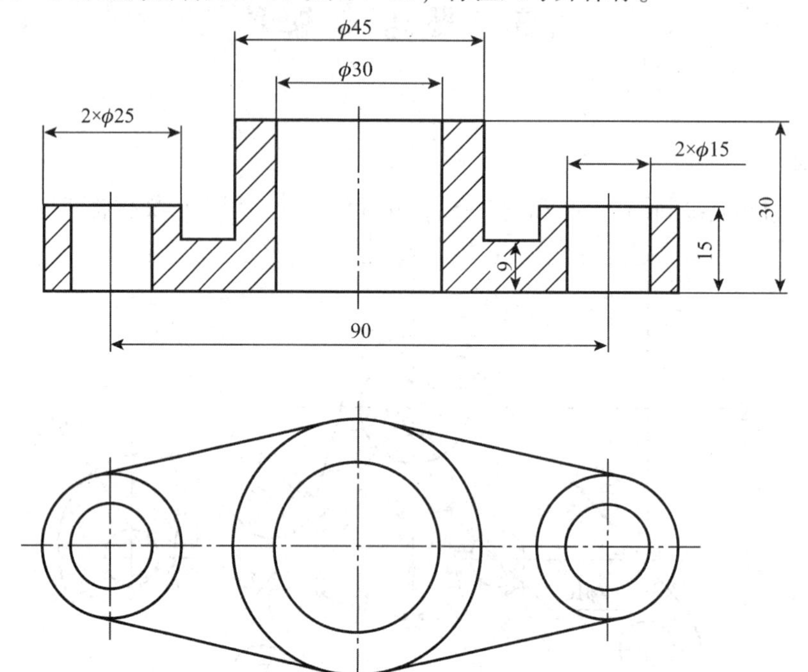

图 7-54　尺寸标注练习 3

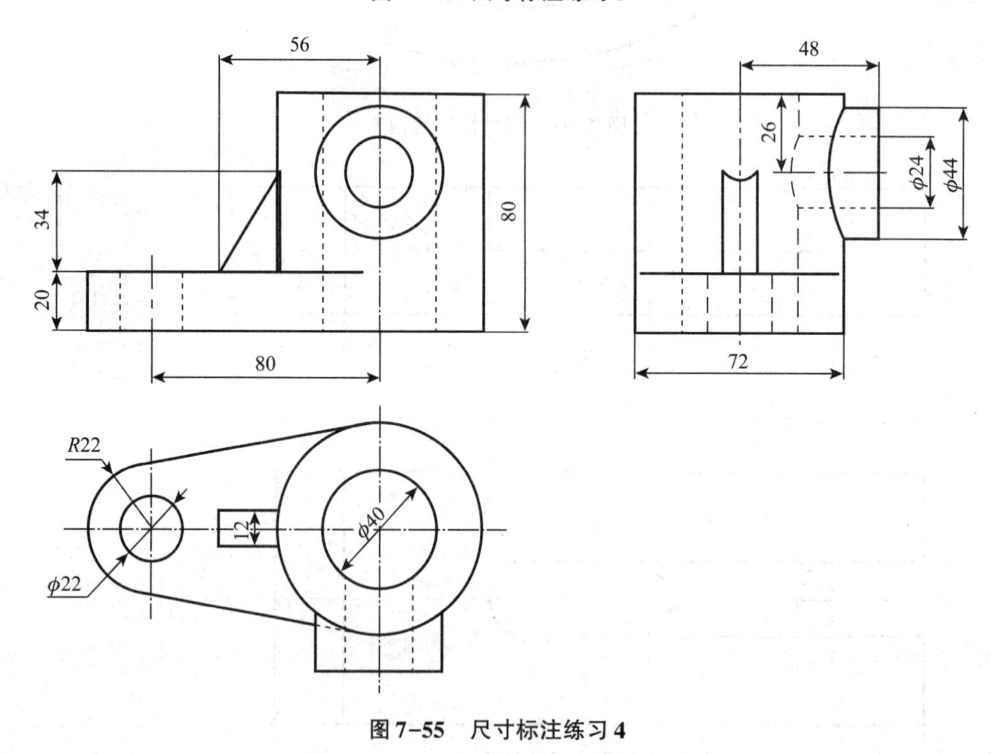

图 7-55　尺寸标注练习 4

(2)按 1∶1 的比例绘制图 7-56，标注尺寸并保存。

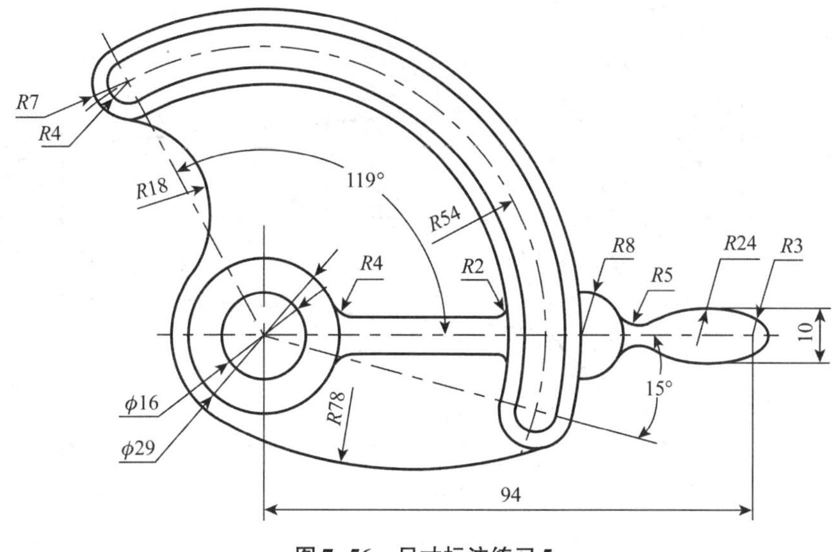

图 7-56　尺寸标注练习 5

3. 趣味题

灵活使用前面学习的绘图和编辑方法绘制图 7-57 ~ 图 7-59，并标注尺寸，以图形文件格式保存。

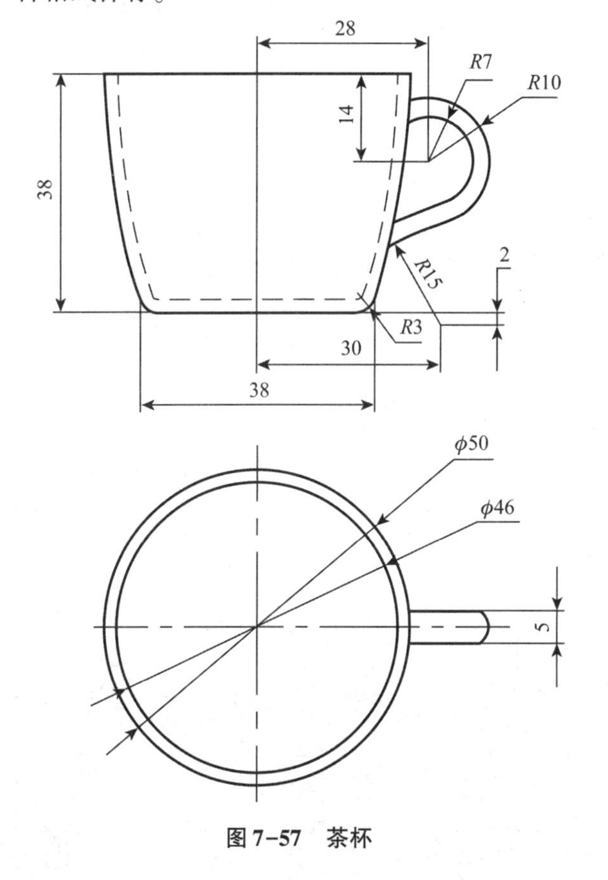

图 7-57　茶杯

图 7-58　抖音标志

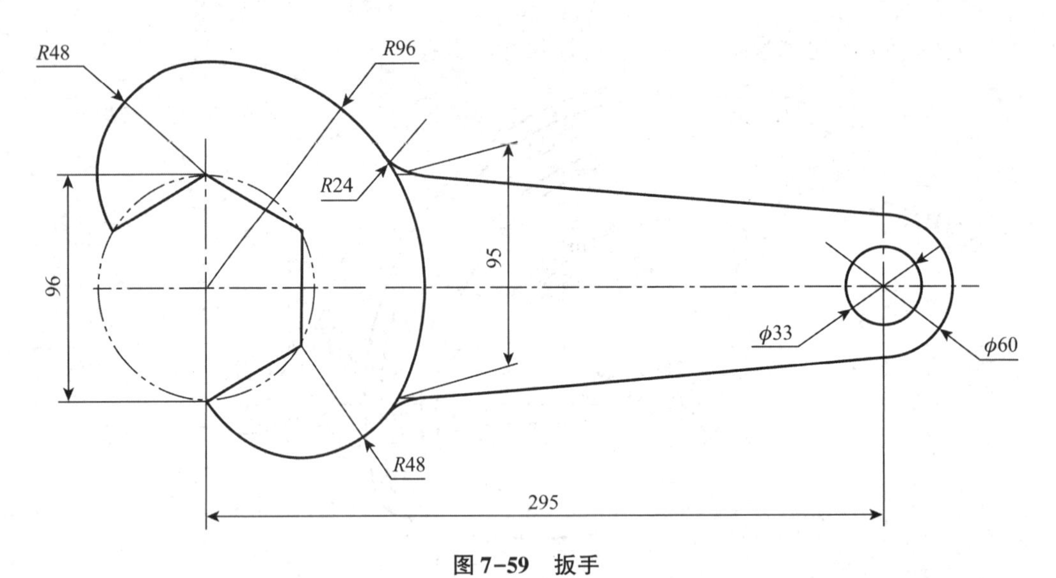

图 7-59　扳手

第 8 章

块与外部参考

本章要点

- 创建及插入块
- 编辑块属性
- 使用外部参考

8.1 创建块

在实际绘图中经常会遇到绘制相同或相似的图形(如机械设计中的螺栓、螺母等)，虽然可以使用【复制】和【阵列】命令完成相同对象的多重复制，然后使用【比例缩放】和【旋转】命令进行二次处理，但操作烦琐，且会使图形所占空间增大，而利用块的方式可以快捷地解决这一问题。将这类图形定义为块，在需要时以插入块的方式将图形直接插入，不仅节省绘图时间，而且利用定义块与属性的方式可以在插入块的同时加入不同的文本信息，满足绘图的要求。

8.1.1 块的概念与特点

块是绘制在一个或几个图层上的图形对象的组合。一组被定义为块的图形对象将成为单个的图形符号，拾取块中的任意一个图形对象即可选中构成块的全体对象。用户可以根据绘图的需要，将块以不同的缩放比例、旋转方向放置在图中的任意位置。使用块的优点具体如下。

1. 提高绘图效率

实际绘图中，经常会遇到需要重复绘制的相同或相似图形，使用块可以减少绘制这类图形的工作量，提高绘图效率。

2. 节省存储空间

当向图形增加对象时，图形文件的容量也会增加，AutoCAD 会保存图中每个对象的相关信息，如位置、图层和线型等。定义成块可以把几个对象合并为单一符号，块中所有对象具有单一比例、旋转角度和位置等属性。所以，插入块时可以节省存储空间。

3. 便于修改图样

当块的图形需要进行较大的修改时，可以通过重定义块，自动修改以前图中所插入的块，而无须在图上修改每个插入块的图形，方便图样的修改。

4. 可以包含属性

有时图块中需要加文本信息以满足生产与管理上的要求，通过定义块属性可以方便地为图形加上所需的信息。

8.1.2 创建内部块

内部块是使用Block命令通过【块定义】对话框创建的，此命令定义的块只能在当前定义块的图形文件中使用。创建内部块需要打开【块定义】对话框，在其中完成相应设置。打开【块定义】对话框进行块定义的方法有以下4种。

(1)功能区：单击【默认】选项卡的【块】面板中的【创建】按钮，或单击【插入】选项卡的【块定义】面板中的【创建】按钮。

(2)菜单栏：单击【绘图】→【块】→【创建】。

(3)工具栏：单击【绘图】工具栏上的【创建】按钮。

(4)命令行：在命令行“命令：”提示状态下输入Block或B，按〈Space〉键或〈Enter〉键确认。

进行上述任一操作后，会弹出如图8-1所示的【块定义】对话框，利用该对话框可以定义块的名称、块的基点和块包含的对象等。

图8-1 【块定义】对话框

1.【名称】文本框

在【名称】文本框中输入欲创建的块名称，或者在列表中选择已创建的块名称对其进行重定义。

2.【基点】选项组

【基点】选项组用来确定块的基点，可以直接输入基点 X、Y、Z 的坐标值，系统默认是(0，0，0)；也可以单击【拾取点】按钮，用光标在图形区拾取要定义为块基点的点，此方法最为常用。

3.【对象】选项组

【对象】选项组用来确定组成块的图形对象，可以单击【选择对象】按钮，在图形区选择需要定义为块的图形对象，选择完成后按〈Space〉键或〈Enter〉键返回对话框，此方法最为常用；也可以单击【快速选择】按钮，弹出【快速选择】对话框，可选取当前选择或整个图形。

4. 其他选项组

【方式】选项组一般按照默认选择；【设置】选项组通常选择【毫米】选项；【说明】文本框内填写与块相关的文字说明。

【例 8-1】 创建内部块实例：将图 8-2 所示的图形创建为块，并命名为“五角星”。

解 (1)按照图 8-2 绘制图形。

(2)单击块面板中的【创建】按钮或单击【绘图】工具栏上的【创建】按钮，弹出【块定义】对话框，在【名称】文本框中输入“五角星”。

(3)单击【拾取点】按钮，用光标在图形区拾取 $\phi 60$ 的圆的圆心作为块的基点，此时回到【块定义】对话框。

(4)单击【选择对象】按钮，在图形区选择 $\phi 60$ 的圆和五角星作为图块对象，选择完成后按〈Enter〉键确定选择。

(5)单击 确定 按钮，完成图块并关闭对话框。

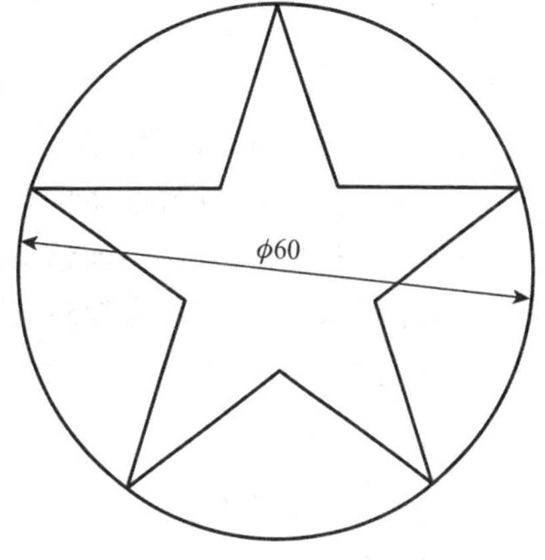

图 8-2　五角星

8.1.3　创建外部块

外部块是使用 Wblock 命令通过【写块】对话框创建，此命令实质是建立一个单独的图形文件，保存在磁盘中，任何 AutoCAD 图形文件都可以调用。

在命令行“命令:”提示状态下输入 Block 或 B，按〈Space〉键或〈Enter〉键即可打开如图 8-3 所示的【写块】对话框。【写块】对话框常用功能选项的用法如下。

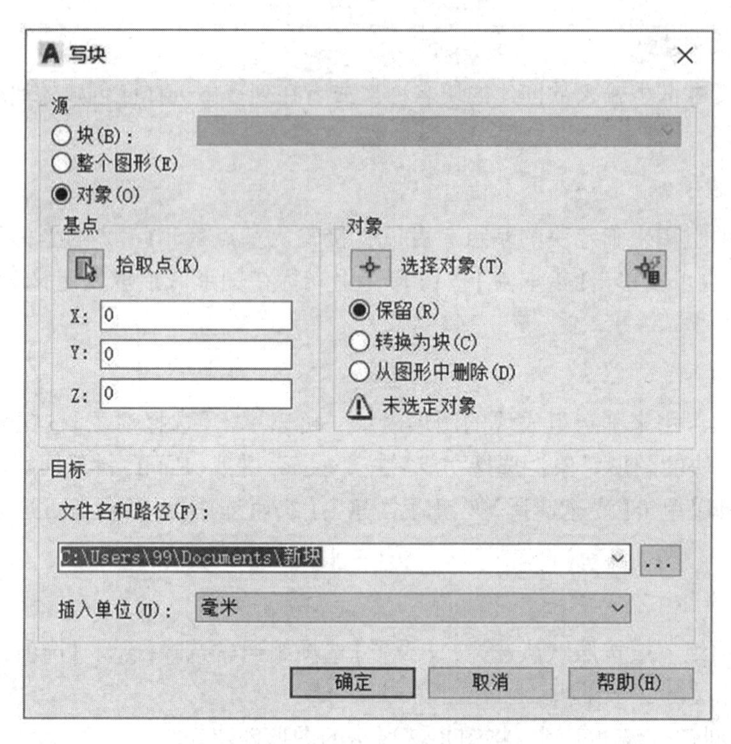

图 8-3 【写块】对话框

1.【源】选项组

【源】选项组用来确定保存为块文件的图形类型。该选项组 3 个单选按钮的含义如下。

(1)【块】：将定义好的块保存为图形文件。

(2)【整个图形】：将当前整个图形保存为图形文件。

(3)【对象】：用户可选择对象来定义成外部块。

2.【基点】选项组

【基点】选项组各选项的含义与【块定义】对话框中的完全相同。

3.【对象】选项组

【对象】选项组各选项的含义与【块定义】对话框中的完全相同。

4.【目标】选项组

使用【文件名和路径】文本框可以指定外部块的保存路径和名称。可以使用系统自动给出的保存路径和文件名，也可以单击显示框后面的 ... 按钮，在弹出的【浏览图形文件】对话框中指定文件名和保存路径。

8.1.4 块的插入

块的插入是使用【插入】对话框将创建的块插入到当前图形中。打开【插入】对话框的方法有以下 4 种。

(1)功能区：单击【默认】选项卡的【块】面板中的【插入】按钮，或单击【插入】选项卡的【块】面板中的【插入】按钮。

(2)菜单栏：单击【插入】→【块】。

(3)工具栏：单击【绘图】工具栏上的【插入】按钮。

(4)命令行：在命令行“命令：”提示状态下输入 Insert 或 I，按〈Space〉键或〈Enter〉键确认。

进行上述任一操作后，会弹出如图 8-4 所示的【插入】对话框，利用该对话框可定义插入缩放比例、插入位置和旋转角度等。

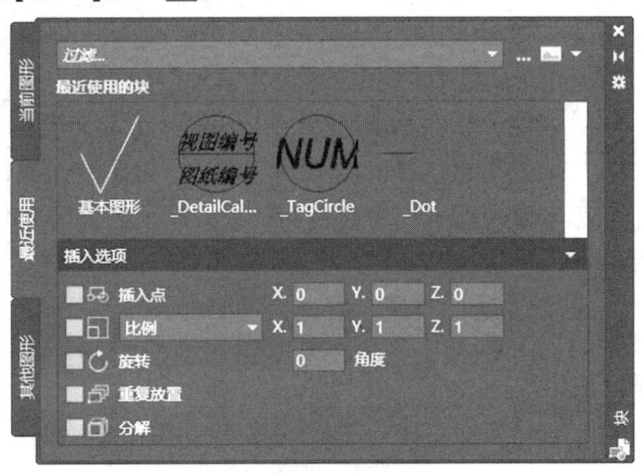

图 8-4　【插入】对话框

1.【过滤】文本框

【过滤】文本框通过输入块名称或其关键字的一部分，过滤可用块；也可以单击其后的按钮，通过指定路径选择图形文件。

2. 插入选项

(1)【插入点】：用于指定块参考在图形中的插入位置。若选择该复选框，则根据提示在图形区通过移动光标拾取插入点；若不选择该复选框，则直接输入插入点的 X、Y、Z 坐标值。

(2)【比例】：用于指定块参考在图形中的缩放比例。若选择该复选框，确定插入点后，移动鼠标调整比例，或者在命令行输入比例因子；若不选择该复选框，则直接输入 X、Y、Z 这 3 个方向的比例因子。

(3)【旋转】：用于指定插入块时生成块参考的旋转角度。若选择该复选框，则根据提示用鼠标在屏幕上指定旋转角度，或者在命令行输入旋转角度；若不选择该复选框，则在【角度】文本框中直接输入旋转角度值。

(4)【重复放置】：选择该复选框，可以多次重复插入块。

(5)【分解】：选择该复选框，插入的图块分解为若干图元，不再是一个整体。

8.2　带属性的块

工程中有许多带有不同文字的相同图形，文字相对图形的位置固定。这些在图块中可以变化的文字称为属性。对那些经常用到的带可变化文字的图形而言，利用属性尤为重要。例如，当表面粗糙度的符号定义为块时，还需要加入粗糙度值，利用定义块属性的方法可以方便地加入需要的内容。

8.2.1　定义属性

属性是块的文本对象，是块的一个组成部分。属性定义包括属性文字的特征及插入块时系统的提示信息。属性的定义通过【属性定义】对话框实现，打开【属性定义】对话框的方法有以下 4 种。

(1)功能区：单击【默认】选项卡的【块】面板中的【定义属性】按钮，或单击【插入】选项卡的【属性】面板中的【定义属性】按钮。

(2)菜单栏：单击【插入】→【块】→【定义属性】。

(3)工具栏：单击【绘图】工具栏上的【定义属性】按钮。

(4)命令行：在命令行“命令：”提示状态下输入 Attdef 或 Att，按〈Space〉键或〈Enter〉键确认。

进行上述任一操作后，会弹出如图 8-5 所示的【属性定义】对话框，但不能指定该属性属于哪个图块，用户在定义完属性后需要使用块定义功能将图块和属性重新定义为新块，各选项含义如下。

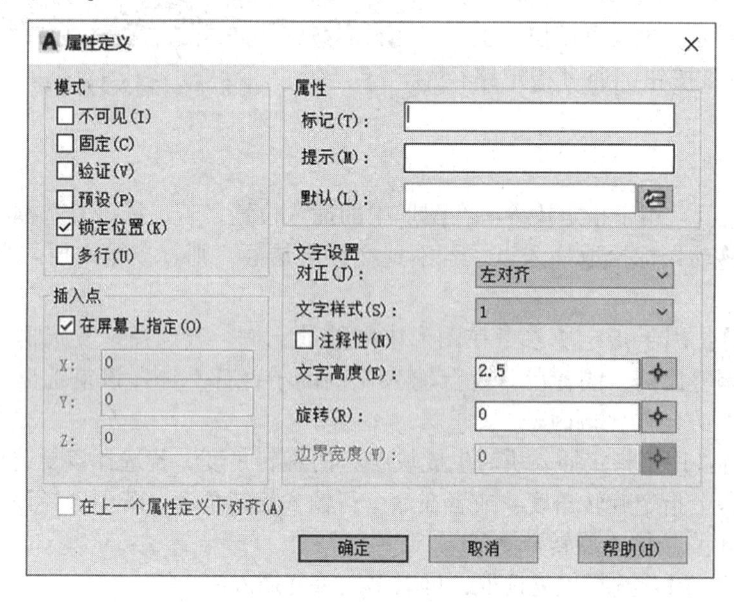

图 8-5 【属性定义】对话框

1.【模式】选项组

【模式】选项组用来设置与块相关联的属性值选项，有 6 个复选框，各含义如下。

(1)【不可见】：选择该复选框，插入块时不显示、不打印属性值。

(2)【固定】：选择该复选框，插入块时属性值是一个固定值，将无法修改。

(3)【验证】：选择该复选框，插入块时提示验证属性值的正确与否。

(4)【预设】：选择该复选框，插入块时将属性设置为其默认值而不显示提示。

(5)【锁定位置】：选择该复选框，固定插入块的坐标位置。

(6)【多行】：选择该复选框，使用多段文字作为块的属性值。

2.【属性】选项组

【属性】选项组用来设置属性的标记、提示及默认值，有 3 个文本框和 1 个按钮，含义如下。

(1)【标记】：输入汉字、字母或数字，用于标识属性。此项必填，不能空缺。

(2)【提示】：输入汉字、字母或数字，用来作为插入块时命令行的提示信息。

(3)【默认】：输入汉字、字母或数字，用来作为插入块时属性的默认值。

(4)按钮：单击此按钮，显示【字段】对话框，使用该对话框插入一个字段作为属性的全部或部分值。

3.【插入点】选项组

【插入点】选项组用来指定插入点的位置。若选择【在屏幕上指定】复选框，则根据提示在图形区指定插入点的位置；若不选择该复选框，则直接输入插入点的 X、Y、Z 坐标值来确定插入点。

4.【文字设置】选项组

【文字设置】选项组用来设置文字的对正方式、文字样式、高度和旋转角度等。

(1)【对正】：在下拉列表框中选择对正方式，是指属性文字相对插入点的对正。

(2)【文字样式】：在下拉列表框中选择已经设置的文字样式。

(3)【文字高度】：输入文字高度。

(4)【旋转】：输入旋转角度。

(5)【注释性】：通过选择/不选择此复选框，控制是否将属性作为注释性对象，以控制其是否根据注释比例自动调整大小。

【例 8-2】 定义属性块实例：创建图 8-6 所示的块参照尺寸，定义名为“去除材料表面结构”的属性块。

解　(1)使用绘图工具，按照图 8-6 的尺寸绘制图形，如图 8-7 所示。

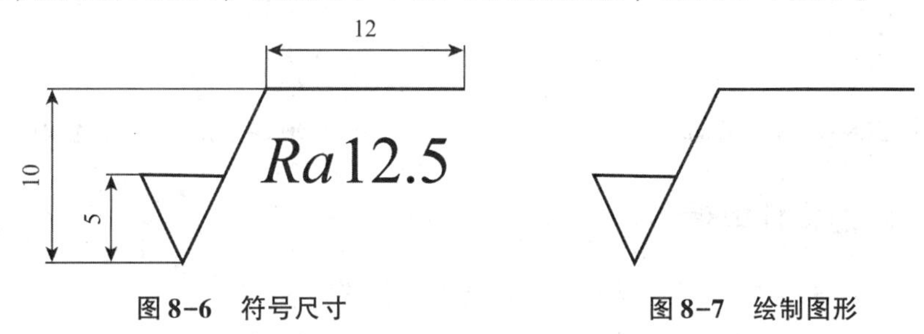

图 8-6　符号尺寸　　**图 8-7　绘制图形**

(2)在【默认】选项卡中展开的【块】面板中选择【定义属性】工具，弹出【属性定义】对话框，修改各选项，如图 8-8 所示。

(3)单击【属性定义】对话框中的【确定】按钮，命令行提示“指定起点:”，在图形区选择点 1 作为插入点，如图 8-9 所示。

(4)创建名为“去除材料表面结构”的属性块。其中，基点选择如图 8-9 中所示的点 2，完成后的属性块如图 8-10 所示。

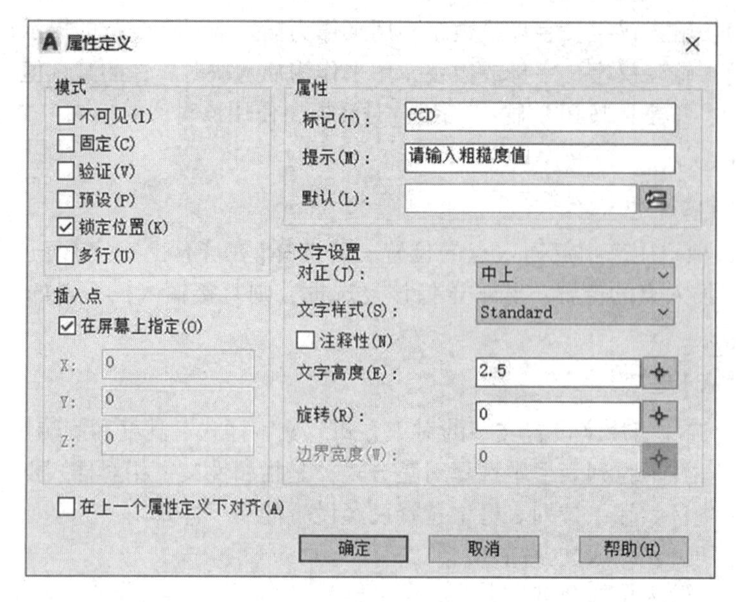

图 8-8 【属性定义】对话框

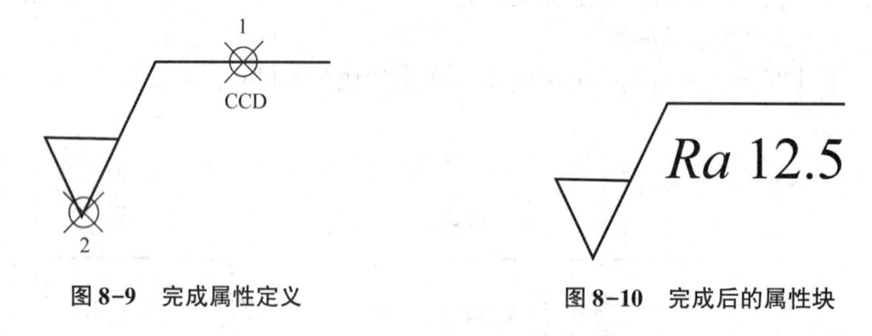

图 8-9 完成属性定义

图 8-10 完成后的属性块

8.2.2 块的属性编辑

1. 使用【编辑属性定义】对话框编辑属性(块创建前)

在将属性定义成块之前，可以使用如图 8-11 所示的【编辑属性定义】对话框对属性进行重新编辑。使用下列任一方法均可以打开【编辑属性定义】对话框。

(1)菜单栏：单击【修改】→【对象】→【文字】→【编辑】。

(2)命令行：在命令行“命令:”提示状态下输入 Dxetedet，按〈Space〉键或〈Enter〉键确认。

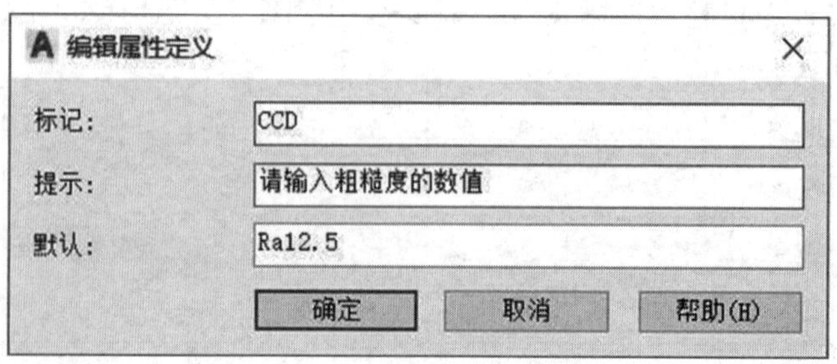

图 8-11 【编辑属性定义】对话框

(3)快捷方式：在命令行“命令：”提示状态下双击属性文字。

2. 使用【增强属性编辑器】对话框编辑属性(块创建后)

将属性定义成块之后，可以使用如图8-12所示的【增强属性编辑器】对话框更改属性文字的特征和数值。使用下列任一方法均可打开【增强属性编辑器】对话框。

(1)功能区：单击【默认】选项卡的【块】面板中的【编辑属性】按钮，或单击【插入】选项卡的【属性】面板中选择【编辑属性】按钮。

(2)菜单栏：单击【修改】→【对象】→【属性】→【单个】。

(3)命令行：在命令行“命令：”提示状态下输入Eattedit，按〈Space〉键或〈Enter〉键确认。

(4)快捷方式：在命令行“命令：”提示状态下双击带属性的块参照。

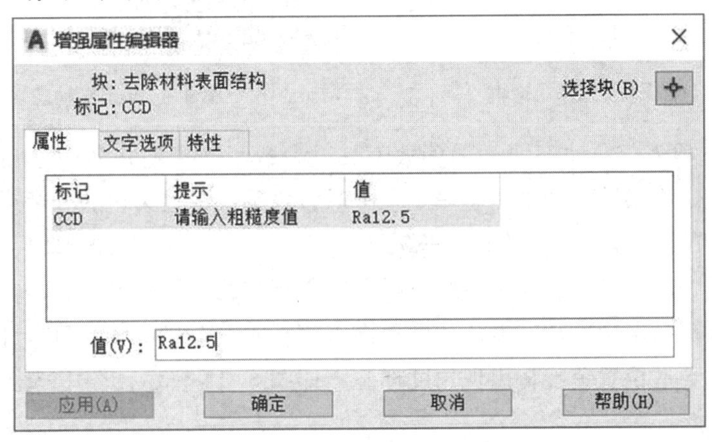

图8-12　【增强属性编辑器】对话框

8.2.3　动态块

动态块是AutoCAD 2006以后版本新增的功能，它具有灵活性和智能性。用户在操作时可以轻松地更改图形中的动态块参照。通过自定义夹点或自定义特征可以操作动态块参照中的几何图形，这使得用户可以根据需要在位调整块。动态块通过【编辑块定义】对话框实现，打开【编辑块定义】对话框的方法有以下3种。

(1)功能区：单击【插入】选项卡的【块定义】面板中的【编辑块定义】按钮。

(2)菜单栏：单击【工具】→【编辑块定义】。

(3)命令行：在命令行“命令：”提示状态下输入Bedit，按〈Space〉键或〈Enter〉键确认。

进行上述任一操作后，会弹出如图8-13所示的【编辑块定义】对话框，定义块至少需要包含一个参数和一个此参数支持的运动，下面以【例8-3】为例介绍动态块的定义过程。

【例8-3】 将【例8-2】定义的“去除材料表面结构”的属性块定义为可旋转的动态块。

解　(1)在【例8-2】的基础上，在命令行的提示下输入Bedit，按〈Space〉键或〈Enter〉键确认，屏幕上弹出如图8-13所示的【编辑块定义】对话框。

(2)在【编辑块定义】对话框输入或选择块的名称“去除材料表面结构”，单击【确定】按钮，进入定义动态块状态，界面左边是【块编写选项板】，包含【参数】【动作】【参数集】

和【约束】选项表；界面上边是【块编辑器】工具栏，包含【块表】【参数管理器】和【显示/隐藏约束栏】等工具按钮，如图 8–14 所示。

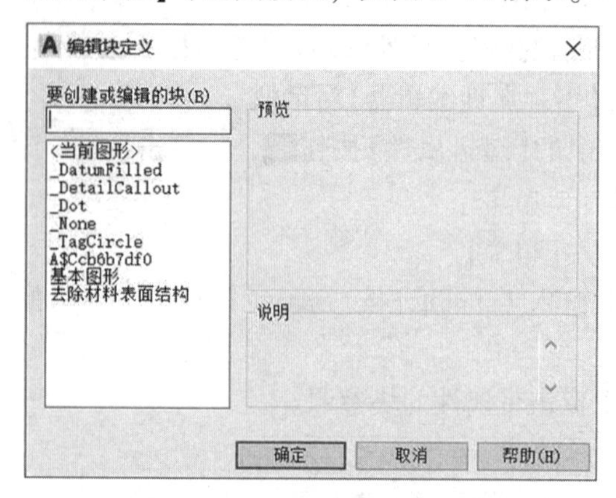

图 8–13 【编辑块定义】对话框

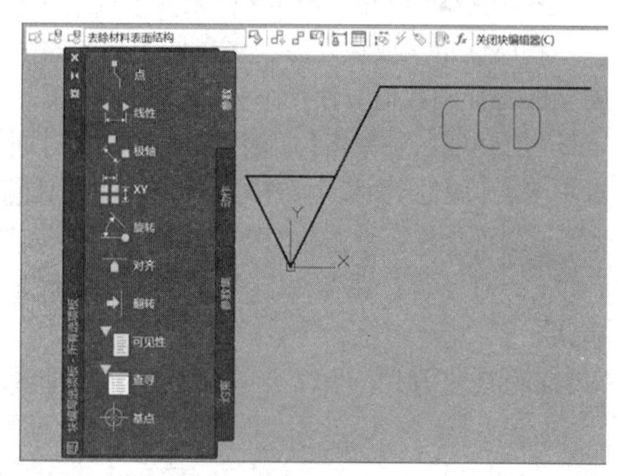

图 8–14 定义动态块界面

①【参数】选项表：向动态块添加参数工具。参数用于指定几何图形在块参照中的位置、距离和角度。将参数添加到动态块定义中时，该参数将定义块的一个或多个自定义特性。如单击其中的【创建旋转参数】按钮，命令行提示定义旋转的基点，单击三角形的最下面的顶点作为旋转基点。命令行继续提示定义旋转的半径参数，单击点 1 作为旋转半径。命令行继续提示定义旋转的默认角度，输入“45”作为旋转默认角度。命令行提示定义标签的位置，在合适位置单击将出现角度标签，如图 8–15 所示，图中表示参数与动作没有关联。

②【动作】选项表：可向动态块定义中添加动作。动作定义了在图形中操作块参照的自定特性时，动态块参照的几何图形将如何移动或变化。应将动作与参数相关联。如单击其中的【创建旋转动作】按钮，命令行提示选择参数，单击图 8–15 中“角度 1”。命令行继续提示选择旋转对象，单击三角形的所有边，并按〈Enter〉键结束选择。此时，动作与参数相关联，图形右下有旋转动作按钮，如图 8–16 所示。

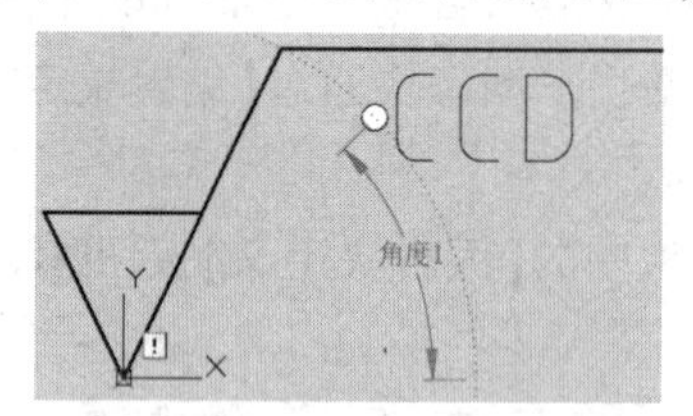

图 8–15 定义动态块参数

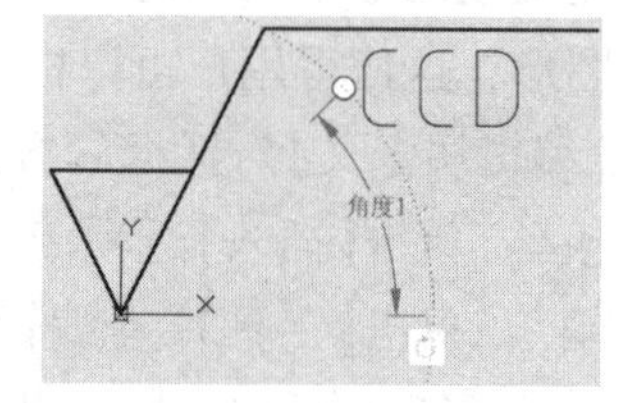

图 8–16 定义动态块动作

③【参数集】选项表：提供向动态块添加一个参数和至少一个动作的工具。将参数集添加到动态块中时，动作将自动与参数相关联。

④【约束】选项表：提供将几何约束和约束参数应用于对象的工具。

(3) 单击工具栏中【保存动态块】按钮，将定义好的块保存，然后单击【关闭块编辑器】按钮，返回到 AutoCAD 绘图界面。

(4) 在命令行提示下输入 Insert 后按〈Enter〉键，弹出【插入】对话框，选择块“去除材料表面结构”插入图形中，图形上出现夹点，如图 8-17 所示；在夹点命令行的提示下输入块的旋转角度，如图 8-18 所示。

图 8-17　选择动态块　　　　图 8-18　改变图形的方向

8.3　外部参照

外部参照就是把已有的图形文件插入当前图形中，但外部参照不同于块，也不同于插入文件。块与外部参照的主要区别是：一旦插入了某块，此块就成为当前图形的一部分，可在当前图形中进行编辑，而且将源块修改后对当前图形不会产生影响。

外部参照功能不但使用户可以利用一组子图形构造复杂的主图形，而且还允许单独对这些子图形作各种修改。作为外部参照的子图形发生变化时，重新打开主图形文件后，主图形内的子图形也会发生相应的变化。

8.3.1　插入外部参照

插入外部参照操作是将外部图形文件以外部参照的形式插入当前图形中。单击【参照】面板上的【附着】按钮，系统弹出图 8-19 所示的【选择参照文件】对话框。

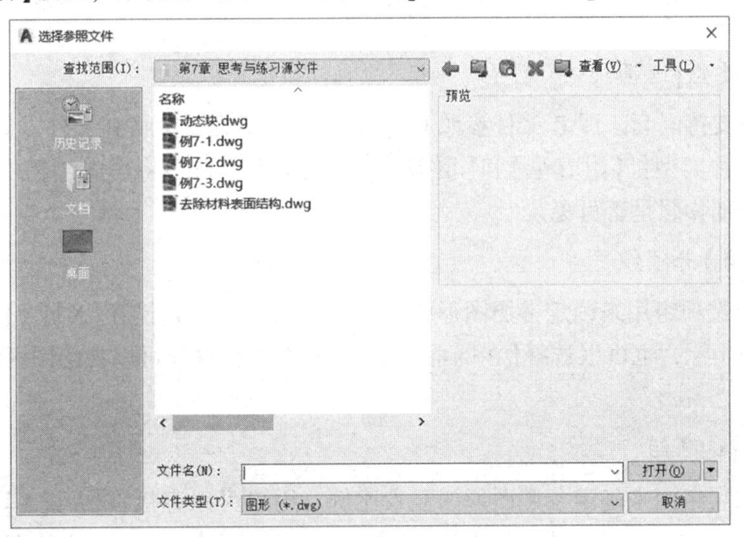

图 8-19　【选择参照文件】对话框

在该对话框中定位并选择需要插入的外部参照文件。单击 打开(O) 按钮，系统弹出图 8-20 所示的【附着外部参照】对话框。

图 8-20 【附着外部参照】对话框

对话框中各主要项的功能如下。

1.【名称】下拉列表框

【名称】下拉列表框中显示需要插入的外部参照文件的名称。如果需要改变参照文件，可以单击右边的【浏览】按钮，重新打开【选择参照文件】对话框并选择需要的外部参照文件。

2.【路径类型】下拉列表框

【路径类型】下拉列表框指定外部比例参照的保存路径是完整路径、相对路径，还是无路径。默认路径类型为相对路径。

3.【参照类型】选项组

外部参照支持嵌套，即 B 文件参照 C 文件，然后 A 文件参照 B 文件，如此层层嵌套。外部参照有两种类型：【附着型】和【覆盖型】。选择哪种类型将影响当前文件被引用时，对其嵌套的外部参照是否可见。

4.【插入点】选项组

【插入点】选项组用来确定参照图形的插入点。用户可以直接在【X】【Y】【Z】文本框中输入插入点的坐标，也可以选择【在屏幕上指定】复选框，这样可以在绘图区利用鼠标直接指定插入点。

5.【比例】选项组

【比例】选项组用来确定参照图形的插入比例。用户可以直接在【X】【Y】【Z】文本框中输入参照图形 3 个方向的比例；也可以选中【在屏幕上指定】复选框，在绘图区直接指定参照图形 3 个方向的比例。

6.【旋转】选项组

【旋转】选项组用来确定参照图形插入时的旋转角度。用户可以直接在【角度】文本框中输入参照图形需要旋转的角度，也可以选择【在屏幕上指定】复选框，在绘图区直接指定参照图形的旋转角度。

【例 8-4】 插入外部参照。

解　(1)绘制如图 8-21(a)所示的主图形文件。

(2)单击【参照】面板上的【附着】按钮，弹出【选择参照文件】对话框。选择参照文件“去除材料表面结构”，如图 8-21(b)所示，弹出【附着外部参照】对话框。

(3)单击【确定】按钮，这时参照文件图形会跟随光标移动(注意默认的光标跟随点是源文件的坐标原点，要改变该点，可以在源文件中使用 Base 命令调整)。

(4)按照插入块的方法插入外部参照，如图 8-21(c)所示。

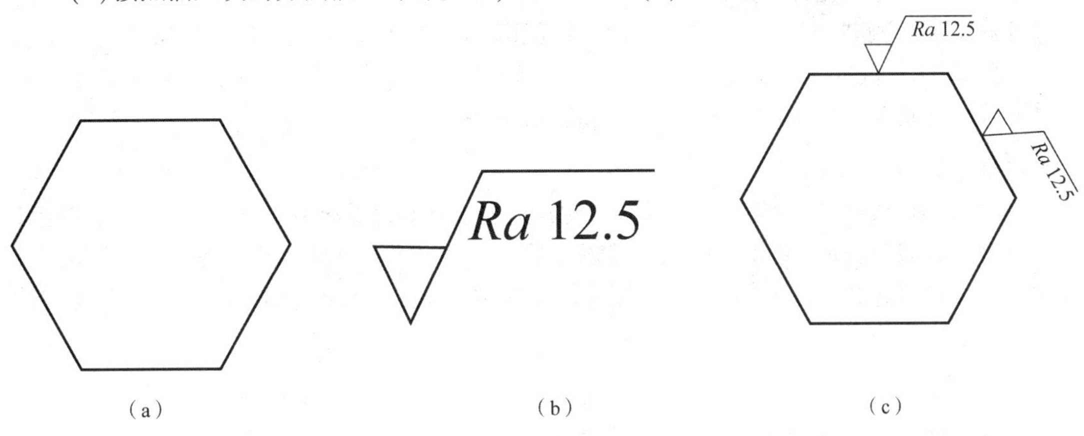

图 8-21　外部参照插入

(a)主文件图形；(b)外部参照；(c)插入外部参照

8.3.2　外部参照管理

假设一张图中使用了外部参照，用户要知道外部参照的一些信息，如参照名、状态、大小、类型、日期、保存路径等，或要对外部参照进行一些操作，如附着、拆离、卸载、重载、绑定等，这就需要使用外部参照管理器。它的作用就是在图形文件中管理外部参照，下面介绍外部参照管理器的用法。

假设在当前图形中使用了外部参照，单击【参照】面板上的【外部参照】按钮，打开【外部参照】选项板，如图 8-22 所示。

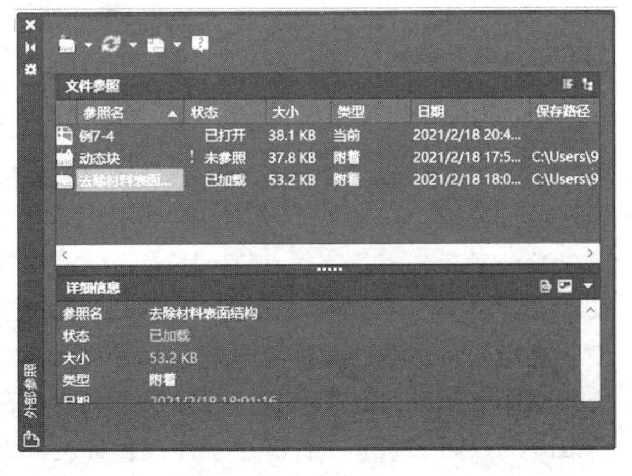

图 8-22　【外部参照】选项板

1. 状态栏各选项

状态栏包含【参照名】【状态】【大小】【类型】【日期】和【保存路径】等选项。

2. 按钮

如果在参照列表中没有选择外部参照，单击此按钮会弹出【选择参照文件】对话框，从中选择要参照的文件，单击【打开】按钮，AutoCAD 弹出【外部参照】对话框，按照上节讲述的方法可以插入一个新的外部参照。

如果在参照列表中选中某个外部参照并右击，在弹出的快捷菜单中选择【附着】选项，将直接显示【附着外部参照】对话框，用户可以插入此外部参照。

3. 拆离

在外部参照列表中，选择一个外部参照并右击，在弹出的快捷菜单中选择【拆离】选项。该选项的作用是从当前图形中移去不再需要的外部参照。使用该选项删除外部参照，与用【删除】命令删除一个参照对象不同。用【删除】命令删除的仅仅是外部参照的一个引用实例，但图形数据库中的外部参照关系并没有删除。而【拆离】选项不仅删除了外部参照实例，而且彻底删除了图形数据库中的外部引用关系。

4. 卸载

从当前图形中卸载不需要的外部参照时，右击需要卸载的外部参照，在弹出的快捷菜单中选择【卸载】选项，卸载后仍保留外部参照文件的路径。这时，【状态】显示所参照文件的状态是“已卸载”。当希望再参照该外部文件时，在其上右击，在弹出的快捷菜单中选择【重载】选项，即可重新装载。

5. 绑定

在参照上右击，在弹出的快捷菜单中选择【绑定】选项，打开【绑定外部参照】对话框，如图 8-23 所示。

若选择绑定类型为【绑定】，则选定的外部参照及其依赖符号(如块、标注样式、文字样式、图层和线型等)成为当前图形的一部分。

图 8-23 【绑定外部参照】对话框

6. 打开

在参照上右击，在弹出的快捷菜单中选择【打开】选项，在新建窗口中打开选定的外部参照进行编辑。

8.3.3 修改外部参照

已经创建好的外部参照对象有两种修改方法，第一种方法是打开外部参照的源文件，修改并保存，目标文件中的外部参照对象就会自动更新；第二种方法是在目标文件中直接修改外部参照。本节主要讲述怎样在目标文件中修改外部参照。

单击【插入】选项卡中的【参照】面板中的编辑参照按钮或单击菜单栏中的【工具】→【外部参照和块在位编辑】→【在位编辑参照】，在系统提示下选择要进行编辑的参照对象(或直接在参照对象上双击)，弹出【参照编辑】对话框，如图 8-24 所示。

1.【标识参照】选项卡

(1)【参照名】：显示需要编辑的外部参照名称，在预览窗口中显示外部参照文件图形的预览效果。

(2)【路径】：显示选定参照的文件位置。如果选定参照是一个块，则不显示路径。

(3)【自动选择所有嵌套的对象】：控制嵌套对象是否自动包含在参照编辑任务中。如果选中该单选按钮，则选定参照中的所有对象将自动包括在参照编辑任务中。

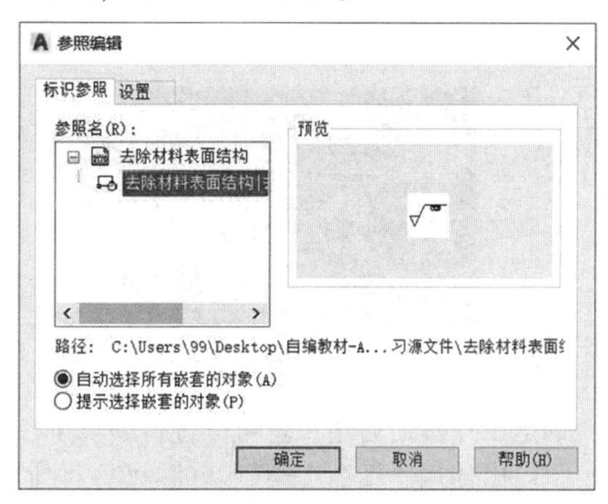

图 8-24　【参照编辑】对话框

(4)【提示选择嵌套的对象】：控制是否逐个选择包含在参照编辑任务中的嵌套对象。如果选中该单选按钮，则关闭【参照编辑】对话框并进入参照编辑状态后，AutoCAD 将提示用户在要编辑的参照中选择特定的对象。

2.【设置】选项卡

【设置】选项卡有 3 个选项，如图 8-25 所示。

(1)【创建唯一图层、样式和块名】：控制从参照中提取的对象的图层和符号名称是唯一的还是可修改的。如果选择该复选框，则图层和符号名被改变(在名称前添加 $#$ 前缀)，与绑定外部参照时修改它们的方法类似；如果不选择该复选框，则图层和符号名与参照图形中的一致。

(2)【显示属性定义以供编辑】：控制编辑参照期间是否提取和显示块参照中所有可变的属性定义。该选项对外部参照和没有属性定义的块参照不起作用。

图 8-25　【设置】选项卡

(3)【锁定不在工作集中的对象】：锁定所有不在工作集中的对象，从而避免用户在参照编辑状态时意外地选择和编辑宿主图形中的对象。锁定对象的行为与锁定图层上的对象类似。如果试图编辑锁定的对象，它们将从选择集中过滤。

这里在【参照名】列表中选择名称，其他不作修改，单击【确定】按钮，对话框消失，弹出【编辑参照】面板，如图 8-26 所示。这时可以发现，除了选中的图形对象，其他图形显示为灰色，并且不可编辑。所有选中的图形对象形成一个工作集，只能对工作集中的图形进行编辑，如图 8-27 所示。用户可以单击【添加到工作集】按钮，选择灰色的图形对象，将它加入工作集。也可以单击【从工作集中删除】按钮，选择当前工作集中的图形对象，将其从工作集中删除。

图 8-26 【编辑参照】面板

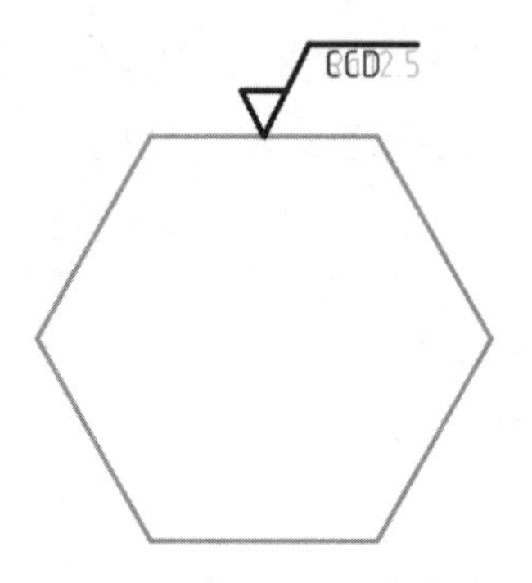

图 8-27 参照处于编辑状态

确定工作集之后用户就可以进行编辑了，可以用修改命令对所选择的图形对象进行修改，也可以使用绘图命令绘制新的对象，它们会自动添加到工作集；还可以选择原有的非参照对象添加到选择集。

修改完成之后，单击【保存修改】按钮，退出编辑状态，同时将所有的修改保存到外部参照的源文件。

如果要放弃修改，可以单击【放弃修改】按钮，弹出 AutoCAD 警告提示框，单击【确定】按钮，放弃对参照的修改，同时退出编辑状态。

8.4 思考与练习

1. 基础题

创建图 8-28 所示的块参照尺寸，分别定义名为“基准”和“不去除材料表面结构”的属性块，并保存为“习题图 8-28”。

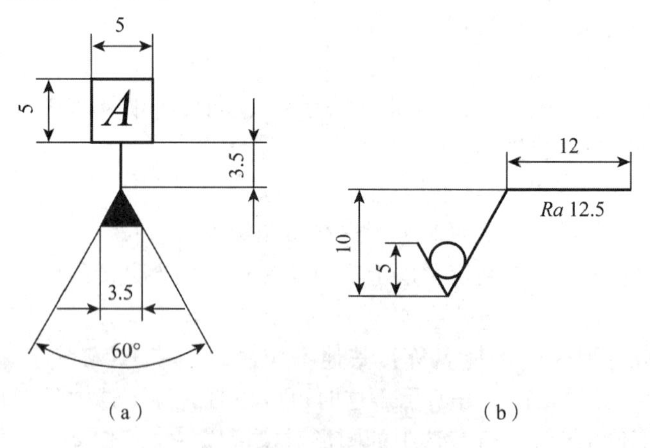

图 8-28 属性块练习

(a)基准符号；(b)不去除材料表面结构符号

2. 提升题

(1)绘制图 8-29(a)中的图形，将其定义为块(P_1 为基点)，然后利用插入块的方式绘制图 8-29(b)中的图形，并保存为“习题图 8-29”。

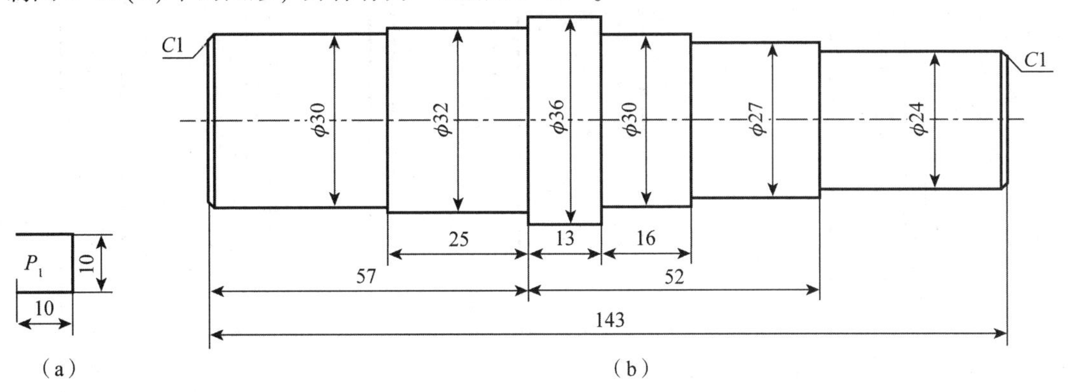

图 8-29　内部块练习

(a)定义块；(b)轴

(2)利用动态块绘制如图 8-30 所示零件的表面粗糙度，并保存为“习题图 8-30”。

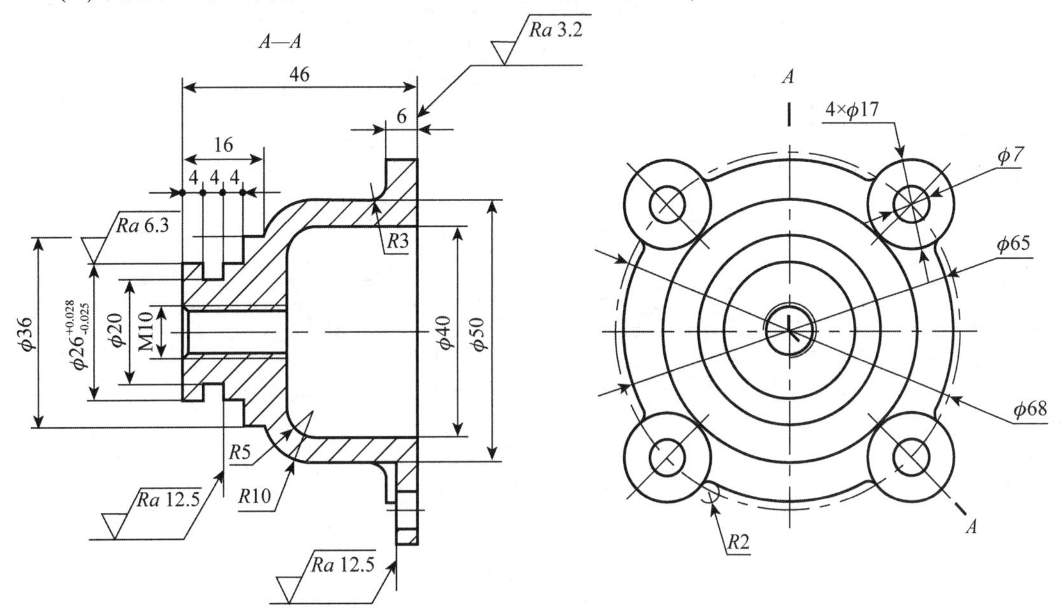

图 8-30　动态块练习

3. 趣味题

绘制图 8-31(a)所示的图形，将其定义为块，然后定义其参数和动作(拉伸和阵列)，使其成为可以随意拉伸大小的衣柜，如图 8-31(b)所示，并保存为“习题图 8-31”。

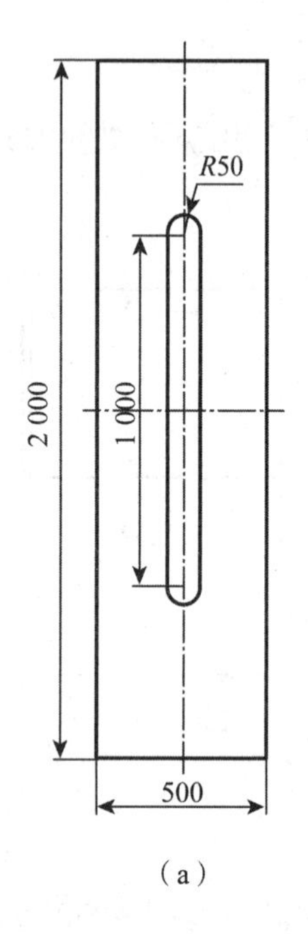

（a）

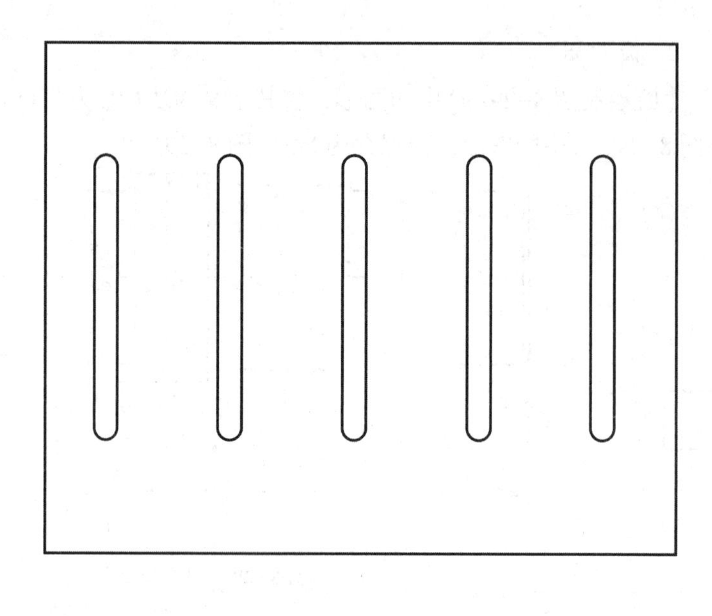

（b）

图 8-31　动态块练习

(a)定义块；(b)衣柜

第9章 机械专业图绘制

本章要点

- 样板图创建
- 轴套类零件图的绘制
- 盘盖类零件图的绘制
- 叉架类零件图的绘制
- 箱体类零件图的绘制
- 装配图的绘制

9.1 零件图基本知识

机器或部件都是由若干零件装配而成的。零件是构成机器或部件的只有加工过程而无任何装配过程的机件，是不可再拆分的单元个体。零件的结构形状虽然千差万别，但根据它们在机器中的作用、形状特征和加工方法，大致可分为轴套类、盘盖类、叉架类和箱体类4种零件。零件图是制造和检验机器零件时使用的图样，主要用于表达零件的形状、结构、尺寸和技术要求，它是生产过程中的重要技术文件。

9.1.1 零件图的作用

零件图是生产和检验零件的依据，是设计和生产部门的重要技术文件之一。零件的毛坯制造、机械加工工艺路线的制定、工序图的绘制以及加工检验和技术革新等，都要根据零件图来进行。因此，零件图样的绘制应当正确无误、清晰易懂。

9.1.2 零件图的内容

一张零件图只能表达一个零件，应包含制造和检验该零件所需要的全部技术资料。一张完整的零件图包括以下4个方面内容。

1. 一组图形

综合运用视图、剖视图和断面图等各种表达方法，准确、清晰、简捷地表达出零件的外结构形状。

2. 尺寸标注

应正确、完整、清晰、合理地标注出零件的尺寸，提供制造和检验该零件所需的全部尺寸。

3. 技术要求

用国家标准中规定的符号、数字、字母和文字等标注或说明零件在制造、检验、装配时应达到的各项技术要求，如表面粗糙度、尺寸公差、形位公差、热处理、表面处理等。

4. 标题栏

标题栏在图样的右下角，一般用来填写零件的名称、材料、比例、图号及设计、审核人员的签名、日期等。

9.2 用 AutoCAD 绘制零件图的一般过程

在使用计算机绘图时，必须遵守国家标准的规定。以下是用 AutoCAD 绘制零件图的一般过程及需注意的一些问题。

1. 建立零件图样板文件

在实际工作中，为避免重复操作，提高绘图效率，一般在绘制零件图之前，应该根据图纸幅面大小和格式的不同，分别建立符合国家标准及企业标准的若干机械图模板。模板中应包括图纸幅面、图层、使用文字的一般样式、尺寸标注的一般样式等内容，设置完成后将其保存为样板文件。这样，在绘制零件图时，就可直接调用建立好的模板进行绘图，以提高工作效率。

2. 绘制一组准确、清晰的图形

充分使用绘图命令、编辑命令及绘图辅助工具完成图形的绘制。绘制图形时，应根据零件图形结构的对称性、重复性等特征，灵活运用镜像、阵列、复制等编辑操作功能，避免不必要的重复劳动，提高绘图速度；要充分利用正交、对象捕捉、对象追踪等功能，以保证绘图的速度和准确性。

3. 标注正确合理的尺寸及技术要求

按顺序先标注线性尺寸、角度尺寸、直径及半径尺寸等操作较简单、直观的尺寸，然后标注技术要求，如尺寸公差、形位公差及表面粗糙度等，并注写技术要求中的文字。

4. 创建常用符号库

由于在 AutoCAD 2020 中没有直接提供表面粗糙度符号、剖切符号和基准符号等，因此可以根据零件图的需要，通过建立外部块、动态块、外部参照的方式创建专用图形库和符号库。

5. 填写标题栏，保存文件

按照要求填写标题栏中的零件名称、比例、材料、设计者、所需件数等内容，校对图纸，双击滚轮使图纸全屏显示后，保存文件。

9.3　创建样板图

样板图形通过文件扩展名“＊.dwt”区别于其他图形文件。它们通常保存在Template目录中。新建图形时会弹出【选择样板】对话框，默认选择acadiso样板文件，如图9-1所示。

20-9.3 创建样板图

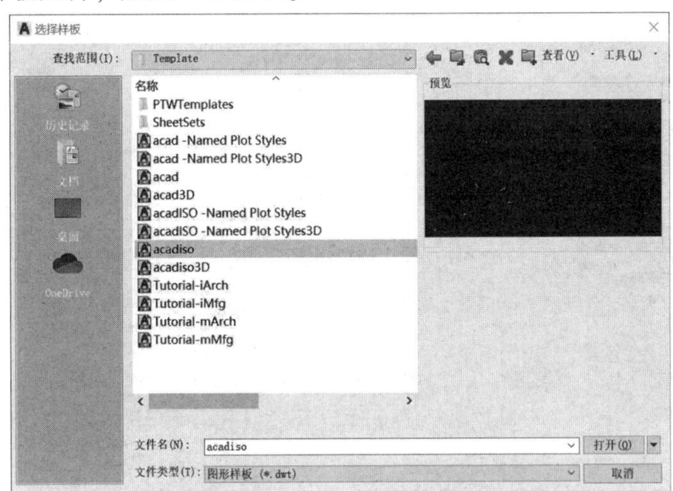

图9-1　【选择样板】对话框

1.【选项】对话框设置

在绘图空白区右击，单击快捷菜单中的【选项】命令，打开【选项】对话框，如图9-2所示。

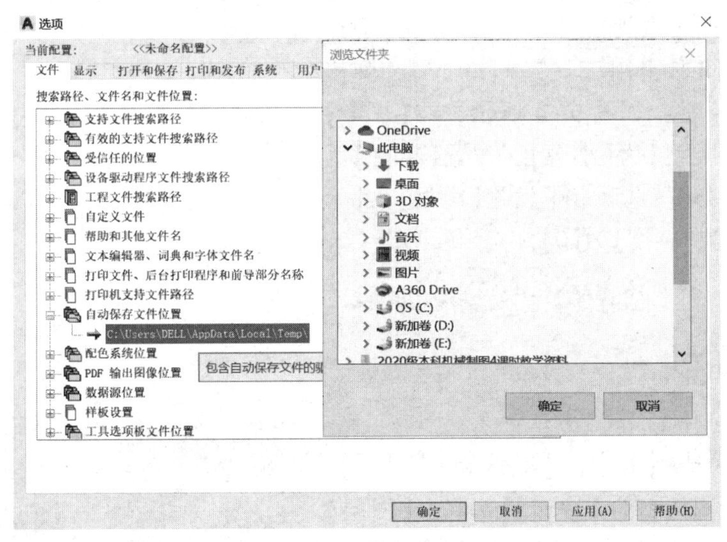

图9-2　【选项】对话框(设置自动保存地址)

在【选项】对话框中进行如下设置。

(1)文件自动保存的地址，单击【选项】→【文件】，再双击自动保存文件位置的路径，弹出图9-2中的【浏览文件夹】对话框。

(2)文件另存为的版本设置，建议设置为底版版本，方便相互之间的交流，如图9-3所示。

(3)设置自动保存时间。

(4)设置光标、夹点、拾取框、自动捕捉标记和靶宽等尺寸比例。

图9-3 【选项】对话框(设置“打开和保存”参数)

2. 图形界限及单位设置

在菜单栏单击【格式】→【单位】或单击【应用程序菜单】→【图形实用工具】→【单位】，弹出【图形单位】对话框，如图9-4所示。在【长度】选项卡中设置【类型】为【小数】，设置【精度】为【0.0000】。在【角度】选项卡中设置【类型】为【十进制度数】，设置【精度】为【0】。

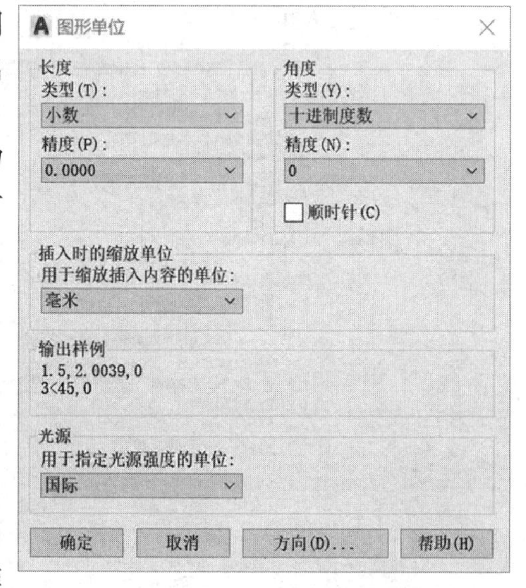

图9-4 【图形单位】对话框

☆ 提示：通常绘图单位的设置可以省略，直接使用默认的设置。

3. 图层设置

单击功能区选项卡中的【默认】→【图层】，在面板上单击【图层特性】按钮或单击【图层】工具栏上的【图层特性】按钮，打开【图层特性管理器】对话框。新增【粗实线】【点画线】【剖面线】【细实线】【尺寸标注】【虚线】等图层，并选择适当的颜色和线型进行设置，如图 9-5 所示。

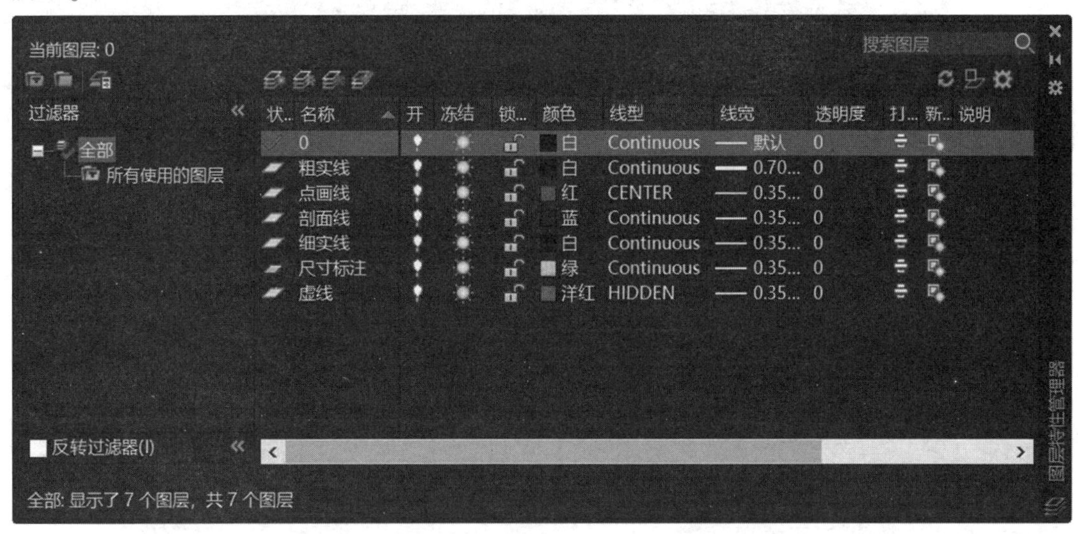

图 9-5　【图层特性管理器】对话框

4. 设置文字样式

单击功能区的【默认】→【注释】→【文字样式】或单击【样式工具栏】上的【文字样式】按钮，打开【文字样式】对话框，新建汉字样式与数字样式，具体参数如图 9-6 和图 9-7 所示。

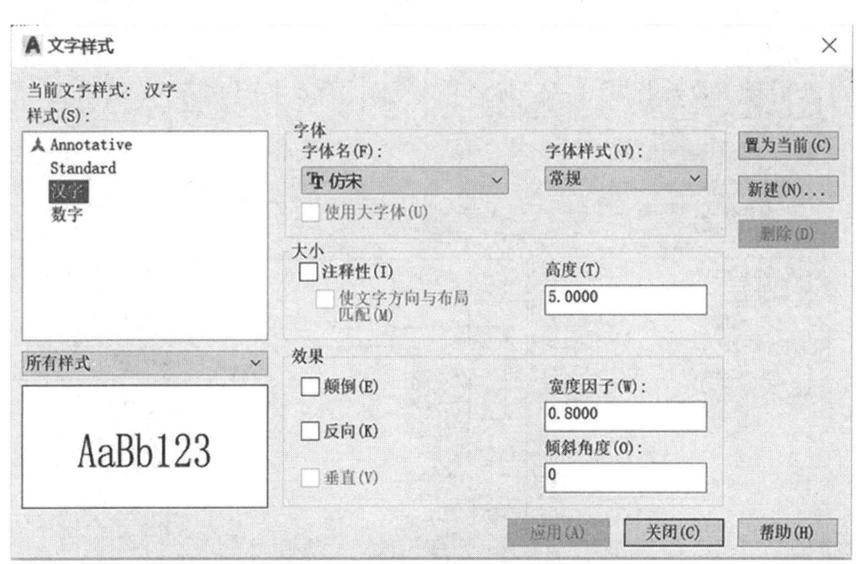

图 9-6　【文字样式】对话框(汉字样式)

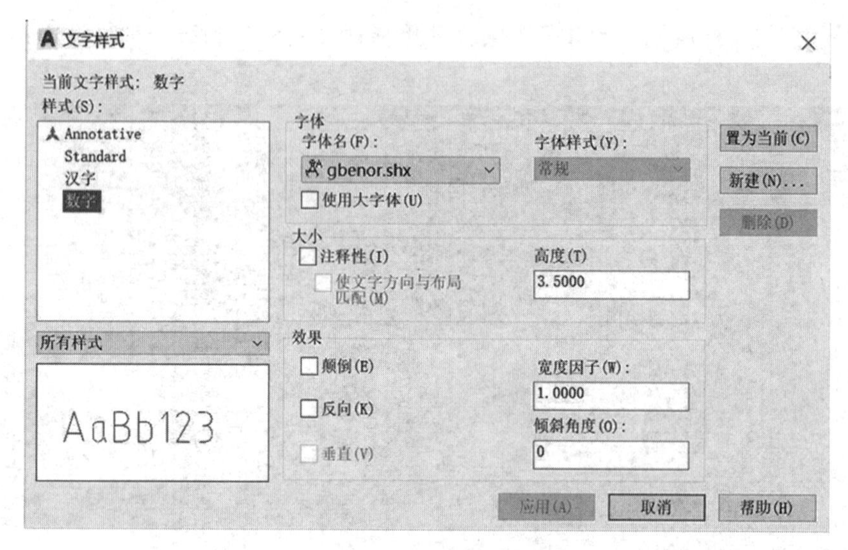

图 9-7 【文字样式】对话框(数字样式)

5. 设置标注样式

单击菜单中的【格式】→【标注样式】或单击【样式工具栏】上的按钮，打开【标注样式管理器】对话框，新建 GB-35 标注样式及角度标注样式等，如图 9-8 所示。

☆ 提示：提示：在设置中一般将【线】→【尺寸线】→【基线间距】设置为【7】，将【尺寸界限】→【超出尺寸线】设置为【2】，将【起点偏移量】设置为【0】，将【箭头大小】设置为【3.5】，将【文字样式】选择【数字】，将【文字位置】中【从尺寸线偏移】设置为【1】，将【文字对齐】设置为 ISO 标准，将【主单位】中【线性标注】→【小数点分隔符】设置为【“.”(句点)】等，最后将“GB-35”标注样式下的【角度】中【文字对齐】设置为【水平】。

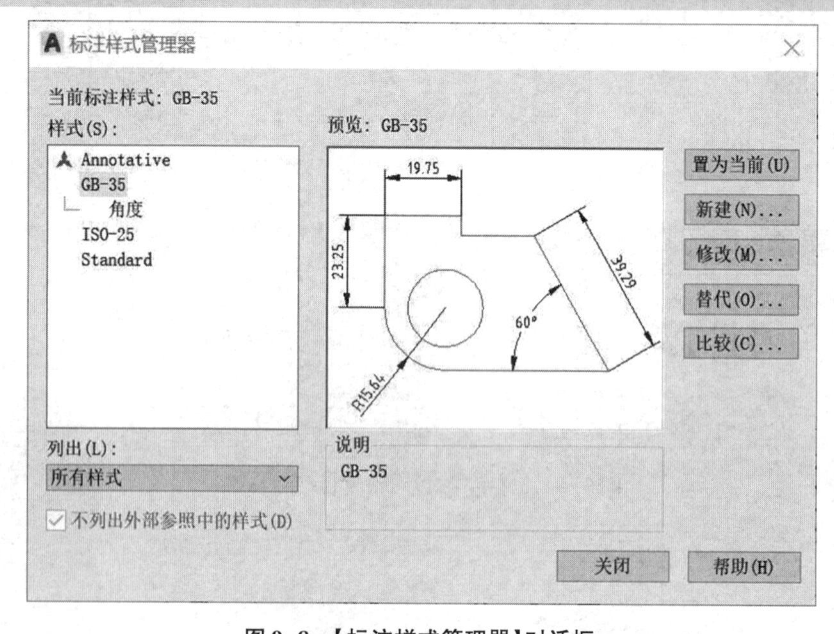

图 9-8 【标注样式管理器】对话框

6. 绘制图框与标题栏

以创建 A3 图纸图框和标题栏为例。在细实线图层，用【矩形】命令绘制图幅，左下角点以坐标原点(0，0)为第一角点，右上角点坐标为(420，297)；调用粗实线图层绘矩形图框，横装左边预留装订边，左下角点坐标为(25，5)，右上角点坐标为(415，292)，如图 9-9 所示。若不留装订边，则左下角点坐标为(10，10)，右上角点坐标为(410，287)，如图 9-10 所示。按国家标准绘制标题栏，也可绘制学生用简易标题栏，如图 9-11 所示。

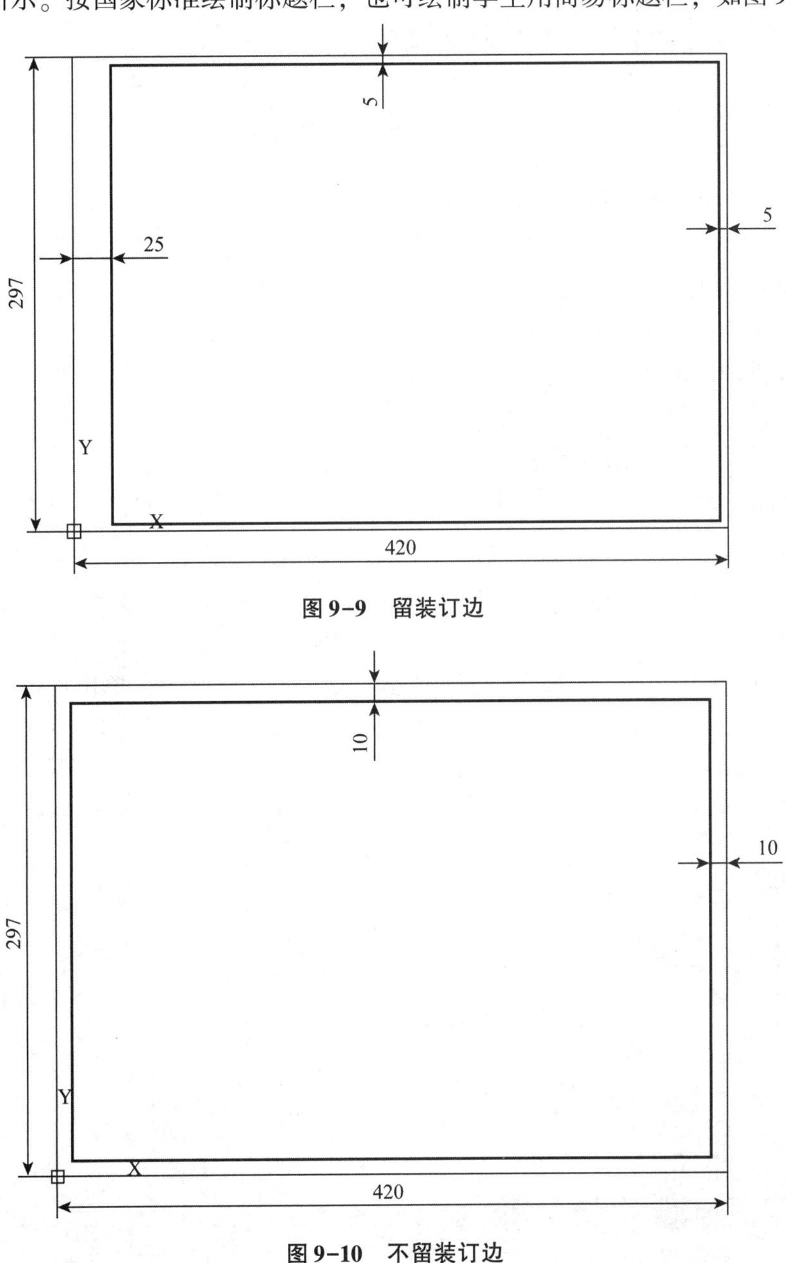

图 9-9　留装订边

图 9-10　不留装订边

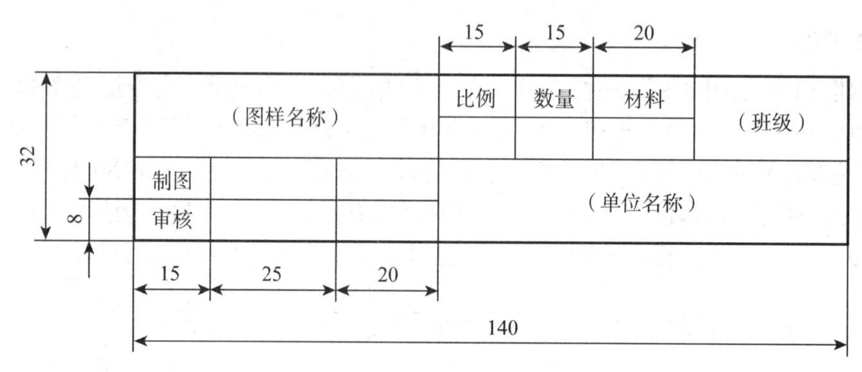

图 9-11 学生用简易标题栏

7. 定义表面粗糙度与形位公差基准图块

零件图中表面粗糙度与基准符号有国家标准规定，且标注时方向、大小、数值多变，可以使用块的命令保存。设置步骤如下。

(1)按标准绘制表面粗糙度与基准符号。

(2)定义图块的属性。

(3)定义图块。

具体设置方法请参照第 8 章。

8. 保存样板图

单击菜单中的【文件】→【另存为】或单击【快速访问工具栏】上的【另存为】按钮，打开【图形另存为】对话框，在【文件类型】下拉列表框中选择【AutoCAD 图形样板(＊.dwt)】，此时保存的路径自动更换为 Template，在【文件名】文本框中输入“A3 样板”，如图 9-12 所示。单击【保存】按钮打开【样板选项】对话框，如图 9-13 所示，单击【确定】按钮完成设置。

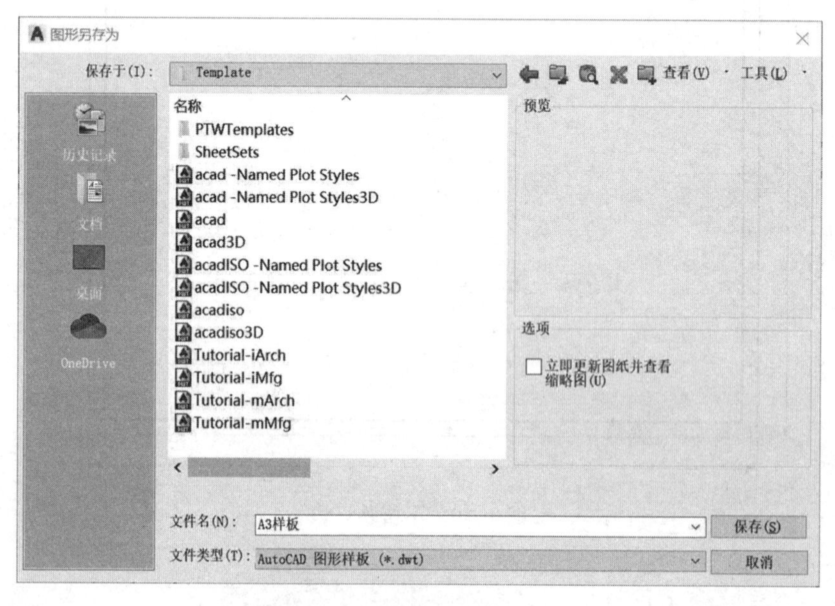

图 9-12 【图形另存为】对话框

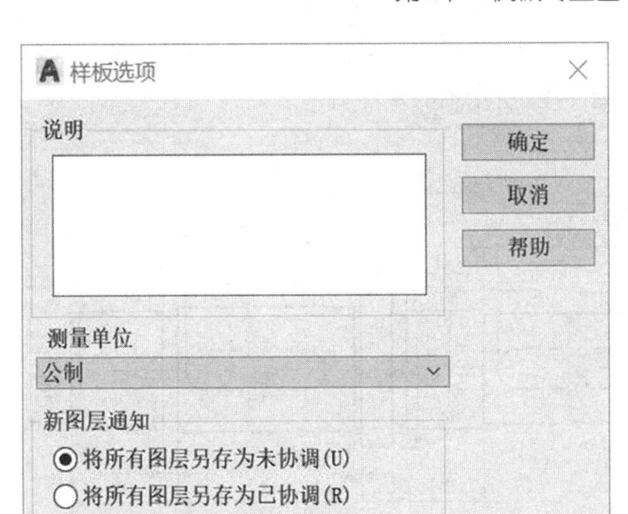

图 9-13 【样板选项】对话框

9. 利用已有样板文件创建其他图幅

(1)单击菜单中的【文件】→【新建】，选择 A3 样板，再单击【打开】按钮。

(2)将当前图中的幅改为其他尺寸，保留原有标题栏。

(3)单击菜单中的【文件】→【另存为】或单击【快速访问工具栏】上的【另存为】按钮，打开【图形另存为】对话框。

(4)单击【保存】按钮，打开【样板选项】对话框，单击【确定】按钮。

☆ 提示：①若需要创建 A4 图纸 X 型横装样板图，则在绘制图纸边框时，打开细实线图层，用【矩形】命令绘制图幅，左下角点以坐标原点(0，0)为第一角点，右上角点坐标为(297，210)，调用粗实线图层绘制矩形图框，横装左边预留装订边，左下角点坐标为(25，5)，右上角点坐标为(292，205)；若不留装订边，则左下角点坐标为(10，10)，右上角点坐标为(287，200)。②若需要创建 A4 图纸 Y 型竖装样板图，则在绘制图纸边框时，打开细实线图层，用【矩形】命令绘制图幅，左下角点以坐标原点(0，0)为第一角点，右上角点坐标为(210，297)，调用粗实线图层绘制矩形图框，横装左边预留装订边，左下角点坐标为(25，5)，右上角点坐标为(205，292)；若不留装订边，则左下角点坐标为(10，10)，右上角点坐标为(200，287)。

9.4　绘制轴套类零件图

轴套类零件相对来讲较为简单，主要由一系列同轴回转体构成，其上常有孔、槽等结构。它的视图表达方案是将轴线水平放置的位置作为主视图的位置，一般情况下仅主视图就能表达清楚其主要结构形状，对于局部细节则可利用局部视图、局部放大图或断面图来表达。

【例 9-1】绘制图 9-14 所示轴的零件图。

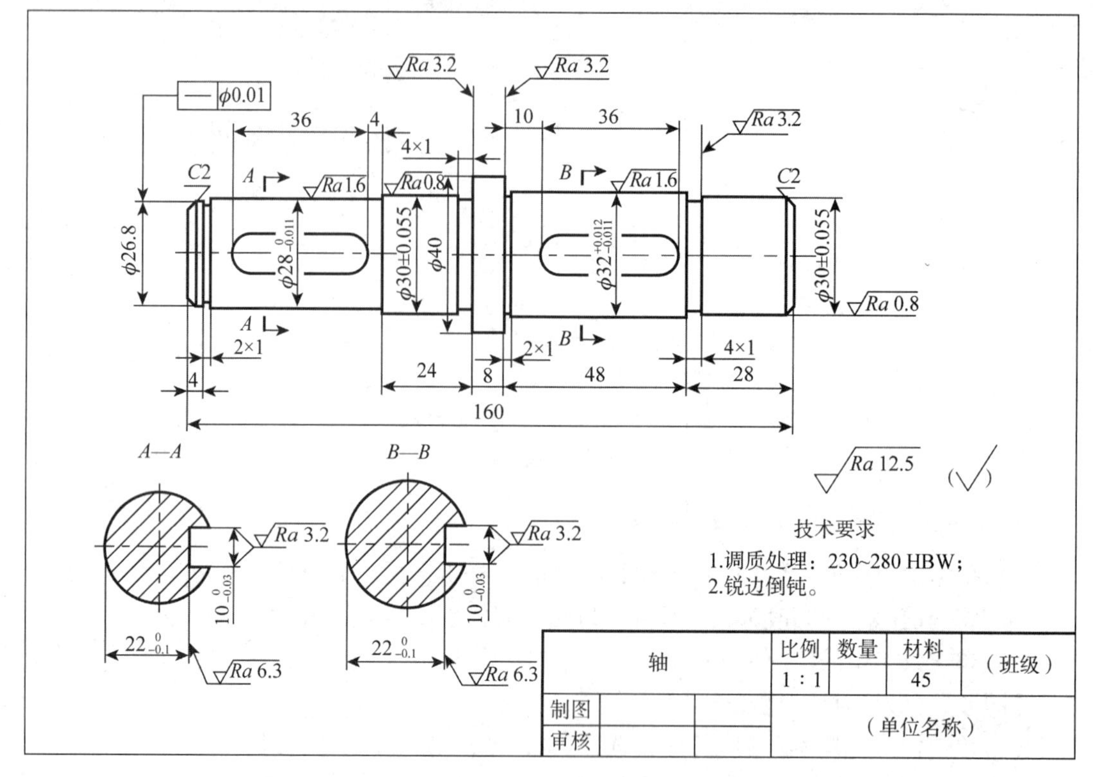

图 9-14　轴零件图

解　(1)根据图形大小确定图幅，采用 1∶1 的比例，选择横放 A4 样板图。

(2)绘制定位轴线。打开点画线图层，运用【直线】命令绘制定位线。

(3)绘制主视图外轮廓线。打开粗实线图层，运用【直线】【倒角】和【延伸】等命令绘制主视图上半部分，如图 9-15(a)、(b)、(c)所示。主视图具有上下对称的特点，因此画完一半后，可采用【镜像】命令，完成主视图的外围轮廓线绘制，如图 9-15(d)所示。

(4)绘制键槽。利用【圆】【直线】等绘图命令，【偏移】【修剪】和【复制】等编辑命令，根据尺寸标注要求和技术要求绘制键槽，如图 9-15(e)和图 9-15(f)所示。

(5)绘制轴的断面图。打开线宽，利用【圆】【图案填充】【偏移】等命令绘制轴的剖面图，如图 9-15(g)所示。

(6)标注基本尺寸及公差尺寸。按照零件图要求，设置基本标注样式为当前样式，利用【线性标注】【半径标注】【直径标注】和【公差标注】等命令标注轴的公称尺寸，如图 9-15(h)所示。

(7)标注表面粗糙度。调用样板文件中【块】→【表面粗糙度】(若未创建，可绘制表面粗糙度符号，直接运用【复制】命令，重复使用)，调整位置，修改表面粗糙度值，根据图形要求标注，如图 9-15(i)所示。

(8)规范图纸，填写标题栏。调整图形位置，进一步规范尺寸标注使其符合国家制图标准规定，如图 9-15(j)所示。

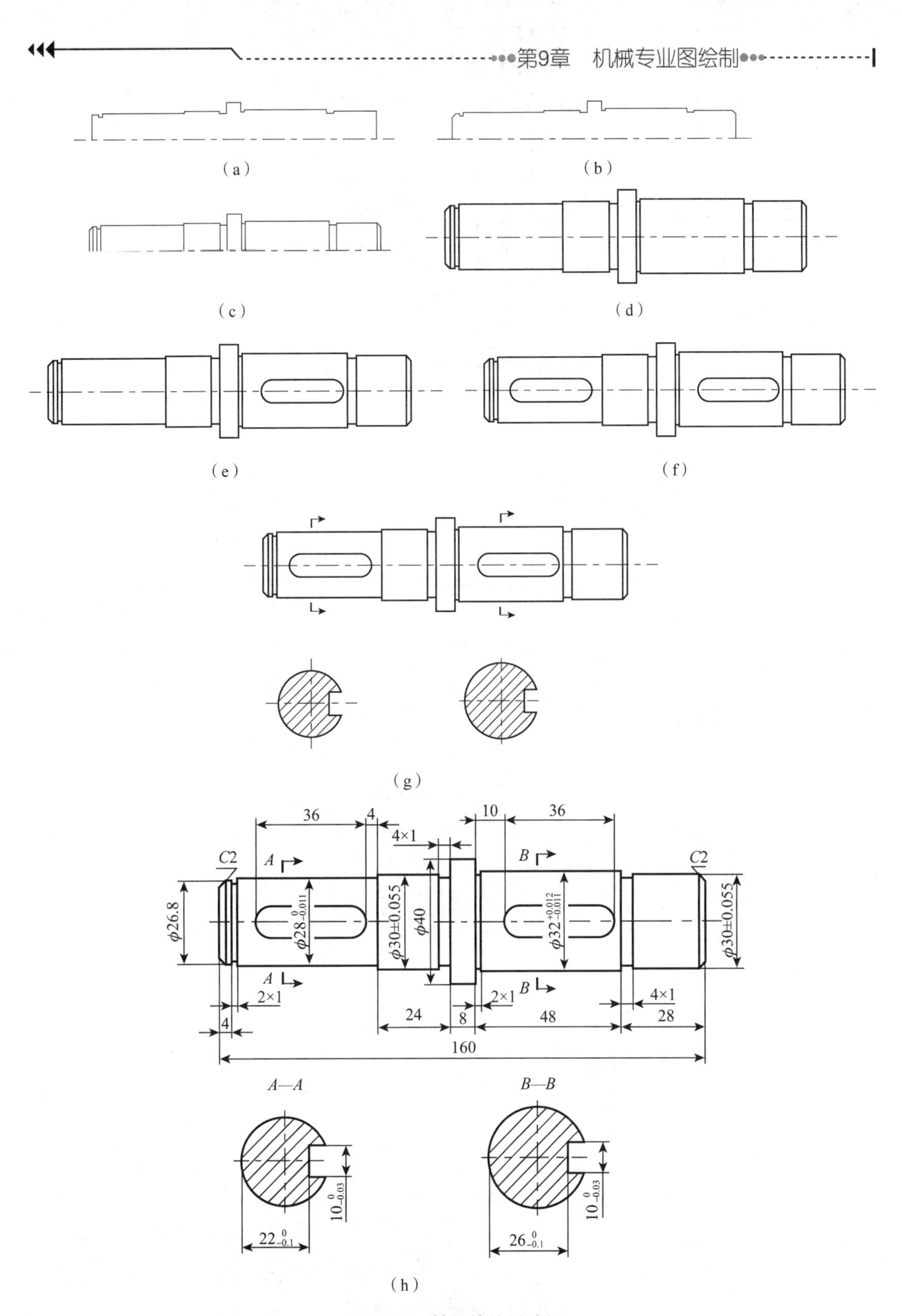

图 9–15　轴零件绘制过程

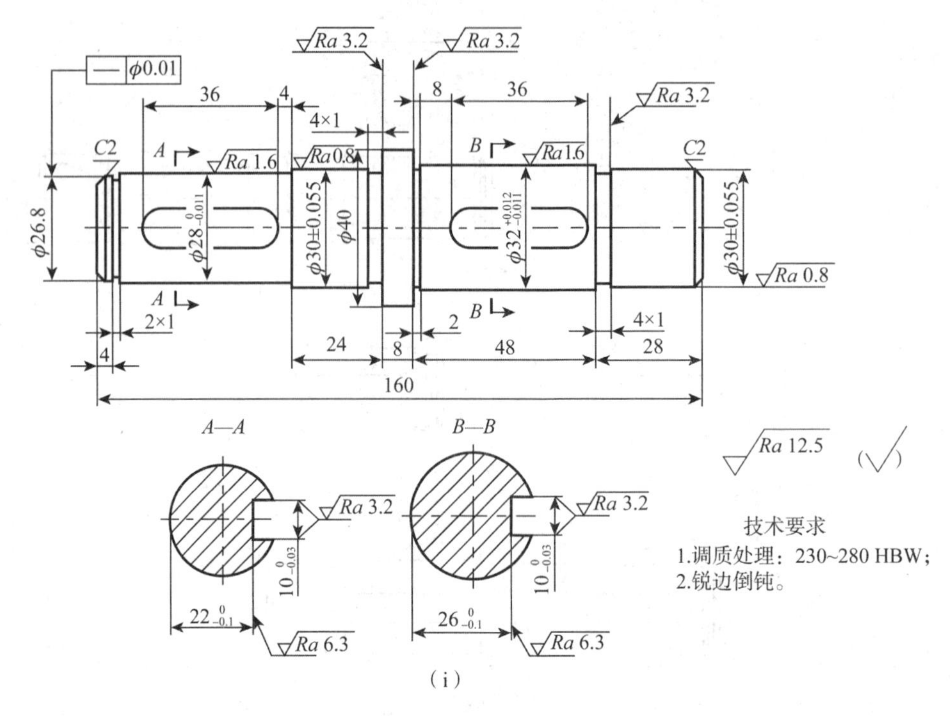

（i）

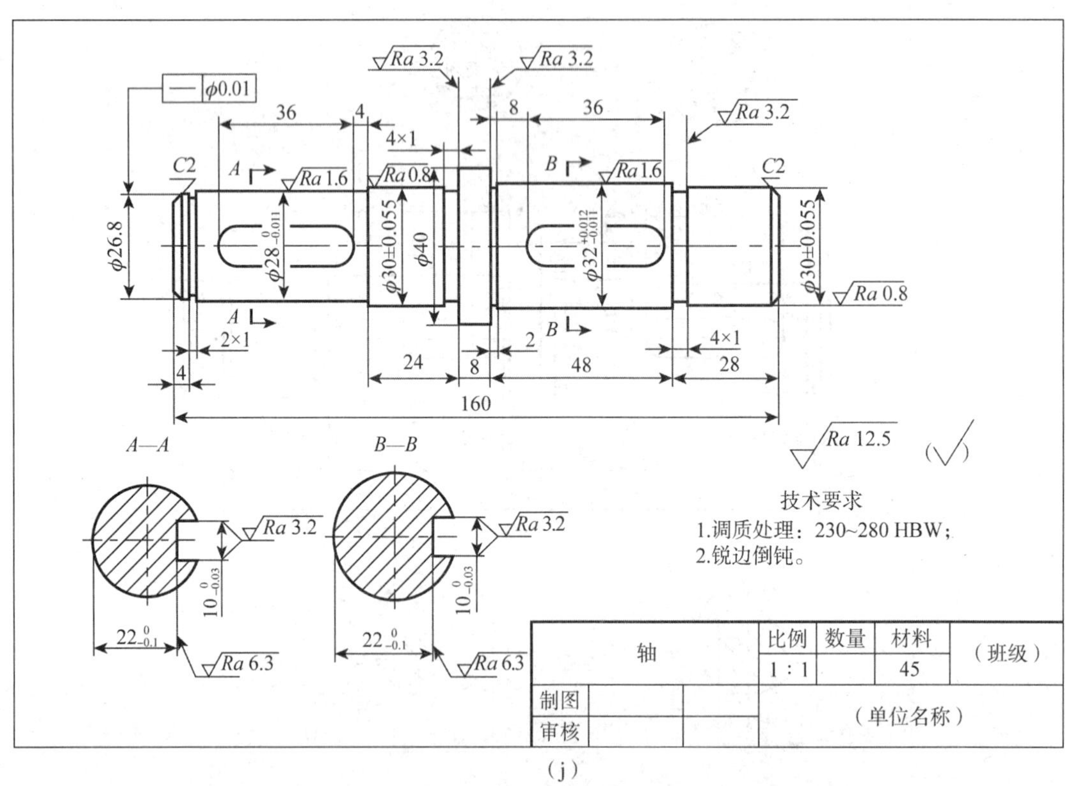

（j）

图 9-15　轴零件绘制过程（续）

（a）根据主视图尺寸运用【直线】命令绘制；（b）运用【倒角】命令绘制倒角；（c）运用【直线】命令、【延伸】命令绘制倒角投影线；（d）运用【镜像】命令绘出另一半；（e）运用【圆】【直线】命令及【修剪】命令绘制右键槽；（f）运用【复制】命令绘制键槽；（g）确定剖切位置绘制断面图；（h）标注尺寸及公差；（i）标注技术要求；（j）规范图纸，填写标题栏

9.5 绘制盘盖类零件图

盘盖类零件包括各种用途的轮和盘盖。常见的轮有手轮、带轮、链轮等，常见的盘盖有法兰盘、端盖等。轮一般用键、销与轴连接，用以传递转矩；盘盖一般用于支承、定位、密封等。

盘盖类零件主要结构形状由回转体组成，部分由方形构成，具有径向尺寸大于轴向尺寸的特点，常有孔、肋板、槽、轮辐等结构。盘盖类零件多以车削为主，故按加工位置原则将轴线水平放置绘制主视图，主视图通常采用全剖的方法表达内部形状。根据其结构特点，还需配置其他基本视图来表达零件外部的结构形状，图 9-16 中采用左视图来表达零件的外形。对基本视图未能表达清楚的其他结构形状，可采用断面图、局部放大图或局部视图来表达。

【例 9-2】 绘制图 9-16 所示的端盖零件图。

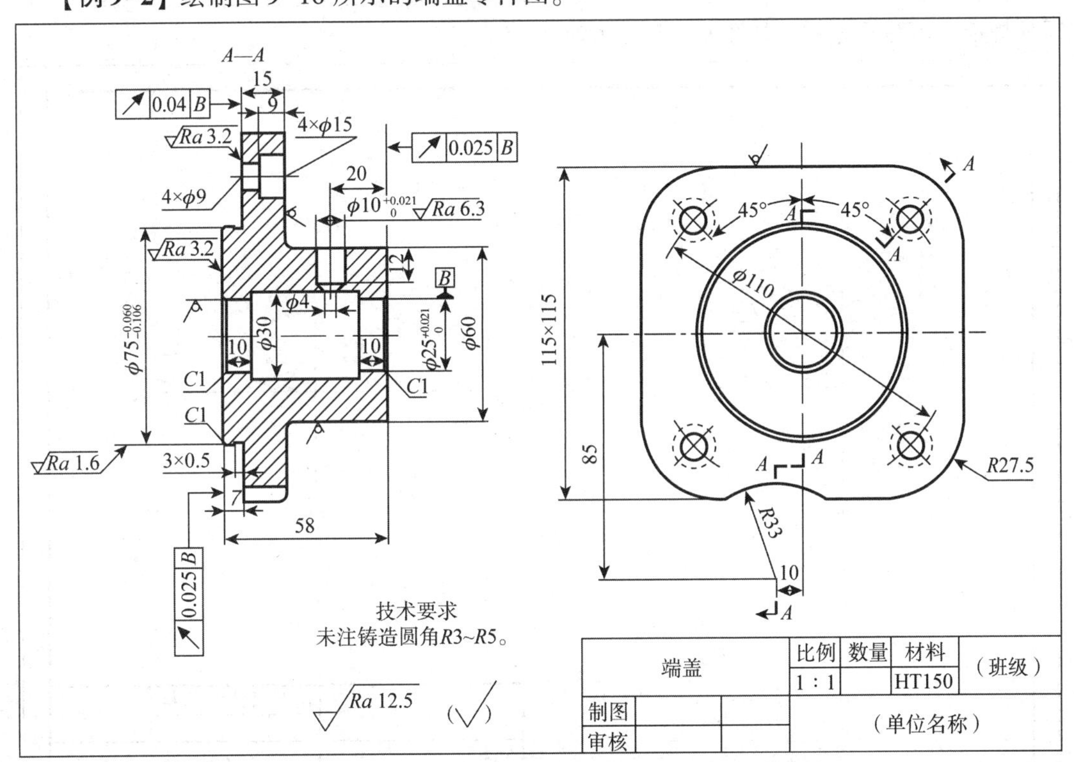

图 9-16　端盖零件图

解　(1)根据图形大小确定图幅，采用 1∶1 的比例，选择横放 A3 样板图。

(2)绘制主视图与左视图的定位线。打开点画线图层，确定布局，运用【直线】命令绘制定位线，如图 9-17(a)所示。

（3）绘制主视图和左视图的外轮廓线。打开粗实线图层，运用【圆】【直线】和【圆弧】等命令绘制主视图和左视图的外轮廓线，运用【偏移】【倒角】【镜像】和【圆角】等编辑命令修改主视图和左视图。其中，4 个同心圆可以先画出 1 个，再运用【阵列】命令绘制其他同心圆，如图 9-17(b)所示。

（4）绘制剖切符号。打开线宽，修改图层，根据剖切位置绘制出剖切符号，如图 9-17(c)所示。

（5）绘制主视图阶梯孔。将左视图旋转 45°,然后运用【构造线】命令实现高度平齐，绘制主视图阶梯孔以及主视图下半部分的直线，如图 9-17(d)所示。

（6）绘制剖面线。确定剖面区域，运用【图案填充】命令填充剖面线，如图 9-17(e)所示。

（7）标注基本尺寸及公差尺寸。按照零件图要求，设置基本标注样式为当前样式，利用【线性标注】【半径标注】【直径标注】和【公差标注】等命令标注端盖的公称尺寸，如图 9-17(f)所示。

（8）标注表面粗糙度。调用样板文件中【块】→【表面粗糙度】(若未创建，可绘制表面粗糙度符号，直接运用【复制】命令，重复使用)，调整位置，修改表面粗糙度值，根据图形要求标注，如图 9-17(g)所示。

（9）规范图纸，填写标题栏。调整图形位置，进一步规范尺寸标注使其符合国家制图标准规定，填写标题栏，如图 9-17(h)所示。

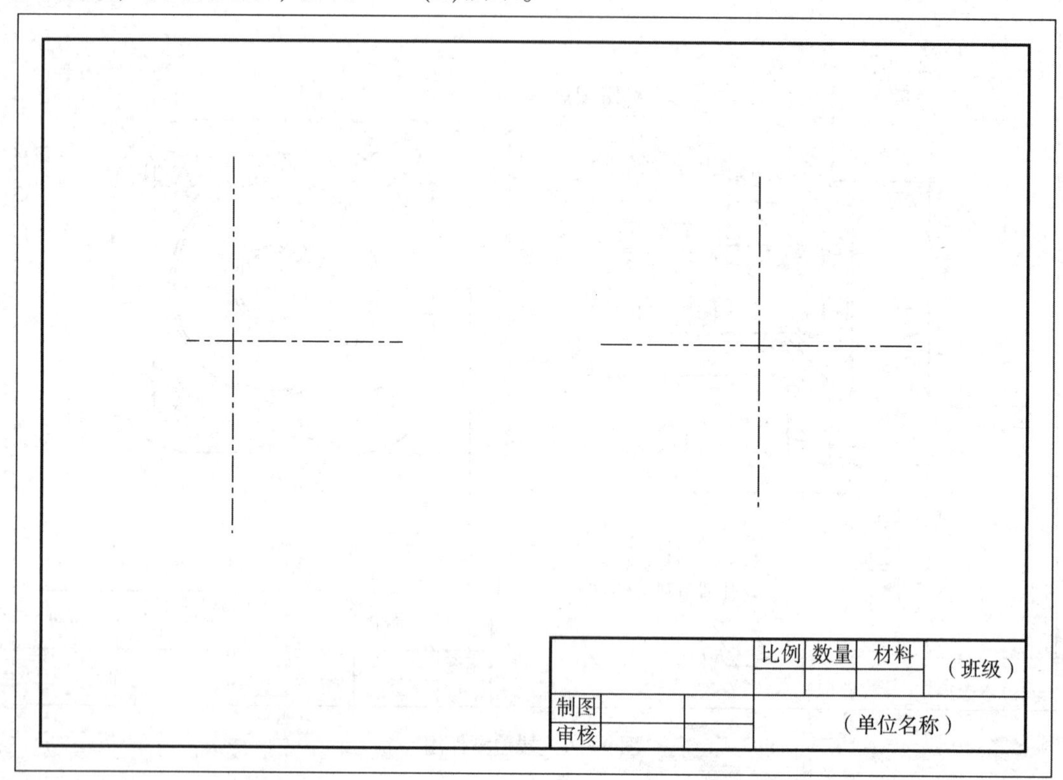

(a)

图 9-17　端盖零件绘图过程

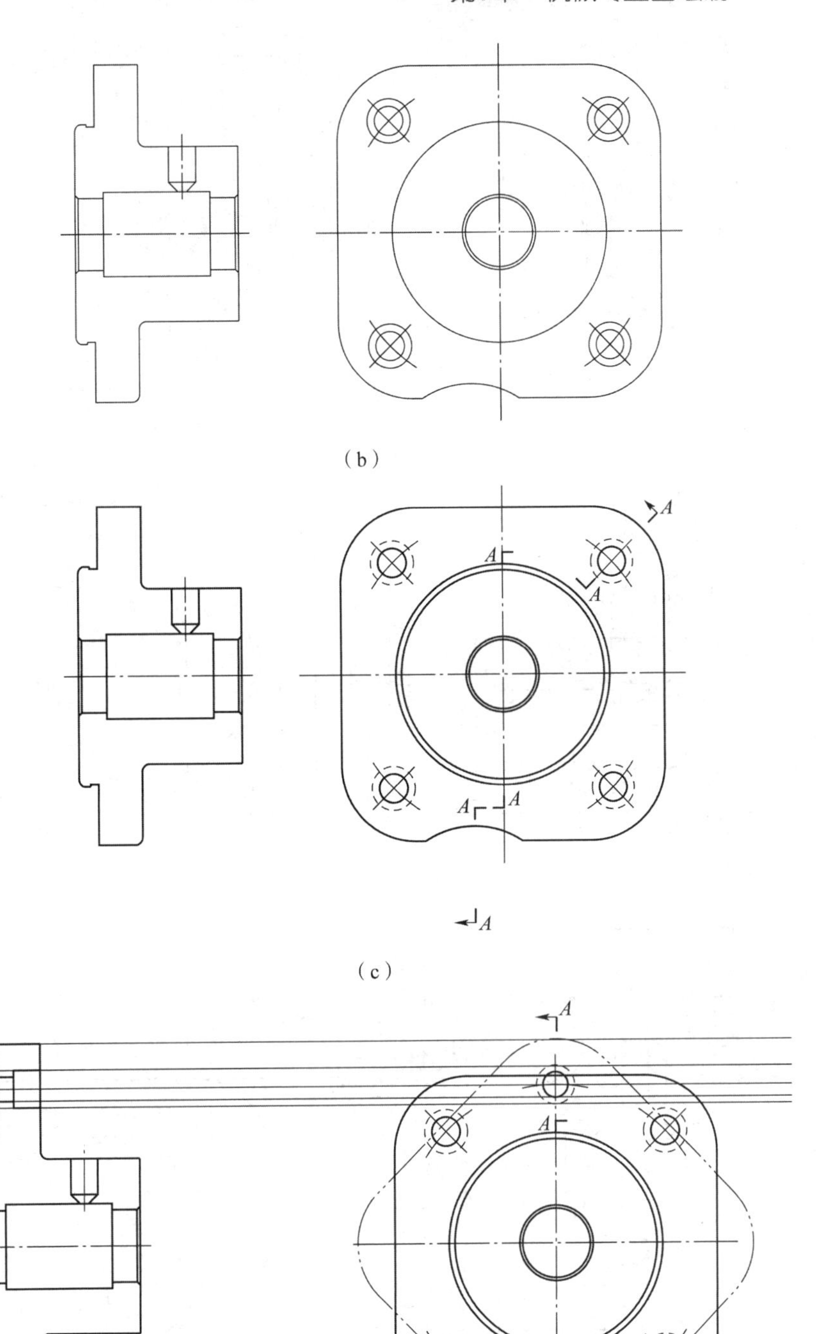

图 9-17　端盖零件绘图过程(续)

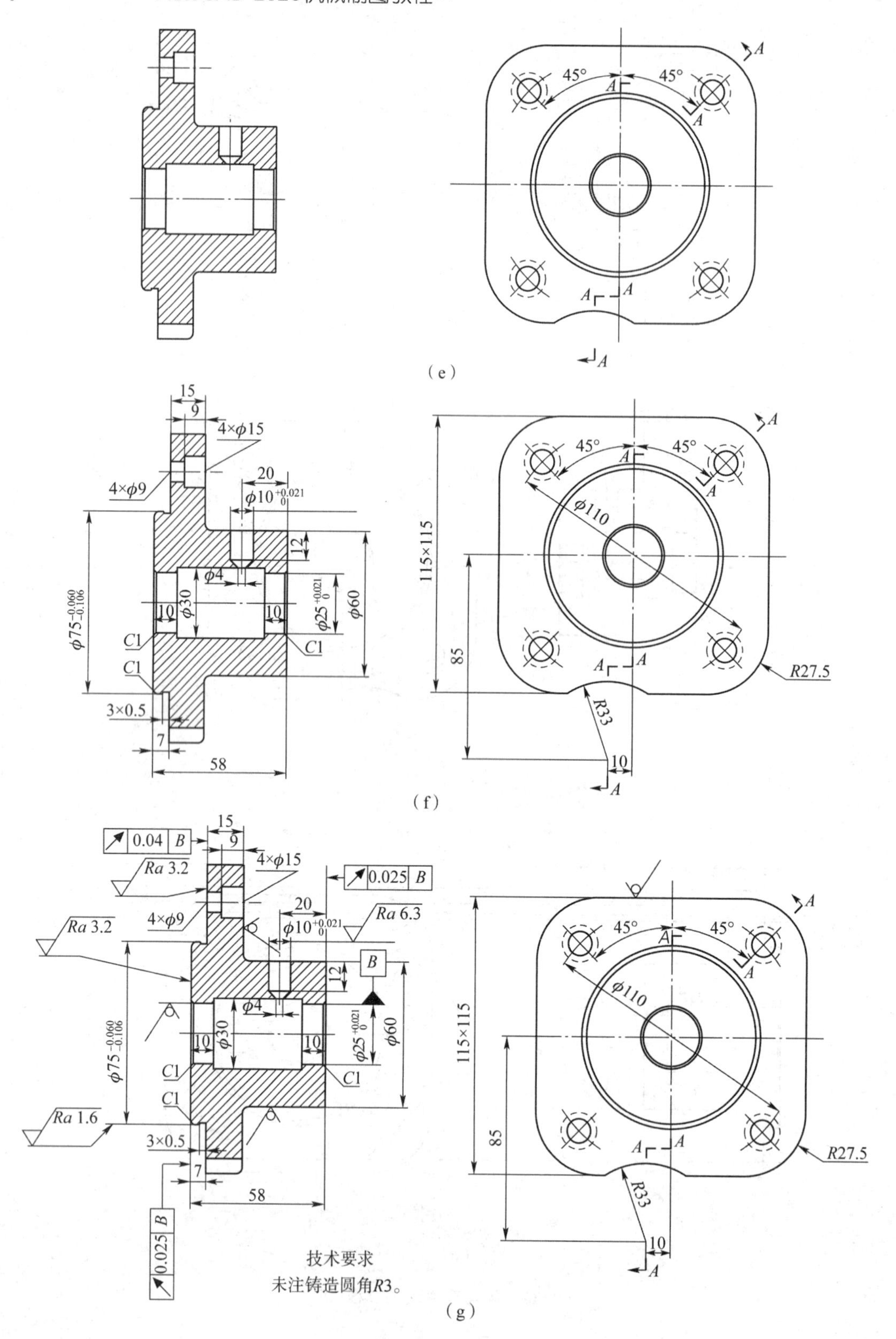

图 9-17　端盖零件绘图过程(续)

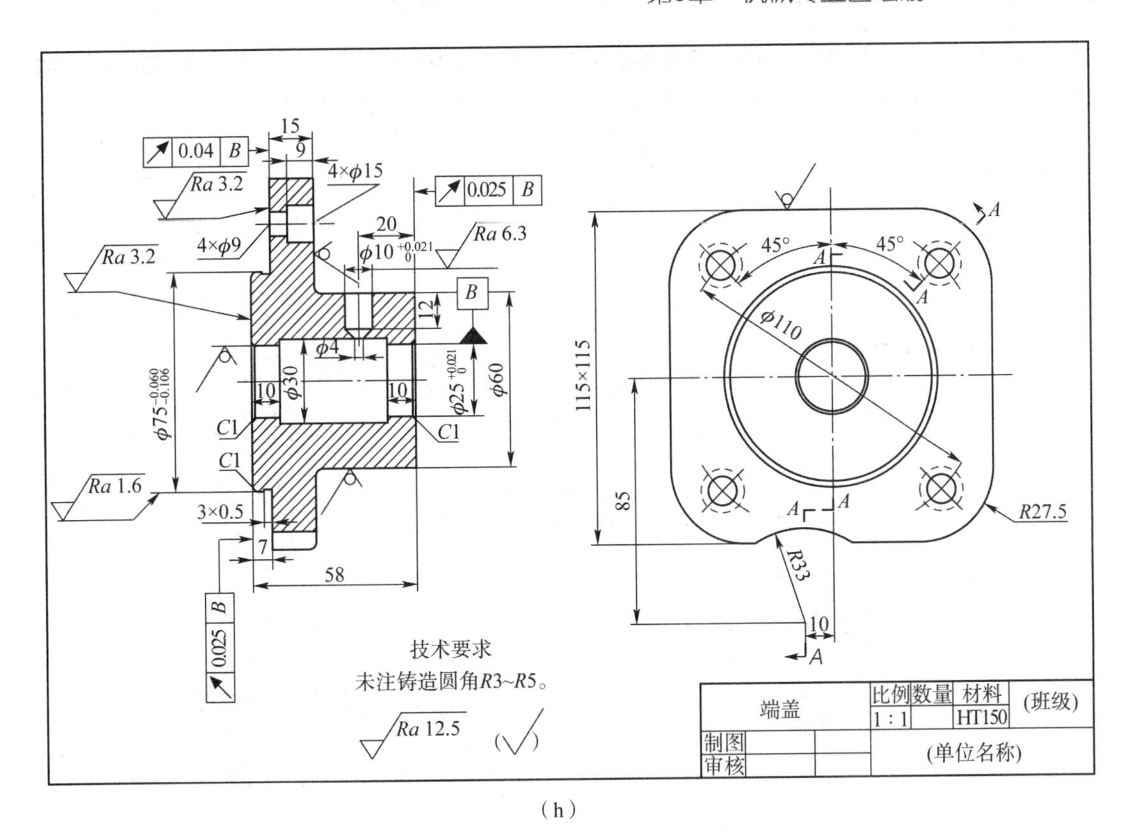

（h）

图 9-17　端盖零件绘图过程(续)

(a)绘制主视图与左视图的定位线；(b)绘制主视图与左视图的外轮廓线；(c)绘制剖切符号；
(d)绘制主视图的阶梯孔；(e)绘制剖面线；(f)标注基本尺寸及公差尺寸；(g)标注表面粗糙度；
(h)规范图纸，填写标题栏

☆ 提示：绘制相交剖切面的剖视图时，倾斜的剖切面必须旋转到与选定的投影面平行后再投射画出，使被剖开的结构投影反映实形。但在剖切平面后的其他结构一般应按原来的位置投射画出。

9.6　绘制叉架类零件图

叉架类零件包括拨叉、连杆和支座等，起支承、传动、连接等作用，其内、外形状复杂，加工位置和工作位置多变，多经铸锻加工而成。其一部分功能用于固定自身结构，另一部分功能用于支持其他零件的工作结构，中间多是断面有变化的肋板结构，形状弯曲、曲率半径各异，扭转较多，支承部分和工作部分多有油槽、螺孔、沉孔等结构。在这些零件上一般有孔、螺孔凹坑和油槽等结构。

叉架类零件一般以工作位置作为零件在图样中的安放位置，并根据其形状特征确定主视图的投射方向，主视图一般应能明显地反映零件的固定部分和工作部分；常采用断面图表达连接部分肋板的形状；采用局部视图、剖视图表达一些孔、安装面等结构。

【例 9-3】 绘制图 9-18 所示的拨叉零件图。

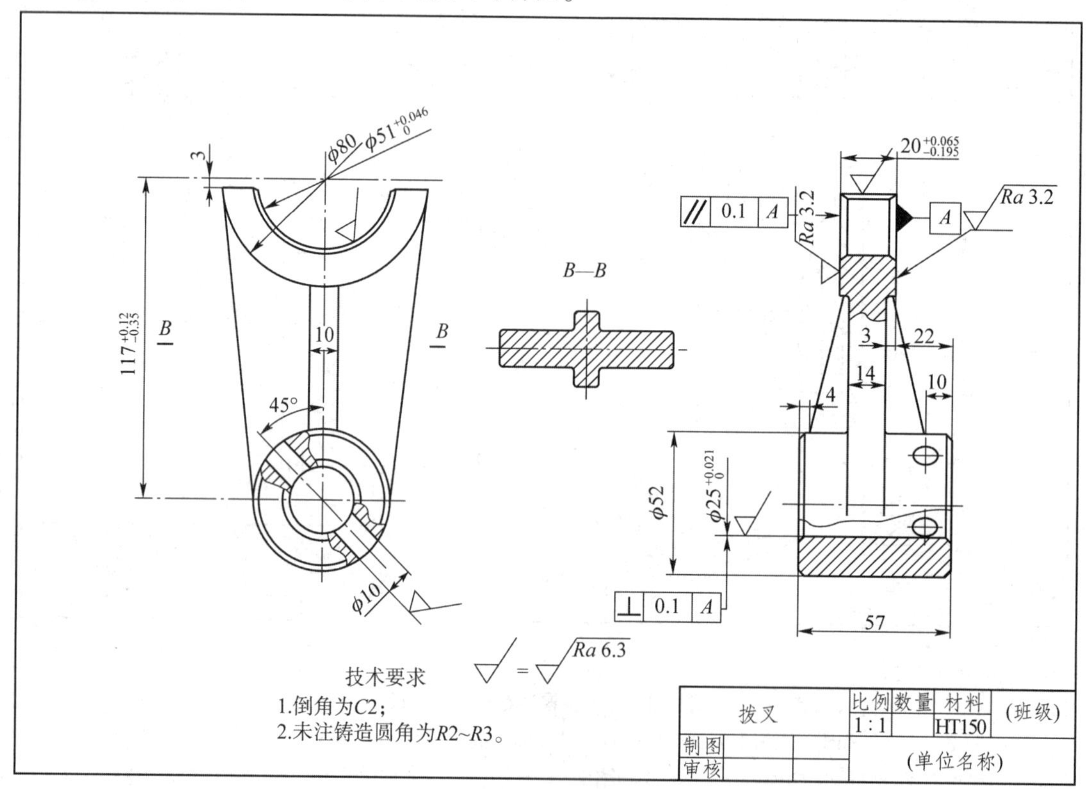

图 9-18 拨叉零件图

解 (1)根据图形大小确定图幅，采用 1∶1 的比例，选择横放 A3 样板图。

(2)绘制主视图与左视图的定位线。打开点画线图层，确定布局，运用【直线】命令绘制定位线，运用极轴夹角辅助绘制主视图通孔定位线，如图 9-19(a)所示。

(3)绘制主视图和左视图的外轮廓线。打开粗实线图层，运用【圆】【直线】等命令绘制主视图和左视图，运用【偏移】【镜像】等命令修改图线完成两个视图外轮廓线的绘制，如图 9-19(b)所示。

(4)添加倒角、圆角和圆孔。先运用【倒角】【圆角】命令，然后运用【直线】【圆】等命令绘制倒角后形成的投影线，运用【椭圆】命令绘制圆孔的左视图投影，如图 9-19(c)所示。

(5)绘制剖切符号。运用【样条曲线】命令绘制局部剖视图的波浪线；绘制 *B—B* 断面图时，注意运用构造线确定剖切位置，绘制移出断面图，标注剖切符号，如图 9-19(d)所示。

(6)绘制剖面线。确定剖面区域，运用【图案填充】命令填充剖面线，将 *B—B* 断面图的位置调整到适当的位置，如图 9-19(e)所示。

(7)标注基本尺寸、公差尺寸和表面粗糙度。按照零件图要求，设置基本标注样式为当前样式，利用【线性标注】【半径标注】【直径标注】和【公差标注】等命令标注拨叉的公称尺寸；调用样板文件中【块】→【表面粗糙度】(若未创建，可绘制表面粗糙度符号，直接运用【复制】命令，重复使用)，调整位置，修改表面粗糙度值，根据图形要求标注，如图 9-19(f)所示。

(8)规范图纸，填写标题栏。调整图形位置，进一步规范尺寸标注使其符合国家制图标准规定，填写标题栏，如图 9-19(g)所示。

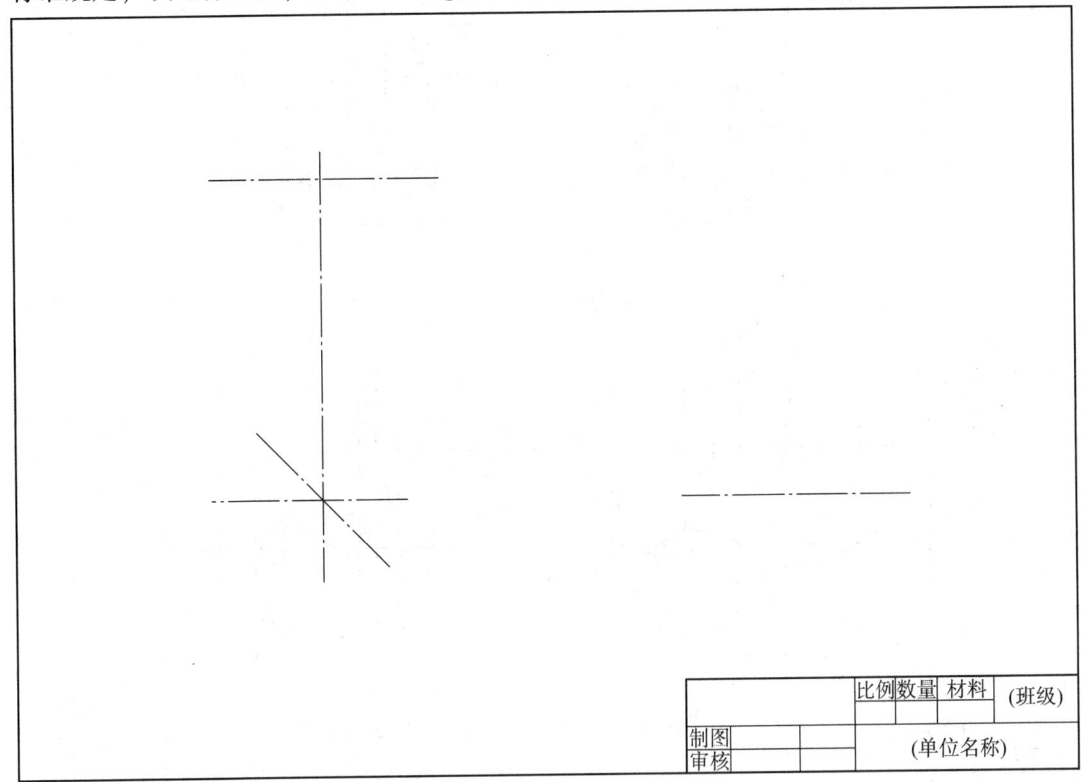

(a)

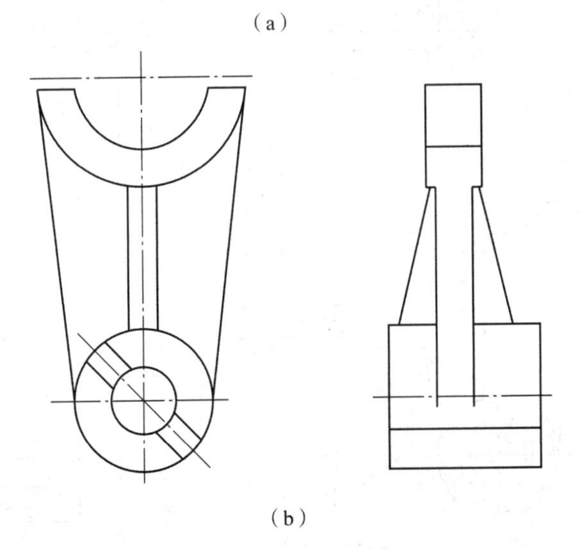

(b)

图 9-19　拨叉零件绘图过程

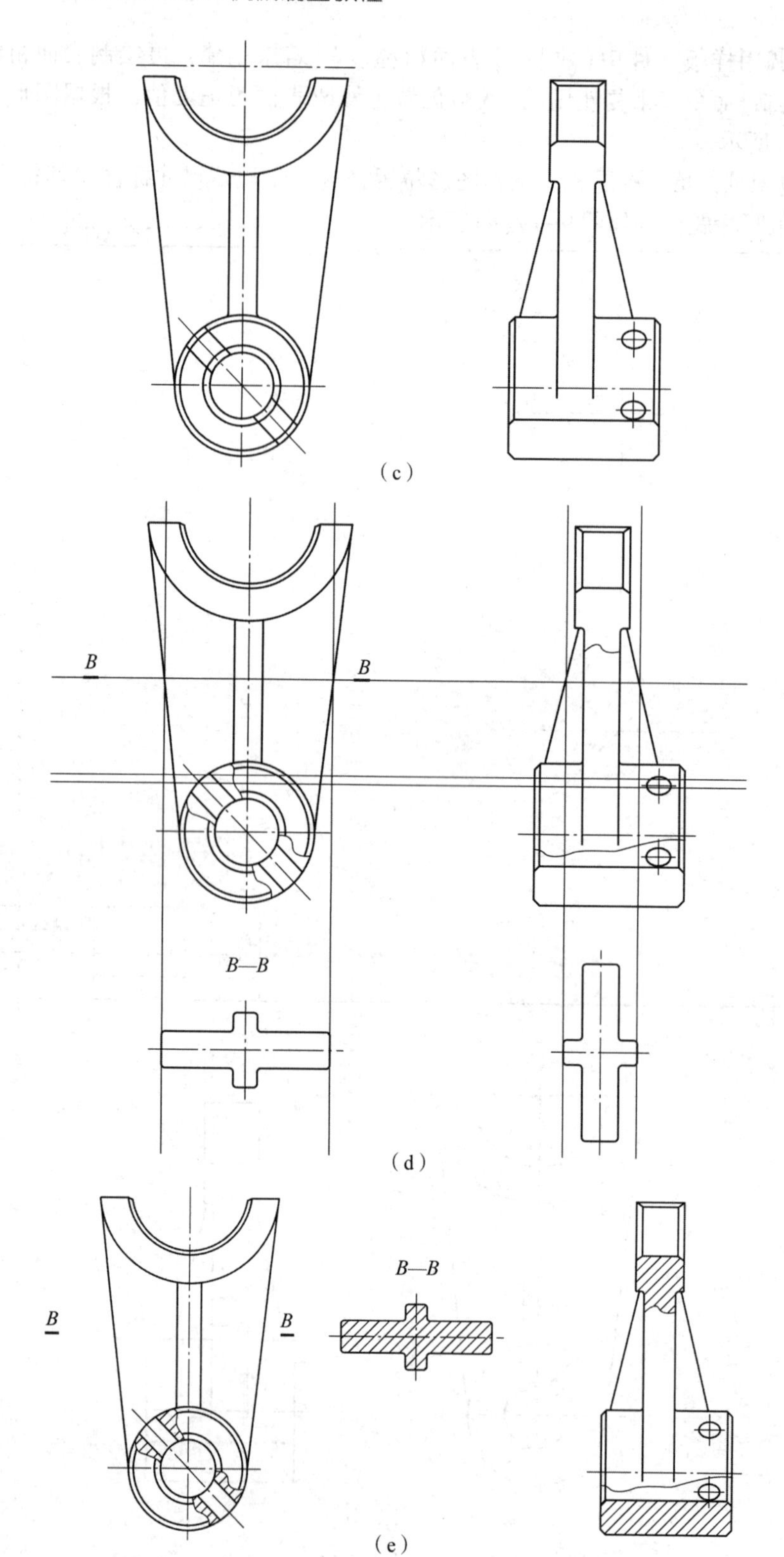

图 9-19　拨叉零件绘图过程(续)

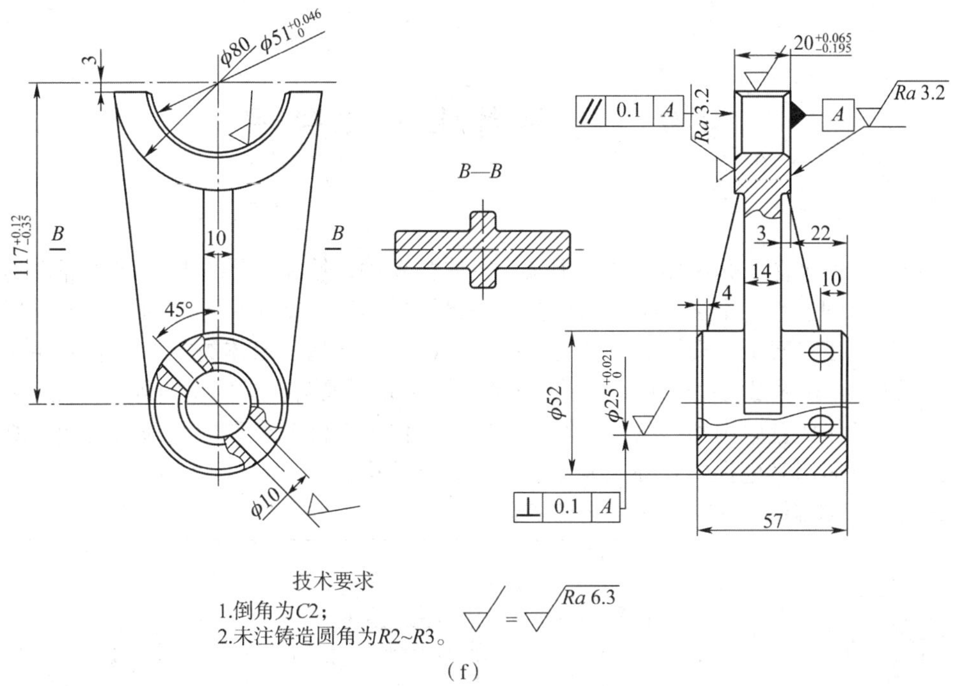

(f)

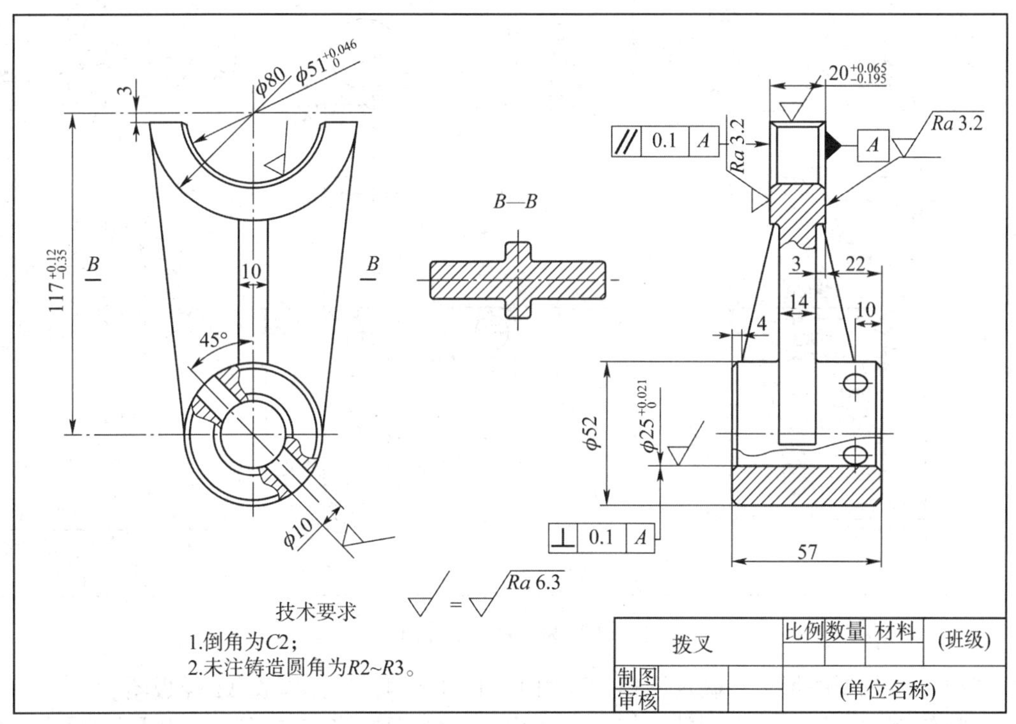

(g)

图9-19　拨叉零件绘图过程(续)

(a)绘制主视图与左视图的定位线；(b)绘制主视图和左视图的外轮廓线；(c)添加倒角、圆角和圆孔；(d)绘制剖切符号；(e)绘制剖面线；(f)标注基本尺寸、公差尺寸和表面粗糙度；(g)规范图纸，填写标题栏

9.7 绘制箱体类零件图

各种阀体、泵体、减速器箱体等都属于箱体类零件。箱体类零件是机器或部件的主要零件之一，起到支承、定位、密封和保护内部机构的作用。箱体类零件的内外结构形状都较复杂，其上多有底板、安装孔、螺孔、肋板、凸台等结构。箱体类零件一般需要 3 个或 3 个以上的基本视图以及一些灵活的表达方法(如局部剖视图、局部视图等)来表达。主视图主要考虑工作位置原则和形状特征原则。因为箱体类零件外形和内腔都很复杂，所以除主视图外，还需用其他视图来补充表达尚未清楚的结构。

【**例 9-4**】绘制图 9-20 所示的箱体零件图。

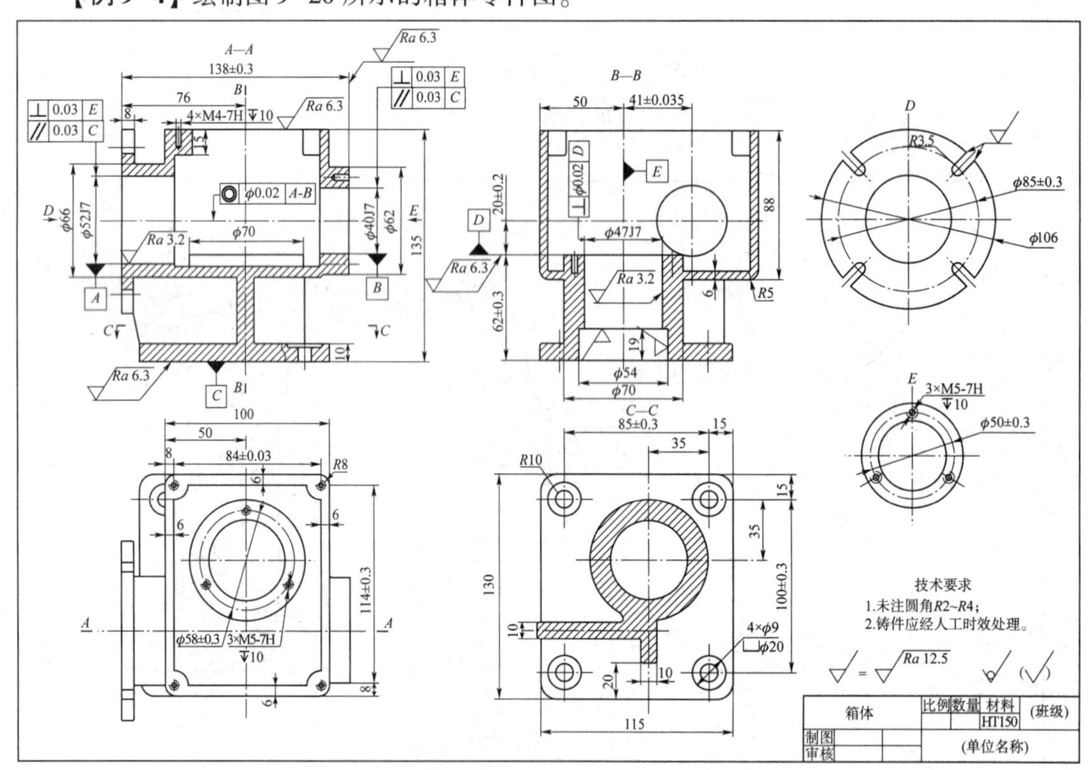

图 9-20 箱体零件图

解 (1)根据图形大小确定图幅，采用 1∶1 的比例，选择横放 A1 样板图。

(2)绘制主、俯、左视图的定位线。打开点画线图层，确定布局，运用【直线】命令绘制定位线，如图 9-21(a)所示。

(3)绘制主视图和俯视图的外轮廓线。打开粗实线图层，主要运用【直线】等命令绘制主视图和俯视图，运用【构造线】命令实现长度对正，运用【偏移】【镜像】等命令修改图线完成两视图外轮廓线的绘制，如图 9-21(b)所示。

(4)绘制左视图。为实现宽度相等，将俯视图复制后并旋转放置在左视图下方，绘制构造线实现宽度相等和高度平齐；主要运用【直线】等命令绘制左视图，运用【偏移】【镜像】等命令修改图线完成左视图外轮廓线的绘制，如图9-21(c)所示。

(5)完善主、俯、左视图。运用【直线】【圆】等命令绘制视图内部结构，运用【倒角】【圆角】【偏移】等编辑命令修改图线，如图9-21(d)所示。

(6)绘制 D 向视图。根据图形要求，运用【直线】【圆】等命令绘制 D 向视图定位线及外轮廓线，运用【阵列】【修剪】等命令修改图线完成 D 向视图绘制，如图9-21(e)所示。

(7)绘制 E 向视图。根据图形要求，运用【直线】【圆】等命令绘制 E 向视图定位线及外轮廓线，运用【阵列】【修剪】【偏移】等命令修改图线完成 E 向视图绘制，如图9-21(f)所示。

(8)确定剖切位置、填充剖面线。根据图形要求，标注剖面符号，运用【样条曲线】命令绘制主视图中的锪平孔局部剖切时波浪线，运用【图案填充】命令填充剖面线，如图9-21(g)所示。

(9)标注基本尺寸、公差尺寸和表面粗糙度。按照零件图要求，设置基本标注样式为当前样式，利用【线性标注】【半径标注】【直径标注】和【公差标注】等命令标注箱体的公称尺寸和公差；调用样板文件中【块】→【表面粗糙度】(若未创建，可绘制表面粗糙度符号，直接运用【复制】命令，重复使用)，调整位置，修改表面粗糙度值，根据图形要求进行标注，如图9-21(h)所示。

(10)规范图纸，填写标题栏。调整图形位置，进一步规范尺寸标注使其符合国家制图标准规定，填写标题栏，如图9-21(i)所示。

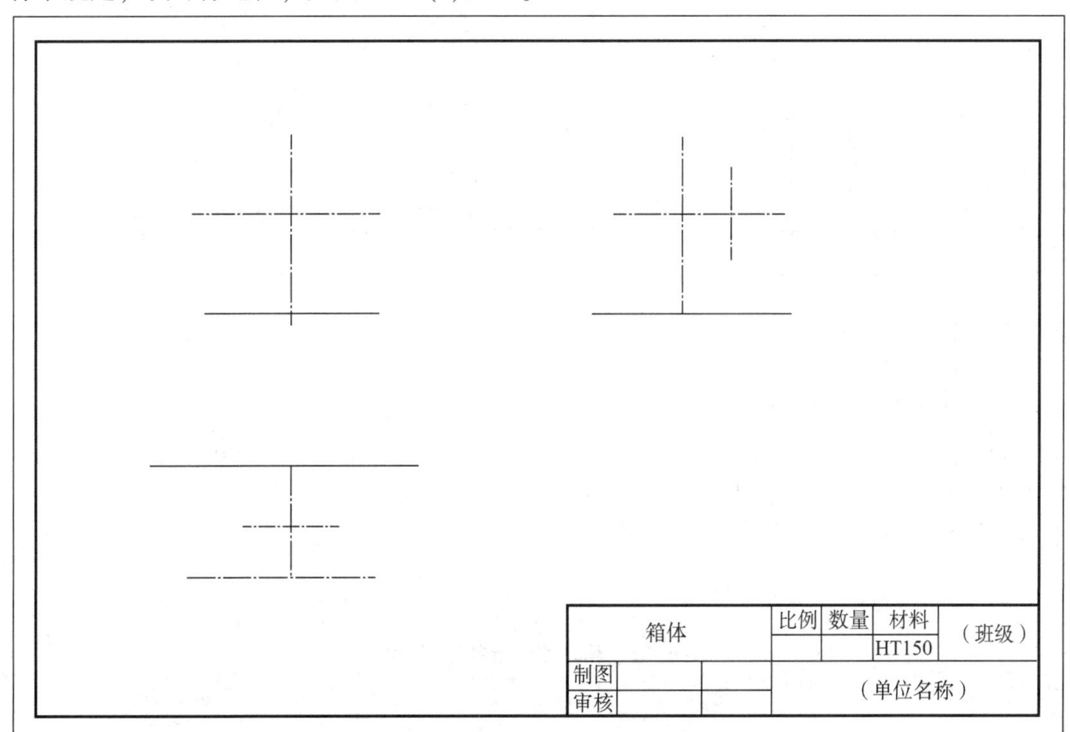

(a)

图9-21　箱体零件绘制过程

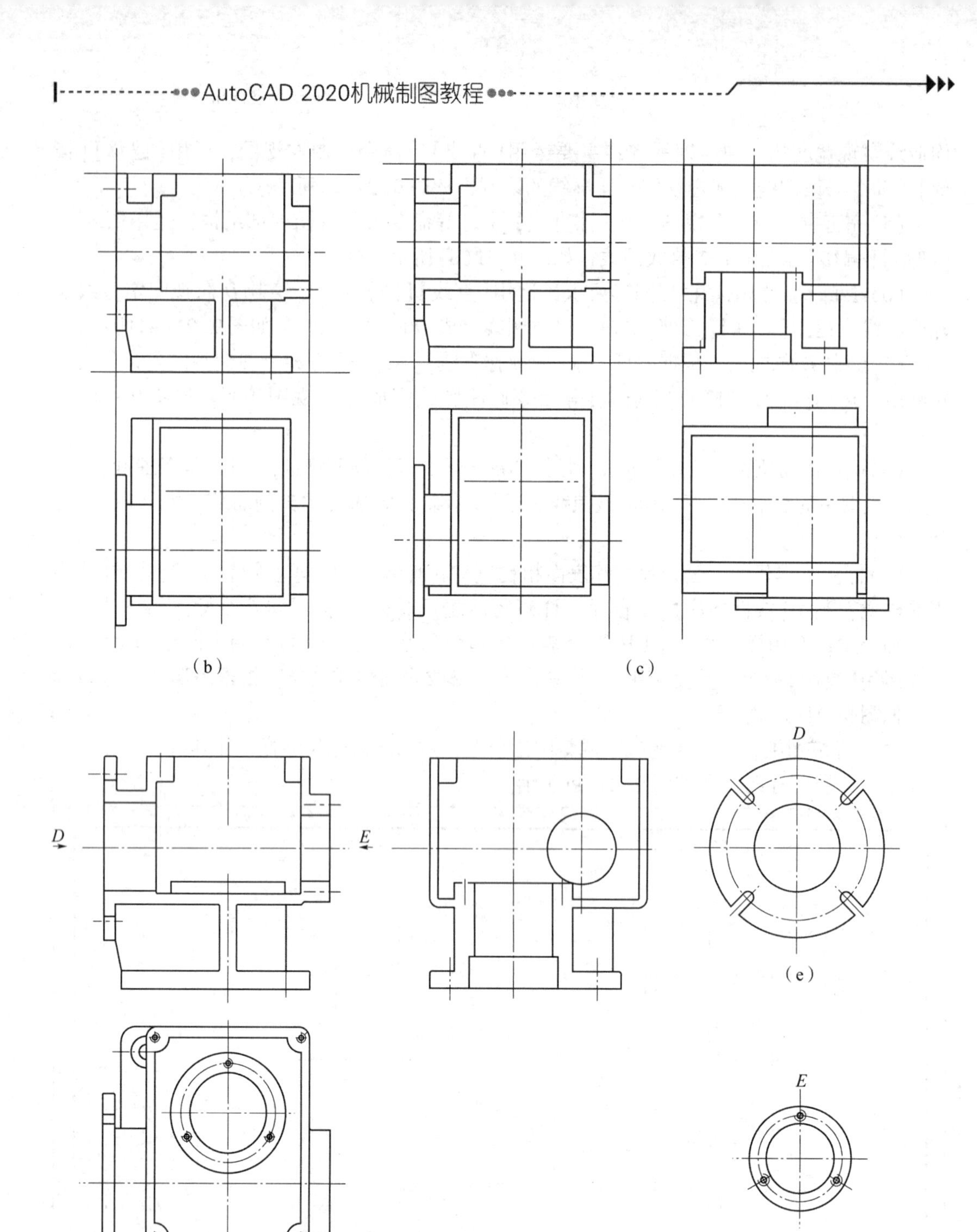

图 9-21　箱体零件绘制过程(续)

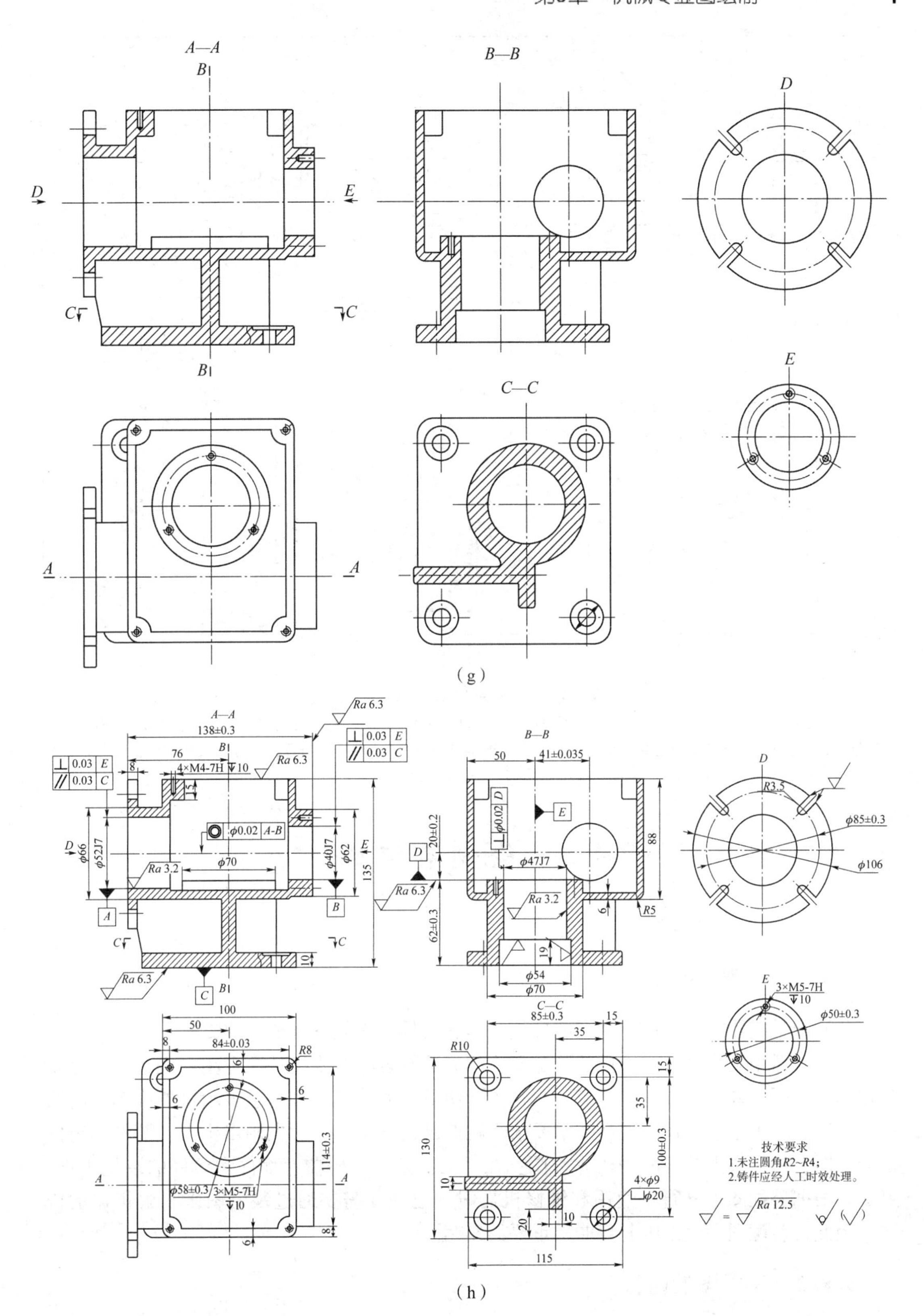

图 9-21　箱体零件绘制过程(续)

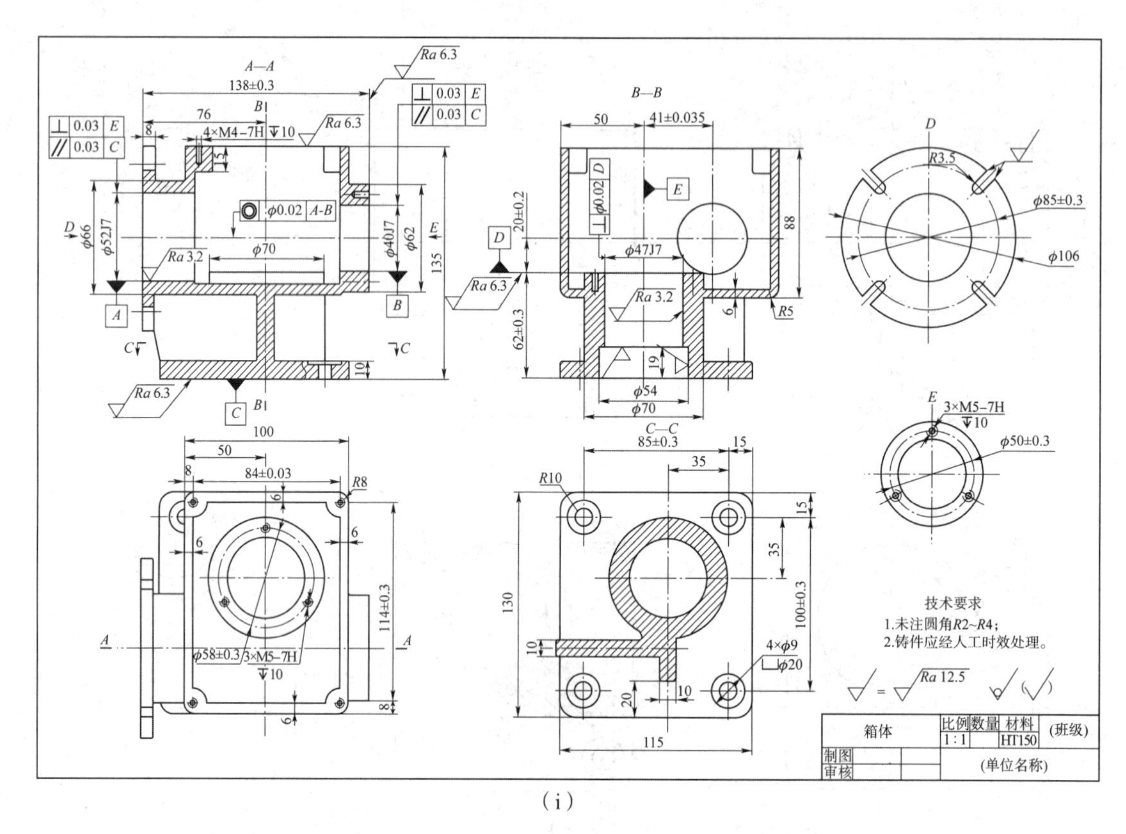

(i)

图 9-21　箱体零件绘制过程(续)

(a)绘制定位线；(b)绘制主、俯视图的外轮廓线；(c)绘制左视图；(d)完善主、俯、左视图；(e)绘制 *D* 向视图；(f)绘制 *E* 向视图；(g)确定剖切位置，填充剖面线；(h)确定剖切位置，标注剖面符号；(i)调整图形位置，填写标题栏

9.8　绘制装配图

9.8.1　装配图的作用

装配图是机器或部件设计意图的反映，是进行技术交流不可缺少的资料。

表达机器中某个部件或组件的装配图，称为部件装配图或组件装配图。表达一台完整机器的装配图，称为总装配图。装配图是生产中重要的技术文件，它表示机器或部件的结构形状、装配关系、工作原理和技术要求。在产品设计中，一般先画出机器、部件和组件的装配图，然后根据装配图画出零件图；在产品制造中，机器、部件和组件的装配工作，都必须根据装配图来进行；使用和维修机器时，也往往需要通过装配图来了解机器的构造。因此，装配图在生产中起着非常重要的作用。

9.8.2　装配图的内容

图 9-22 是千斤顶的装配图，从中可以看出一张装配图应包含以下内容。

1. 一组视图

装配图中的视图用于表达各组成零件的相互位置和装配关系以及机器或部件的工作原理和结构特点。前面学过的各种基本的表达方法都可以用来表达装配体。

2. 必要的尺寸

必要的尺寸包括反映机器或部件的性能、规格的尺寸，零件之间的装配关系的尺寸，以及机器或部件的外形尺寸、安装尺寸和其他重要尺寸。

3. 技术要求

技术要求包括有关机器或部件的装配、安装、调试、使用方面的要求和应达到的技术指标，一般用文字写出。

4. 零件的序号、明细栏和标题栏

在装配图中，应对每个不同零部件编序号，并在明细栏中填写序号、代号、名称、数量、材料、备注等内容。标题栏中应填写机器或部件的名称、比例、图号及设计、审核等人员的签名。

9. 8. 3　用 AutoCAD 绘制装配图

AutoCAD 没有提供绘制装配图的专用命令，只要掌握了机械工程图样识绘知识和 AutoCAD 绘图方法就可以绘制装配图。

绘制装配图主要有 2 种方法：一是直接绘制装配图，此方法类似传统的绘制装配图的顺序，即依次绘制各组成零件在装配图中的投影；二是采用拼装法绘制装配图，即先绘制出零件图，再将每个零件复制到装配图中进行拼装，最后修剪掉装配后被遮挡的图线。本节主要介绍采用拼装法绘制装配图，其操作过程如下。

1. 设置绘图环境

在绘图前应当进行必要的设置，如设置绘图单位、图幅大小、图层线型、线宽、颜色、字体格式和尺寸格式等，尽量选择 1 : 1 的比例。

2. 根据零件草图、装配示意图绘制各零件图

可以按〈Ctrl+C〉键将零件图直接复制至装配图中，也可将每个零件以块形式保存，使用【外部块】命令插入到装配图中。

3. 绘制装配干线

绘制装配图要以装配干线为单元进行拼装(如果装配图中有多条装配干线，则先拼装主要装配干线，再拼装次要装配干线)。相应视图按投影规律一起进行绘制。同一装配干线上的零件要按实际装配关系确定拼装顺序。若直接拼装，插入后，需要剪断不可见的线段；若以块插入零件，则在使用【修剪】命令前，先分解插入的块再进行剪切。

4. 检查

根据零件之间的装配关系检查各零件的尺寸是否有干涉现象。

5. 标准化图纸

根据需要对图形进行缩放，布局排版，然后根据具体的尺寸样式标注尺寸，最后完成

标题栏和明细表的填写，完成装配图的绘制。

☆ 提示：

①装配图中，零件间的接触面和两零件的配合表面都只画一条线。不接触或不配合的表面，即使间隙很小，也应画成两条线。

②相邻两个或多个零件的剖面线应有区别，或者方向相反，或者方向一致但间隔不等，相互错开。同一装配图中，同一零件的所有剖视图、断面图中剖面线方向和间隔必须一致，这样有利于找出同一零件的各个视图，想象其形状和装配关系。

③在装配图中，对于紧固件和实心的轴、连杆、球、手柄、键等零件，若按纵向剖切，且剖切平面通过其对称平面或轴线时，这些零件均按不剖绘制；如需要表明零件的凹槽、键槽、销孔等构造，则可用局部剖视图表示。

④若干相同的零、部件组，如螺栓连接等，可详细地画出一组，其余只表示出其装配位置(用螺栓、螺钉的轴线或对称中心线表示)即可。

【例 9-5】绘制图 9-22 所示的千斤顶装配图。

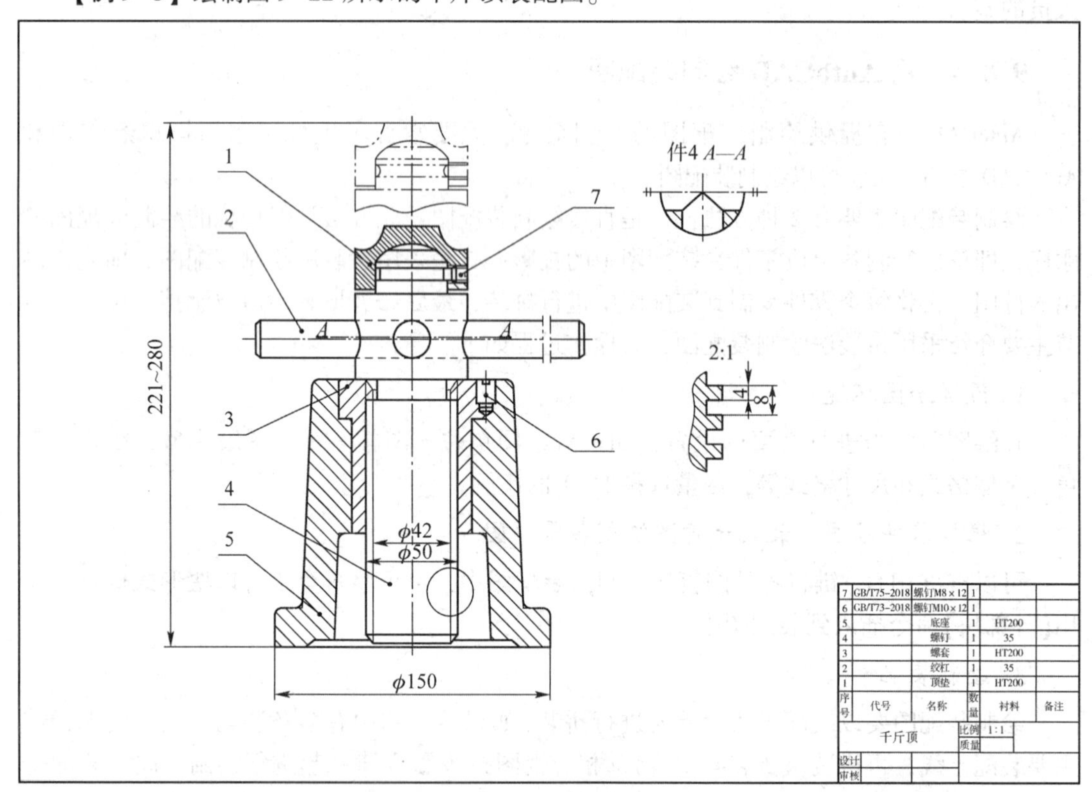

图 9-22　千斤顶装配图

解　(1)分析千斤顶工作原理。

千斤顶是利用螺旋转动来顶举重物的一种起重或顶压工具，常用于汽车修理及机械安装中，如图 9-23 所示。工作时，重物压于顶垫之上，将绞杠穿入螺旋杆上部的孔中，旋动绞杠，因底座及螺套不动，则螺旋杆在作圆周运动的同时，靠螺纹的配合作上、下移动，从而顶起或放下重物。螺套镶在底座里，并用螺钉定位，便于磨损后更换；顶垫套在螺旋杆顶部，其球面形成传递承重之配合面，由螺钉锁定，使其不至脱落且能与螺旋杆相对转动。

(2)分析图形特点，确定绘制过程。

千斤顶由底座、螺杆、螺套、顶垫、绞杠及两种标准螺钉 7 个零件组成，按照规定的位置要求组装在一起，绘制装配图中的零件编号，编写零件明细表。

图形绘制总体过程为：创建新文件图形，命名为“千斤顶装配图 . dwg”。然后分别复制 5 张零件图需装配在一起的视图部分，将零件粘贴到“皮带轮装配图 . dwg”中。由于螺钉为标准件，不需要绘制零件图，因此查找技术文件绘制螺钉 M8×12、螺钉 M10×12 在装配中所需的图形，按照规定的位置要求装配在一起，并删除多余的线条，为每个零件编号，编写零件明细表。所使用的命令有【复制】【粘贴】【移动】【删除】等。

(3)操作步骤。

①利用【复制】【粘贴】功能把零件图插入装配图中，并按规定位置装配起来。

②绘制 5 个零件图，分别如图 9-24 ~ 图 9-28 所示，文件名分别是“底座 . dwg”“螺套 . dwg”“螺杆 . dwg”“绞杠 . dwg”和“顶垫 . dwg”。

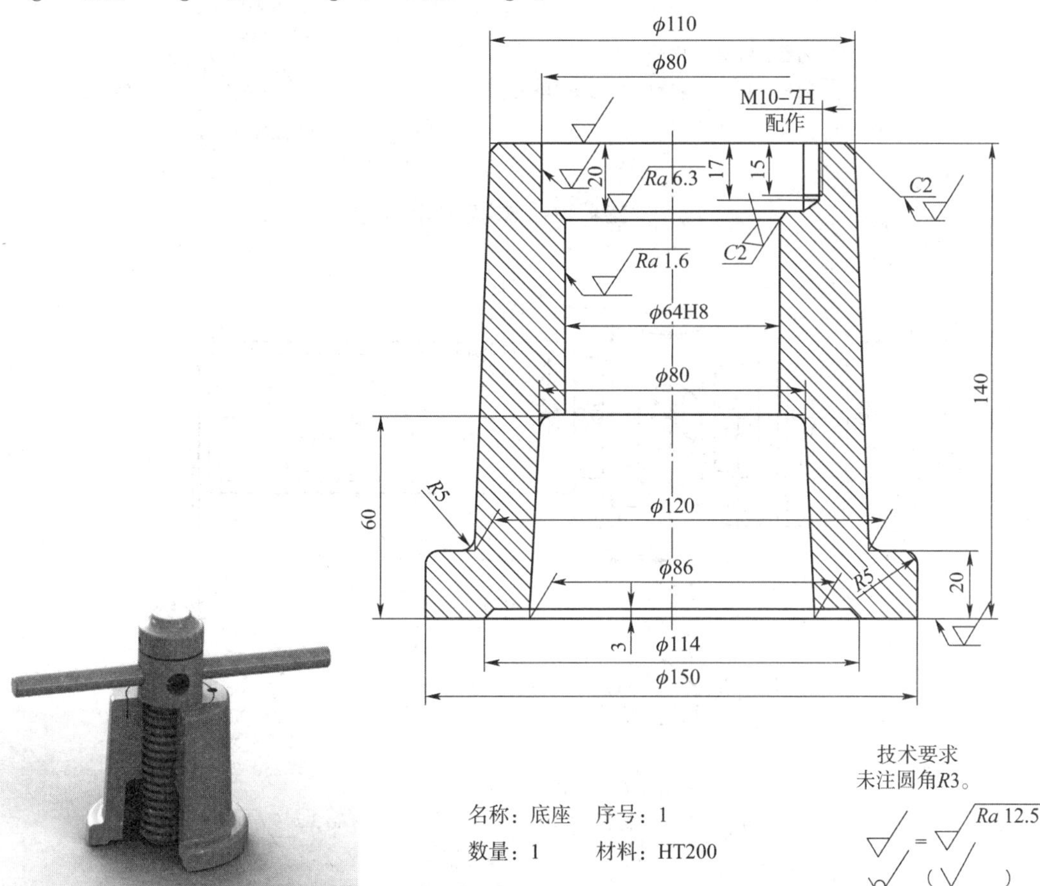

图 9-23 千斤顶

图 9-24 底座零件图

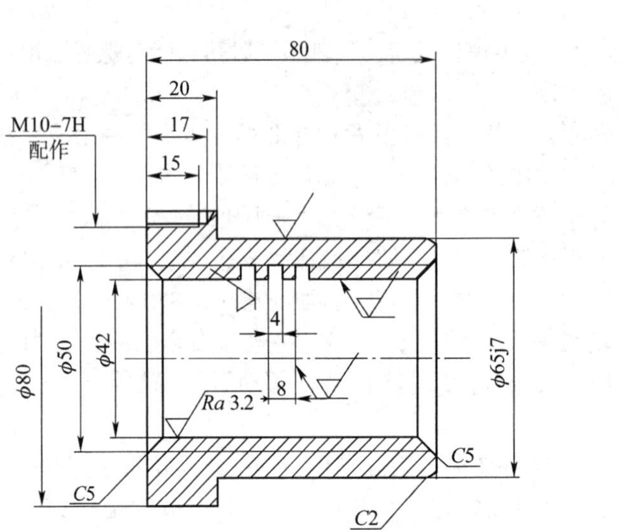

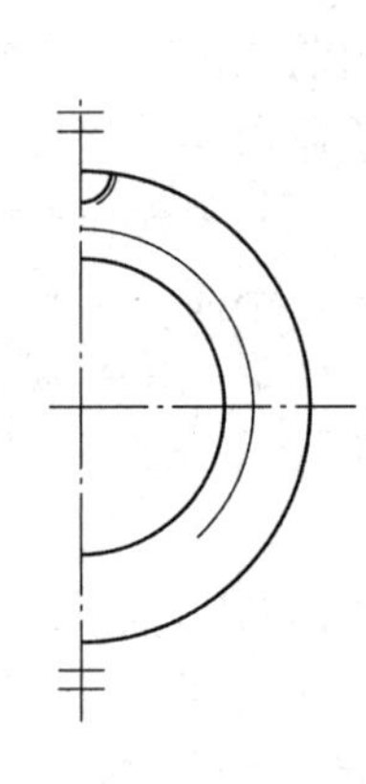

技术要求
锐边倒角C1。

名称：螺套　序号：2
数量：1　　材料：ZCuAL10Fe$_3$

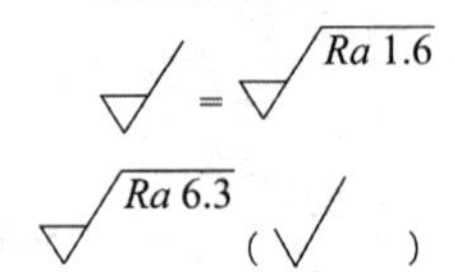

图 9-25　螺套零件图

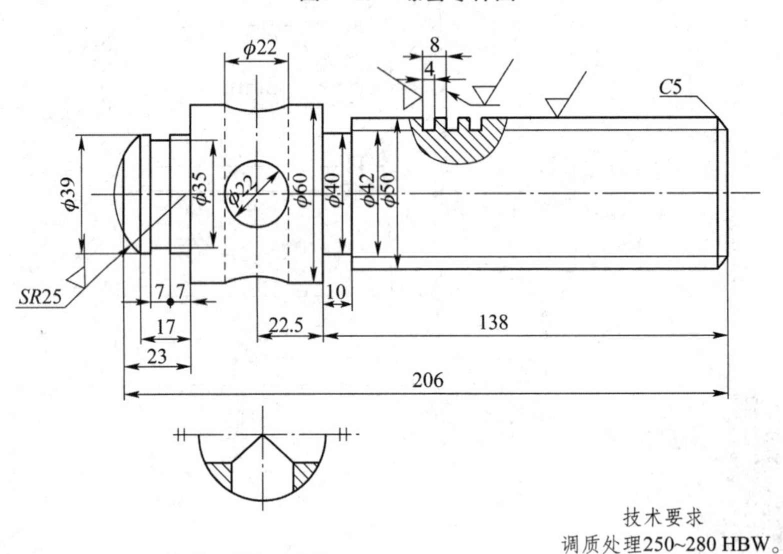

技术要求
调质处理250~280 HBW。

名称：螺杆　序号：3
数量：1　　材料：35

= Ra 3.2　Ra 6.3　( )

图 9-26　螺杆零件图

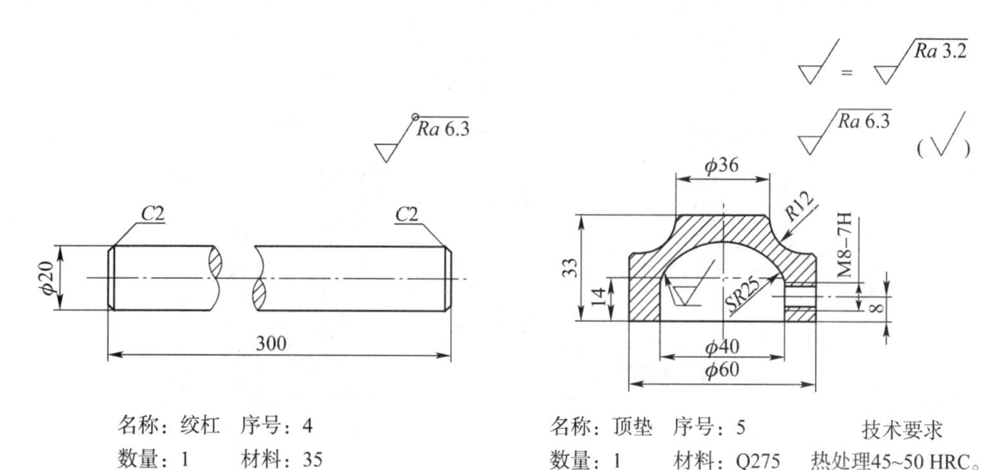

图 9-27　绞杠零件图　　　　**图 9-28　顶垫零件图**

③创建新图形文件，文件名为“千斤顶装配图 . dwg”。

④选择样板图。根据装配图尺寸，按 1 : 1 的比例绘制，选择 A2 样板图。

⑤复制“底座”粘贴在装配图中，删除尺寸等多余标注，如图 9-29 所示。

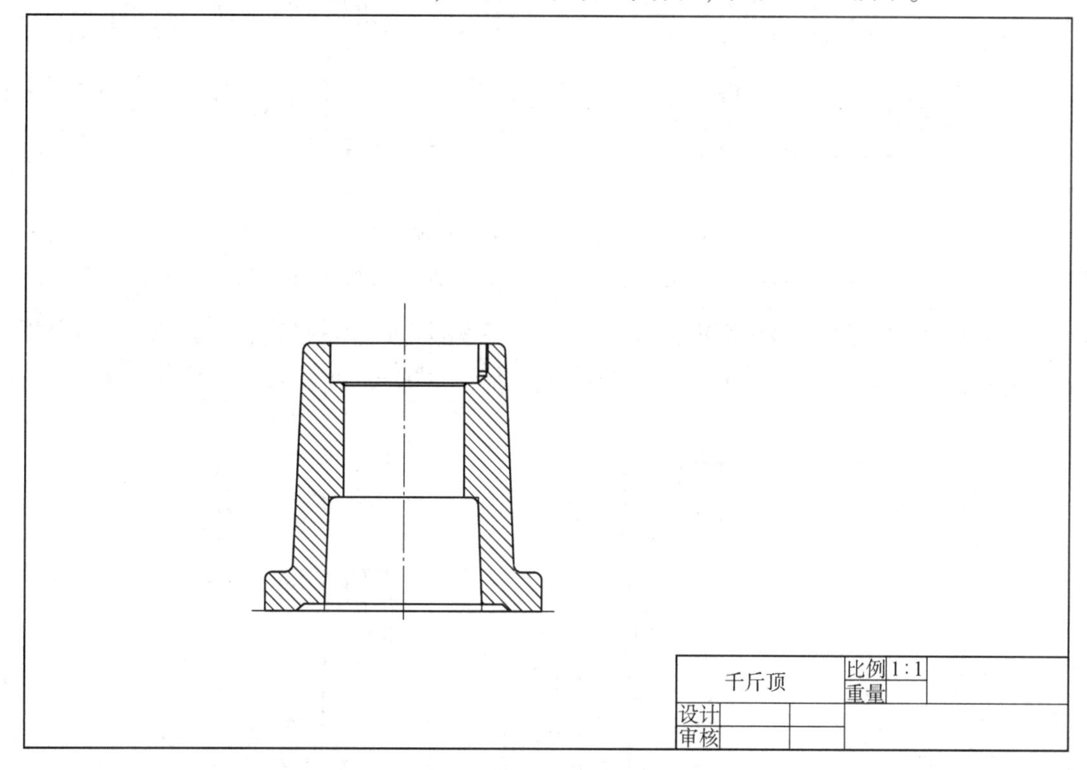

图 9-29　插入“底座”至装配图

⑥复制“螺套”粘贴在装配图中，删除尺寸等多余标注，运用【旋转】【移动】命令，选择螺套 N 点作为基点与底座 M 点重合，删除被遮挡的图线，完成底座与螺套的装配，如图 9-30 所示。

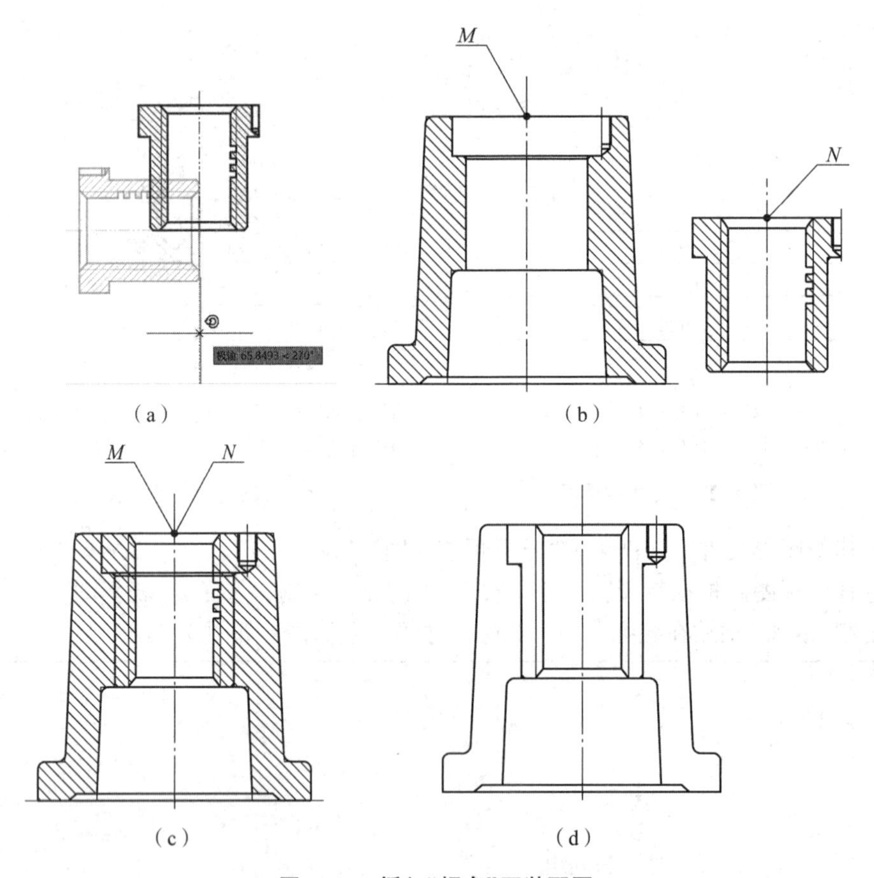

图 9-30　插入“螺套”至装配图

(a)旋转螺套；(b)选定重合点；(c)修改图形前；(d)删除多余线条

⑦复制“螺杆”粘贴在装配图中，删除尺寸等多余标注，运用【旋转】【移动】命令，选择螺套 O 点作为基点与底座 M 点重合，删除被遮挡的图线，完成螺杆的装配，如图 9-31 所示。

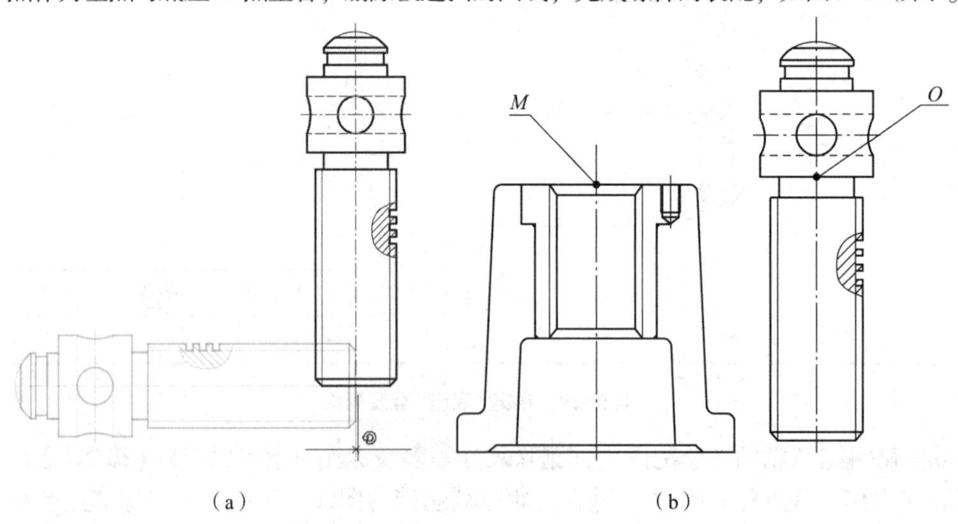

图 9-31　插入“螺杆”至装配图

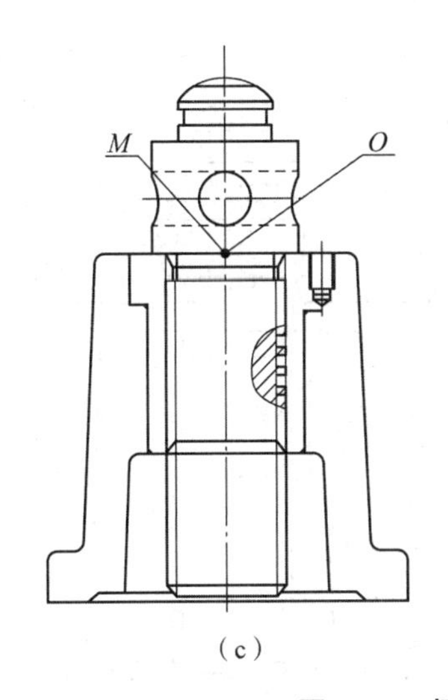

(c)

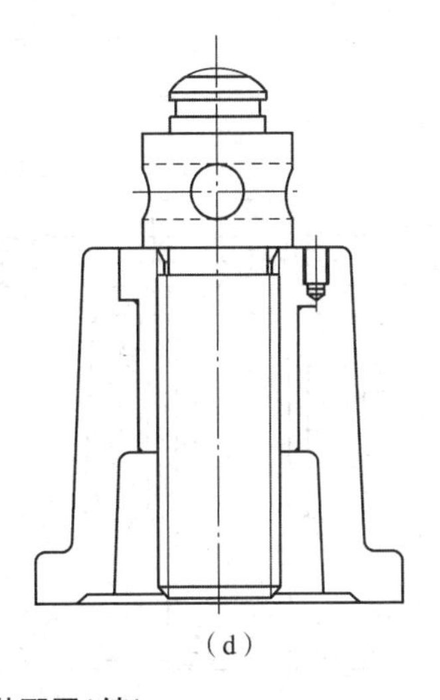
(d)

图 9-31　插入“螺杆”至装配图(续)

(a)旋转螺杆；(b)选定重合点；(c)修改图形前；(d)删除多余线条

⑧复制“绞杠”粘贴在装配图中，删除尺寸等多余标注，运用【移动】命令，选择绞杠 Q 点作为基点与螺杆 P 点重合，删除被遮挡的图线，完成绞杠的装配，如图 9-32 所示。

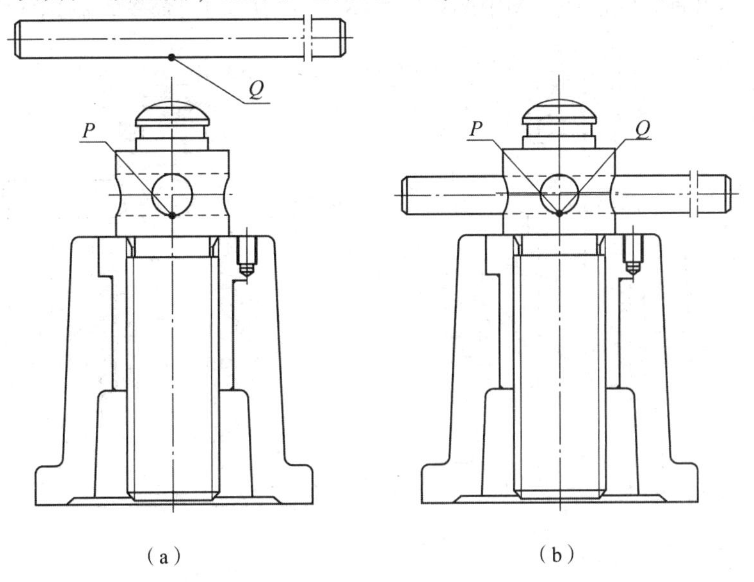

(a)　　(b)

图 9-32　插入“绞杠”至装配图

(a)选择“绞杠”插入点；(b)删除多余线条

⑨复制“顶垫”粘贴在装配图中，删除尺寸等多余标注，运用【移动】命令，选择顶垫 S 点作为基点与螺杆 R 点重合，删除被遮挡的图线，完成顶垫的装配，如图 9-33 所示。

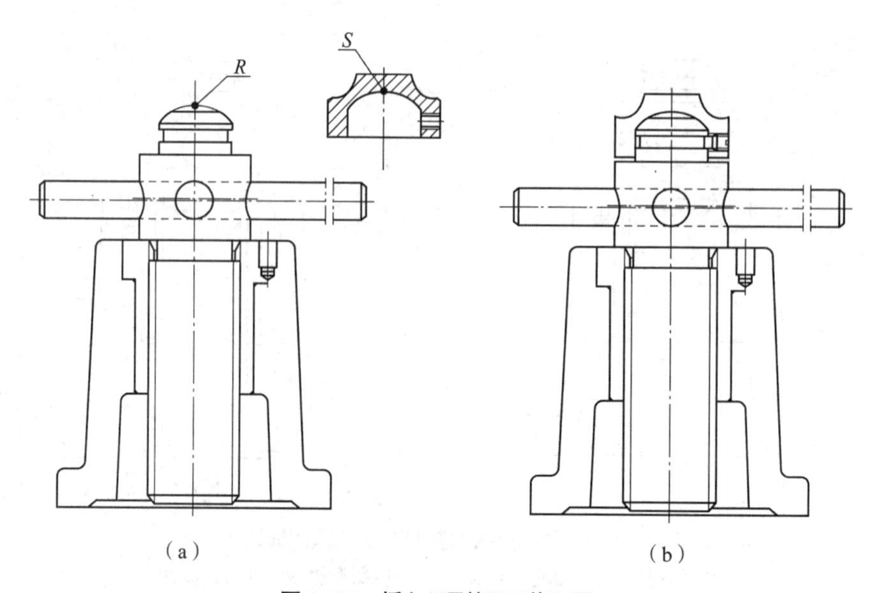

图 9-33　插入“顶垫”至装配图

(a)选择“顶垫”插入点；(b)删除多余线条

⑩查阅技术文件，绘制装配图中的螺钉，然后运用【填充】命令绘制剖面线，如图 9-34 所示。

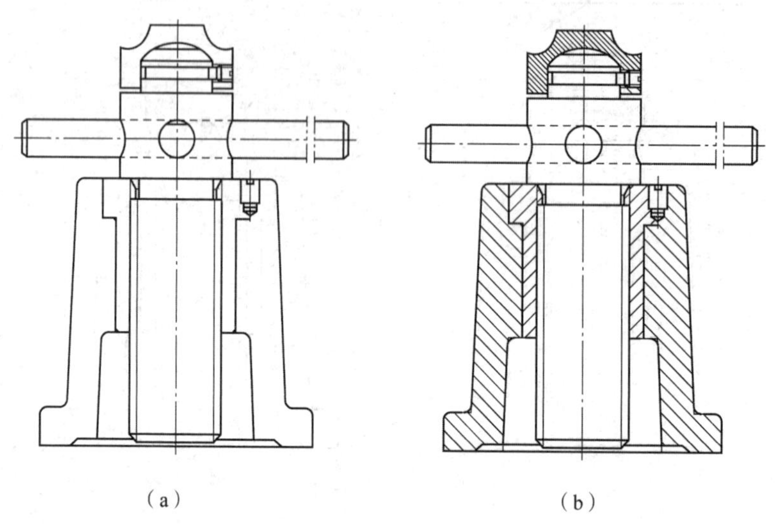

图 9-34　完成螺钉的绘制

(a)绘制螺钉；(b)填充剖面线

⑪运用【多重引线】命令完成序号编写，运用【缩放】【移动】等命令绘制局部放大图和剖视图的绘制，运用细双点画线绘制千斤顶极限位置图，如图 9-35 所示，

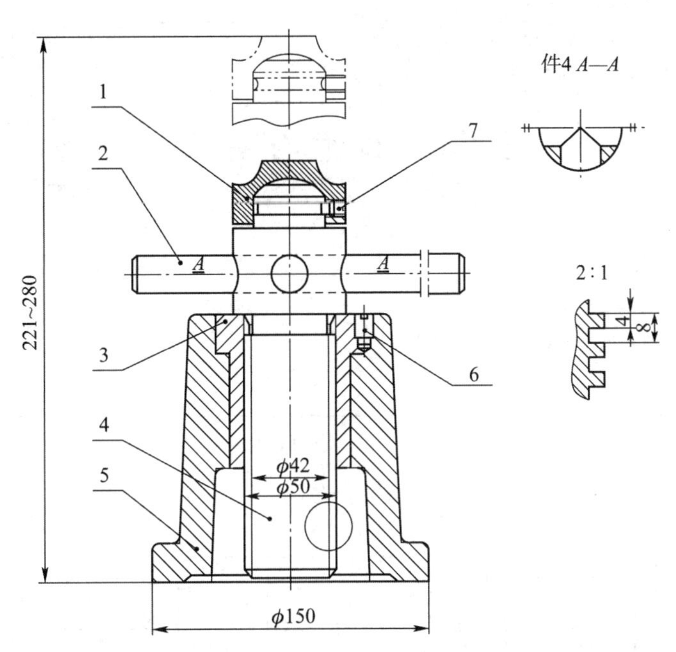

图 9-35　完成序号编写及局部放大图和剖视图等的绘制

⑫绘制明细栏，填写标题栏与明细栏，运用【移动】命令合理布局图形，完成千斤顶装配图的绘制，如图 9-36 所示。

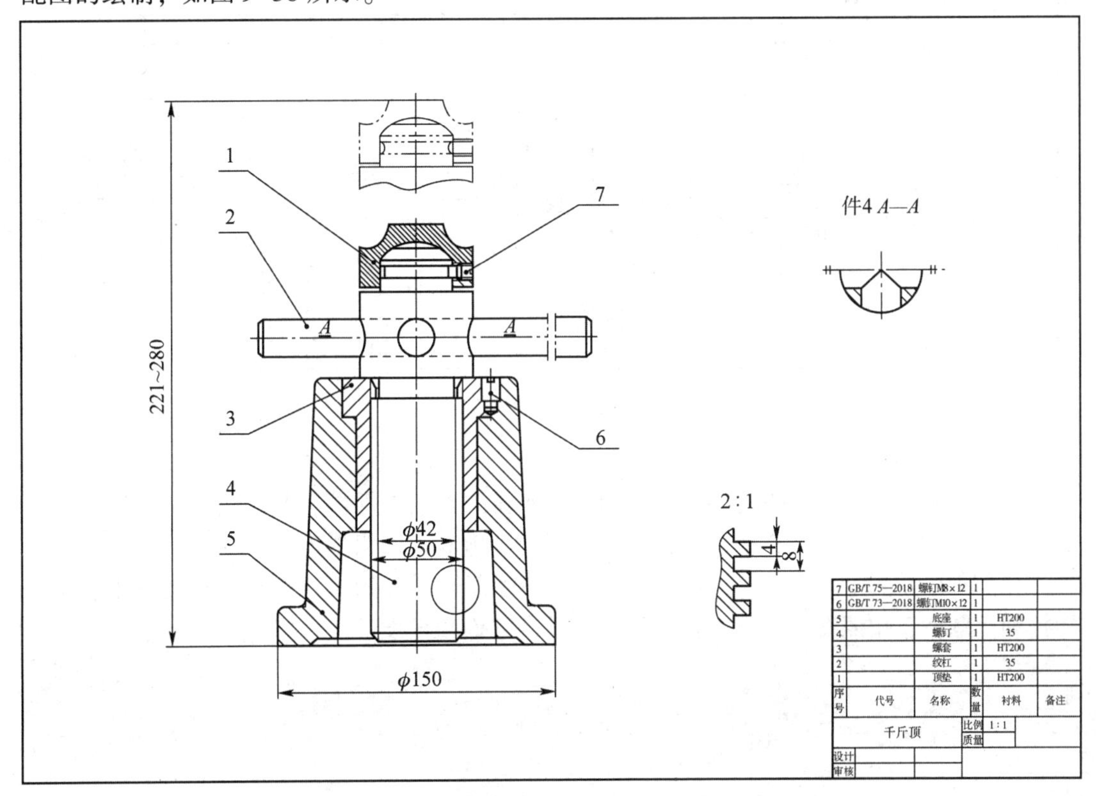

图 9-36　绘制明细栏，完成装配图的绘制

9.9 思考与练习

1. 基础题

(1)绘制图 9-37 所示的轴的零件图。

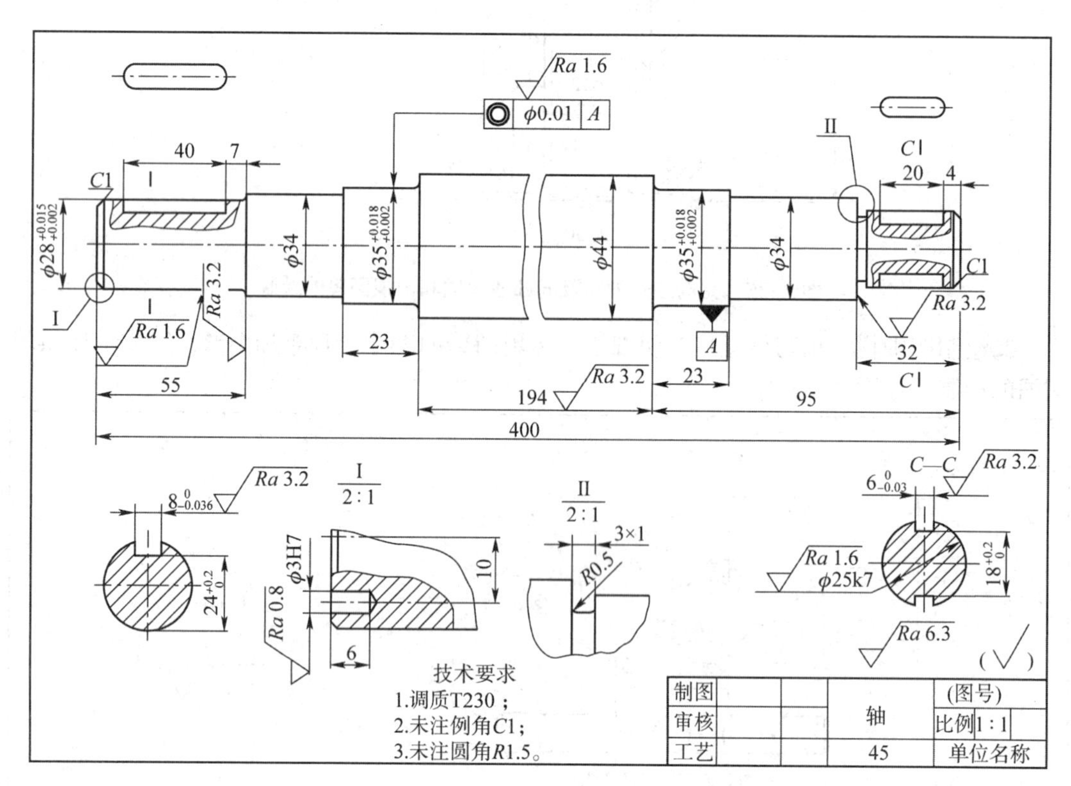

图 9-37 轴的零件图

(2)如图 9-38 所示，按照标注尺寸 1 : 1 抄画齿轮轴零件图，并选用合适的图纸，画上图框和标题栏，按照图样要求，标注所有形位公差和表面粗糙度。

(3)如图 9-39 所示，按照标注尺寸 1 : 1 抄画曲轴零件图，并选用合适的图纸，画上图框和标题栏，按照图样要求，标注所有尺寸及表面粗糙度。

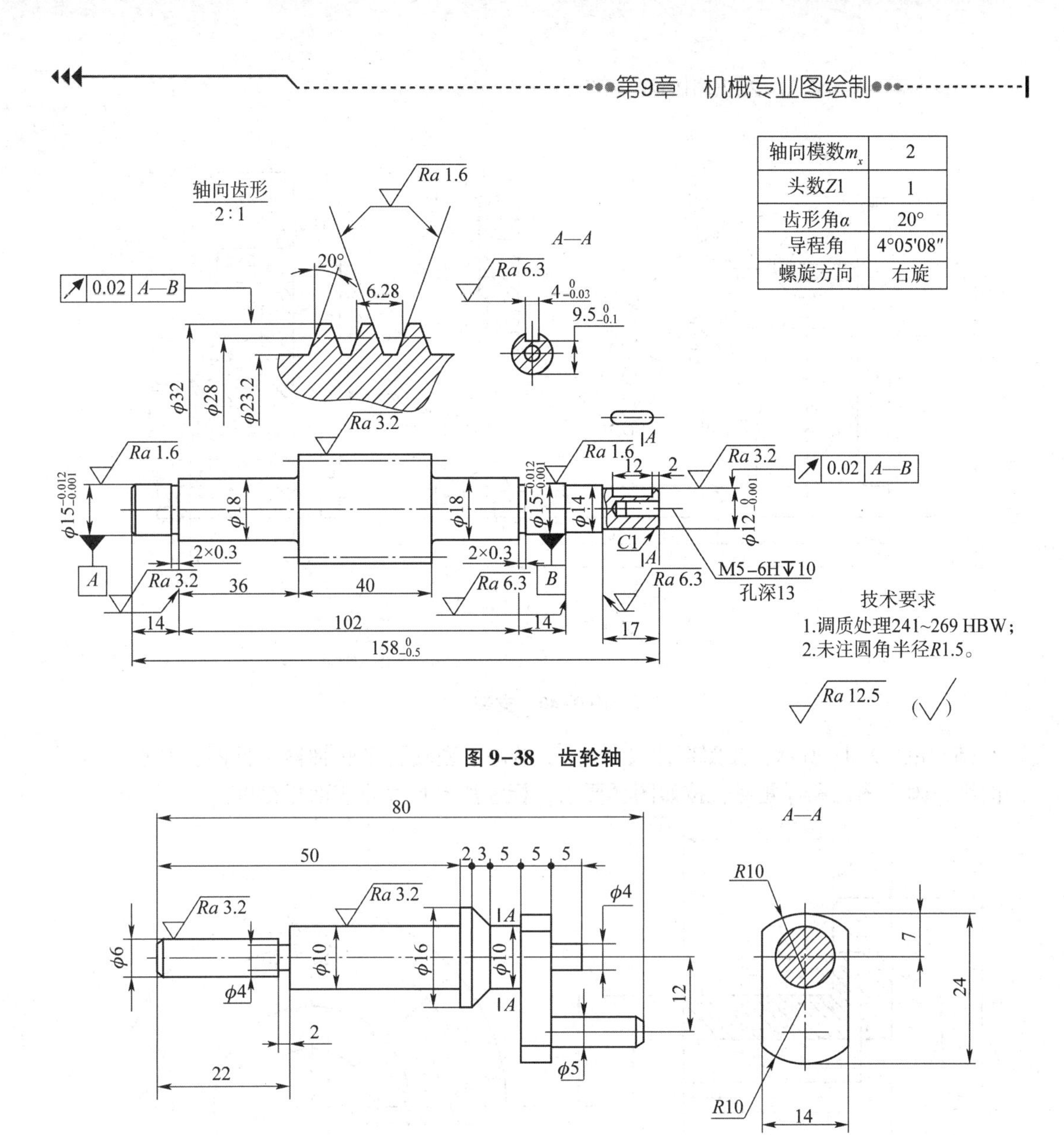

图 9-38 齿轮轴

技术要求

1.未注倒角C1；

2.调质处理200~220 HBW。

$\sqrt{Ra\ 6.3}$ ($\sqrt{}$)

图 9-39 曲轴

(4)如图 9-40 所示，按照标注尺寸 1∶1 抄画支架零件图，并选用合适的图纸，画上图框和标题栏，按照图样要求，标注所有形位公差和表面粗糙度。

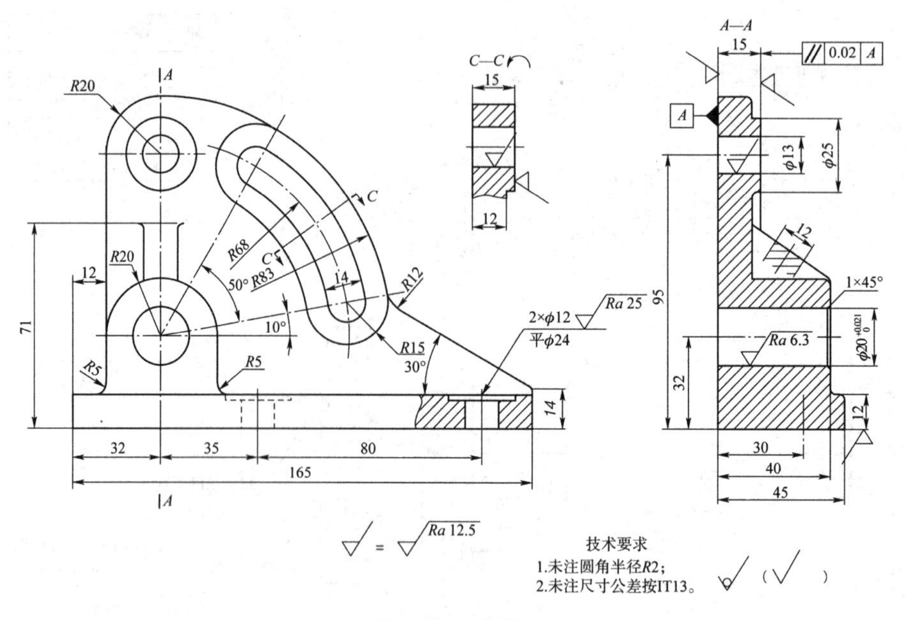

图 9-40　支架

(5)如图 9-41 所示，按照标注尺寸 1：1 抄画 J 型轴孔半联轴器零件图，并选用合适的图纸，画上图框和标题栏，按照图样要求，标注所有尺寸及表面粗糙度。

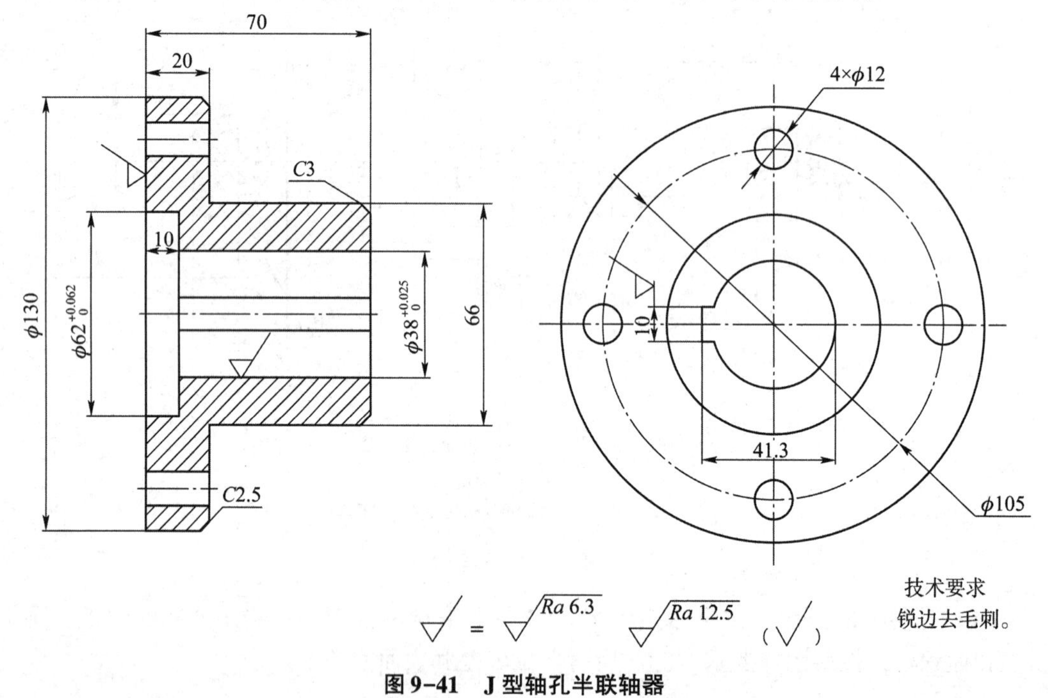

图 9-41　J 型轴孔半联轴器

(6)如图 9-42 所示，按照标注尺寸 1：1 抄画端盖零件图，并选用合适的图纸，画上图框和标题栏，按照图样要求，标注所有尺寸及表面粗糙度。

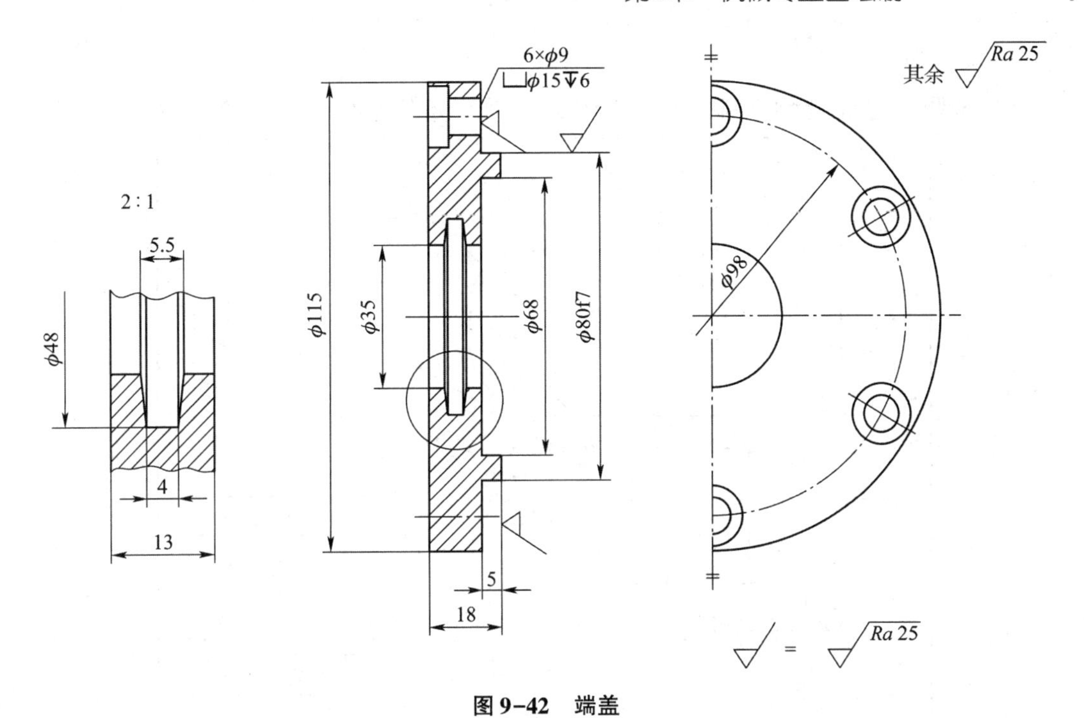

图 9-42　端盖

(7)如图 9-43 所示，按照标注尺寸 1 : 1 抄画闸阀盖零件图，并选用合适的图纸，画上图框和标题栏，按照图样要求，标注所有尺寸及表面粗糙度。

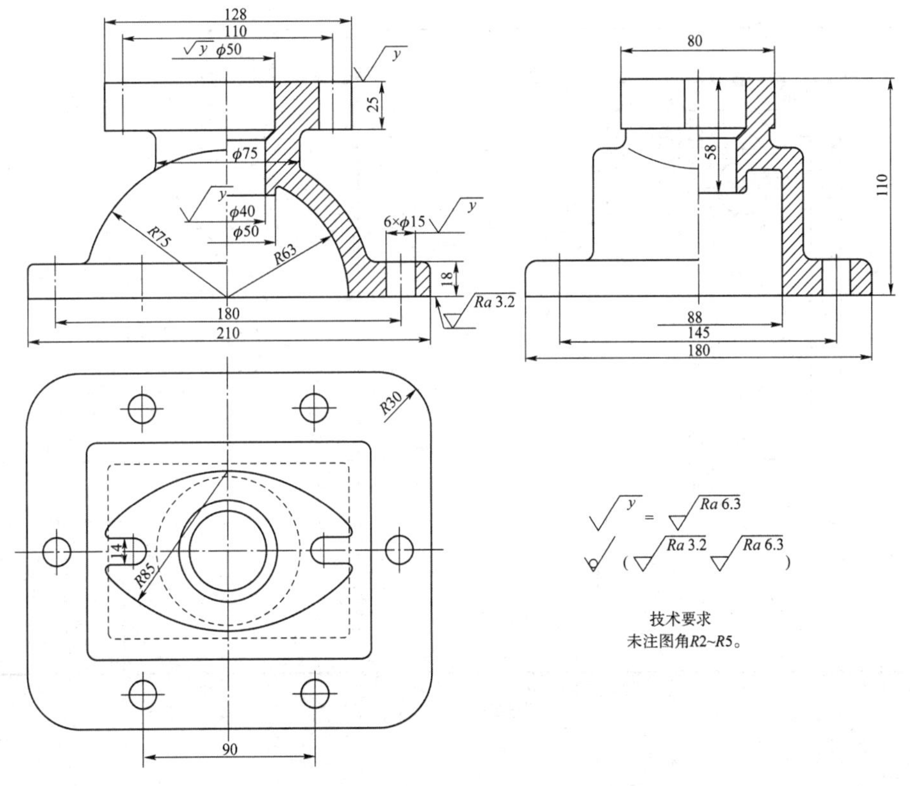

图 9-43　闸阀盖

2. 提升题

(1)按照1∶1的比例绘制图9-44～图9-47所示定位器的装配图与零件图。

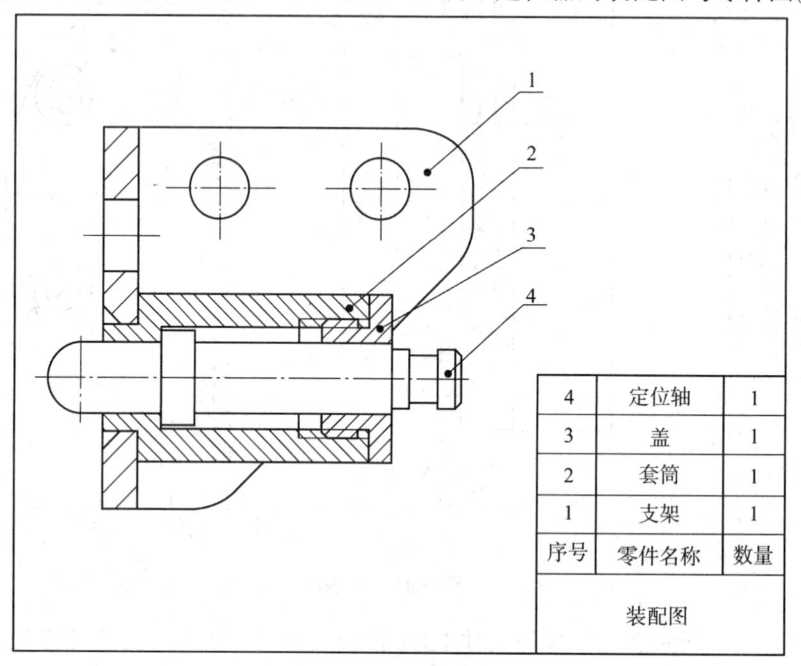

图9-44 定位器装配图

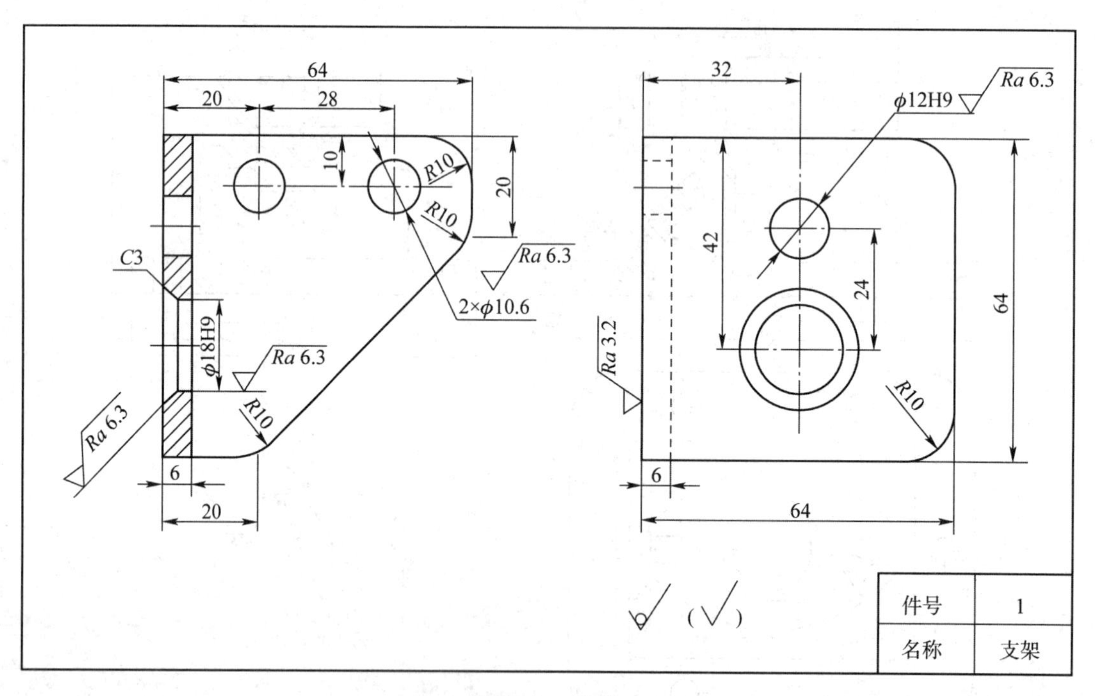

图9-45 支架

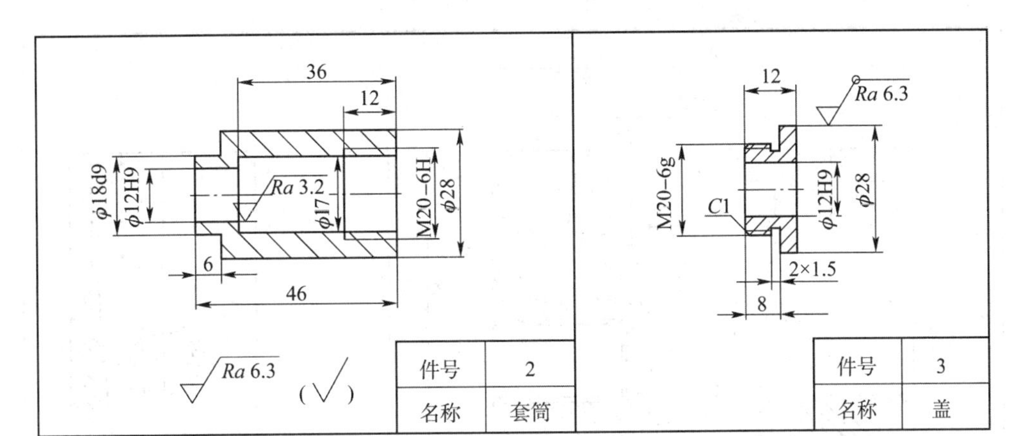

图 9−46　套筒和盖

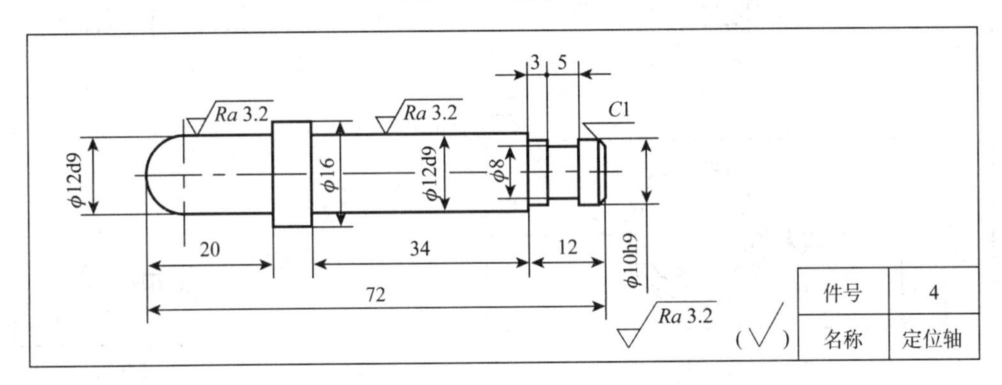

图 9−47　定位轴

(2)按照 1∶1 的比例绘制图 9−48 ~ 图 9−52 所示阀的装配图与零件图。

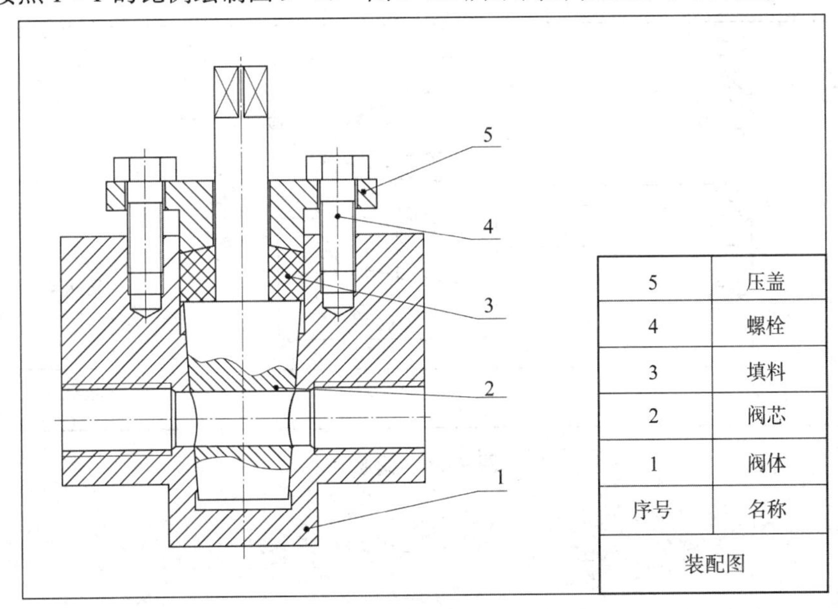

5	压盖
4	螺栓
3	填料
2	阀芯
1	阀体
序号	名称
装配图	

图 9−48　阀装配图

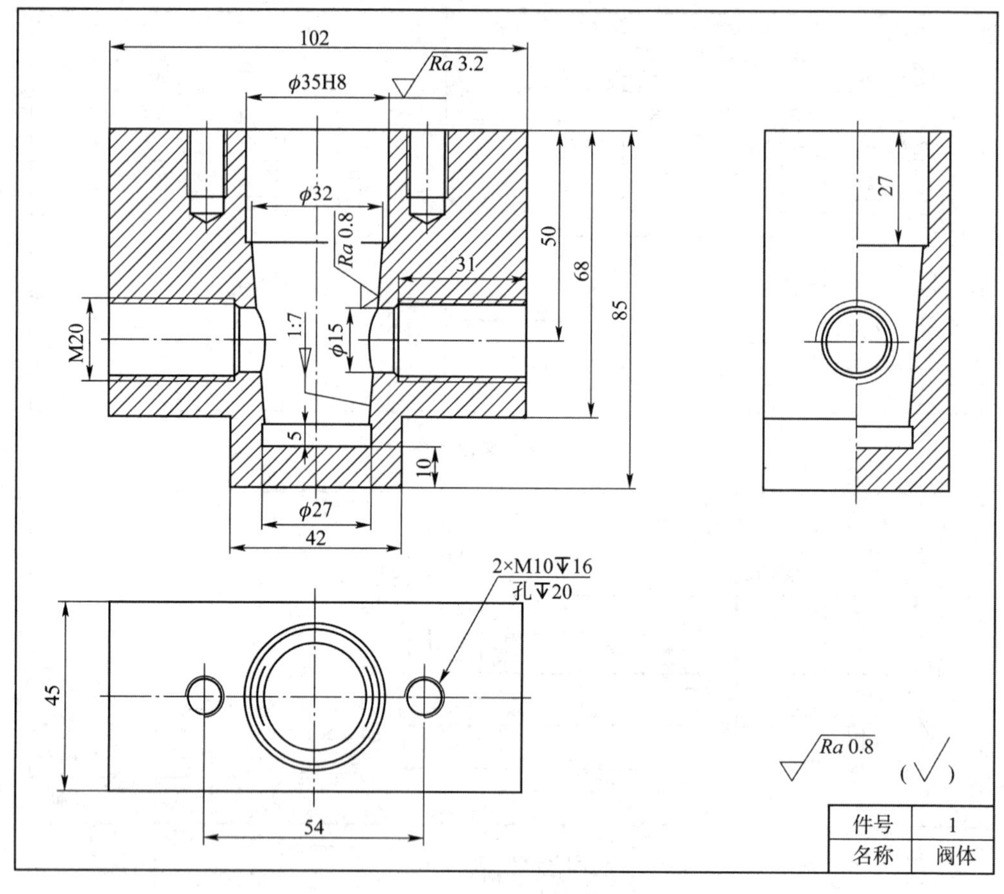

图 9-49　阀体

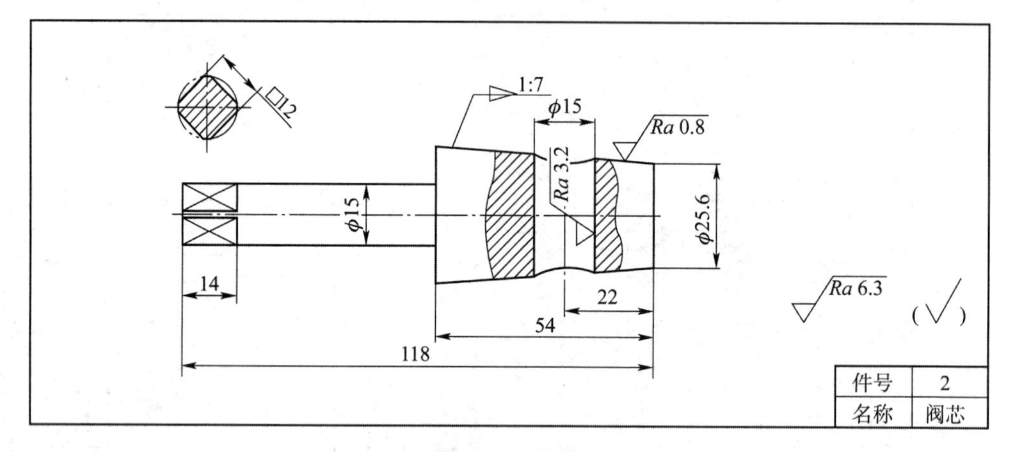

图 9-50　阀芯

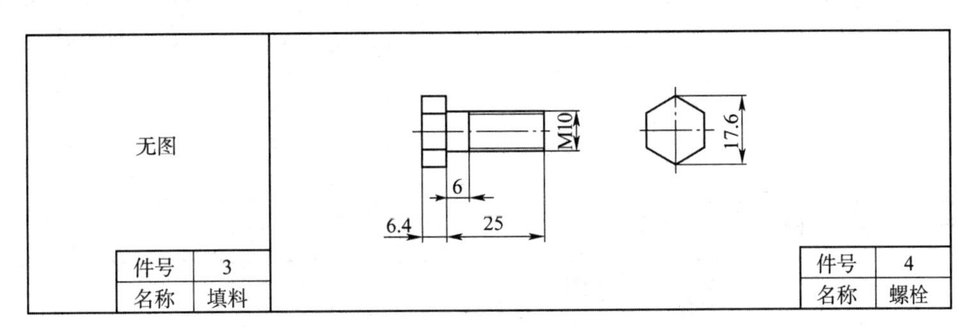

图 9-51 填料与螺栓

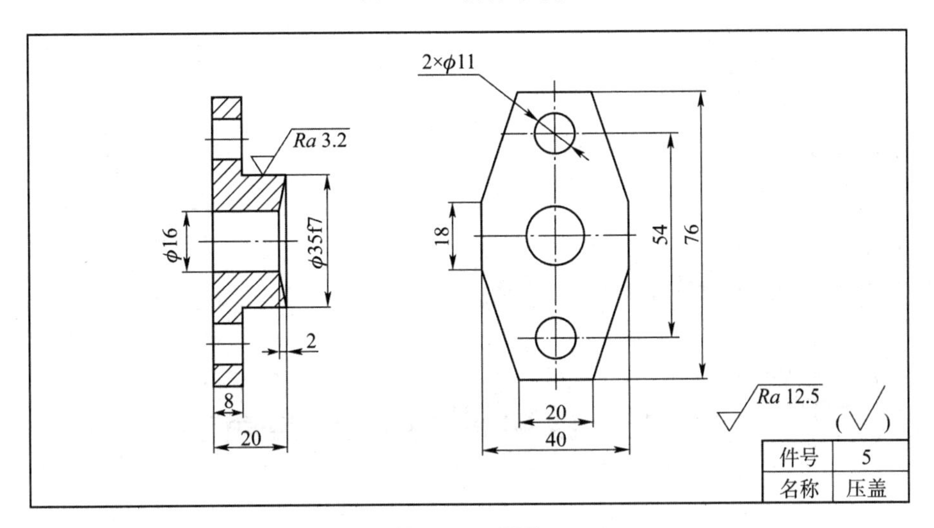

图 9-52 压盖

第 10 章 绘制轴测图

本章要点

- 轴测图的基本知识
- 正等轴测图的画法
- 斜二等轴测图的画法

10.1　轴测图的基本知识

轴测图是反映物体三维形状的二维图形，它能同时反映立体的正面、侧面和水平面的形状，具有直观效果。因此，在工程设计和工业生产中，轴测图经常被用作辅助图样。

轴测图是采用平行投影法，将物体连同确定该物体空间位置的直角坐标系一起，沿不平行于任一坐标面的方向投射在单一投影面上所得到的具有立体感的投影图。由于轴测图是用平行投影法得到的，因此它具有以下特点。

(1)平行性：物体上互相平行的直线的轴测投影仍然平行；空间上平行于某坐标轴的线段，在轴测图上仍平行于相应的坐标轴。

(2)定比性：空间上平行于某坐标轴的线段，其轴测投影与原线段长度之比，等于相应的轴向伸缩系数。

根据投射方向和轴向伸缩系数的不同，本书主要介绍下列两种轴测图的表达方法。

(1)正等轴测图。

(2)斜二等轴测图。

10.2　正等轴测图的画法

10.2.1　正等轴测图的一般画法

正等轴测图的空间直角坐标系的3个坐标轴与轴测投影面的倾角都为35°16′,坐标轴的投影称为轴测轴，3个坐标轴的投影分别称为X1、Y1、Z1轴，轴测轴之间的夹角称为轴间角。正等轴测图的轴间角同为120°,如图10-1所示，3个轴测轴的轴向伸缩系数为$p=q=r=1$(X1轴的轴向伸缩系数为p；Y1轴的轴向伸缩系数为q；Z1轴的轴向伸缩系数为r)。

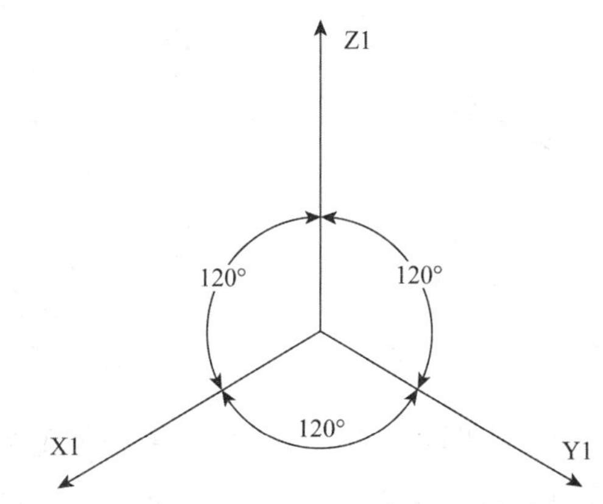

图10-1　正等轴测图的轴间角和轴向伸缩系数

【例10-1】根据图10-2所示的三视图及尺寸，画出该物体的正等轴测图。

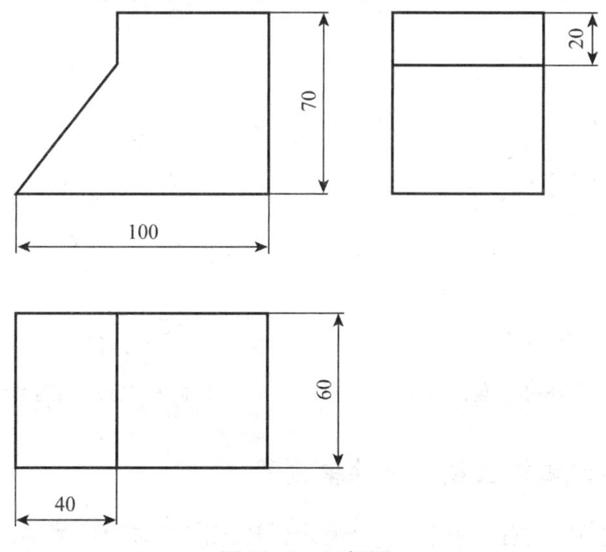

图10-2　三视图

解 画图步骤如下。

(1)在命令行输入 L，按〈Space〉键或〈Enter〉键，执行【直线】命令，命令行的提示如下。

命令：_ line 指定第一点：

指定下一点或[放弃(U)]：@ 100<30

指定下一点或[退出(X)/放弃(U)]：@ 0，70

指定下一点或[关闭(C)/退出(X)/放弃(U)]：@ 60<210

指定下一点或[闭合(C)/放弃(U)]：@ 0，-20

指定下一点或[闭合(C)/放弃(U)]：C　　　　//结束命令，如图 10-3 所示

(2)按〈Space〉键重复执行【直线】命令，命令行的提示如下。

命令：_ line 指定第一点：　　　　//自动捕捉右上角点

指定下一点或[放弃(U)]：@ 60<150

指定下一点或[放弃(U)]：　　　　//结束命令，如图 10-4 所示

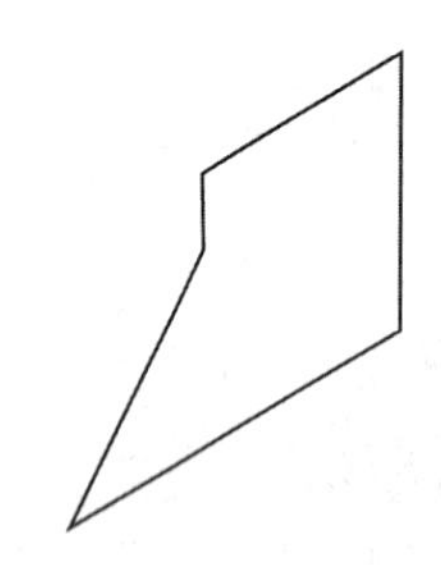

图 10-3　绘制立体前表面

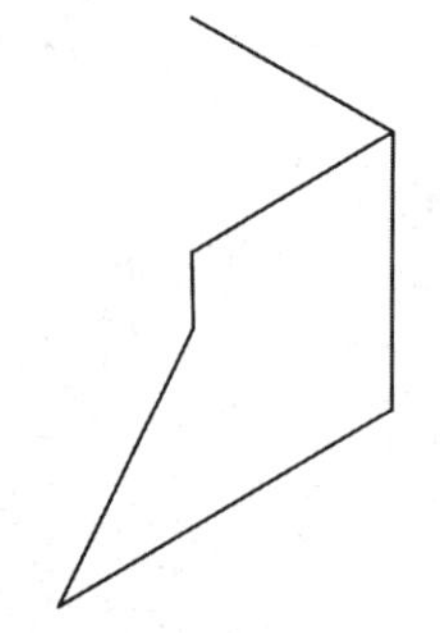

图 10-4　绘制 Y 方向直线

(3)在命令行输入 Co，按〈Space〉键或〈Enter〉键，执行【复制】命令，复制直线，如图 10-5 所示。

(4)在命令行输入 L，按〈Space〉键或〈Enter〉键，执行【直线】命令，连接各端点，如图 10-6 所示。

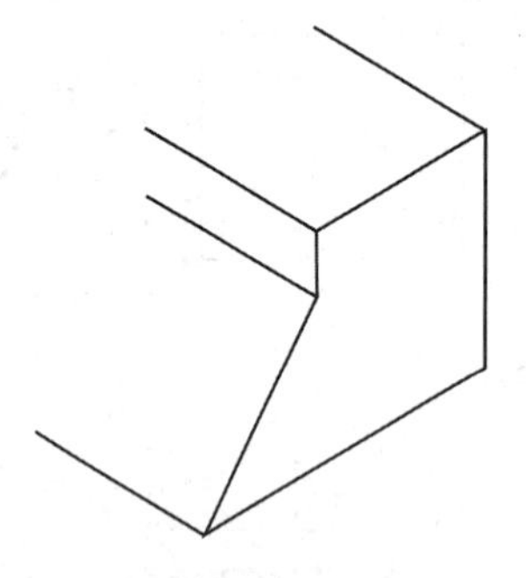

图 10-5　复制直线

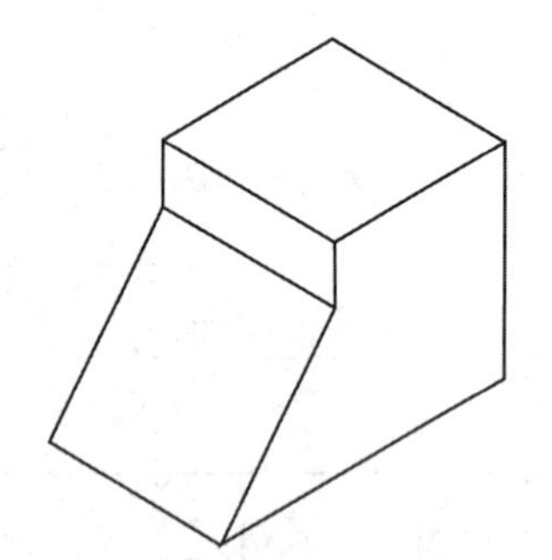

图 10-6　完成轴测图

10.2.2　使用轴测模式绘制正等轴测图

AutoCAD 为了绘制轴测图创建了一个特定的环境。在这个环境中，系统提供了相应的辅助手段帮助用户方便地构建轴测图，这就是轴测图绘制模式(简称轴测模式)。在【状态

栏栅格】按钮上右击，在弹出的快捷菜单上选择【网格设置】选项，弹出【草图设置】对话框，如图10-7所示，在【捕捉类型】选项组中选择【等轴测捕捉】单选按钮，便启用了等轴测捕捉功能。

将绘图模式设置为轴测模式后，用户可以方便地绘制出直线、圆、圆弧和文本的轴测图，并由这些基本的图形对象组成复杂形体(组合体)的轴测投影图。

在轴测投影中，一般情况下正六面体仅有3个面是可见面，如图10-8所示，3个轴测平面如下。

(1)左视轴测平面是由Y1轴测轴和Z1轴测轴所决定的平面及平行面。

(2)右视轴测平面是由X1轴测轴和Z1轴测轴所决定的平面及平行面。

(3)顶视轴测平面是由X1轴测轴和Y1轴测轴所决定的平面及平行面。

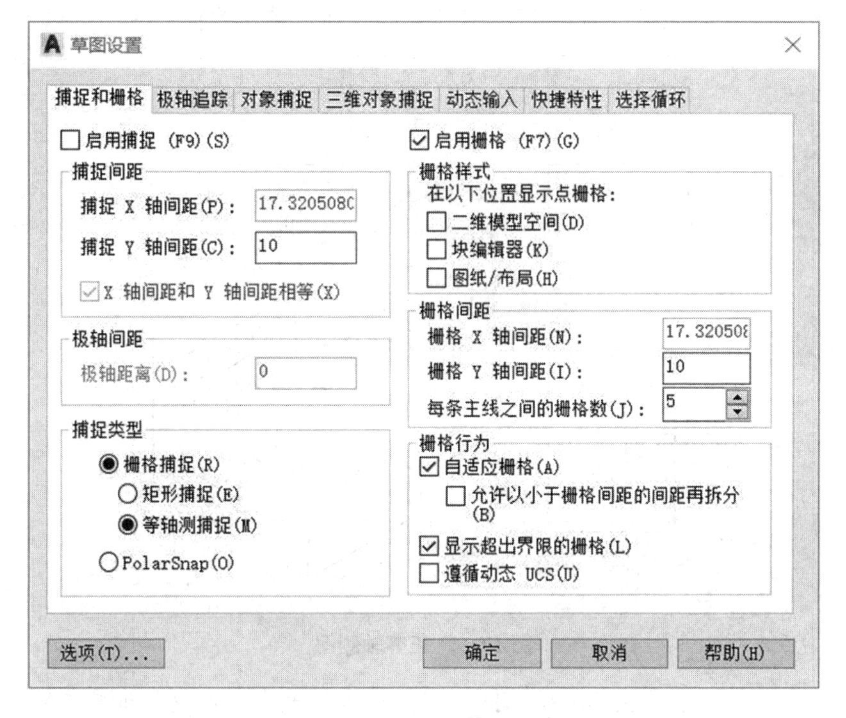

图10-7 【草图设置】对话框

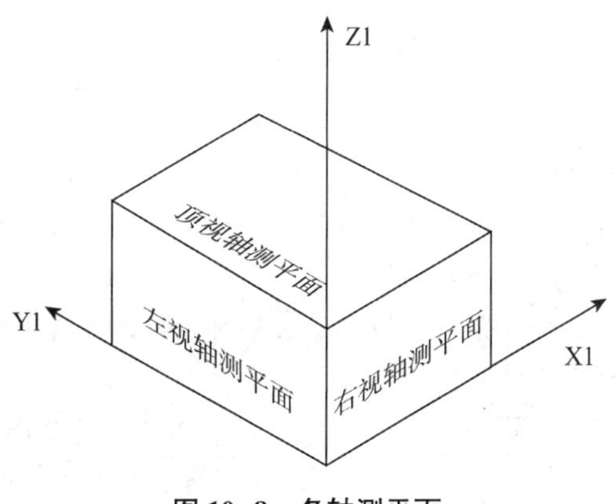

图10-8 各轴测平面

绘制轴测图时，3 个轴测平面可以通过按〈Ctrl+E〉组合键或〈F5〉键，在等轴测平面之间循环，每切换一个轴测平面，十字光标将随切换的轴测平面变化方向，如表 10-1 所示。

表 10-1　十字光标说明

十字光标	说明
	选择左视轴测平面，由一对 90°和 150°的轴定义
	选择顶视轴测平面，由一对 30°和 150°的轴定义
	选择右视轴测平面，由一对 90°和 30°的轴定义

【例 10-2】使用轴测投影模式，绘制出图 10-9 所示的正等轴测图。

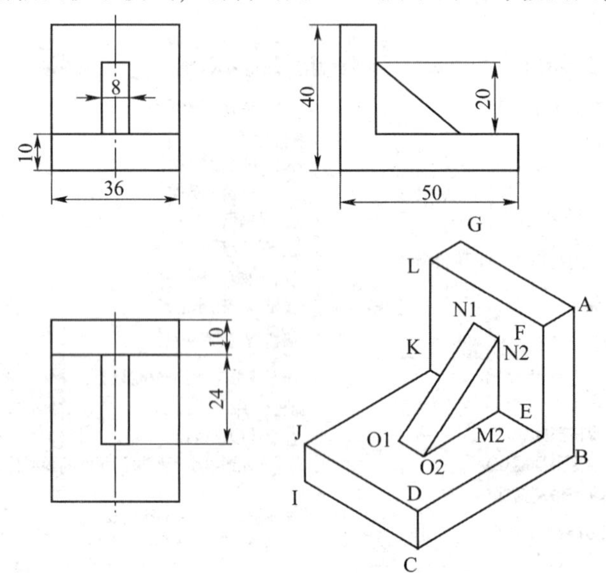

图 10-9　正等轴测图

解　(1)打开正交、栅格和栅格捕捉，按〈F5〉键切换光标到左视轴测平面。

(2)在命令行输入 L，按〈Space〉键或〈Enter〉键，执行【直线】命令，命令行的提示如下。

命令：_ line 指定第一点：　　　　　　　//光标移至适当位置，确定 A 点
指定下一点或[放弃(U)]：40　　　　　　//确定 AB 方向，输入其长度，确定 B 点
指定下一点或[放弃(U)]：50　　　　　　//确定 BC 方向，输入其长度，确定 C 点
指定下一点或[闭合(C)/放弃(U)]：10　　//确定 CD 方向，输入其长度，确定 D 点
指定下一点或[闭合(C)/放弃(U)]：40　　//确定 DE 方向，输入其长度，确定 E 点
指定下一点或[闭合(C)/放弃(U)]：30　　//确定 EF 方向，输入其长度，确定 F 点
指定下一点或[闭合(C)/放弃(U)]：　　　//选择 A 点
指定下一点或[闭合(C)/放弃(U)]：　　　//结束命令，如图 10-10 所示

(3)在命令行输入 Co，按〈Space〉键或〈Enter〉键，执行【复制】命令，命令行的提示如下。

命令：_ copy 选择对象：　　　　　　　　　　　　//选择轮廓线 A-F，按〈Enter〉键
指定基点或[位移(D)模式(O)]<位移>：　　　　　//选择 C 点
指定第二点或[阵列(A)]<使用第一点作为位移>：//确定方向，输入 36，确定 I 点
指定第二个点或[阵列(A)/退出(E)/放弃(U)]<退出>：
　　　　　　　　　　　　　　　　　　　　　　　//结束命令，如图 10-11 所示

(4)分别连接线段 CI、DJ、EK、FL 和 AG，然后删除线段 GH 和 HI，如图 10-12 所示。

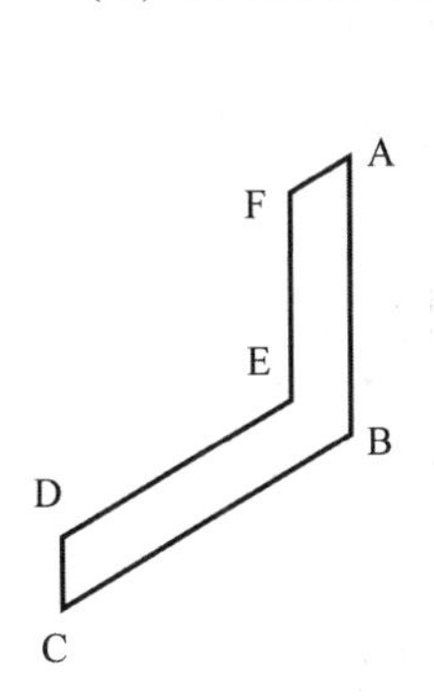

图 10-10　轮廓线 A-F

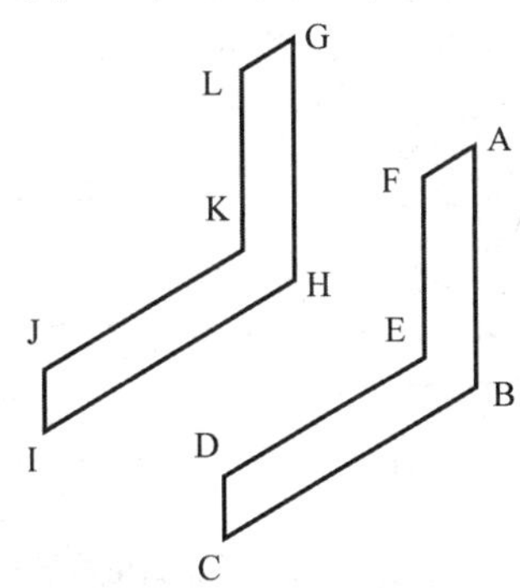

图 10-11　复制轮廓 A-F

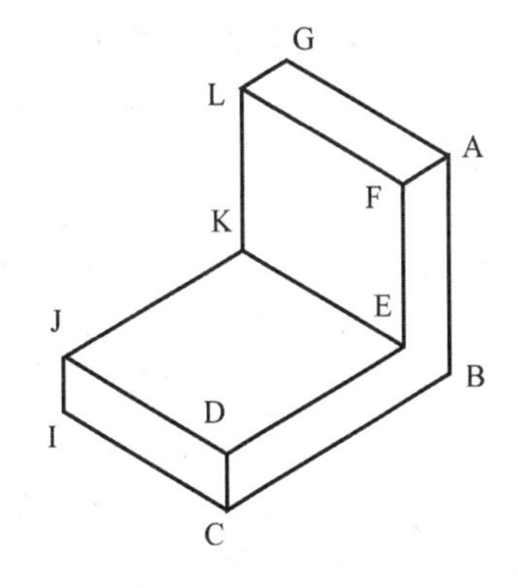

图 10-12　连接直线

(5)在命令行输入 L，按〈Space〉键或〈Enter〉键，执行【直线】命令，命令行的提示如下。

命令：_ line 指定第一点：　　　　　　　//选择 EK 的中点 M
指定下一点或[放弃(U)]：24　　　　　　//确定 MO 方向，输入其长度，确定 O 点
指定下一点或[闭合(C)/放弃(U)]：　　　//结束命令

(6)按〈Enter〉重复执行【直线】命令，命令行的提示如下。

命令：_ line 指定第一点：　　　　　　　//选择 EK 的中点 M
指定下一点或[放弃(U)]：20　　　　　　//确定 MN 方向，输入其长度，确定 N 点
指定下一点或[闭合(C)/放弃(U)]：　　　//结束命令，如图 10-13 所示

(7)在命令行输入 Co，按〈Space〉键或〈Enter〉键，执行【复制】命令，分别向两侧复制并删除线段 MO、MN 和 ON，然后连接 N1N2 和 O1O2，如图 10-14 所示。

(8)在命令行输入 Tr，按〈Space〉键或〈Enter〉键，执行【修剪】命令，修剪后如图 10-15 所示。

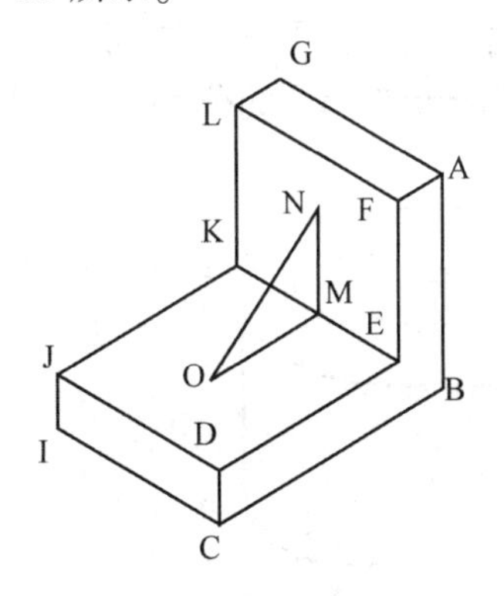

图 10-13　轮廓线 M-O

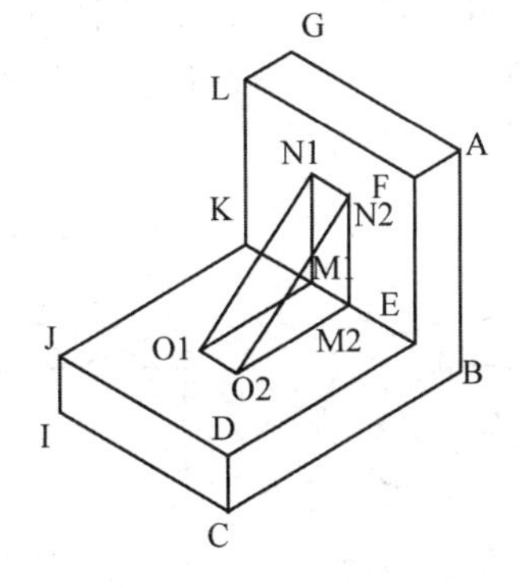

图 10-14　复制轮廓线 M-O

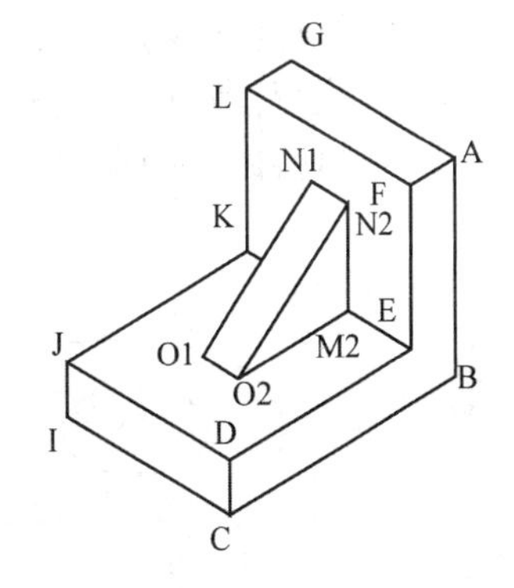

图 10-15　完成正等轴测图

10.2.3 圆的正等轴测图

在正等轴测图中，圆的投影是椭圆。若正六面体的顶面、左侧面和右侧面上各有 1 个内切圆，向正等轴测投影面投射以后，3 个可见面的轴测投影为 3 个形状相同的菱形，而 3 个面上的圆的正等轴测投影均为形状相同的椭圆，且内切于 3 个形状相同的菱形，其几何关系为：椭圆长轴的方向是菱形长对角线的方向，椭圆短轴的方向是菱形短对角线的方向。

【例 10-3】 绘出图 10-16 所示零件的正等轴测图。

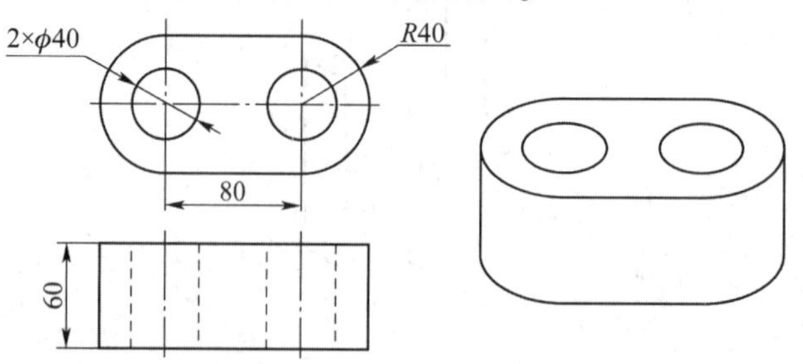

图 10-16 圆的正等轴测图图例

解 (1)打开轴测模式。

(2)按〈F5〉键，切换顶视轴测平面为当前绘图面。

(3)在命令行输入 El，按〈Space〉键或〈Enter〉键，执行【椭圆】命令，命令行的提示如下。

```
命令：_ ellipse
指定椭圆的端点或[圆弧(A)/中线点(C)/等轴测图(I)]：I
指定等轴轴测圆的圆心：                //光标移至适当位置，确定圆心
指定等轴轴测圆的半径或[直径(D)]：20
```

(4)按〈Enter〉键重复执行【椭圆】命令，命令行的提示如下。

```
命令：_ ellipse
指定椭圆的端点或[圆弧(A)/中线点(C)/等轴测图(I)]：I
指定等轴轴测圆的圆心：                //使用【对象捕捉】功能至上一椭圆圆心
指定等轴轴测圆的半径或[直径(D)]：40
```

(5)执行【复制】命令复制以上两椭圆。

(6)执行【直线】命令作两 *R*40 椭圆的公切线，再执行【修剪】命令，如图 10-17 所示。

(7)执行【复制】命令复制图 10-17，然后执行【直线】命令作两 *R*40 椭圆的公切线。

(8)执行【修剪】命令，如图 10-18 所示。

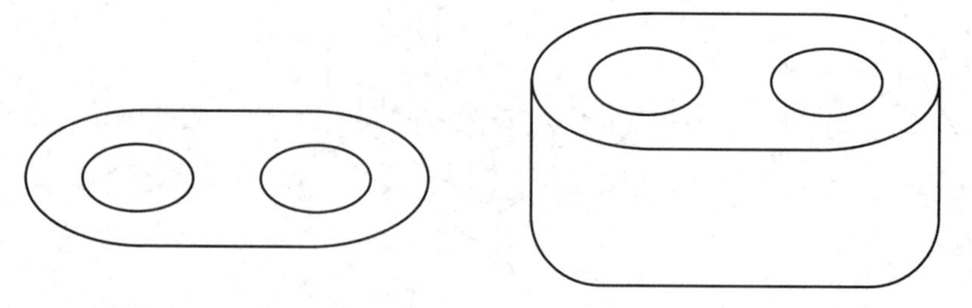

图 10-17 绘制轮廓线　　**图 10-18 修剪底圆**

10.2.4 圆角的正等轴测图

在正等轴测图中，圆角的投影是椭圆弧。在平板物体上，由1/4圆弧组成的圆角轮廓，其轴测图为1/4椭圆弧组成的轮廓。

【例10-4】绘出图10-19所示的圆角的正等轴测图。

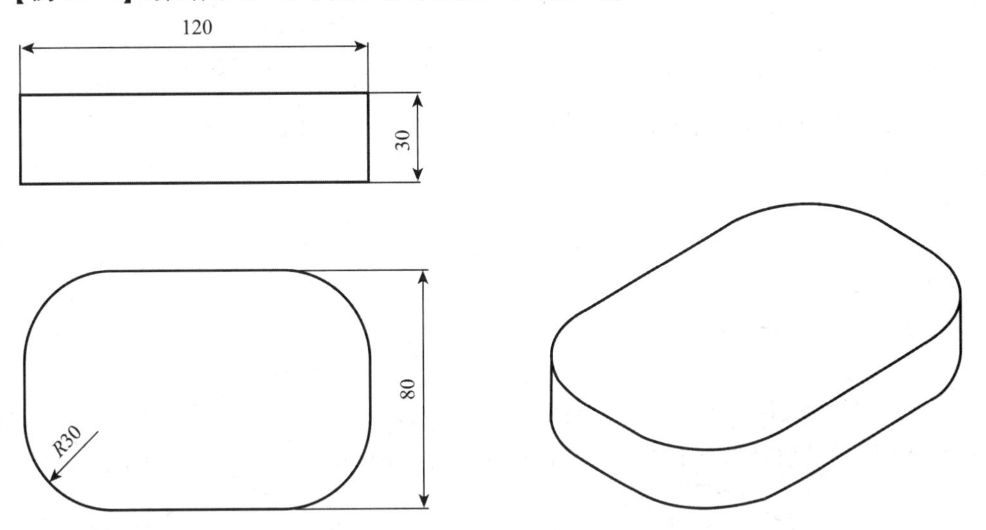

图10-19 圆角的正等轴测图图例

解 (1)打开轴测模式，按〈F5〉键，切换顶视轴测平面为当前绘图面。

(2)利用【直线】命令，绘出图10-20所示的平板顶面的正等轴测图。

(3)使用辅助线的方法确定椭圆圆心，如图10-21所示。

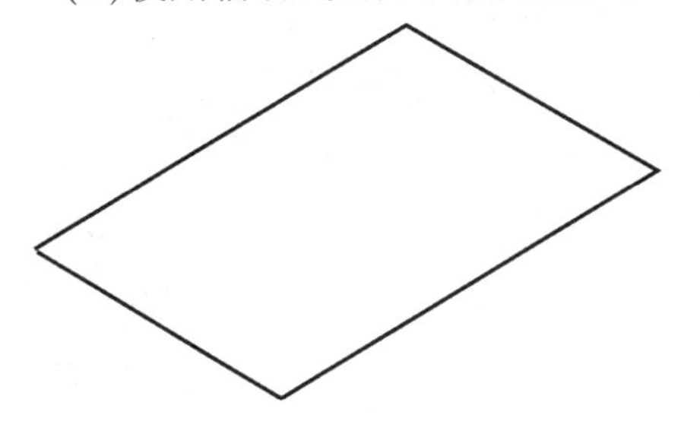

图10-20 平板顶面

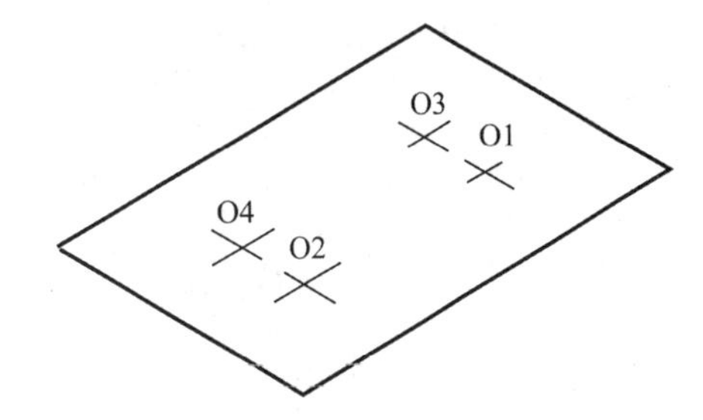

图10-21 确定椭圆圆心

(4)分别以O1、O2、O3和O4为圆心，以30为半径绘制椭圆。在命令行输入El，按〈Space〉键或〈Enter〉键，执行【椭圆】命令，命令行的提示如下。

```
命令：_ ellipse
指定椭圆的端点或[圆弧(A)/中线点(C)/等轴测图(I)]：I
指定等轴轴测圆的圆心：                        //捕捉圆心
指定等轴轴测圆的半径或[直径(D)]：30           //如图10-22所示
```

(5)修剪结果如图10-23所示。

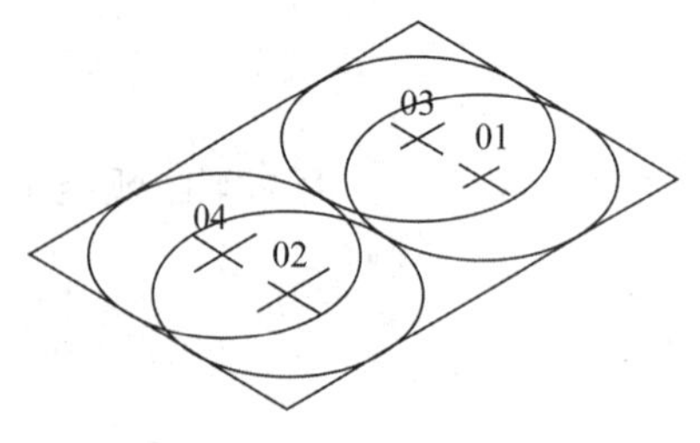

图 10-22　绘制椭圆

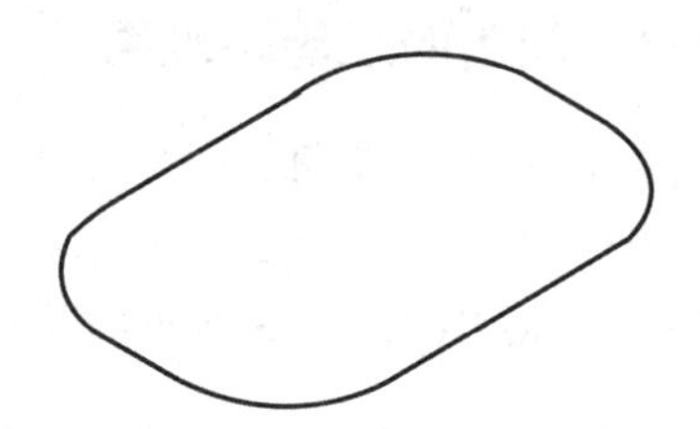

图 10-23　修剪结果

(6)在命令行输入 El，按〈Space〉键或〈Enter〉键，执行【椭圆】命令，命令行的提示如下。

命令：_ copy
选择对象：指定对角点：找到 8 个　　　　　　　　　　　　//框选全部图形
选择对象：
当前设置：复制模式 = 多个
指定基点或[位移(D)/模式(O)]<位移>：　　　　　　　　//捕捉一点作为基点
指定第二个点或<使用第一个点作为位移>：@ 0，30　　//结束命令，如图 10-24 所示

(7)利用【直线】和【修剪】命令完成轴测图，如图 10-25 所示。

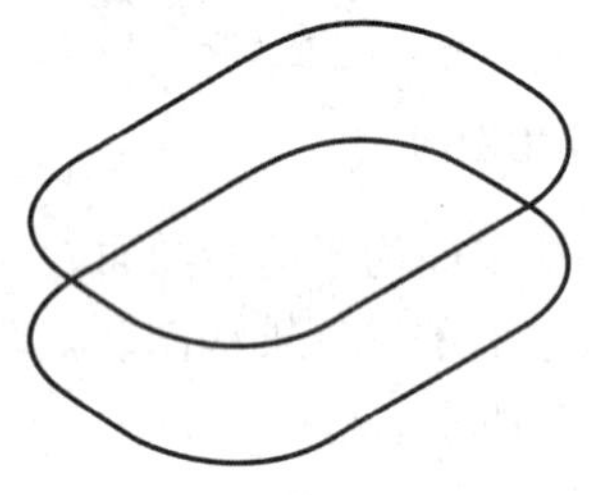

图 10-24　复制对象

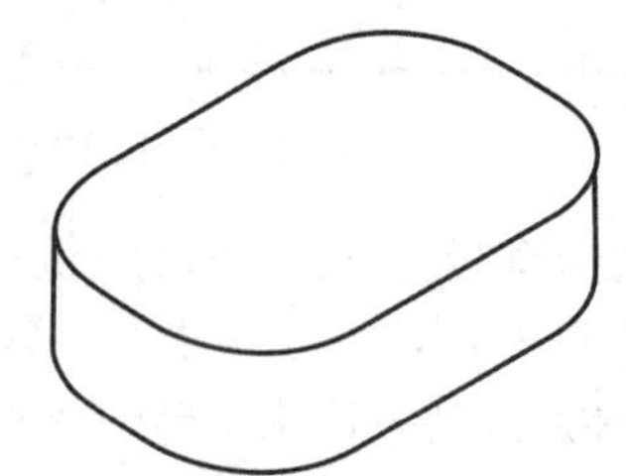

图 10-25　修剪轴测图

10.3　斜二等轴测图画法

斜二等轴测图投影图的 X1 轴与 Z1 轴的轴间角为 90°，X1 轴与 Y1 轴的轴间角为 135°，Y1 轴与 Z1 轴的轴间角为 135°，X1 轴与 Z1 轴的轴向伸缩系数为 $p=r=1$，Y1 轴的轴向伸缩系数为 $q=0.5$，如图 10-26 所示。

【例 10-5】根据图 10-27 所给的尺寸，绘出支架的斜二等轴测图。

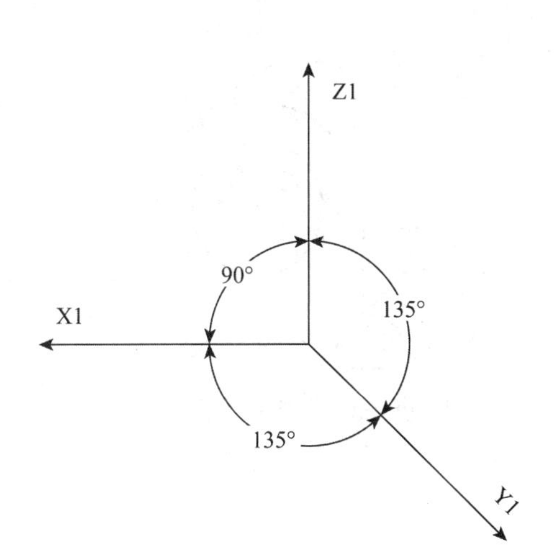

图 10-26　斜二等轴测图的轴间角

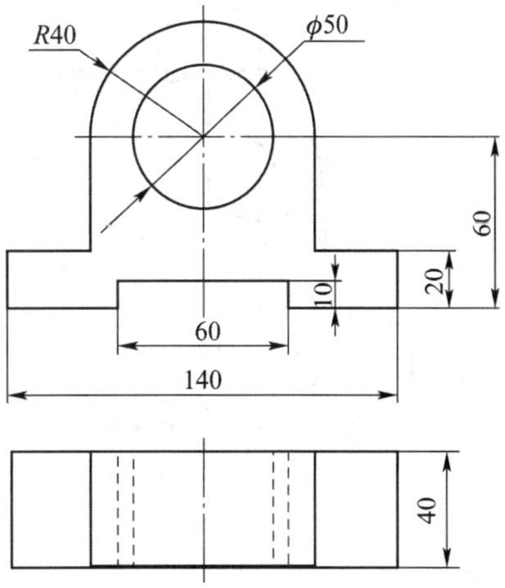

图 10-27　支架

解　(1)绘制中心线，如图 10-28 所示。

(2)在命令行输入 C，按〈Space〉键或〈Enter〉键，执行【圆】命令，绘出 $\phi50$、$R40$ 的两同心圆，如图 10-29 所示。

(3)运用【直线】命令和【修剪】命令，可以得到图 10-30。

图 10-28　绘制中心线　　　图 10-29　绘出 $\phi50$、$R40$ 的两同心圆

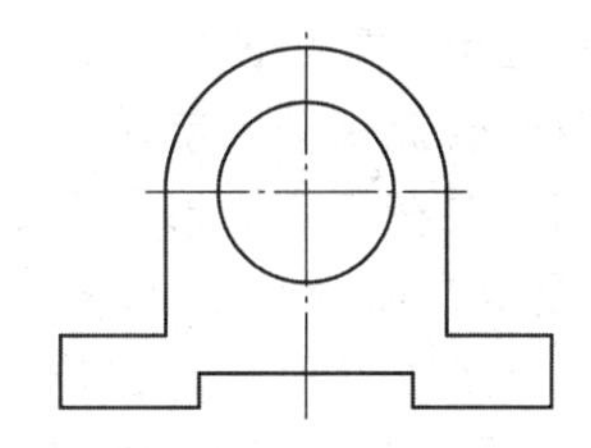

图 10-30　剪切图形

(4)在命令行输入 Co，按〈Space〉键或〈Enter〉键，执行【复制】命令，命令行的提示如下。

```
命令：_ copy
选择对象：指定对角点：找到 15 个                    //框选全部图形
选择对象：
当前设置：复制模式 = 多个
指定基点或[位移(D)/模式(O)]<位移>：                //捕捉圆心作为基点
指定第二个点或<使用第一个点作为位移>：@ 20<135     //结束命令，如图 10-31 所示
```

(5)使用【直线】和【修剪】命令，完成轴测图，如图 10-32 所示。

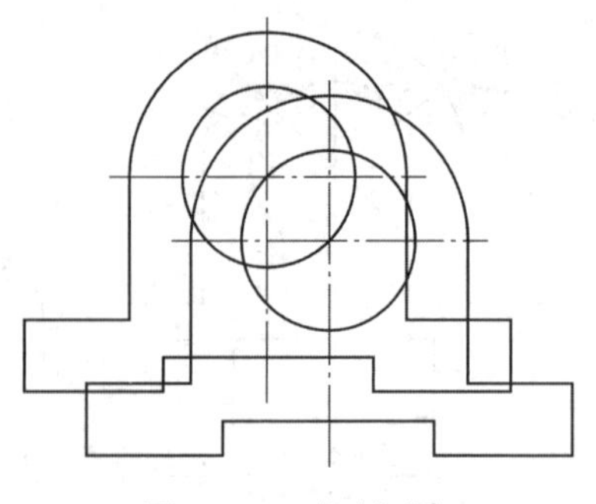

图 10-31　复制对象

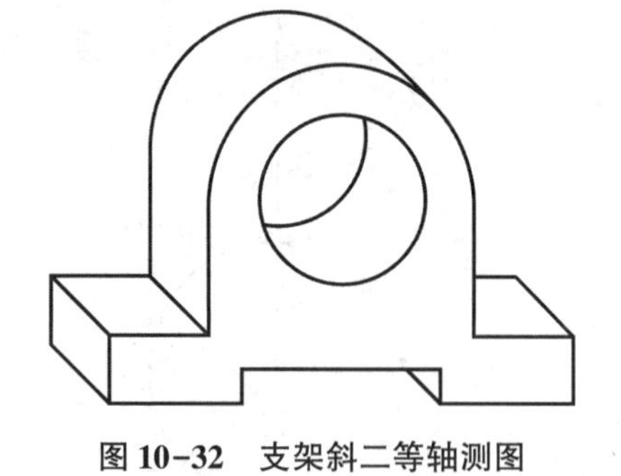

图 10-32　支架斜二等轴测图

10.4　轴测图标注

如果需要在轴测图中标注文字和尺寸，需要注意文字(行)的方向和轴测轴方向一致，且文字的倾斜方向与另一轴测轴平行。

10.4.1　文字标注

在轴测图上书写文字时有两个角度：文字旋转角度和文字的倾斜角度。文字的倾斜角度由文字样式决定，故需要设置新的文字样式决定文字的倾斜角度。轴测图中文字的倾斜角度有两种：30°和-30°。

图 10-33　各轴测面上的文字

文字的旋转角度在输入文本时确定。如果使用的是【单行文字】工具，在输入文字的时候会提示输入旋转角度，如果使用【多行文字】工具，则需要在指定矩形文字对齐边框的第二个角点时，根据提示在命令行输入 R，按〈Space〉键或〈Enter〉键确认，此时系统提示输入旋转角度，输入旋转角度值后确认即可。图 10-33 为各轴测面平行面上使用的文字倾斜角度和旋转角度及最终效果。

10.4.2　尺寸标注

使用尺寸标注工具标注尺寸时，尺寸界线总是垂直于尺寸线，文字方向也垂直于尺寸线，所以在完成轴测图尺寸标注后，需要调整尺寸界线的倾斜角度和尺寸数字的倾斜角度。在机械制图中，关于轴测图上的尺寸，标准规定如下。

(1)对于轴测图上的线性尺寸，一般沿轴测轴方向标注，尺寸的数值为物体的基本尺寸。

(2)标注的尺寸必须和所标注的线段平行；尺寸界限一般应平行于某轴测轴；尺寸数字应按相应轴测图标注在尺寸线的上方。如果图形中出现数字字头向下时，应用引线引出标注，并将数字按水平位置注写。

(3)标注角度尺寸时，尺寸线应画成到该坐标平面的椭圆弧，角度数字一般写在尺寸线的中断处且字头朝上。

(4)标注圆的直径时，尺寸线和尺寸界线应分别平行于圆所在的平面内的轴测轴。

在轴测图上标注尺寸时，要求尺寸界线平行于轴测图。当尺寸界线平行于轴测轴 X 时，尺寸界线倾斜 30°；当尺寸界线平行于轴测轴 Y 时，尺寸界线倾斜-30°；当尺寸界线平行于轴测轴 Z 时，尺寸界线倾斜 90°。

尺寸数字也要与相应的轴测轴方向一致。轴测图上各种尺寸数字的倾斜角度如表 10-2 所示。

表 10-2　轴测图上尺寸数字的倾斜角度

尺寸所在的轴测平面	尺寸线平行的轴测轴	尺寸数字倾斜角度	尺寸所在的轴测平面	尺寸线平行的轴测轴	尺寸数字倾斜角度
左	Y	-30°	右	Z	-30°
左	Z	30°	顶	X	-30°
右	X	30°	顶	Y	30°

在一般情况下，通过定义文字样式设置尺寸数字的倾斜角度。标注完尺寸后，再使用展开的菜单栏中【标注】或【标注】面板中的【倾斜】工具修改尺寸界线的倾斜角度。下面通过一个实例具体介绍标注方法。

【例 10-6】绘制如图 10-34 所示的轴测图，并标注尺寸。

解　(1)以“工程字”文字样式为基础样式设置 2 种文字样式，分别命名为“30°”和“-30°”，其倾斜角度分别为 30°和-30°。

(2)以“GB-1”为基础样式设置 2 种标注样式，分别命名为“30°”和“-30°”，其倾斜角度分别为 30°和-30°。

(3)将“30°”标注样式设置为当前样式，选择菜单栏中【标注】→【对齐】或【注释】面板中的【对齐】标注工具，标注尺寸 25、60 和 22，如图 10-35 所示。

(4)将“-30°”标注样式设置为当前样式，运用【对齐】标注工具，标注尺寸 45、20 和 30，如图 10-35 所示。

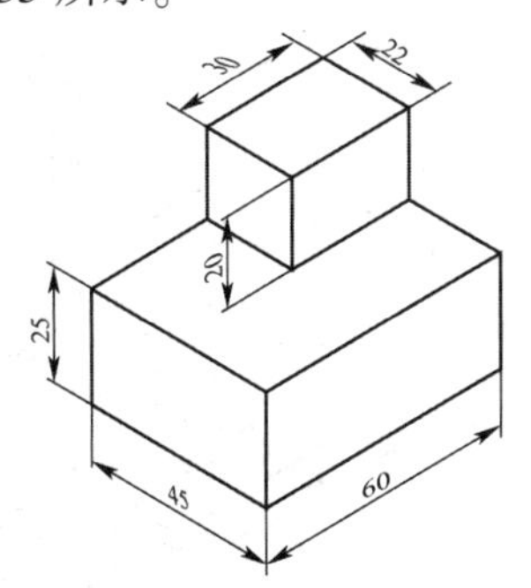

图 10-34　轴测图

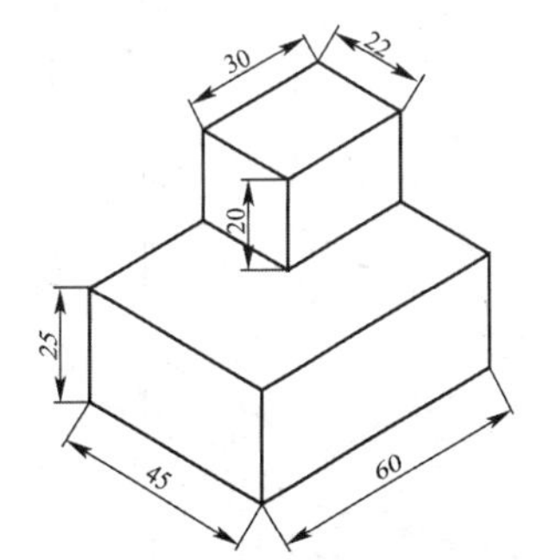

图 10-35　标注尺寸

(5)选择菜单栏中的【标注】或功能区【注释】选项卡，单击【倾斜】按钮，命令行的提示如下。

```
命令：_ dimedit
```

输入标注编辑类型[默认(H)/新建(N)/旋转(R)/倾斜(O)]<默认>：O
　　　　　　　　　　　　　　　　　　//自动执行的操作
选择对象：找到1个　　　　　　　　　//选择尺寸45
选择对象：　　　　　　　　　　　　　//选择尺寸60
选择对象：　　　　　　　　　　　　　//按〈Space〉键或〈Enter〉键退出选择状态
输入倾斜角度(按〈Enter〉表示无)：90 //输入90，按〈Space〉键或〈Enter〉键定义尺寸界线倾斜角度为90°，如图10-36所示

(6)使用步骤(5)的方法修改尺寸25和尺寸30的倾斜角度为-30°，如图10-36所示。

(7)使用步骤(5)的方法修改尺寸22和尺寸20的倾斜角度为30°，如图10-36所示。

(8)使用【夹点编辑】命令，移动尺寸线或尺寸线的位置，使尺寸线45和尺寸线60对齐，移动尺寸线20到合适的位置，如图10-36所示。

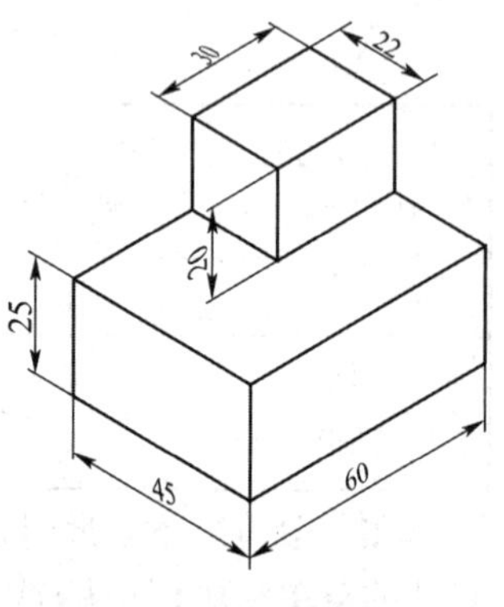

图10-36　倾斜角度

10.5　思考与练习

1. 基础题

(1)绘制图10-37和图10-38所示的正等轴测图，标注尺寸并保存。

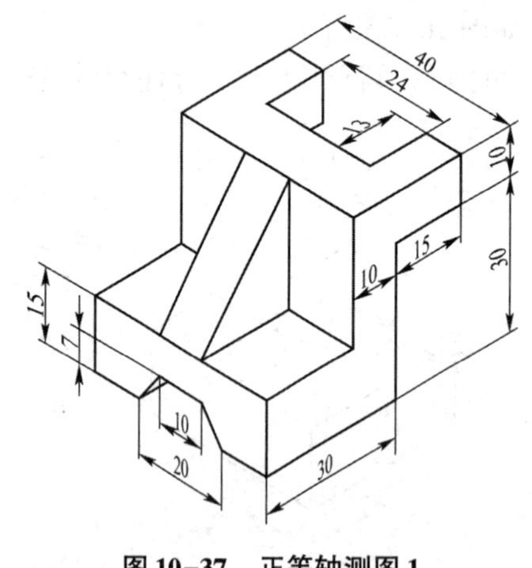

图10-37　正等轴测图1

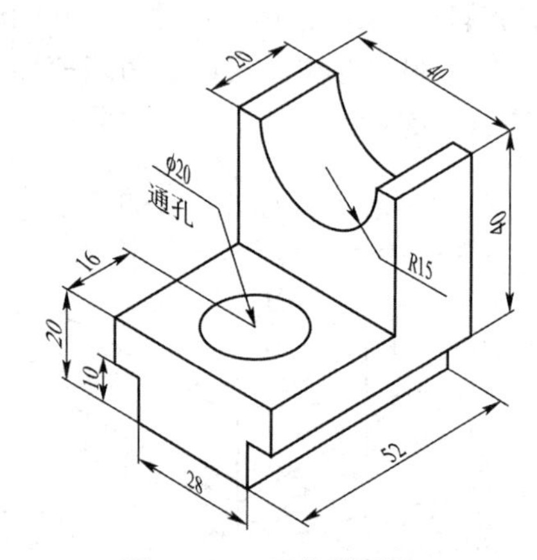

图10-38　正等轴测图2

(2)根据图10-39和图10-40所示的三视图绘制正等轴测图，并保存。

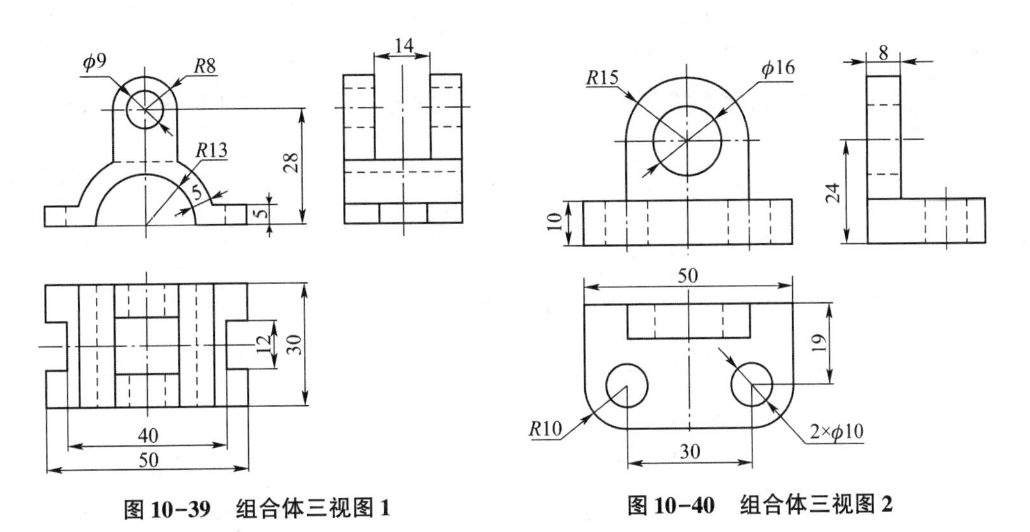

图 10-39　组合体三视图 1　　　图 10-40　组合体三视图 2

2. 提升题

根据图 10-41 和图 10-42 的尺寸，绘制各自对应的轴测图，并保存。

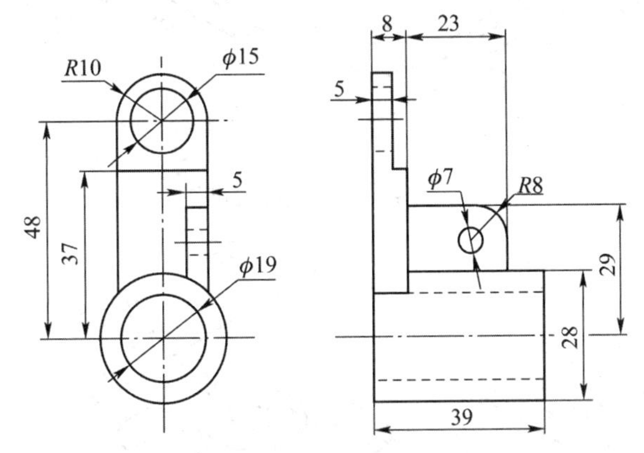

图 10-41　提升题 1

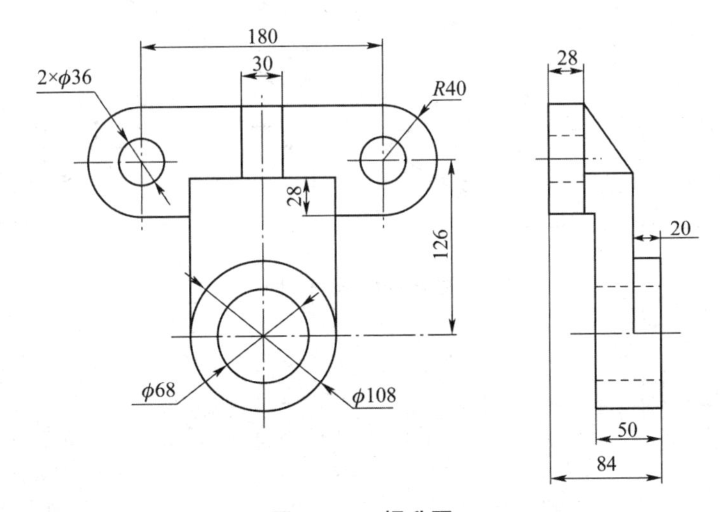

图 10-42　提升题 2

3. 趣味题

灵活使用前面学习的绘图方法绘制图 10-43 和图 10-44 所示的轴测图，并标注尺寸，以图形文件格式保存。

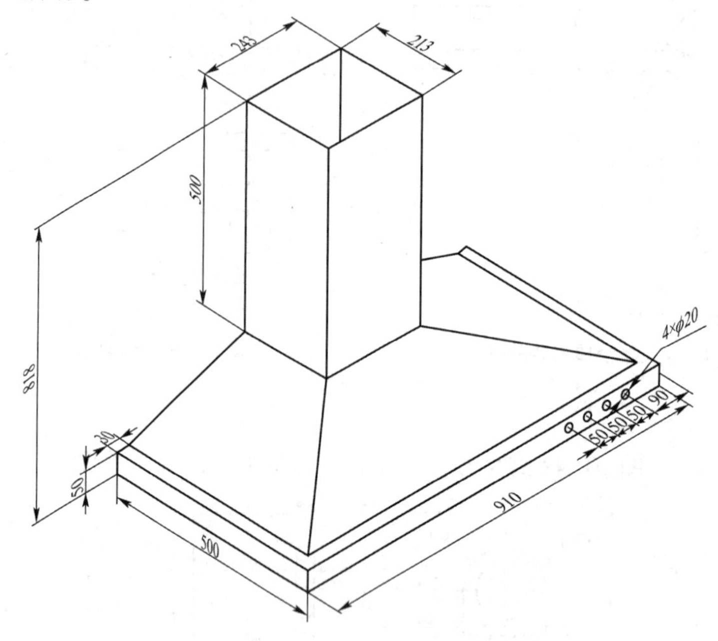

图 10-43　吸油烟机

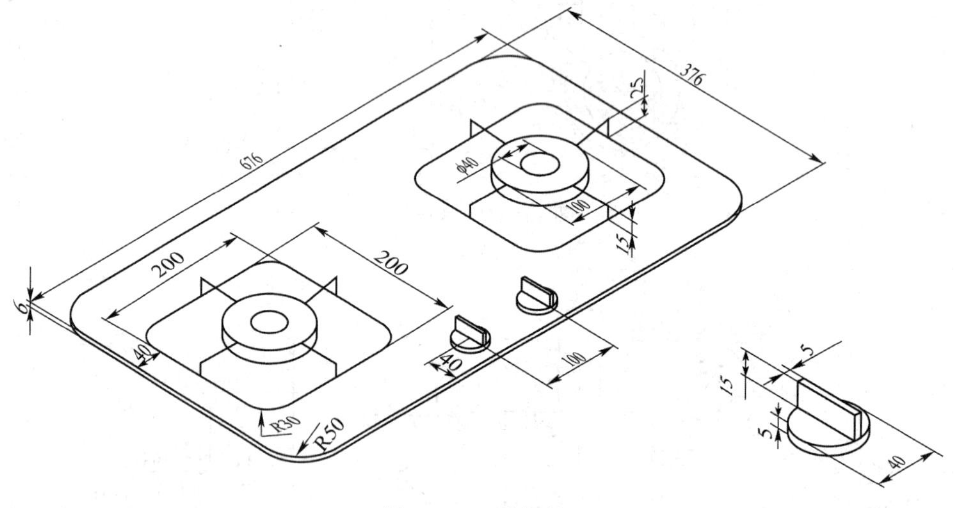

图 10-44　燃气灶

第 11 章

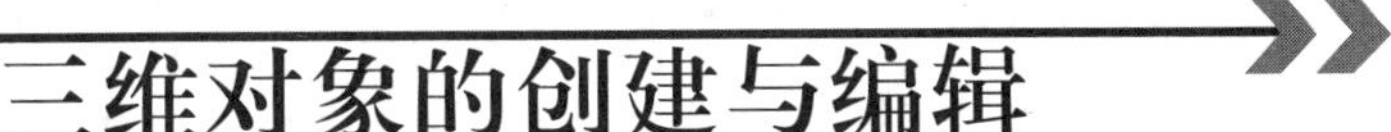

三维对象的创建与编辑

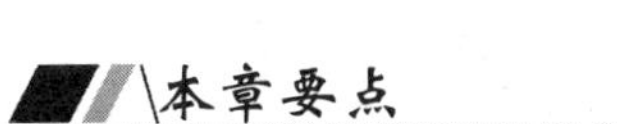

本章要点

- 三维实体的创建
- 三维实体的编辑
- 三维实体的渲染

在前面的章节中学习了二维图形的绘制和编辑等知识，它基本上能满足用户绘制平面图形的需要。AutoCAD 不仅有强大的二维绘图功能，同时也具有三维建模功能。不同于轴测图，利用三维建模可以根据需要创建各式实体。简单实体(长方体、圆柱体、球体)可以运用对应命令直接创建，比较复杂的实体往往是先绘制平面图形(面域)，然后再通过拉伸、旋转、扫描、放样、布尔运算等工具生成或者编辑产生。

11.1　绘制三维实体

11.1.1　认识三维坐标系

1. 坐标系

AutoCAD 2020 提供有 2 个坐标系：一个称为世界坐标系(WCS)，另一个称为用户坐标系(UCS)。默认状态时，AutoCAD 2020 的坐标系是 WCS，且是唯一的、固定不变的通常用于二维绘图。

UCS 是用于坐标输入、平面操作和查看对象的一种可移动坐标系。移动后的坐标系相对于 WCS 而言，就是创建的 UCS。大多数编辑命令平面取决于当前 UCS 的位置和方向，二维对象将绘制在当前 UCS 的 XY 平面上。

在三维坐标系中，如果已知 X 轴和 Y 轴的方向，可以使用右手定则确定 Z 轴的正方向。如图 11-1(a)所示。同时，使用右手定则也可以确定三维空间中绕坐标轴旋转的默认正方向：将右手拇指指向轴的正方向，卷曲其余四指，右手四指所指示的方向即轴的正旋转方向，如图 11-1(b)所示。

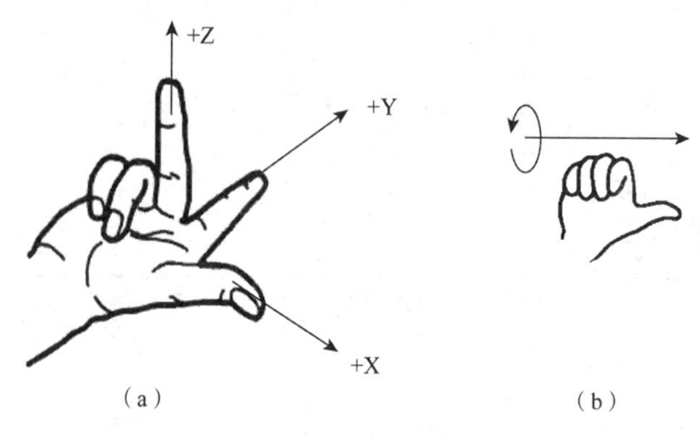

图 11-1　右手定则

2. 建立 UCS

1)命令的启用方法

(1)功能区：单击【常用】→【坐标】或【视图】→【坐标】，如图 11-2 所示。

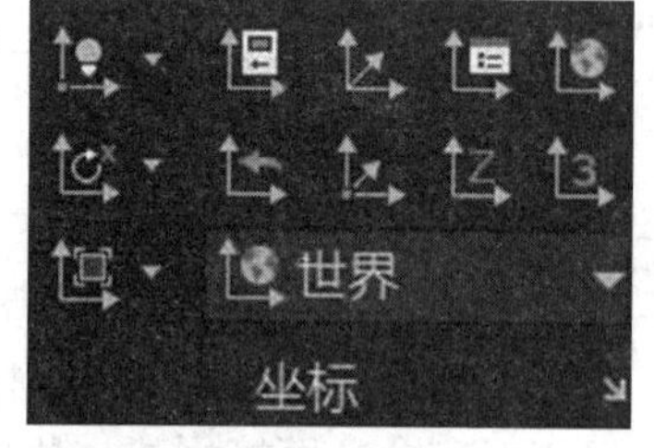

图 11-2　功能区【坐标】面板

(2)菜单栏：单击【工具】→【新建 UCS】。

(3)工具栏：单击相应按钮按不同方式建立 UCS。

(4)命令行：输入 UCS，按〈Enter〉键。

执行 UCS 命令后，命令行的提示如下。

指定 UCS 的原点或[面(F)/命名(NA)/对象(OB)/上一个(P)/视图(V)/世界(W)/X/Y/Z/Z 轴(ZA)]<世界>:

2)UCS 工具栏

进行 UCS 变换可以改变 UCS 原点的位置和 3 个坐标轴的方向。UCS 变换的方式非常多，可以利用 UCS 工具栏进行操作。UCS 工具栏如图 11-3 所示，各按钮功能如下。

(1)【UCS 按钮】：指定一点作为新坐标原点，系统则将 UCS 平移到该点。

(2)【世界 UCS】：从当前的用户坐标系恢复到世界坐标系。

(3)【上一个 UCS】：系统将恢复上一个 UCS，在当前任务中最多可返回 10 个。

(4)【面 UCS】：将 UCS 动态对齐到三维对象的面。将光标移到某个面上以预览 UCS 的对齐方式。也可以选择并拖动 UCS 图标(或者从原点夹点菜单选择【移动并对齐】)来将 UCS 与面动态对齐。

(5)【对象 UCS】：通过指定一个对象来创建一个新的 UCS，坐标系的实际定位则取决于所选择的对象。此按钮不能用于下列对象中三维多段线、三维网格和构造线。

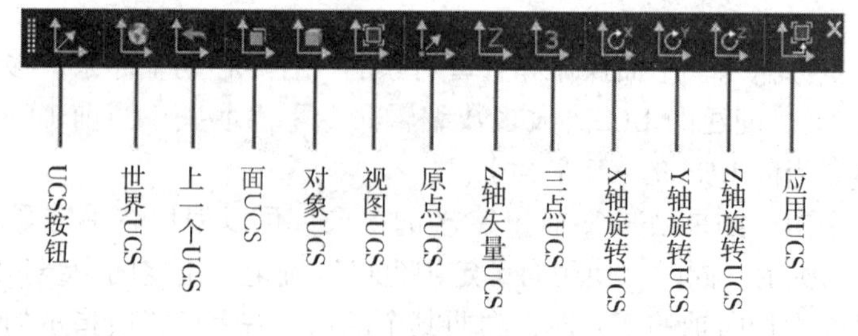

图 11-3　UCS 工具栏

(6)【视图 UCS】：通过将新 UCS 的 XY 平面设为与屏幕平行，原点保持不变来创建一个新的 UCS。

(7)【原点 UCS】：通过平移当前 UCS 的原点来创建一个新的 UCS。

(8)【Z 轴矢量 UCS】：指定 2 个点，系统将以所指定的两点方向作为 Z 轴正方向创建新的 UCS。

(9)【三点 UCS】：指定 3 个点创建新的 UCS。用户所指定的第一点为坐标原点，所指定的第一点与第二点方向即为 X 轴正方向，所指定的第一点与第三点方向即为 Y 轴正方向。

(10)【X、Y、Z 轴旋转 UCS】：输入旋转角度，按〈Enter〉键，系统将通过绕指定旋转轴转过指定的角度创建新的 UCS。

(11)【应用 UCS】：其他视口保存有不同的 UCS 时，将当前 UCS 设置应用到指定的视口或所有活动视口。UCSVP 系统变量确定 UCS 是否随视口一起保存。

11.1.2　三维模型显示

1. 设置三维环境

AutoCAD 2020 有专门设置三维建模的工作空间，需要时可以在【工作空间】工具栏下选择【三维建模】，如图 11-4(a)所示，也可以在状态栏中找到【切换工作空间】按钮，选择【三维建模】，如图 11-4(b)所示。

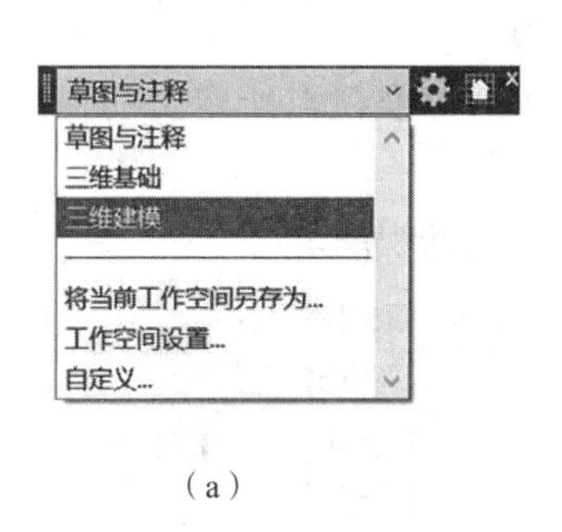

(a)

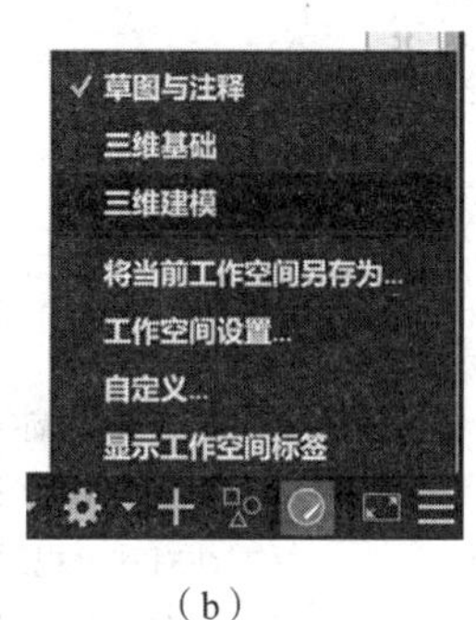

(b)

图 11-4　切换【三维建模】空间

2. 动态观察

在三维图形中，使用三维导航工具可以从不同角度、高度和距离查看图形中的对象。动态观察就是视点围绕目标移动，而目标保持静止的观察方式。使用这一功能，用户可以从不同的角度查看对象，还可以让模型自动连续地旋转。

动态观察包括受约束的动态观察、自由动态观察和连续动态观察。

(1)受约束的动态观察：简称动态观察，仅能沿 XY 平面或 Z 轴约束三维动态观察。系统默认情况下为动态观察。

(2)自由动态观察：不参照平面，在任意方向上进行动态观察。沿 XY 平面和 Z 轴进行动态观察时，视点不受约束。

(3)连续动态观察：连续地进行动态观察。在要使连续动态观察移动的方向上单击并拖动，然后松开鼠标左键，轨道沿该方向继续移动。

3. 常用调用方式

(1)功能区：单击【视图】→【导航】→【动态观察】(【自由动态观察】或【连续动态观察】)。

(2)菜单栏：单击【视图】→【动态观察】→【受约束的动态观察】(【自由动态观察】或【连续动态观察】)。

(3)工具栏：单击【三维导航】或【动态观察】→【受约束的动态观察】(【自由动态观察】或【连续动态观察】)，如图 11-5 所示。

(4)命令行：输入 3DORBIT 或 3DFORBIT 或 3DCORBIT，按〈Space〉键或〈Enter〉键。

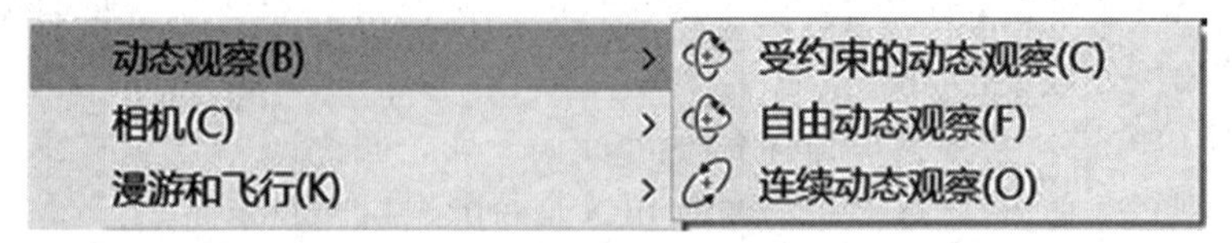

图 11-5　动态观察

11.1.3　常用标准视图

常用的标准视图有：俯视、仰视、主视、左视、右视、后视、SW(西南)等轴测、SE(东南)等轴测、NE(东北)等轴测和 NW(西北)等轴测。

常用调用方式如下。

(1)功能区：单击【视图】选项卡→【视图】面板。

(2)菜单栏：单击【视图】→【三维视图】→10 个标准视点所定义的视图，如图 11-6 所示。

(3)工具栏：单击【视图】→10 个标准视点所定义的视图。

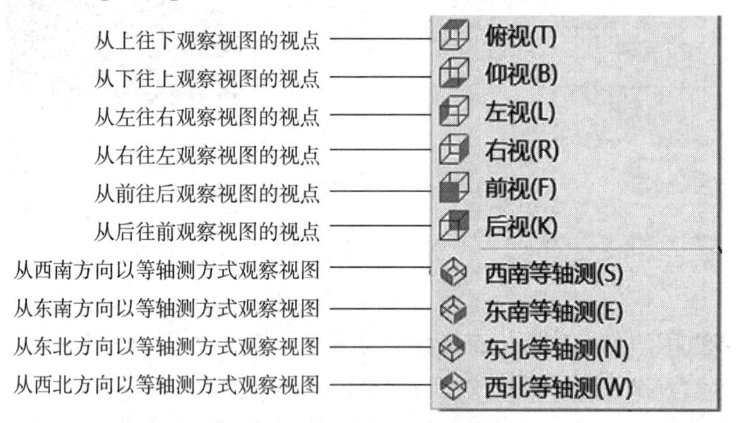

图 11-6　【三维视图】菜单

11.1.4　视觉样式

视觉样式是一组自定义设置，用来控制当前视口中三维实体和曲面的边、着色、背景和阴影的显示，用户可通过更改视觉样式的特性控制其显示效果。应用视觉样式或更改其设置时，关联的视口会自动更新以反映这些更改。

1. 常用调用方式

(1)功能区：单击【视图】选项卡→【视觉样式】面板→各预定义的视觉样式。

(2)菜单栏：单击【视图】→【视觉样式】→各预定义的视觉样式。

(3)工具栏：单击【视觉样式】→各预定义的视觉样式。

(4)命令行：输入 SHADEMODE，按〈Enter〉键。

2. AutoCAD 2020 中预定义的视觉样式

(1)二维线框：显示用直线和曲线表示边界的对象，如图 11-7(a)所示。光栅和 OLE 对象、线型和线宽都是可见的。即使将 COMPASS 系统变量的值设置为 1，它也不会出现在二维线框视图中。

(2)线框：显示用直线和曲线表示边界的对象。显示着色三维 UCS 图标，如图 11-7(b)所示。可将 COMPASS 系统变量设定为 1 来查看坐标球。

(3)消隐：显示用三维线框表示的对象并隐藏表示后向面的直线，如图 11-7(c)所示。

(4)真实：着色多边形平面间的对象，并使对象的边平滑化，如图 11-7(d)所示。将显示已附着到对象的材质。

(5)概念：着色多边形平面间的对象，并使对象的边平滑化。着色使用冷色和暖色之间的过渡。效果缺乏真实感，但是可以更方便地查看模型的细节，如图 11-7(e)所示。

(6)着色：产生平滑的着色模型，如图 11-7(f)所示。

(7)带边缘着色：产生平滑、带有可见边的着色模型，如图 11-7(g)所示。

(8)灰度：使用单色面颜色模式可以产生灰色效果，如图 11-7(h)所示。

(9)勾画：使用外伸和抖动产生手绘效果，如图 11-7(i)所示。

(10)X 射线：更改面的不透明度使整个场景变成部分透明，如图 11-7(j)所示。

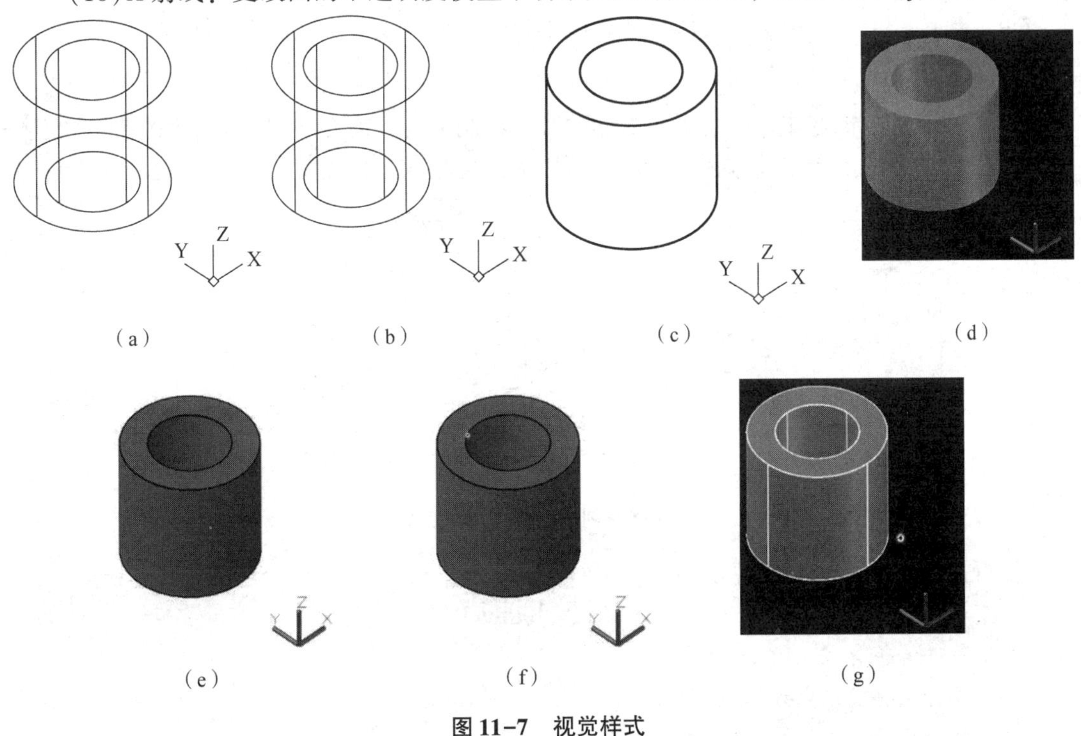

图 11-7　视觉样式

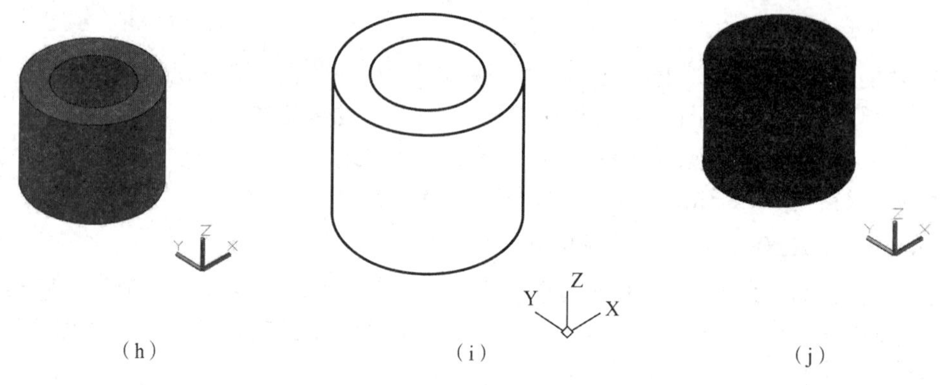

图 11-7 视觉样式(续)

(a)二维线框；(b)线框；(c)消隐；(d)真实(背景为黑色)；(e)概念；(f)着色(背景为黑色)；(g)带边缘着色(背景为黑色)；(h)灰度；(i)勾画；(j)X 射线

11.1.5 绘制基本实体

三维基本实体的调用方式如下。

(1)功能区：单击【常用】选项卡→【建模】面板→相应按钮。

(2)菜单栏：单击【绘图】→【建模】→相应命令。

(3)工具栏：单击【建模】→相应命令。

(4)命令行：在命令行输入相应快捷命令，按〈Enter〉键。

运行相应命令，创建出基本三维实体，主要包括长方体、楔体、球体、圆柱体、圆锥体、圆环体和多段体等。这些基本实体的特征主要由实体位置和实体尺寸参数决定，实体位置可由角点、中心点确定，实体尺寸则由半径，直径及长、宽、高等来确定。

1. 长方体

创建三维实心长方体。始终将长方体的底面绘制为与当前 UCS 的 XY 平面(工作平面)平行。在 Z 轴方向上指定长方体的高度。可以为高度输入正值或负值，如图 11-8 所示。

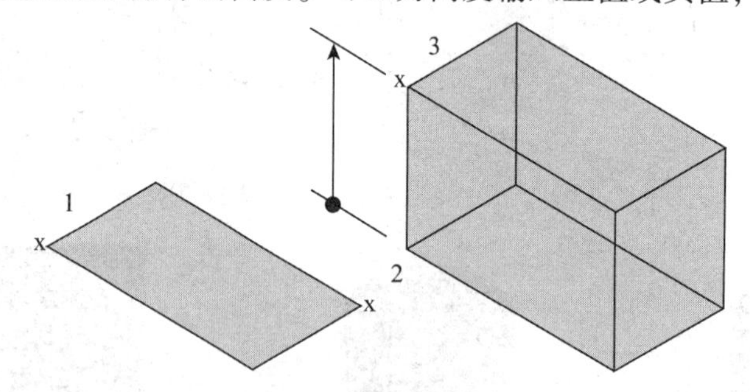

图 11-8 创建三维实心长方体

执行命令后，命令行的提示如下。

```
命令：_ box
指定第一个角点或[中心(C)]：
指定其他角点或[立方体(C)/长度(L)]：
指定高度或[两点(2P)]<100.0000>：
```

2. 圆柱体

创建三维实心圆柱体。如图 11-9 所示，在图例中，使用圆心 1 半径上的一点 2 和表示高度的一点 3 创建圆柱体。圆柱体的底面始终位于与工作平面平行的平面上。可以通过 FACETRES 系统变量控制着色或隐藏视觉样式的三维曲线式实体(如圆柱体)的平滑度。

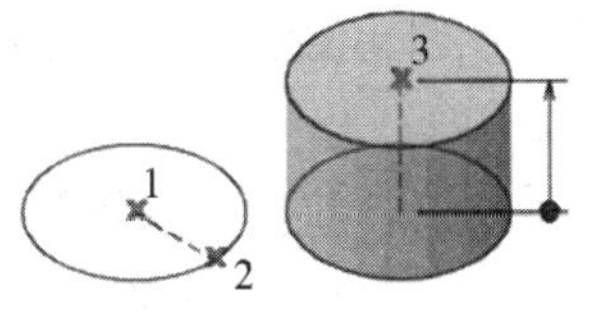

图 11-9　创建三维实心圆柱体

执行命令后，命令行的提示如下。

命令：_ cylinder

指定底面的中心点或［三点(3P)/二点(2P)/切点、切点、半径(T)/椭圆(E)］:

指定底面半径或［直径(D)］: 50

指定高度或［二点(2P)/轴端点(A)］<100.0000>:

3. 圆锥体

创建三维实心圆锥体。创建一个三维实体，该实体以圆或椭圆为底面，以对称方式形成锥体表面，最后交于一点，或交于一个圆或椭圆平面，如图 11-10 所示。

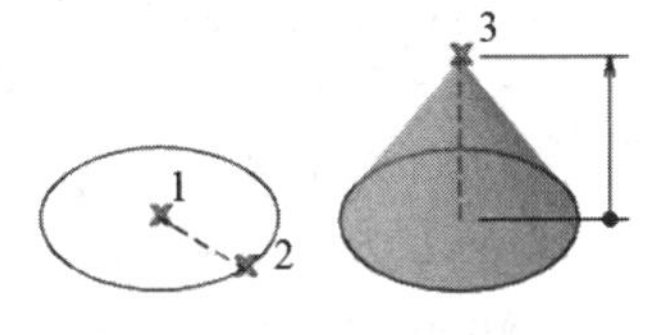

图 11-10　创建三维实心圆锥体

执行命令后，命令行的提示如下。

命令：_ cone

指定底面的中心点或［三点(3P)/二点(2P)/切点、切点、半径(T)/椭圆(E)］:

指定底面半径或［直径(D)］<50.0000>:

指定高度或［二点(2P)/轴端点(A)/顶面半径(T)］<100.0000>:

4. 球体

创建三维实心球体。可以通过指定圆心和半径上的点创建球体，如图 11-11 所示。

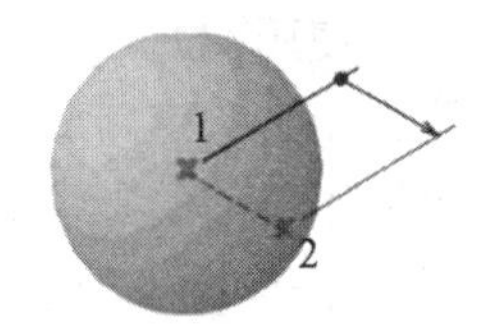

图 11-11　创建三维实心球体

执行命令后，命令行的提示如下。

命令：_ sphere

指定中心点或［三点(3P)/二点(2P)/切点、切点、半径(T)］:

指定半径或［直径(D)］<50.0000>:

5. 棱锥体

创建三维实心棱锥体。默认情况下，使用基点的中心、边的中点和可确定高度的另一个点来定义棱锥体，命令行的如图 11-12 所示。

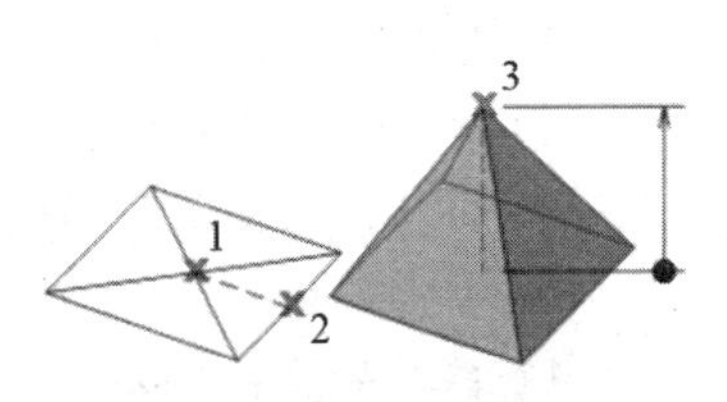

图 11-12　创建三维实心棱锥体

执行命令后，命令行的提示如下。

命令：_ pyramid 4 个侧面　外切

指定底面的中心点或［边(E)/侧面(S)］:

指定底面半径或［内接(I)］<50.0000>:

指定高度或［二点(2P)/轴端点(A)/顶面半径(T)］<100.0000>:

6. 楔体

创建三维实心楔体。倾斜方向始终沿 UCS 的 X 轴正方向，如图 11-13 所示。

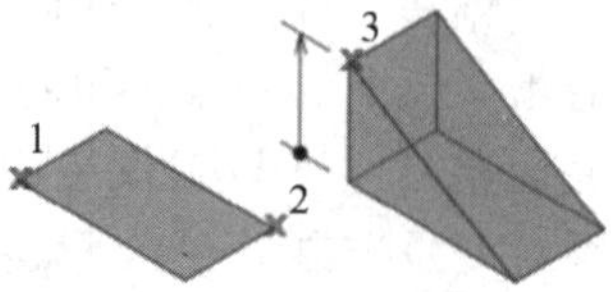

图 11-13　创建三维实心楔体

执行命令后，命令行的提示如下。

命令：_ wedge

指定第一个角点或［中心(C)］：

指定其他角点或［立方体(C)/长度(L)］：

指定高度或［二点(2P)］<100.0000>：

7. 圆环体

创建三维实心圆环体。可以通过指定圆环体的圆心、半径或直径以及围绕圆环体的圆管的半径或直径创建圆环体，如图 11-14 所示。

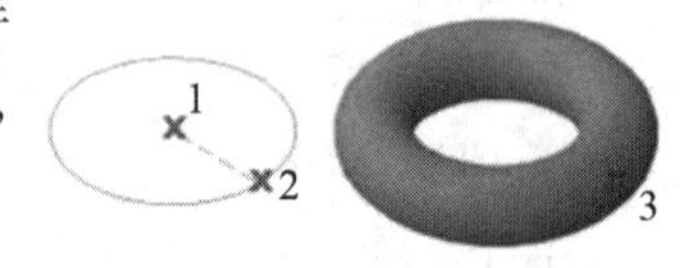

图 11-14　创建三维实心圆环体

执行命令后，命令行的提示如下。

命令：_ torus

指定中心点或［三点(3P)/二点(2P)/切点、切点、半径(T)］：

指定半径或［直径(D)］<50.0000>：

指定圆管半径或［二点(2P)/直径(D)］<25.0000>：20

11.1.6　利用二维对象生成三维实体

AutoCAD 2020 提供了由平面封闭多段线(或面域)图形为截面，通过拉伸、旋转、扫掠、放样创建三维实体的方法。

1. 拉伸

使用【拉伸】命令，可将某一闭合的二维对象拉伸一定高度，或沿指定路线拉伸，来创建拉伸实体，如图 11-15 所示。可用于拉伸的二维对象包括：圆、封闭(但不自相交)的多段线、正多边形、椭圆、封闭的样条曲线、面域和圆环等。

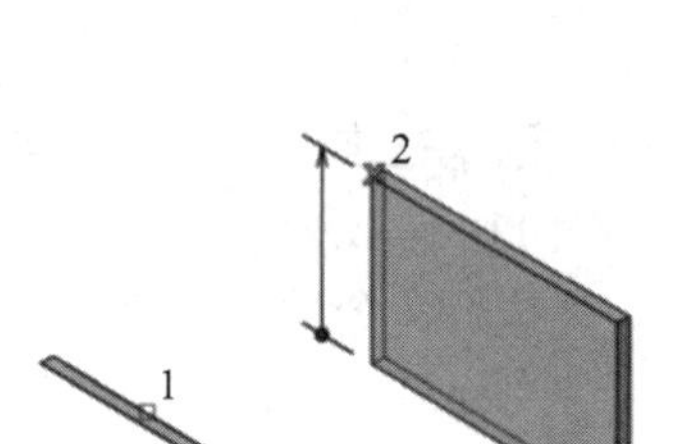

图 11-15　拉伸

1)命令输入

(1)功能区：单击【常用】选项卡→【建模】→【拉伸】。

(2)菜单栏：单击【绘图】→【建模】→【拉伸】。

(3)工具栏：单击【建模】→【拉伸】。

(4)命令行：在命令行输入 Extrude，按〈Enter〉键。

执行命令后，命令行的提示如下。

命令：_ extrude

当前线框密度：ISOLINES=4，闭合轮廓创建模式 = 实体

选择要拉伸的对象或［模式(MO)］：_ MO 闭合轮廓创建模式［实体(SO)/曲面(SU)］<实体>：_ SO

选择要拉伸的对象或［模式(MO)］：找到 1 个

选择要拉伸的对象或［模式(MO)］：

指定拉伸的高度或［方向(D)/路径(P)/倾斜角(T)/表达式(E)］<100.0000>：

2)拉伸选项含义

(1)模式(MO)：设定拉伸是创建曲面还是实体。

(2)方向(D)：通过指定2个点来确定拉伸的方向和高度。

(3)路径(P)：通过指定要作为拉伸的轮廓路径或形状路径的对象来创建实体或曲面。拉伸对象始于轮廓所在的平面，止于在路径端点处与路径垂直的平面。

(4)倾斜角(T)：通过指定的角度拉伸对象，拉伸的角度也可以为正值或负值，其绝对值不大于90°。如果倾斜角度为正，将产生内锥度，创建的侧面向里靠；如果倾斜角度为负，将产生外锥度，创建的侧面则向外。

(5)表达式(E)：输入公式或方程式以指定拉伸高度。

2. 旋转

使用【旋转】命令可以通过绕轴旋转开放或闭合对象来创建实体或曲面，以旋转对象定义实体或曲面轮廓，如图11-16所示。可用于旋转的二维对象可以是封闭多段线、多边形、圆、椭圆、封闭样条曲线、圆环及封闭区域。三维对象等，且每次只能旋转一个对象。有交叉或自干涉的多段线不能被旋转。

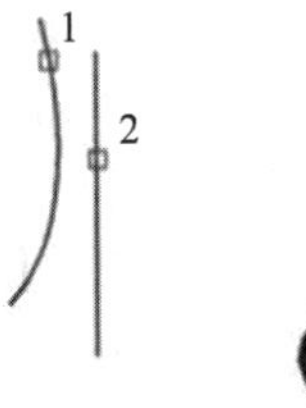

图11-16　旋转

1)命令输入

(1)功能区：单击【常用】选项卡→【建模】→【旋转】。

(2)菜单栏：单击【绘图】→【建模】→【旋转】。

(3)工具栏：单击【建模】→【旋转】。

(4)命令行：在命令行输入Revolve，按〈Enter〉键。

执行命令后，命令行的提示如下。

命令：_ revolve

当前线框密度：ISOLINES=4，闭合轮廓创建模式 = 实体

选择要旋转的对象或［模式(MO)］：_ MO 闭合轮廓创建模式［实体(SO)/曲面(SU)］<实体>：_ SO

选择要旋转的对象或［模式(MO)］：找到 1 个

选择要旋转的对象或［模式(MO)］：

指定轴起点或根据以下选项之一定义轴［对象(O)/X/Y/Z］<对象>：

指定轴端点：

指定旋转角度或［起点角度(ST)/反转(R)/表达式(EX)］<360>：

2)旋转选项含义

(1)选择要旋转的对象：指定要绕某个轴旋转的对象。

(2)模式(MO)：控制旋转动作是创建实体还是曲面。

(3)轴起点：指定旋转轴的第一个端点。

(4)轴端点：指定旋转轴的轴端点。

(5)起点角度(ST)：为从旋转对象所在平面开始的旋转指定偏移。

(6)旋转角度：指定选定对象绕轴旋转的距离。

(7)反转(R)：更改旋转方向，相当于输入负角度值。

(8)表达式(EX)：输入公式或方程式以指定旋转角度。

3)定义旋转轴的其他选项的含义

(1)对象(O)：通过指定现有对象来定义旋转轴，现有的对象可以是直线、线性多段线线段、实体或曲面的线性边。

(2)X：使用当前 UCS 的正向 X 轴作为旋转轴。

(3)Y：使用当前 UCS 的正向 Y 轴作为旋转轴。

(4)Z：使用当前 UCS 的正向 Z 轴作为旋转轴。

3. 扫掠

使用【扫掠】命令，可以通过沿二维或三维路径扫掠指定轮廓来创建实体，如图 11-17 所示。可用于扫掠的图形包括：直线、圆弧、椭圆弧、二维样条曲线、面域或实体的平面。可用作扫掠路径的对象主要包括：直线、圆弧、椭圆弧、二维样条曲线、三维多段线和螺旋曲线等。

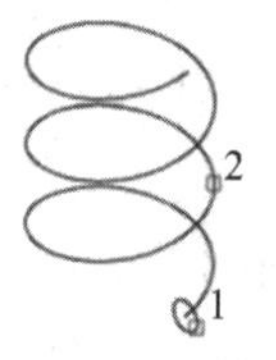

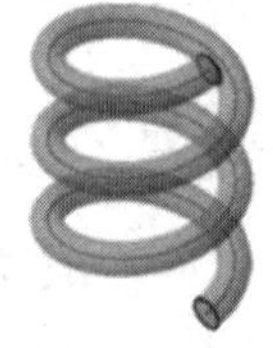

图 11-17　扫掠

1)命令输入

(1)功能区：单击【常用】选项卡→【建模】→【扫掠】。

(2)菜单栏：单击【绘图】→【建模】→【扫掠】。

(3)工具栏：单击【建模】→【扫掠】。

(4)命令行：在命令行输入 Sweep，按〈Enter〉键。

执行命令后，命令行的提示如下。

命令：_ sweep

当前线框密度：ISOLINES=4，闭合轮廓创建模式 = 实体

选择要扫掠的对象或［模式(MO)］：_ MO 闭合轮廓创建模式［实体(SO)/曲面(SU)］<实体>：_ SO

选择要扫掠的对象或［模式(MO)］：找到 1 个

选择要扫掠的对象或［模式(MO)］：

选择扫掠路径或［对齐(A)/基点(B)/比例(S)/扭曲(T)］：

2)扫掠选项含义

(1)要扫掠的对象：指定要用作扫掠截面轮廓的对象。

(2)要扫掠的路径：基于选择的对象指定扫掠路径。

(3)对齐(A)：指定是否对齐轮廓以使其作为扫掠路径切向的法向。

(4)基点(B)：指定要扫掠对象的基点。

(5)比例(S)：指定比例因子以进行扫掠操作。从扫掠路径的开始到结束，比例因子将统一应用到扫掠的对象。

(6)扭曲(T)：设置正被扫掠的对象的扭曲角度。扭曲角度指定沿扫掠路径全部长度的旋转量。

☆ 提示：扫掠与拉伸不同，沿路径扫掠轮廓时，轮廓将被移动并与路径垂直对齐，而拉伸则不会。

4. 放样

使用【放样】命令，可以在数个横截面之间的空间中创建三维实体或曲面。放样横截面可以是开放或闭合的平面或非平面，也可以是边子对象。开放的横截面创建曲面，闭合的横截面创建实体或曲面(具体取决于指定的模式)，如图 11-18 所示。

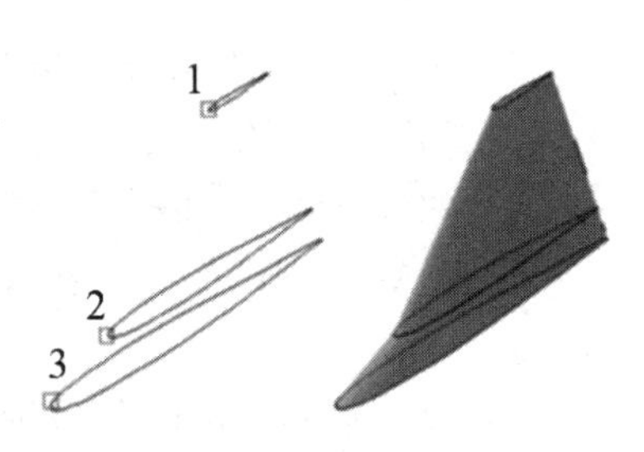

图 11-18　放样

1)命令输入

(1)功能区：单击【常用】选项卡→【建模】→【放样】。

(2)菜单栏：单击【绘图】→【建模】→【放样】。

(3)工具栏：单击【建模】→【放样】。

(4)命令行：在命令行输入 Loft，按〈Enter〉键。

执行命令后，命令行的提示如下。

命令：_ loft

当前线框密度：ISOLINES=4，闭合轮廓创建模式 = 实体

按放样次序选择横截面或 [点(PO)/合并多条边(J)/模式(MO)]：_ MO 闭合轮廓创建模式 [实体(SO)/曲面(SU)]<实体>：_ SO

按放样次序选择横截面或 [点(PO)/合并多条边(J)/模式(MO)]：找到 1 个

按放样次序选择横截面或 [点(PO)/合并多条边(J)/模式(MO)]：找到 1 个

按放样次序选择横截面或 [点(PO)/合并多条边(J)/模式(MO)]：找到 1 个，总计 3 个

按放样次序选择横截面或 [点(PO)/合并多条边(J)/模式(MO)]：选中了 3 个横截面

输入选项 [导向(G)/路径(P)/仅横截面(C)/设置(S)]〈仅横截面〉：

通过放样得到的三维模型，若横截面为二维图形，则得到的三维模型是曲面；若横截面为面域，则得到的三维模型是实体。

2)放样选项含义

(1)按放样次序选择横截面：按曲面或实体将通过曲线的次序指定开放或闭合曲线。

(2)点(PO)：如果选择【点】选项，还必须选择闭合曲线。

(3)合并多条边(J)：将多个端点相交曲线合并为一个横截面。

(4)导向(G)：通过指定导向曲线引导并控制放样模型。

(5)路径(P)：通过指定路径曲线生成放样模型。

(6)仅横截面(C)：通过将指定的横截面依次平滑连接得到放样模型。

11.2　三维实体的编辑

通过布尔运算可以对 2 个或 2 个以上的实体进行合并、相减、相交的编辑操作，创建出新的复合实体。

1. 并集操作

使用【并集】命令可以将两个或多个三维实体、曲面或二维面域合并为一个组合维实体、曲面或面域，如图 11-19 所示。该命令使用时必须选择类型相同的对象进行合并。

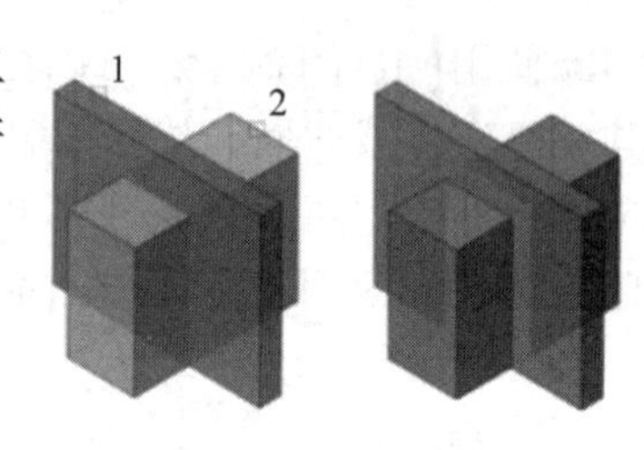

图 11-19　并集

AutoCAD 2020 中可以通过以下几种方法启动【并集】命令。

(1)功能区：单击【实体】选项卡→【布尔值】→【并集】。

(2)菜单栏：单击【修改】→【实体编辑】→【并集】。

(3)命令行：输入 Union 或 Uni，按〈Enter〉键。

执行命令后，命令行的提示如下。

```
命令：_ union
选择对象：找到 1 个
选择对象：找到 1 个，总计 2 个
选择对象：
```

2. 差集操作

使用【差集】命令可以从第 1 个选择集中的对象减去第 2 个选择集中的对象，创建一个新的实体，如图 11-20 所示。

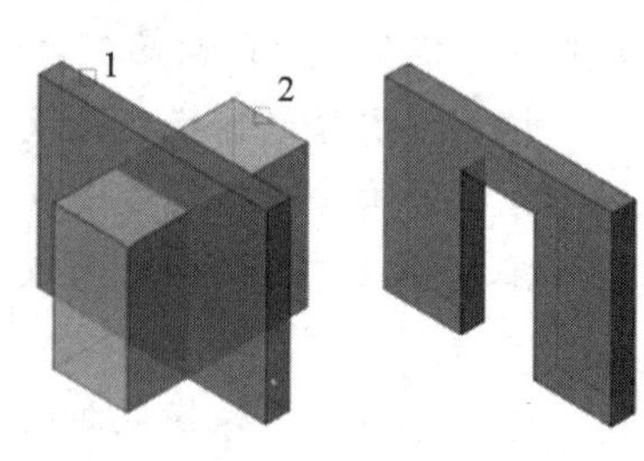

图 11-20　差集

AutoCAD 2020 中可以通过以下几种方法启动【差集】命令。

(1)功能区：单击【实体】选项卡→【布尔值】→【差集】。

(2)菜单栏：单击【修改】→【实体编辑】→【差集】。

(3)命令行：输入 Subtract 或 Su，按〈Enter〉键。

执行命令后，命令行的提示如下。

```
命令：_ subtract 选择要从中减去的实体、曲面和面域...
选择对象：找到 1 个
选择对象：
选择要减去的实体、曲面和面域...
选择对象：找到 1 个
选择对象：
```

3. 交集操作

使用【交集】命令可以利用多个实体的公共部分创建一个新的实体，并将非公共部分删去，如图 11-21 所示。

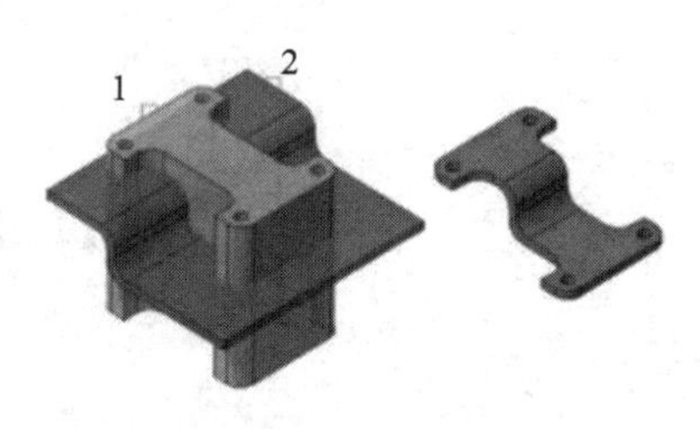

图 11-21　交集

AutoCAD 2020 中可以通过以下几种方法启动【交集】命令。

(1)功能区：单击【实体】选项卡→【布尔值】→【交集】。

(2)菜单栏：单击【修改】→【实体编辑】→【交集】。

(3)命令行：输入 Intersect 或 In，按〈Enter〉键。

执行命令后，命令行的提示如下。

```
命令：_ intersect
选择对象：找到 1 个
选择对象：找到 1 个，总计 2 个
选择对象：
```

11.3　三维建模案例

【例 11-1】绘制图 11-22 所示的支座三维图形。

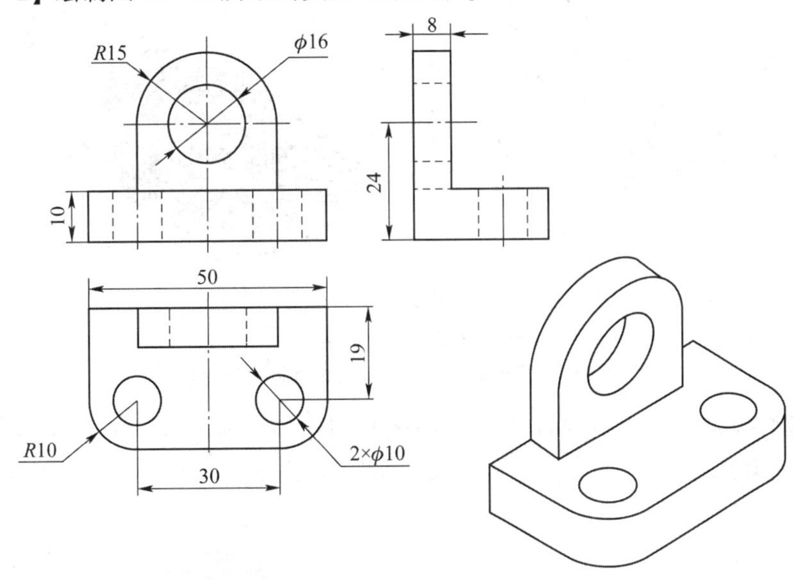

图 11-22　三维建模案例

(1)新建图形文件。为便于操作，调出【绘图】【建模】工具栏，在二维空间绘制底板草图，如图 11-23 所示。

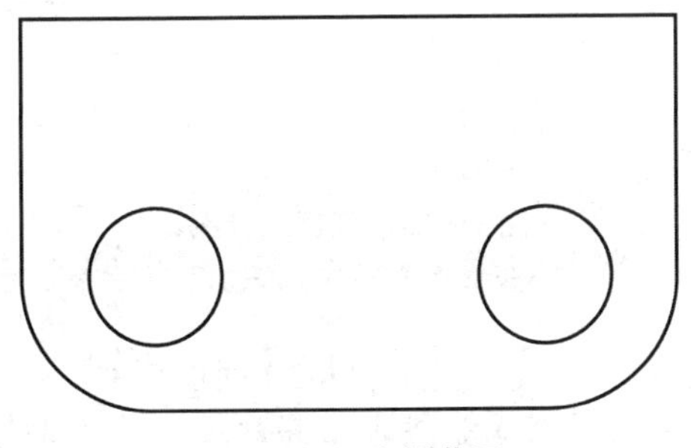

图 11-23　底板草图

（2）在【绘图】工具栏中单击【面域】按钮，分别将圆与带圆角的矩形转化为面域，在【建模】工具栏中单击【差集】按钮，用带圆角的矩形面域减去圆面域形成新的面域，如图 11-24 所示。

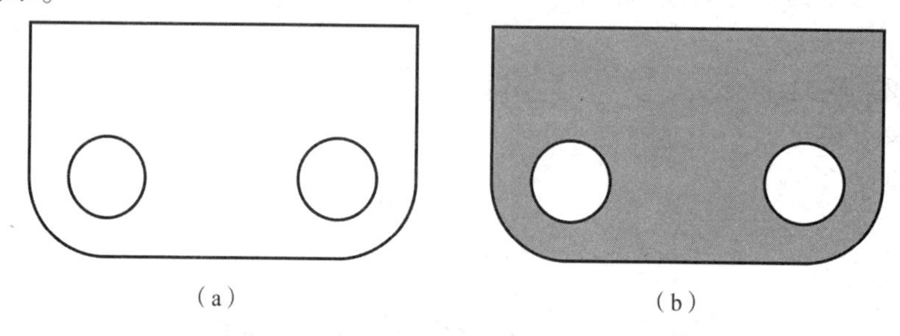

（a）　　　　（b）

图 11-24　【差集】后的新面域

（a）二维线框显示状态；（b）概念视觉样式显示

（3）单击【菜单栏】→【视图】→【三维视图】→【西南等轴测】，将绘图环境转化为三维绘图空间。在【建模】工具栏中单击【拉伸】按钮，拉伸新面域，如图 11-25 所示。

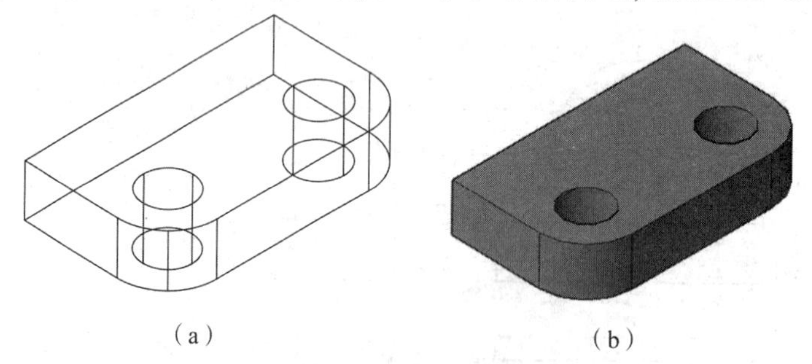

（a）　　　　（b）

图 11-25　底板三维图 1

（a）二维线框显示状态；（b）概念视觉样式显示

（4）单击【菜单栏】→【视图】→【三维视图】→【西北等轴测】，在 UCS 工具栏中单击【面】按钮，选择底板后面创建新的 UCS，绘制立板二维草图，如图 11-26 所示。

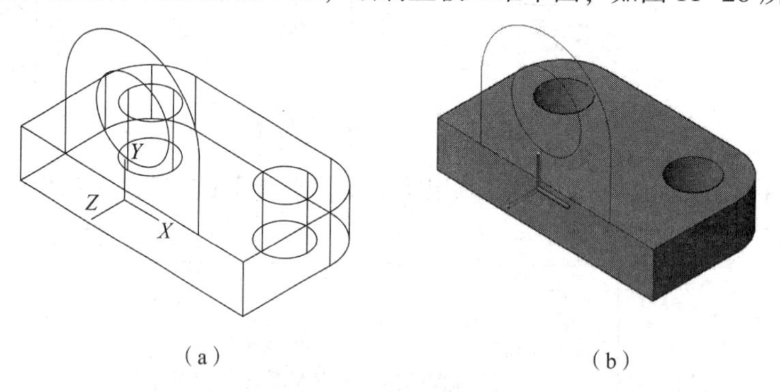

（a）　　　　（b）

图 11-26　底板三维图 2

（a）二维线框显示状态；（b）概念视觉样式显示

（5）单击【菜单栏】→【视图】→【三维视图】→【西南等轴测】，在【绘图】工具栏中单击【面域】按钮，分别将半圆和直线围成的封闭轮廓与圆转化为面域。在【实体编辑】工具栏中单击【差集】按钮，用半圆和直线围成的封闭轮廓面域减去圆面域形成新的面域，如

图 11-27 所示。

图 11-27　【差集】后的新面域

(6)在【建模】工具栏中单击【拉伸】按钮，拉伸新面域，如图 11-28 所示。

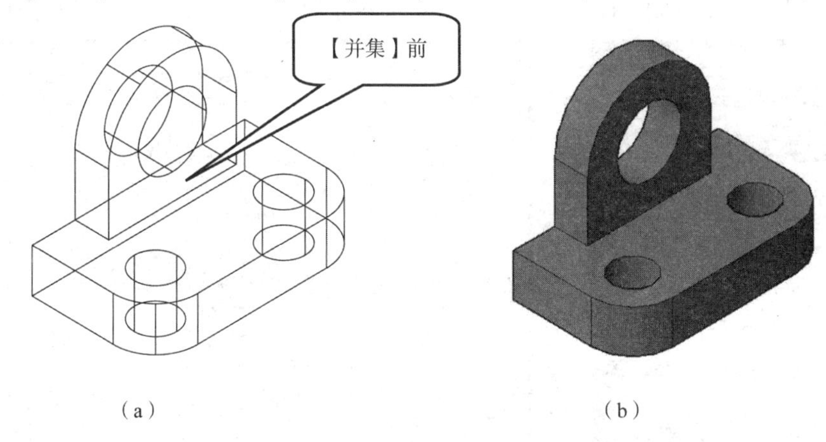

图 11-28　立板三维图 3

(a)二维线框显示状态；(b)概念视觉样式显示

(7)在【建模】工具栏中单击【并集】按钮，将底板与立板合并为整体，结果如图 11-29 所示。

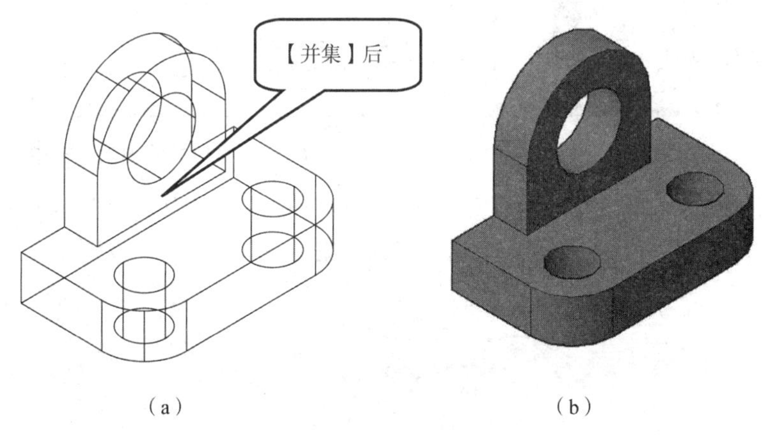

图 11-29　【并集】后的实体

(a)二维线框显示状态；(b)概念视觉样式显示

11.4 三维实体的渲染

渲染是创建三维线框或实体模型的真实感图像或真实着色图像，使用已设置的光源、已应用的材质和环境设置(如背景和雾化)，为场景的几何图形着色。

添加材质特征是为了表达特征的真实感。在【材质】选项板中提供了大量的材质，可以将材质应用到对象上，也可以使用【材质】窗口创建和修改材质，还可以调用【渲染】工具栏，执行对应命令。下面为图 11-29 添加材质，光源按照默认设置。

(1)打开【材质浏览器】对话框，如图 11-30 所示。

(2)选择材质，如图 11-31 所示，单击【材质添加到文档中】按钮，完成材质的添加。

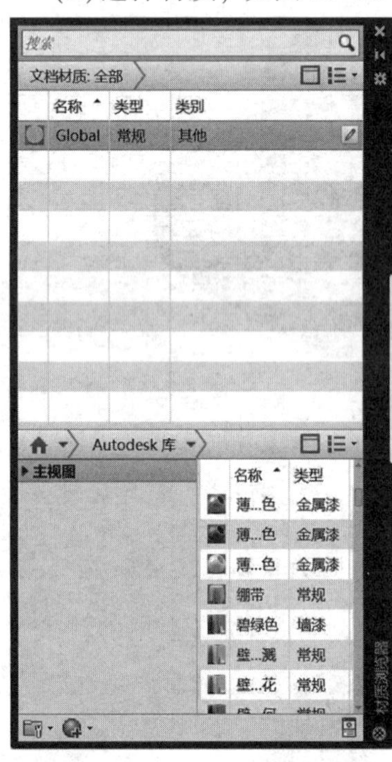

图 11-30 【材质浏览器】对话框

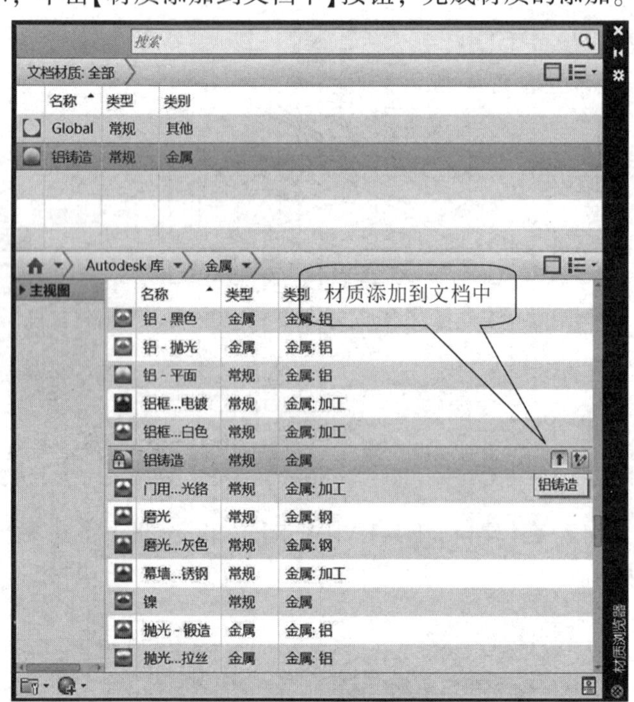

图 11-31 将材质添加到文档中

(3)选中支座实体，将光标放在【铝铸造】一栏上右击，弹出快捷菜单，选择【指定给当前选择】选项，如图 11-32 所示，完成支座的渲染，如图 11-33 所示。

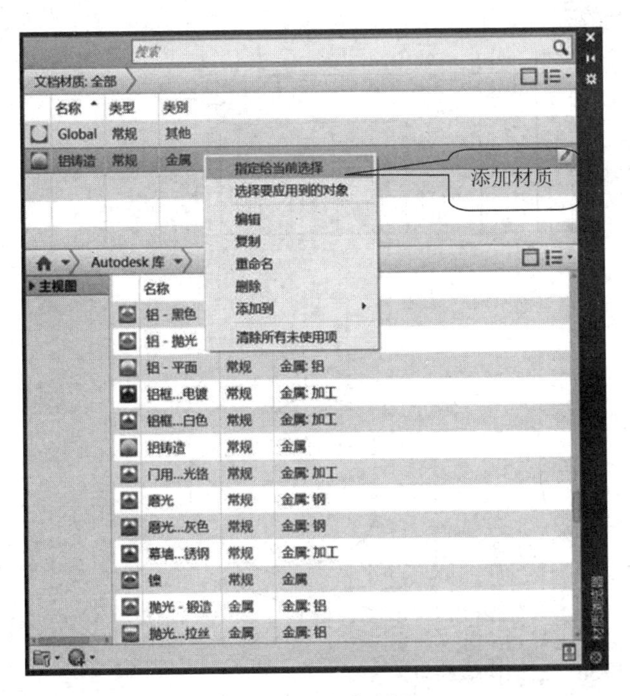

图 11-32　添加材质

图 11-33　渲染结果

11.5　思考与练习

1. 基础题

根据图 11-34 和图 11-35 所示的轴测图创建三维实体模型。

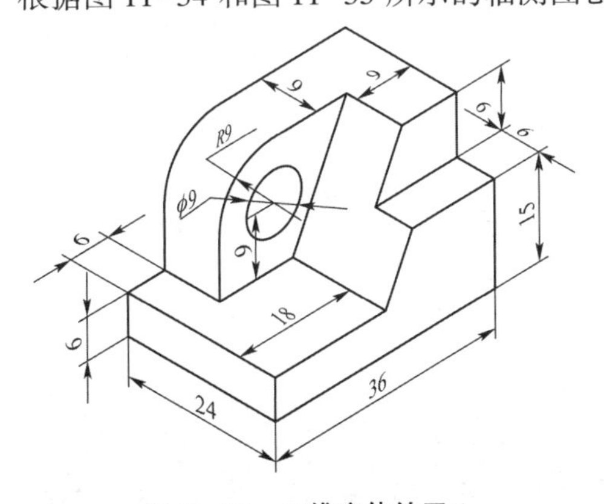

图 11-34　三维实体练习 1

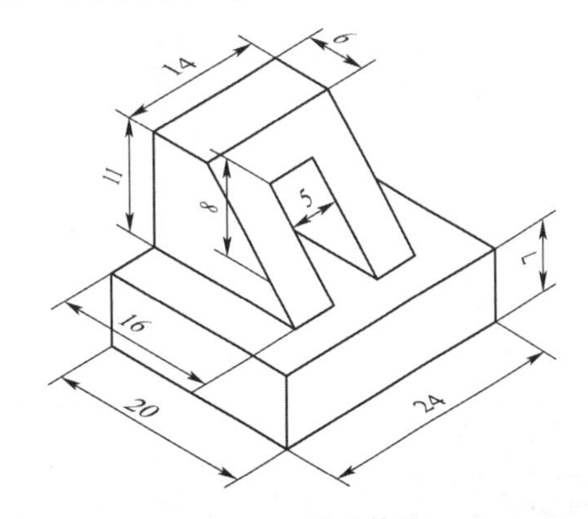

图 11-35　三维实体练习 2

2. 提升题

根据图 11-36 所示的组合体三视图创建三维实体模型。

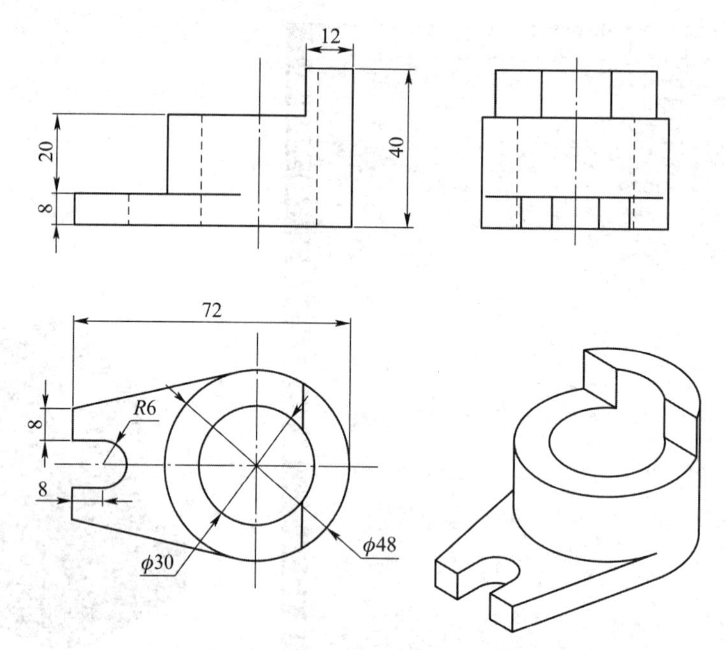

图 11-36　三维实体练习 3

第 12 章

图形的输出和打印

本章要点

- 添加输出设备
- 模型空间输出图样
- 图纸空间输出图样

图样绘制完成后需要输出打印。任何好的设计在完成之后都需要进行交流，有些图样还需要进行进一步的加工、制造，这就需要将设计的图样进行输出。用户在图样绘制完成后，利用数据输出把图形保存为特定的文件类型，如“图元文件”“ACIS”“平版印刷”“封装 PS”“DXX 提取”“位图”“3D Studio”及“块”等，也可以以图纸的形式打印输出。

AutoCAD 有两种图形环境：模型空间和图纸空间。模型空间是在 AutoCAD 中绘图的主要场所，但在模型空间中也可以对绘制的草图进行打印预览或直接打印输出。

12.1　添加输出设备

打开 AutoCAD 2020 菜单栏中的【文件】菜单，选择【绘图仪管理器(M)】选项，如图 12-1 所示。

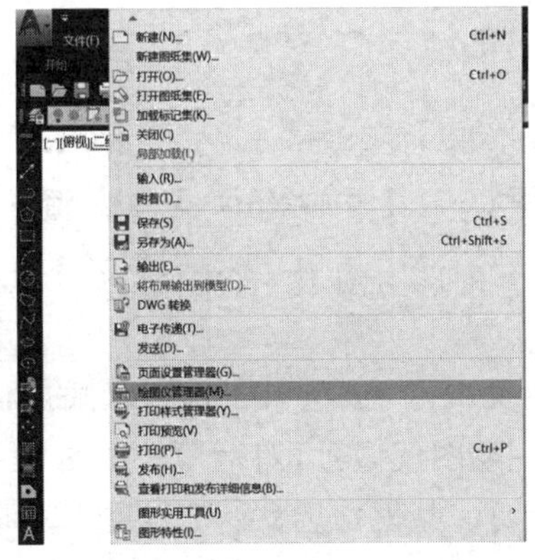

图 12-1　打开【文件】菜单，选择【绘图仪管理器】选项

双击【添加绘图仪向导】图标，如图 12-2 所示，打开【添加绘图仪-简介】对话框，单击【下一步(N)】按钮，打开【添加绘图仪-开始】对话框，如图 12-3 所示。

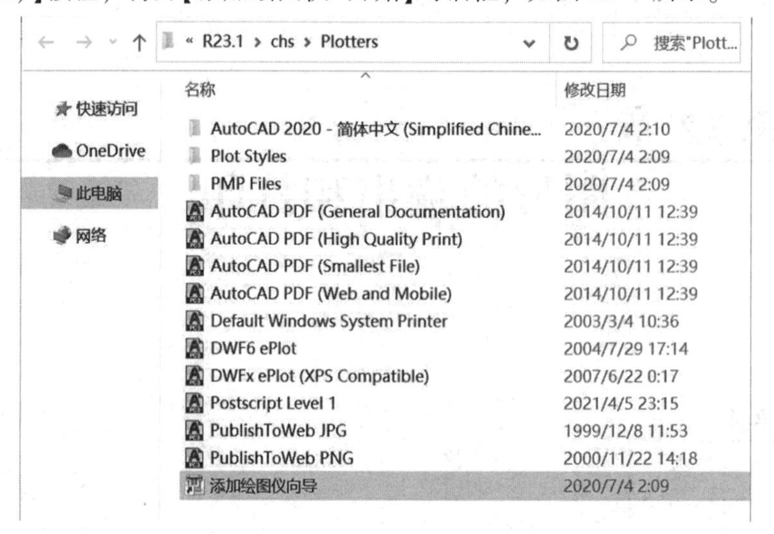

图 12-2　鼠标双击【添加绘图仪向导】图标

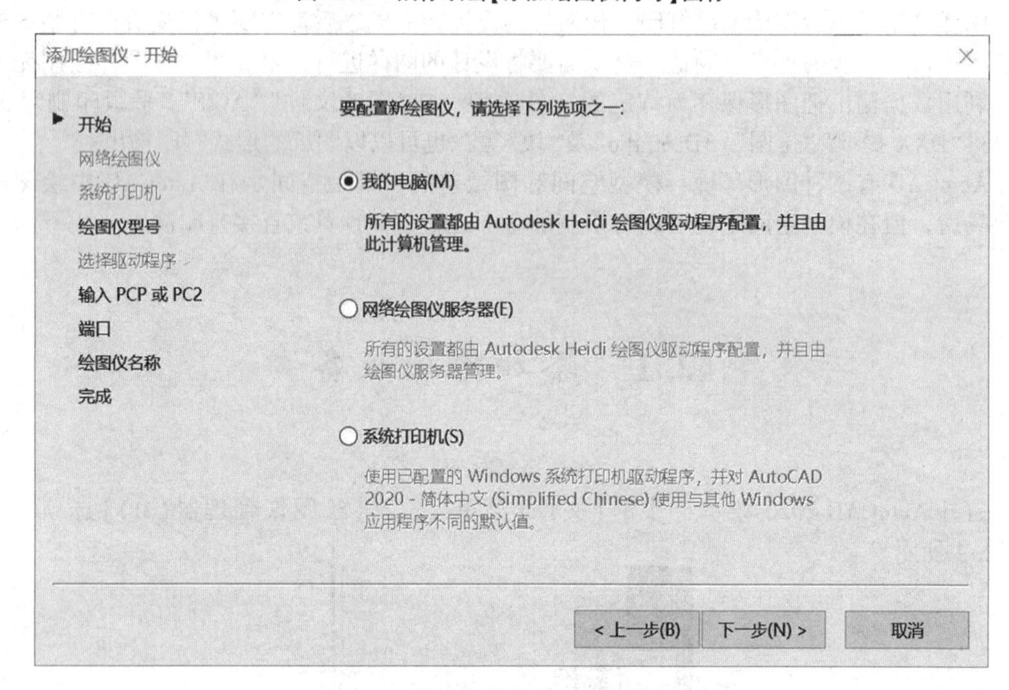

图 12-3　【添加绘图仪-开始】对话框

若要添加系统默认打印机，则选中图 12-3 中【系统打印机(S)】选项，再按向导逐步完成添加。

若要添加专用绘图仪，则选中图 12-3 中【我的电脑(M)】单选按钮，单击【下一步(N)】按钮，打开【添加绘图仪-绘图仪型号】对话框，如图 12-4 所示。在对话框中选择正确的【生产商(M)】及【型号(O)】，其他均选默认值，逐步完成添加。

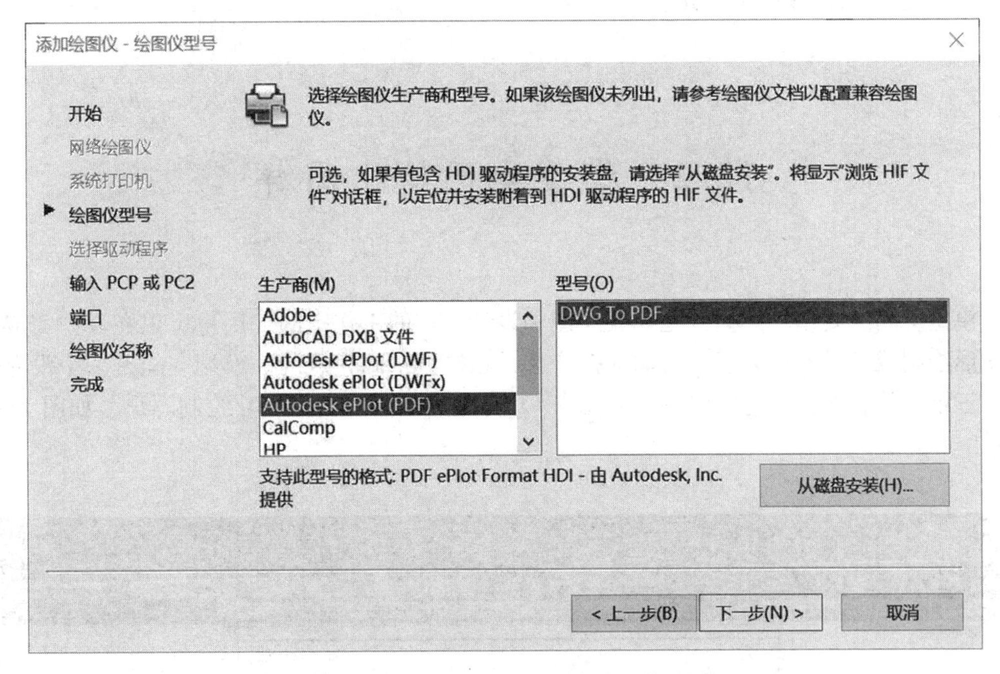

图 12-4　【添加绘图仪-绘图仪型号】对话框

打开【工具】菜单，单击【选项】，打开【选项】对话框，切换至【打印和发布】选项卡，如图 12-5 所示。在【新图形的默认打印设置】选项组选择【用作默认输出设备(V)】单选按钮，在下拉列表框中选择打印机的名称，单击【确定】按钮即可。

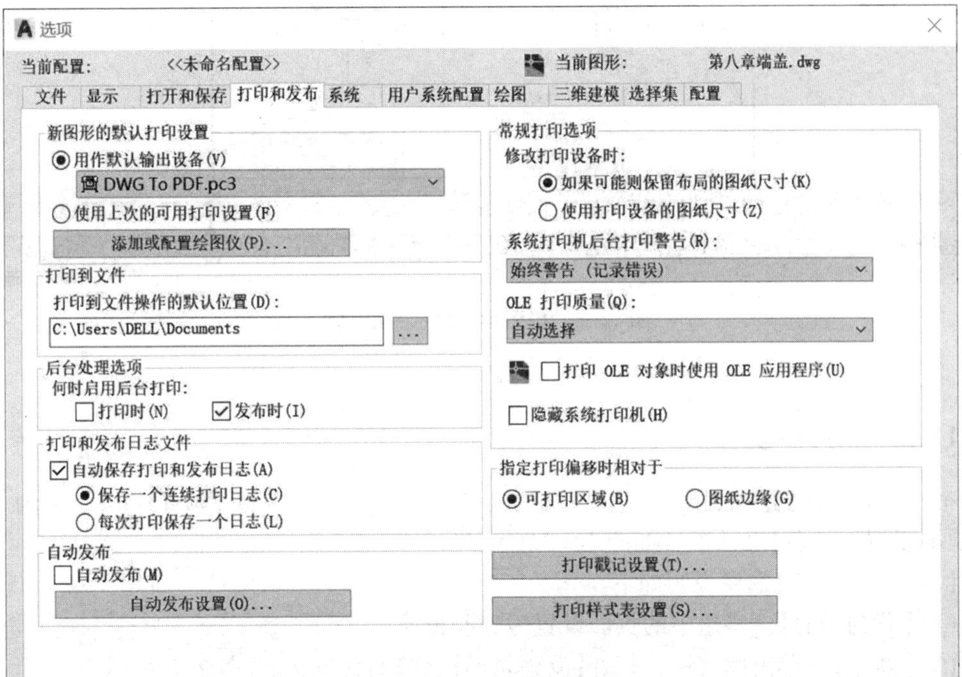

图 12-5　设置默认打印设备

12.2 模型空间输出图样

模型空间主要用于建模，是完成绘图和设计工作的工作空间，用户可以在其中完成二维图形绘制或三维实体建模，前面的操作都是在模型空间完成的。模型空间是一个没有界限的三维空间，在模型空间中一般采用 1 : 1 的比例，即以实际尺寸绘制图形，如图 12-6 所示。

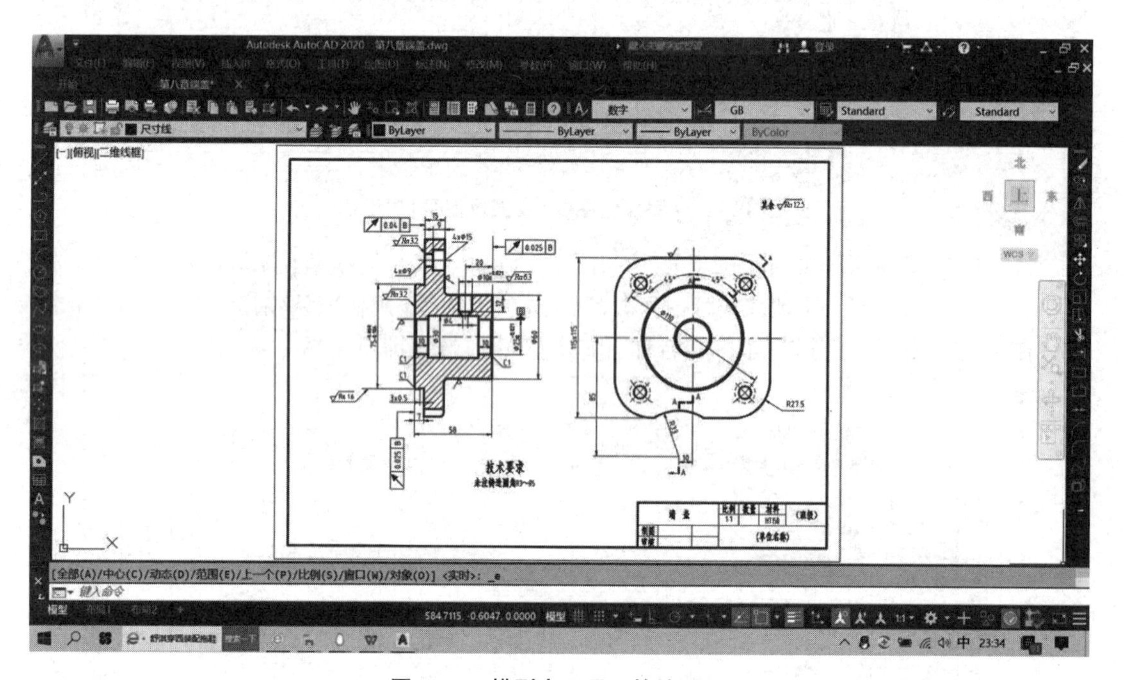

图 12-6　模型窗口显示的绘图区

12.2.1　页面设置

将光标放置在 模型 上右击，弹出快捷菜单，选择【页面设置管理器(G)...】选项，弹出【页面设置管理器】对话框，如图 12-7 所示。

【页面设置(P)】选项说明如下。

(1)【置为当前】：将选中的页面设置为当前布局。

(2)【新建】：单击此按钮，打开【新建页面设置】对话框，如图 12-8 所示。

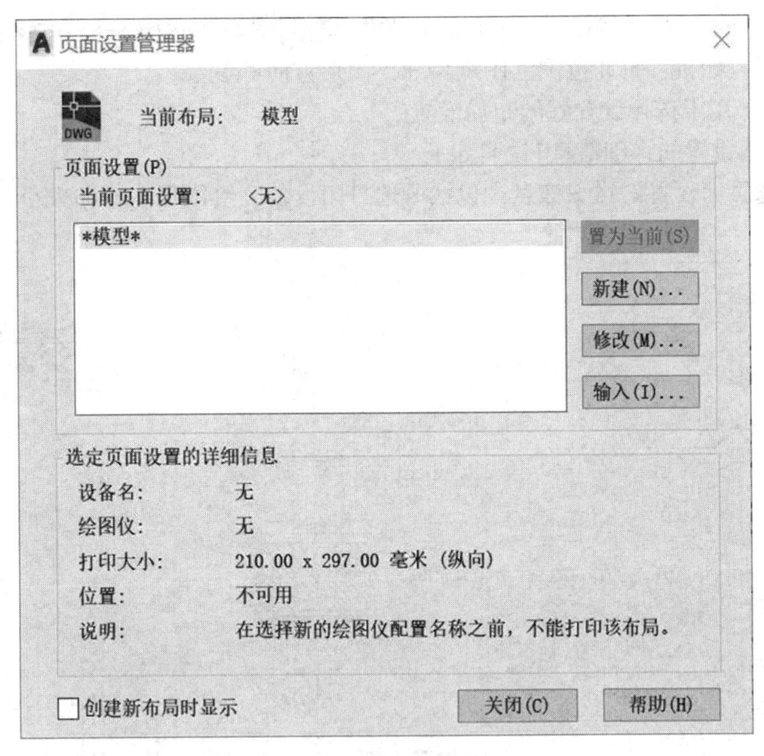

图 12-7 【页面设置管理器】对话框

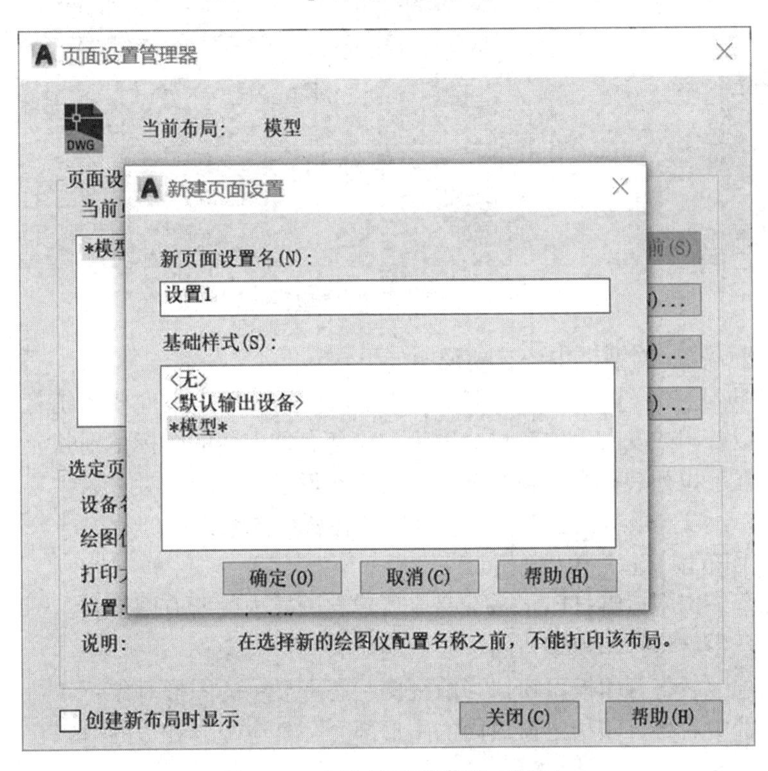

图 12-8 【新建页面设置】对话框

(3)【修改】：单击此按钮，打开【页面设置-模型】对话框，如图 12-9 所示，在该对话框中可以设置打印机、打印范围、图纸尺寸、图形方向等参数。

(4)输入：用于选择设置好的布局设置。

【选定页面设置的详细信息】说明如下。

显示所选页面设置的详细信息，包括所选打印设备、绘图仪、打印大小、位置等详细信息。

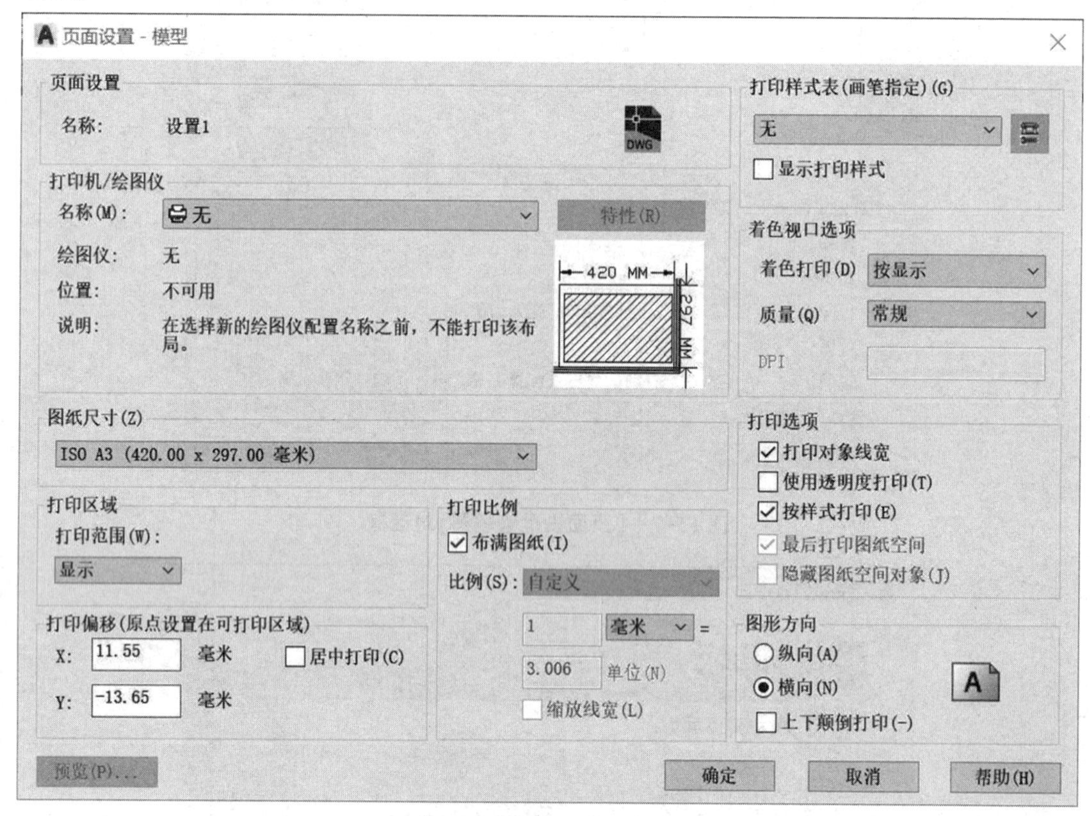

图 12-9 【页面设置-模型】对话框

【页面设置-模型】对话框中各选项说明如下。

(1)【打印机/绘图仪】选项组：【名称】中列出可用的 PC3 文件或系统打印机，可以从中进行选择，以打印或发布当前布局或图纸。设备名称前面的图标识别其为 PC3 文件还是系统打印机。在下拉列表框中选择当前配置的打印设备。

(2)【图纸尺寸】选项组：在下拉列表框中选择所用图纸大小。

(3)在【打印范围】选项中，包括

①图形界限：选中后将打印 Limits 命令所建立图界内的所有图形；

②范围：选中后将打印模型空间中绘制的所有图形对象；

③显示：选中后将打印模型窗口当前视图状态下显示的图形对象；

④窗口：选中后将打印指定窗口内的图形部分，其应配合右边的“窗口”按钮操作。

(4)【打印偏移】选项组：相对于【打印偏移定义】选项中的设置指定 X、Y 方向上的打印原点。如果图形位置偏向一侧，通过输入 X、Y 的偏移量可以调整到正确位置。在模型空间中，一般是选择【居中打印(C)】复选框，AutoCAD 将自动计算图形居中打印的偏移量，将图形打印在图纸的中央。

(5)【打印比例】选项组：在【比例】下拉列表框中选择需要的打印比例，可以选择标准的打印比例；或选择【布满图纸】复选框，打印区域将按指定图纸可能达到的最大尺寸打印出来；也可以选择【自定义】选项，并在其下的文本框中输入一个自定义的打印单位与图形单位之间的比例。如果选择一个标准比例，其比例值将自动显示在【自定义】文本框中。【缩放线宽】复选框，用来控制线宽是否按打印比例缩放；如不选择它，线宽将不按打印比例缩放。一般情况下，打印时图形中的各实体按图层中指定的线宽来打印，不随打印比例缩放。

(6)【着色视口选项】选项组：在【着色打印】下拉列表框中，可以选择【按显示】【线框】【消隐】【渲染】选项打印着色对象集。着色和渲染视口包括打印预览、打印、打印到文件、包含全着色和渲染的批处理打印。

(7)【打印样式表】选项组：选择、编辑打印样式。在下拉列表中(见图 12-10)选择某一打印样式后，单击【编辑】按钮，则打开【打印样式表编辑器】对话框，如图 12-11 所示，在对话框中可以设置打印的颜色和某种颜色对应的线宽。

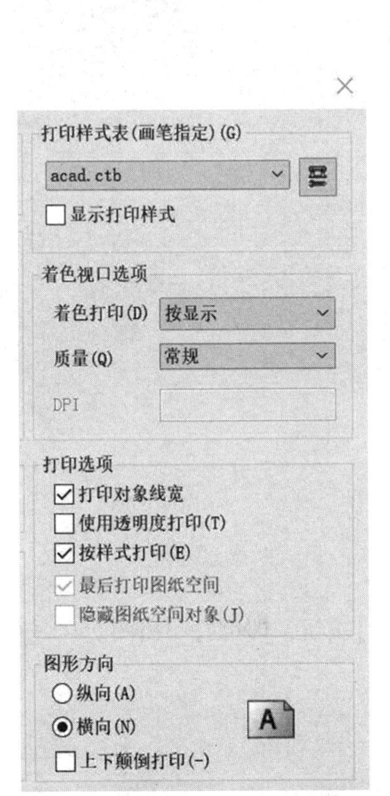

图 12-10　选择 acad. ctb 打印样式

图 12-11　【打印样式表编辑器】对话框

(8)【图形方向】选项组：指定图形方向是横向还是纵向。

打印参数设置完成后可以通过打印预览观察图形的打印效果，如果不合适可重新调整。单击【页面设置-模型】对话框下面的【预览】按钮，将显示实际的打印效果，如图 12-12 所示。

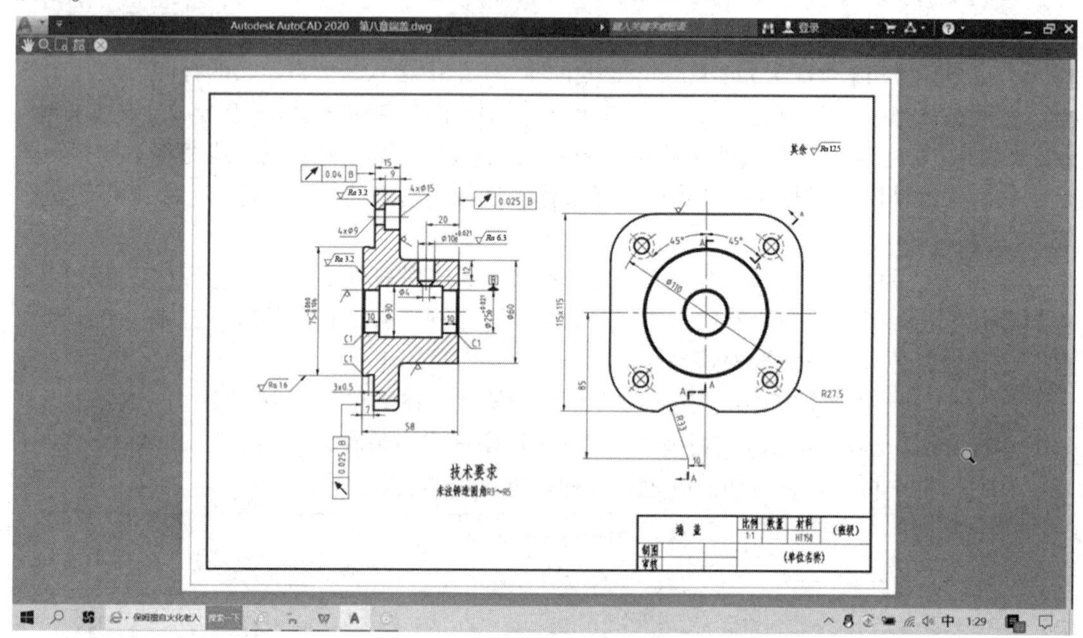

图 12-12　预览打印效果

设置完成后单击【确定】按钮，保存页面设置。

12.2.2　打印图样

完成页面设置以后，若预览图样布局合理，便可以打印出图。

执行【打印】命令的常用方式有以下 5 种。

(1)快速访问工具栏：单击【打印】按钮。

(2)工具栏：单击【标准】→【打印】按钮。

(3)菜单栏：单击【文件】→【打印】。

(4)命令行：在命令行输入 Plot，按〈Enter〉键。

(5)快捷方式：按〈Ctrl+P〉键。

打开【打印-模型】对话框，如图 12-13 所示，单击【确定】按钮，即可打印出图。

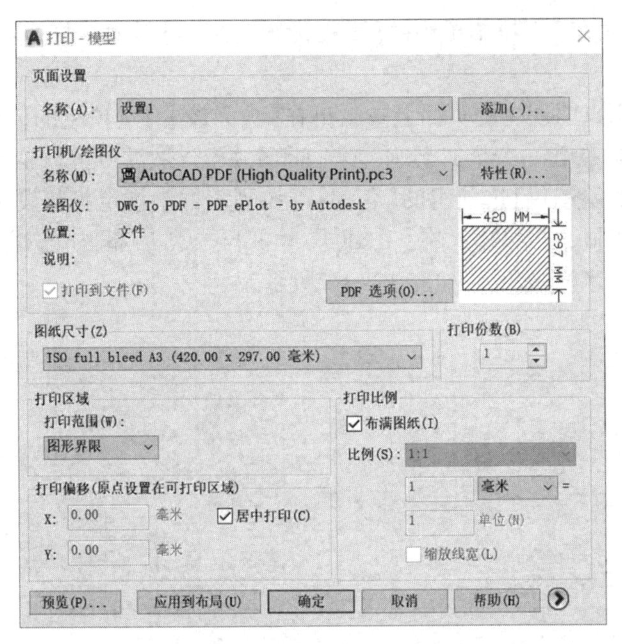

图 12-13　【打印-模型】对话框

12. 2. 3　模型空间打印轴零件图

【例 12-1】 将图 12-14 所示的轴零件图采用模型空间出图。

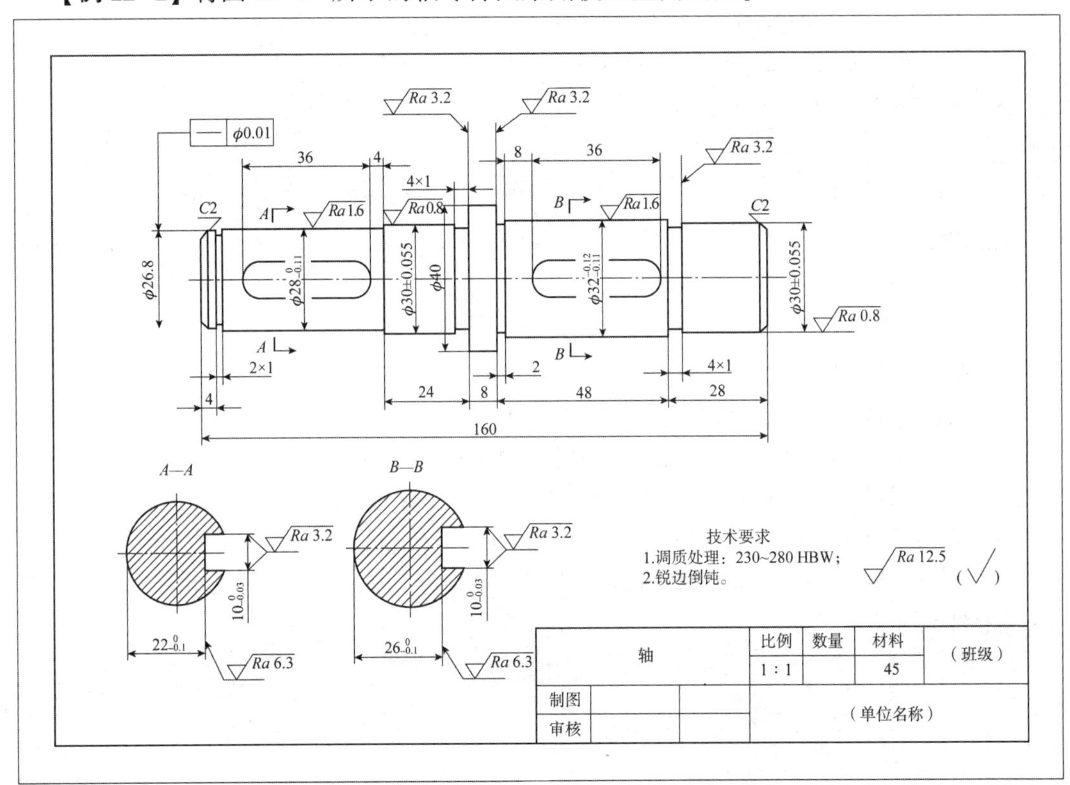

图 12-14　轴零件图

解 (1)选择【文件】下拉菜单中的【页面设置管理器】选项，打开【页面设置-模型】对话框。

(2)如果想使用以前创建的页面设置，可在【页面设置】选项组的【名称】下拉列表框中选择它。如果没有，新建一个样式名为“A4 打印页面”，然后单击【确定】按钮。

(3)在【打印机/绘图仪】选项组的【名称】下拉列表框中指定打印设备。

(4)由轴零件图尺寸可知，在【图纸尺寸】下拉列表框中选择【ISO full bleed A4 (297.00×210.00 毫米)】选项，如图 12-15 所示。

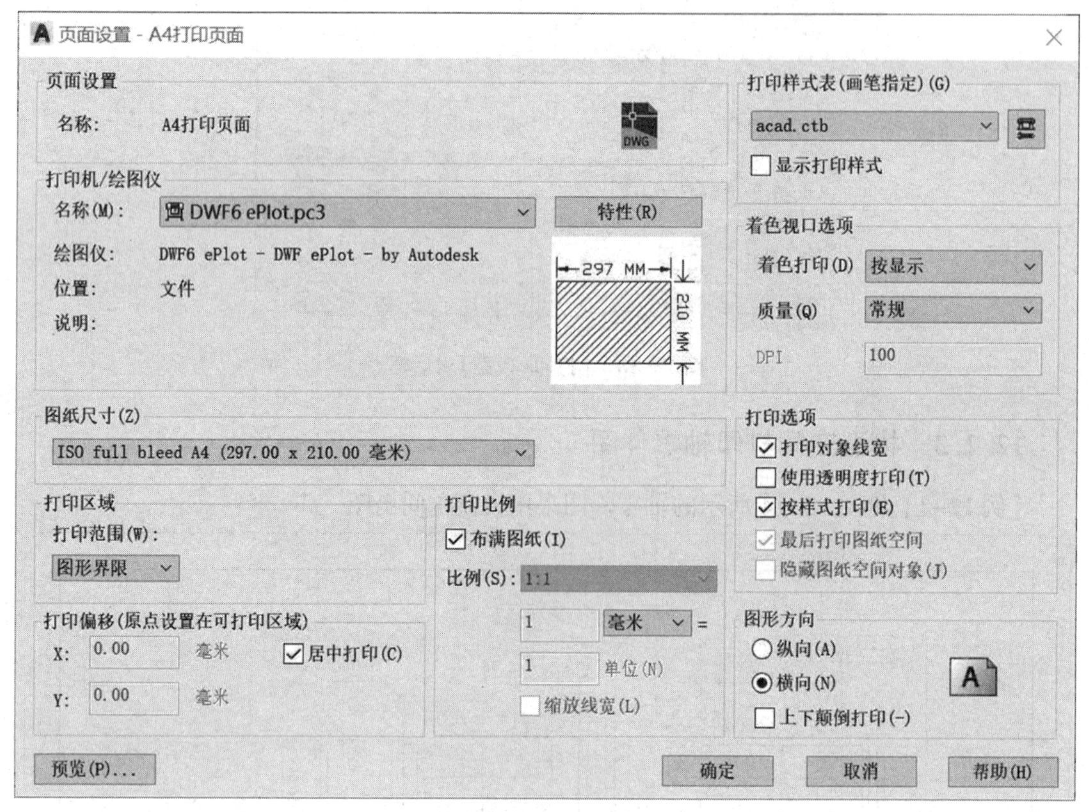

图 12-15 设置参数

(5)在【打印范围】下拉列表框中选择【图形界限】选项。

(6)在【打印偏移】选项组中选择【居中打印】。

(7)在【打印样式表】下拉列表框中选择【acad.ctb】选项。

(8)将【图形方向】设置为【横向】，其余的为默认设置。

(9)在【标准】工具栏中单击【打印】按钮，打开【打印】对话框。

(10)单击【预览】按钮 预览(P)...，预览打印效果，如图 12-16 所示。若此结果满意，便可以直接打印了。

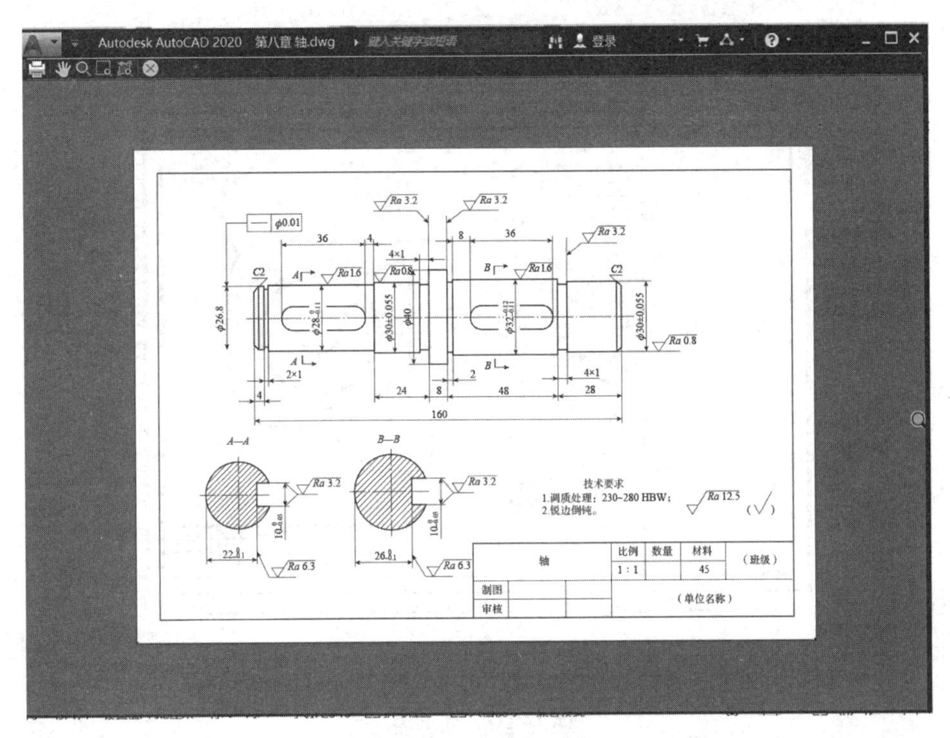

图 12-16 预览打印效果

☆ 提示：只要能够得到满意的打印效果，不一定必须先进行页面设置，也可以直接单击【打印】按钮，在【打印】对话框中进行设置，然后再进行打印图样。

12.3 图纸空间输出图样

为了让用户方便地为一种图纸输出方式设置打印设备、纸张、比例、图纸视图布置等，AutoCAD 提供了一个用于进行图纸设置的图纸空间。图纸空间与模型空间的坐标系不同，图纸空间是纸张的模拟，是二维有界限的，且有比例尺的概念。图纸空间用于布局图形、绘制局部放大图等。

布局是 AutoCAD 中的一个全新的概念，它是一个图纸空间环境，模拟了一张图纸并提供打印预设置。在布局中，用户可以创建和定位视口对象并增添标题块或其他几何对象。视口是图形屏幕上用于显示图形的一个区域，可以是任意形状的。默认时，AutoCAD 把整个作图区域作为单一的视口，需要时可把绘图区设置成多个视口，每个视口用来显示图形的不同部分。

在图纸空间中的打印方法与模型空间中的打印方法基本相同。本节介绍在图纸空间中的多视图、多比例打印输出。

(1)打开图形文件，单击【布局】按钮，进入图纸空间，如图 12-17 所示。

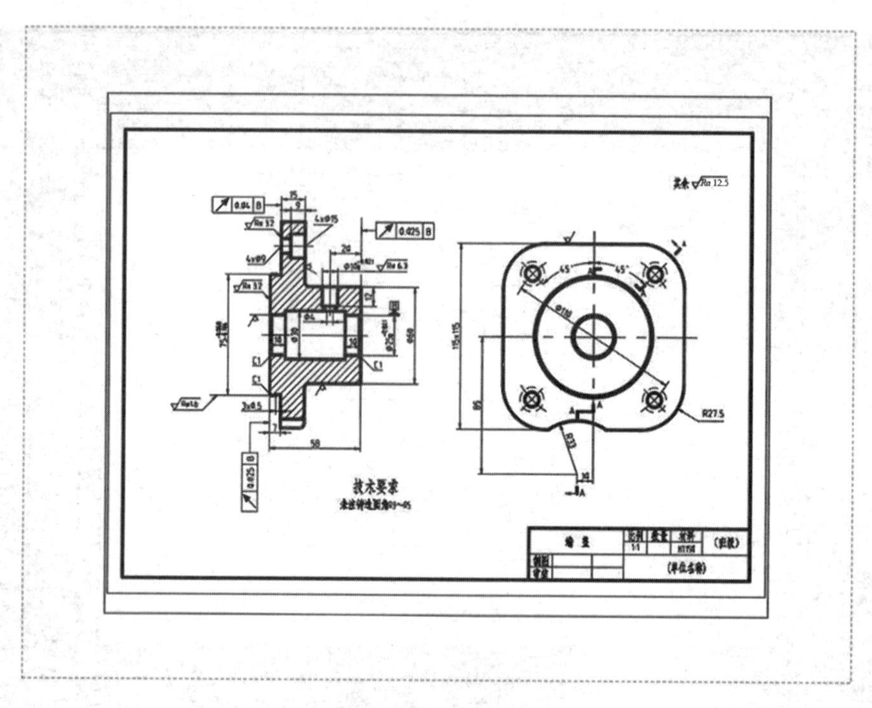

图 12-17　布局图

在默认情况下布局中会有一个视口，在页面中虚线框表示实际的打印区域，也就是图形界限。如果布局中没有选择一个页面设置，可以进入【页面设置管理器】对话框，根据要求选择一个页面布局或设置一个新的页面布局。

(2)单击视口线框，线框显示出夹点，单击下面的夹点，该夹点呈红色显示，向上移动夹点并单击，可缩小视口显示，如图 12-18 所示。

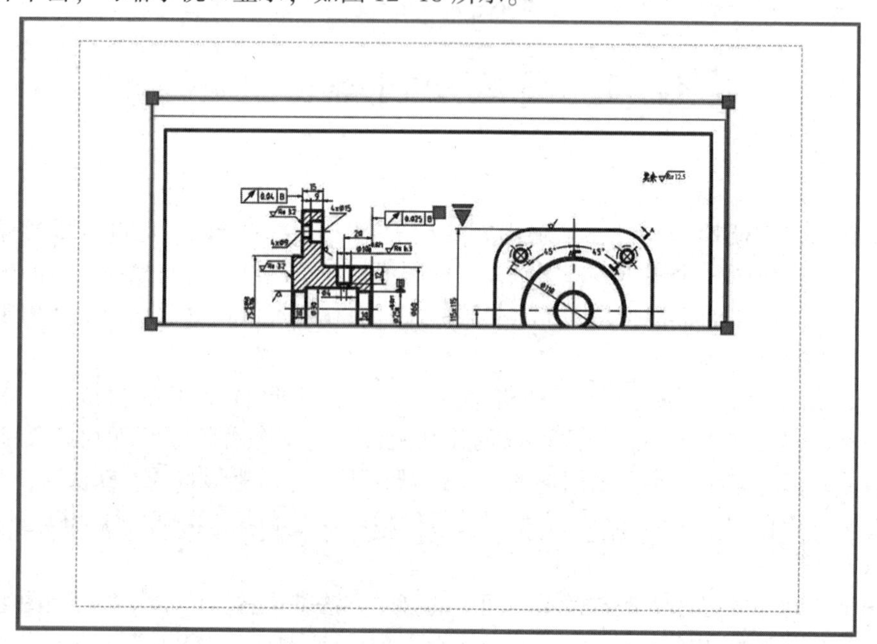

图 12-18　缩小视口显示

(3)双击视口内部，视口线变为粗实线显示，表示激活了该视口，然后双击滚轮，视口显示所有图形，如图12-19所示。

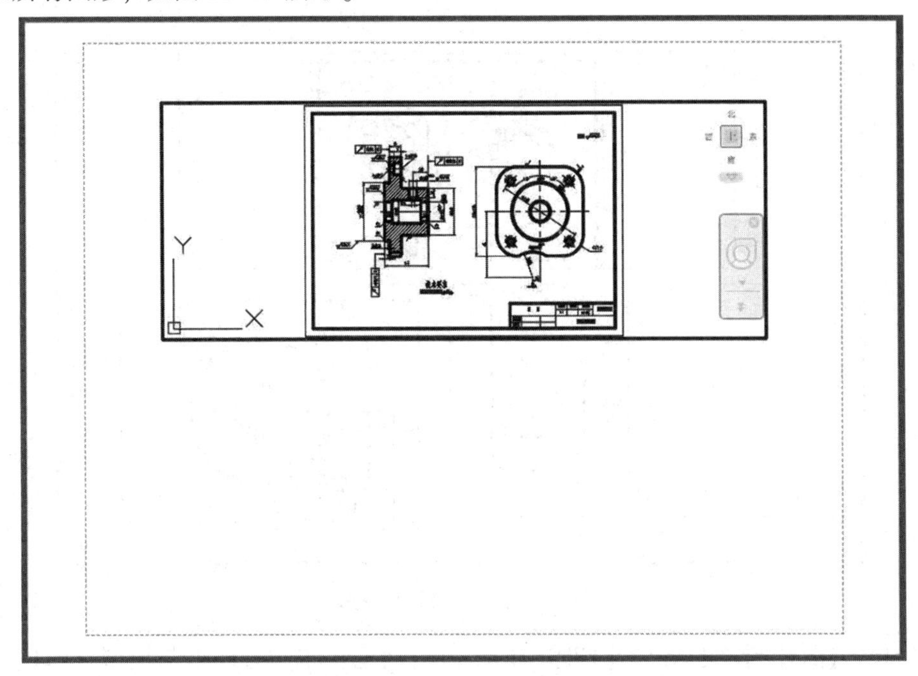

图12-19　视口显示所有图形

(4)单击菜单栏中的【视图】→【视口】→【一个视口】，在图纸上单击并拖动拉出一个线框，再次单击，即可创建一个新的视口，如图12-20所示，还可以创建多个视口。

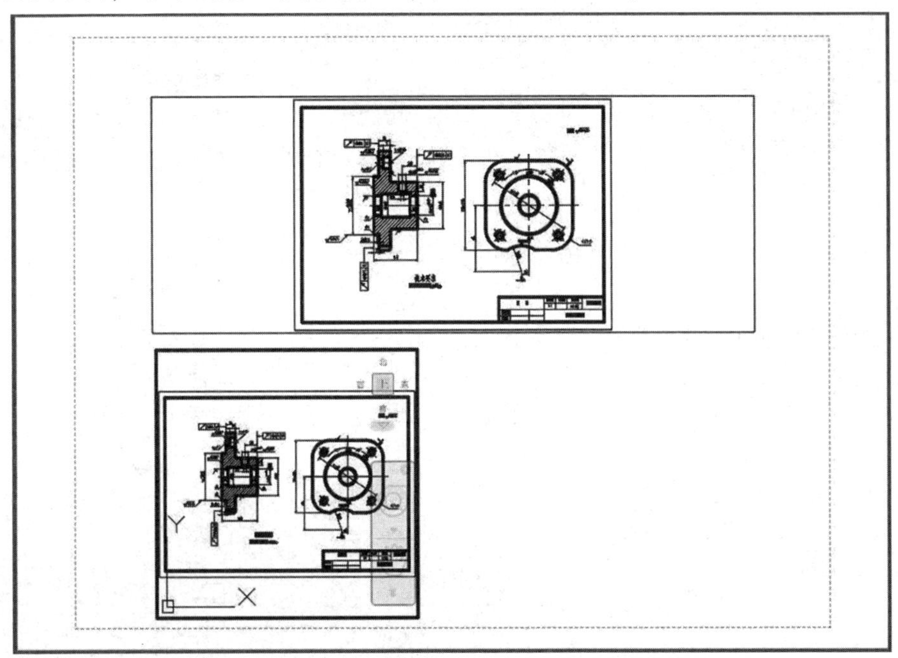

图12-20　创建新视口

(5)在视口内双击，激活新视口，将新视口内的图形放大，如图12-21所示。在图纸空间中不仅可以创建并放置视口对象，还可以添加标题栏以及文字等对象。

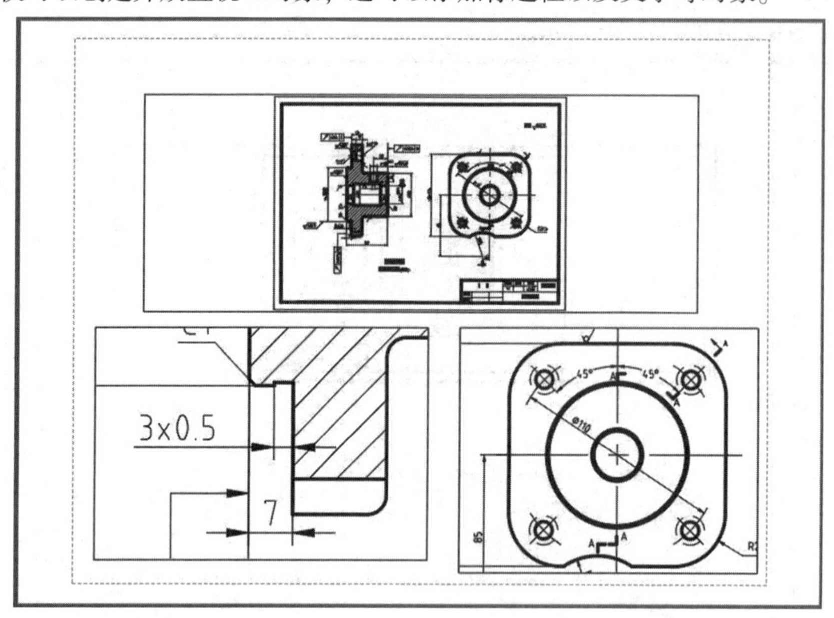

图 12-21 局部放大图形

（6）单击【打印】按钮，弹出【打印-布局 1】对话框，布局打印框与模型打印框的设置选项基本相同，如图 12-22 所示。

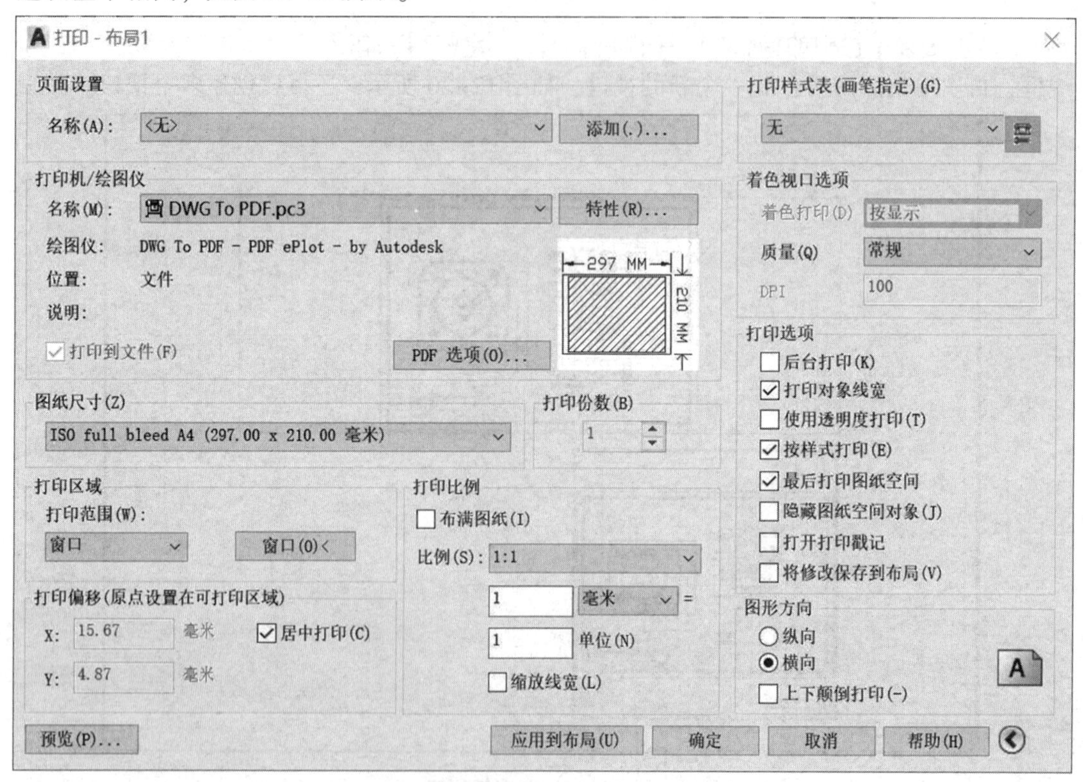

图 12-22 【打印-布局 1】对话框

(7)根据需要设置完成即可进行预览，如图12-23所示，满足要求后，即可打印。在【打印范围】下拉列表框中选择【布局】选项。若图形的位置不合适，可用【打印偏移】选项来进行调整。

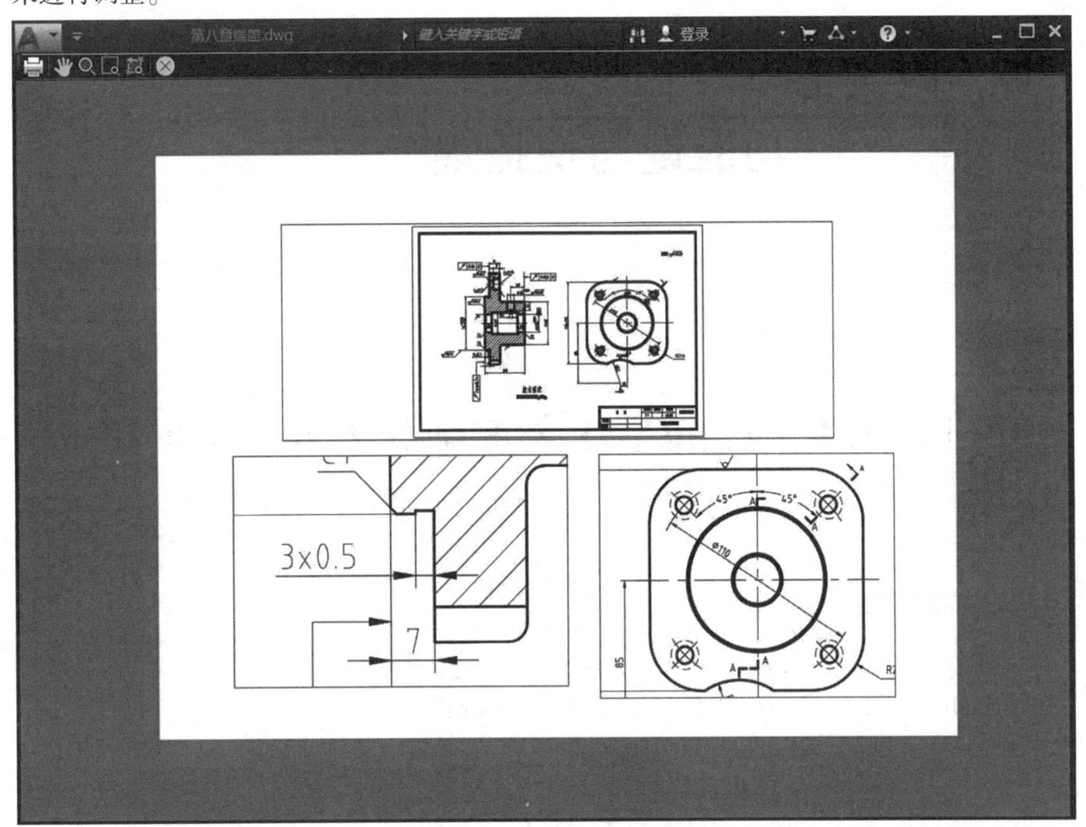

图12-23　打印预览

附录1 功能键与快捷键

附录1.1 AutoCAD常用命令及其别名索引

1. 对象特性

ADC　ADCENTER(设计中心〈Ctrl+2〉)
CH/MO　PROPERTIES(修改特性下〈Ctrl+1〉)
MA　MATCHPROP(属性匹配)
ST　STYLE(文字样式)
COL　COLOR(设置颜色)
LA　LAYER(图层操作)
LT　LINETYPE(线形)
LTS　LTSCALE(线形比例)
LW　LWEIGHT(线宽)
UN　UNITS (图形单位)
ATT　ATTDEF(属性定义)
ATE　ATTEDIT(编辑属性)
BO　BOUNDARY(边界创建，包括创建闭合多段线和面域)
AL　ALIGN(对齐)
EXIT　QUIT(退出)
EXP　EXPORT(输出其他格式文件)
IMP　IMPORT(输入文件)
OP　OPTIONS (自定义 CAD 设置)
PRINT　PLOT(打印)
PU　PURGE(清除垃圾)
R　REDRAW(重新生成)

REN	RENAME(重命名)
SN	SNAP(捕捉栅格)
DS	DSETTINGS(设置极轴追踪)
OS	OSNAP(设置捕捉模式)
PRE	PREVIEW(打印预览)
TO	TOOLBAR(自定义工具栏)
V	VIEW(命名视图)
AA	AREA(面积)
DI	DIST(距离)
LI	LIST(显示图形数据信息)

2. 绘图命令

PO	POINT(点)
L	LINE(直线)
XL	XLINE(射线)
PL	PLINE(多段线)
ML	MLINE(多线)
SPL	SPLINE(样条曲线)
POL	POLYGON(正多边形)
REC	RECTANGLE(矩形)
C	CIRCLE(圆)
A	ARC(圆弧)
DO	DONUT(圆环)
EL	ELLIPSTRE(椭圆)
REG	REGION(面域)
T	MTEXT(多行文字)
B	BLOCK(块定义)
I	INSERT(插入块)
W	WBLOCK(定义块文件)
DIV	DIVIDE(定数等分)
ME	MEASURE(定距等分)
H	BHATCH(填充)

3. 修改命令

CO	COPY(复制)
MI	MIRROR(镜像)
AR	ARRAY(阵列)
O	OFFSET(偏移)
RO	ROTATE(旋转)

M	MOVE(移动)
E	ERASE(删除,〈Del〉键)
X	EXPLODE(分解)
TR	TRIM (修剪)
EX	EXTEND(延伸)
S	STRETCH(拉伸)
LEN	LENGTHEN(直线拉长)
SC	SCALE(比例缩放)
BR	BREAK(打断)
CHA	CHAMFER(倒角)
F	FILLET(倒圆角)
PE	PEDIT(多段线编辑)
ED	DDEDIT(修改文本)

4. 尺寸标注

DLI	DIMLINEAR(直线标注)
DAL	DIMALIGNED (对齐标注)
DRA	DIMRADIUS(半径标注)
DDI	DIMDIAMETER(直径标注)
DAN	DIMANGULAR(角度标注)
DCE	DIMCENTER(中心标注)
DOR	DIMORDINATE(点标注)
TOL	TOLERA NCE(标注形位公差)
LE	QLEADER(快速引出标注)
DBA	DIMBASELINE(基线标注)
DCO	DIMCONTINUE(连续标注)
D	DIMSTYLE(标注样式)
DED	DIMEDIT(编辑标注)
DOV	DIMOVERRIDE(替换标注系统变量)

附录1.2　常用快捷键

〈Ctrl+1〉	PROPERTIES(修改特性)
〈Ctrl+2〉	ADCE NTER(设计中心)
〈Ctrl+O〉	OPEN(打开文件)
〈Ctrl+N/M〉	NEW(新建文件)

〈Ctrl+P〉 PRINT(打印文件)
〈Ctrl+S〉 SAVE(保存文件)
〈Ctrl+Z〉 UNDO(放弃)
〈Ctrl+X〉 CUTCLIP(剪切)
〈Ctrl+C〉 COPYCLIP(复制)
〈Ctrl+V〉 PASTECLIP(粘贴)
〈Ctrl+B〉 SNAP(栅格捕捉)
〈Ctrl+F〉 OSNAP(对象捕捉)
〈Ctrl+G〉 GRID(栅格)
〈Ctrl+L〉 ORTHO(正交)
〈Ctrl+W〉 (对象追踪)
〈Ctrl+U〉 (极轴)

附录1.3 常用功能键

〈F1〉 获取帮助
〈F2〉 实现作图窗和文本窗口的切换
〈F3〉 控制是否实现对象自动捕捉
〈F4〉 数字化仪控制
〈F5〉 等轴测平面切换
〈F6〉 控制状态行上坐标的显示方式
〈F7〉 栅格显示模式控制
〈F8〉 正交模式控制
〈F9〉 栅格捕捉模式控制
〈F10〉 极轴模式控制
〈F11〉 对象追踪式控制

附录 2

综合测试

AutoCAD 综合测试(一)

1. 考试要求(15 分)

(1)设置 A3 图幅，用粗实线画出边框(400 mm×277 mm)，根据机械制图国家标准规定设置文字样式(“数字”样式和“汉字”样式)，在右下角绘制标题栏(尺寸参考本教材第 9 章图 9-11)，在对应框内填写相关信息。

(2)尺寸标注按对应图中的格式。尺寸参数：字高为 3.5 mm，箭头长度为 3.5 mm，尺寸界线超出尺寸线为 2 mm，尺寸界线起点偏移量设为 0 mm，文字位置从尺寸线偏移为 0 mm，其余参数使用系统默认配置。

(3)分层绘图。图层、颜色、线型要求见下表。

图层名	颜色	线型	推荐线宽/mm
粗实线	黑色/白色	Continuous	0.7
细实线	黑色/白色	Continuous	0.35
虚线	洋红色	Hidden	0.35
点画线	红色	Center	0.35
尺寸标注	绿色	Continuous	0.35
剖面线	蓝色	Continuous	0.35
文字(细实线)	绿色	Continuous	0.35

其余参数使用系统默认配置，另外需要建立的图层，考生自行设置。

(4)将所有图形储存在一个文件中，均匀布置在边框线内，存盘前使图框充满屏幕，文件名采用准考证号码。

2. 按标注尺寸1∶1绘制下图，并标注尺寸(20分)

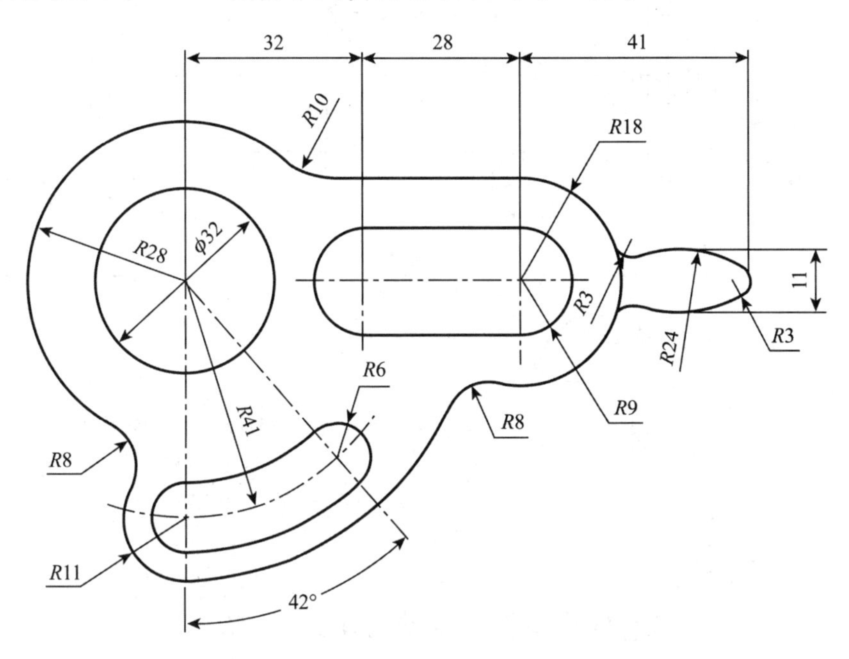

3. 按标注尺寸1∶1抄画下列主、俯视图，并补画左视图，不标尺寸(30分)

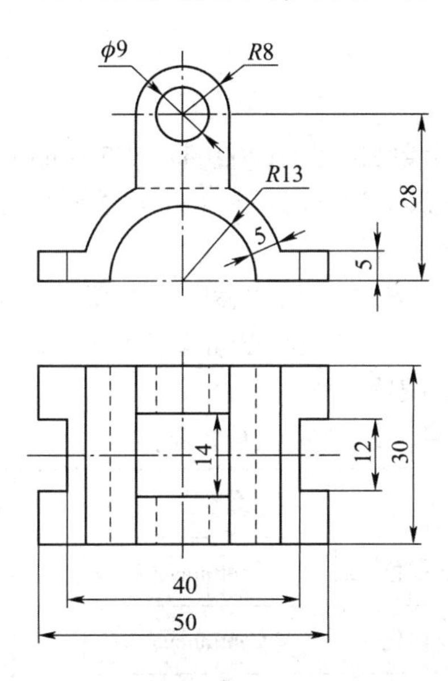

4. 按标注尺寸 1 : 1 抄画下列零件图，并标全尺寸、技术要求和表面粗糙度(35 分)

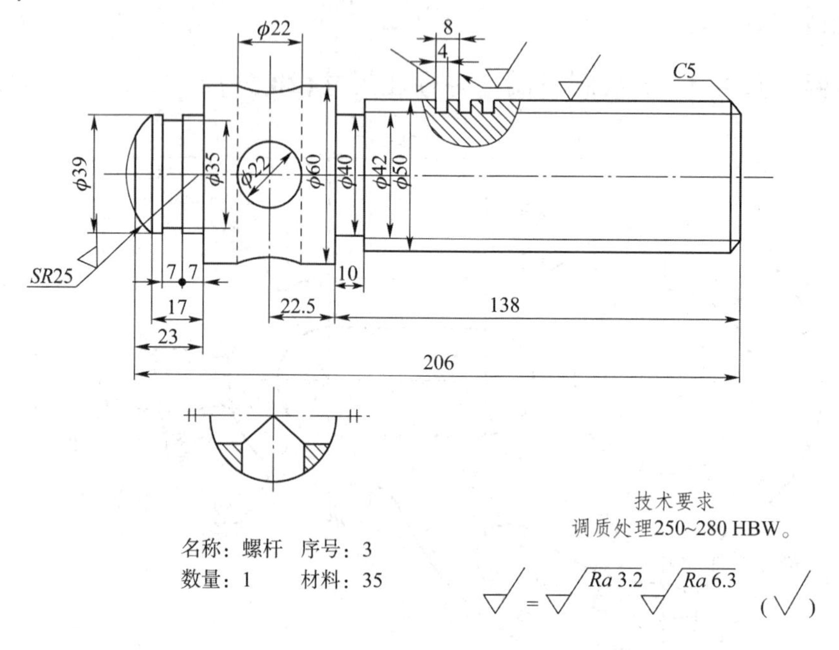

AutoCAD 综合测试(二)

1. 考试要求(15 分)

(1)设置 A3 图幅，用粗实线画出边框(400 mm×277 mm)，根据机械制图国家标准规定设置文字样式(“数字”样式和“汉字”样式)，在右下角绘制标题栏(尺寸参考本教材第 9 章图 9-11)，在对应框内填写相关信息。

(2)尺寸标注按对应图中的格式。尺寸参数：字高为 3.5 mm，箭头长度为 3.5 mm，尺寸界线超出尺寸线为 2 mm，尺寸界线起点偏移量设为 0 mm，文字位置从尺寸线偏移为 0 mm，其余参数使用系统默认配置。

(3)分层绘图。图层、颜色、线型要求见下表：

图层名	颜色	线型	推荐线宽/mm
粗实线	黑色/白色	Continuous	0.7
细实线	黑色/白色	Continuous	0.35
虚线	洋红色	Hidden	0.35
点画线	红色	Center	0.35

续表

图层名	颜色	线型	推荐线宽/mm
尺寸标注	绿色	Continuous	0. 35
剖面线	蓝色	Continuous	0. 35
文字(细实线)	绿色	Continuous	0. 35

其余参数使用系统默认配置，另外需要建立的图层，考生自行设置。

(4)将所有图形储存在一个文件中，均匀布置在边框线内，存盘前使图框充满屏幕，文件名采用准考证号码。

2. 按标注尺寸1:1绘制下图，并标注尺寸(20分)

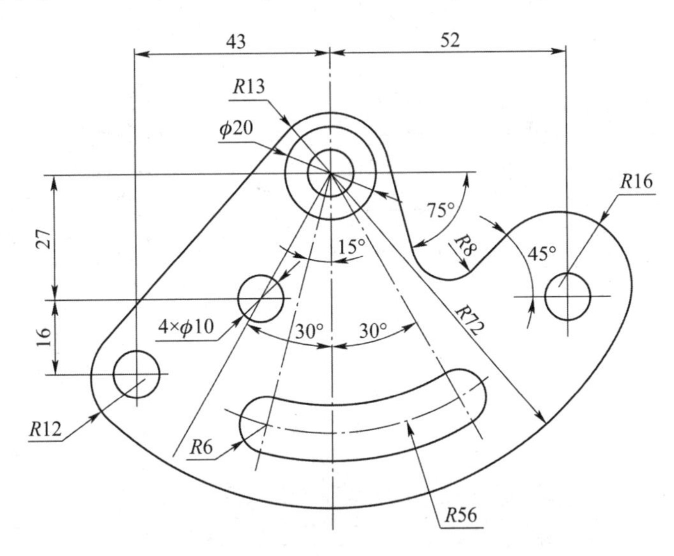

3. 按标注尺寸1:1抄画下列主、俯视图，并补画左视图，不标尺寸(30分)

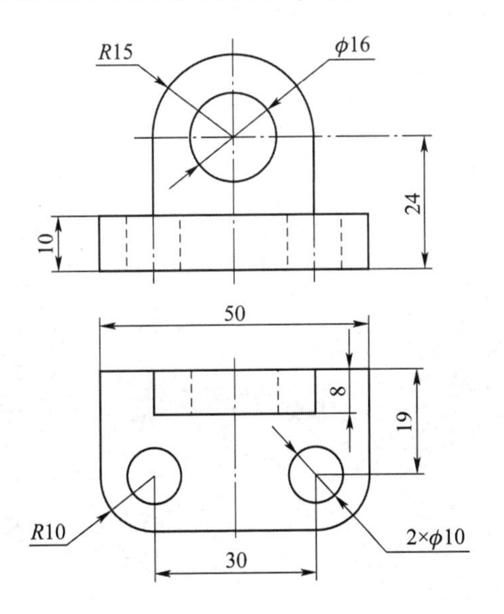

4. 按标注尺寸1∶1抄画下列端盖零件图，并标全尺寸、技术要求和表面粗糙度(35分)

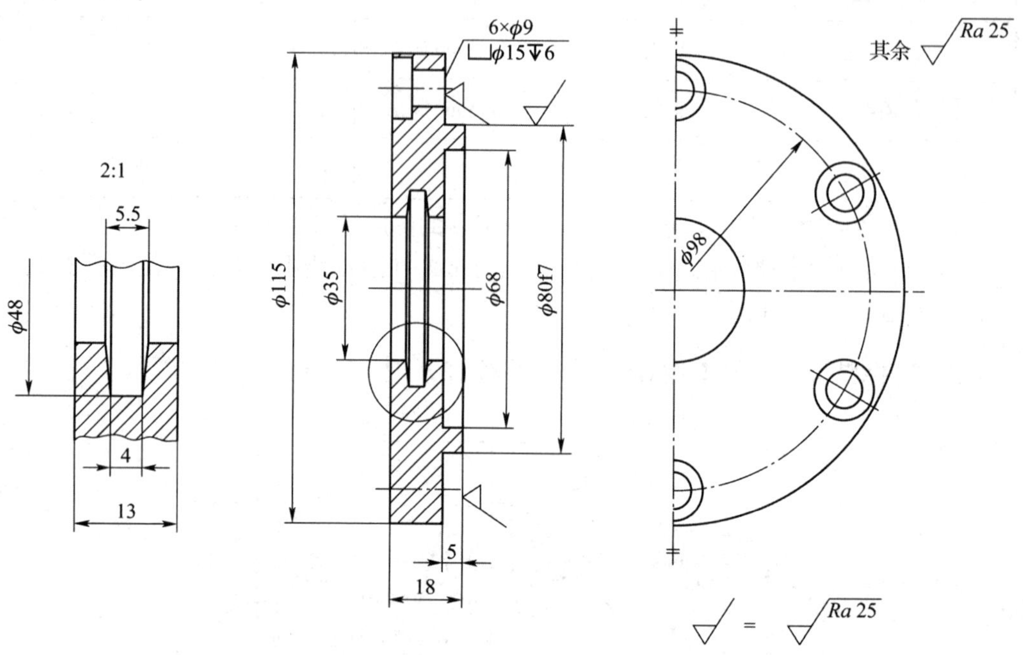

参 考 文 献

[1]管殿柱. 计算机绘图(AutoCAD 2018 版)[M]. 北京：机械工业出版社，2020.
[2]邹玉堂. AutoCAD 2014 实用教程[M]. 北京：机械工业出版社，2018.
[3]陈喜春. AutoCAD 机械图样绘制[M]. 北京：机械工业出版社，2019.
[4]覃国萍，陈飞. AutoCAD 绘制机械工程图样[M]. 北京：中国水利水电出版社，2012.
[5]段新燕，涂春莲，白锡卓. 机械制图与 AutoCAD[M]. 上海：同济大学出版社，2018.
[6]高玉侠，刘雅荣. AutoCAD 2012 项目化教程[M]. 北京：机械工业出版社，2020.
[7]唐克中，郑镁. 画法几何及工程制图[M]. 北京：高等教育出版社，2017.
[8]张永茂，王继荣. AutoCAD2014 中文版机械绘图实例教程[M]. 北京：机械工业出版社，2014.